HISTOIRE

DES SCIENCES

DE L'ORGANISATION

ET DE LEURS PROGRÈS,

COMME BASE DE LA PHILOSOPHIE.

TYPOGRAPHIE DE FIRMIN DIDOT FRÈRES,
RUE JACOB, 56.

HISTOIRE
DES SCIENCES
DE L'ORGANISATION
ET DE LEURS PROGRÈS,
COMME BASE DE LA PHILOSOPHIE;

PAR M. H. DE BLAINVILLE,

DE L'ACADÉMIE DES SCIENCES, PROFESSEUR ADMINISTRATEUR AU MUSÉUM D'HISTOIRE NATURELLE, PROFESSEUR A LA FACULTÉ DES SCIENCES DE PARIS; ETC., ETC.

Rédigée d'après ses notes et ses leçons faites à la Sorbonne de 1839 à 1841, avec les développements nécessaires et plusieurs additions,

PAR F. L. M. MAUPIED,

PRÊTRE, DOCTEUR ÈS SCIENCES DE LA FACULTÉ DE PARIS, MEMBRE DE LA SOCIÉTÉ LITTÉRAIRE DE L'UNIVERSITÉ CATHOLIQUE DE LOUVAIN, ETC.

Philosophia veritatem quærit,
Theologia invenit.
Religio sola possidet.

PIC DE LA MIRANDOLE.

Nec verò pietas adversus deos, nec quanta his gratia debeatur, sine explicatione naturæ intelligi potest. CICER., DE FINIBUS, III, 21.

TOME DEUXIÈME.

LIBRAIRIE CLASSIQUE DE PERISSE FRÈRES,

PARIS, RUE DU POT DE FER S.-SULPICE, 8.

LYON, GRANDE RUE MERCIÈRE, 33.

1845.

HISTOIRE
DES SCIENCES
DE L'ORGANISATION
ET DE LEURS PROGRÈS,
COMME BASE DE LA PHILOSOPHIE.

PÉRIODE V.

MOYEN AGE.

200 à 1300 de notre ère.

ALBERT LE GRAND.

1193—1280.

I.

Le cercle encyclopédique de la philosophie vient d'être puissamment agrandi par Galien, qui n'est, en réalité, que la continuation d'Aristote et le développement nécessaire et logique de sa haute conception. L'étude attentive de ces deux génies prouve suffisamment que sans Aristote Galien était impossible, mais qu'une fois Aristote posé, l'effort de Galien était le seul rationnel, le seul fécond pour les progrès réels de la science. La philosophie était, en effet, constituée aussi complétement qu'elle pouvait l'être, avant le christianisme, quand apparut Galien. D'autre part, elle ne pouvait pénétrer dans les détails sans l'étude plus approfondie d'une mesure à l'aide de laquelle on pût embrasser dans la connaissance une plus vaste étendue des œuvres de Dieu. Par sa haute supériorité sur tous les êtres qui l'entourent, l'homme seul pouvait et devait être étudié comme cette mesure. Lui seul est un compas suffisant pour tous les animaux qui lui sont de beaucoup inférieurs; tandis que nul animal ne peut servir de mesure à l'homme qui a des facultés propres, caractéristiques et constitutives de sa nature; il les possède à l'exclusion des animaux qui ne peuvent lui offrir, sous ce rapport, aucun terme de comparaison. A part même cette supériorité de nature, l'homme seul devait encore être étudié; uniquement en lui-même, il peut, en effet, apercevoir les relations intimes de l'organe et de la fonction, et par suite arriver à la connaissance de l'animalité. L'étude de l'homme par Galien était donc la conséquence des progrès qu'Aristote avait exécutés dans la marche ascendante de l'esprit humain.

Cette vérité, suffisamment démontrée par la vraie conception de la philosophie, est encore confirmée par les faits de l'histoire. Désormais, en effet, Aristote et Galien ne se quitteront plus dans la science; ils vont marcher toujours ensemble, comme les prémisses et la conséquence; toutes les fois que nous verrons Aristote adopté, nous pourrons dire que Galien l'est par là même. Les conceptions de l'un sont inséparables de celles de l'autre; nous allons les voir marcher parallèlement chez les Arabes et dans le moyen âge, jusqu'à l'époque appelée de la renaissance. Alors le cercle étant clos, la nécessité de nouveaux progrès dans la philosophie ou la science, comme dans la médecine, pour agrandir les divers rayons du cercle, fera reprendre la méthode en général, et en même temps l'étude de la mesure, d'une manière assez puissante pour entraîner les esprits peu attentifs à croire à la réforme d'Aristote par Descartes et Bacon, et à celle de Galien par André Vésale; tandis qu'au fond les seconds ne feront réellement qu'étendre la direction des premiers, et appliquer leurs conceptions et leurs instruments dans le sens nécessité par les progrès précédents et les besoins du moment. S'il en était autrement, il faudrait nier la réalité des progrès que les uns et les autres ont introduits dans la science.

Mais Galien ne s'était pas arrêté à l'étude de la mesure ou de l'homme; embrassant encore, nous l'avons démontré, toute la conception d'Aristote, il fit un pas bien remarquable vers son complément, en acceptant comme base de son admirable traité *de Usu partium*, le plus bel ouvrage de physiologie des temps anciens, la grande et belle vérité des causes finales, et l'existence d'une puissance intelligente, cause souveraine, première, organisatrice et conservatrice des êtres créés. Par ce puissant effort, il prépare et montre déjà le passage de la science dans le christianisme, sous l'influence duquel il arriva sans aucun doute à de si hautes conceptions [1].

[1] Bien que Galien ait blâmé la superstition des chrétiens et des juifs qu'il confondait, il n'en subit pas moins la puissance philosophique et intellectuelle de la vérité chrétienne, dont le sceau se re-

Une longue interruption sépare Galien du moyen âge; car ni les Romains, chez qui tout était en dissolution, ni les Arabes, absorbés par la conquête, n'ont rien ajouté à la science dont nous écrivons l'histoire. Ils n'ont fait, dans tout ce long intervalle de près de douze cents ans, que se transmettre les connaissances déjà acquises. Les premiers âges du christianisme ont bien exécuté, il est vrai, un progrès immense, mais il avait un autre but et une direction qui, toute grande et toute éminemment philosophique qu'elle fût, n'est pas celle que nous étudions, et ne pouvait même pas l'être; nous l'avons prouvé dans notre introduction.

Pour trouver une époque et un point d'observation, nous sommes obligés d'arriver jusqu'à Albert le Grand, que nous allons voir entrer avec toute la force et la puissance chrétienne dans la conception scientifique.

connaît facilement dans ses écrits. Alexandrie encore fut pour lui la source où il put et dut puiser ces éléments. C'est dans cette ville, en effet, que s'est, on peut le dire, ouverte la première école publique de philosophie chrétienne, et cela, à dater de saint Marc, dès le premier siècle. Quand Galien vint dans la dernière moitié du second siècle à Alexandrie, de 154 à 160, cette école était déjà florissante; saint Pantène y professa dans le second siècle; Ammonius Saccas dans la fin de ce même second siècle; Clément d'Alexandrie, philosophe païen converti, y professa dans la fin du second siècle, et les premières années du troisième; Origène, dans la fin du second siècle et le commencement du troisième. Tous ces philosophes chrétiens professaient à Alexandrie dans la période où Galien vint y étudier; et il y vint deux fois, la première de 154 à 160; et la seconde vers la fin de sa vie, c'est-à-dire, dans les dernières années du second siècle. Il est bien difficile de penser qu'un esprit de la trempe de Galien n'ait pas suivi les leçons de cette école. Mais de quelque manière que cela ait eu lieu, il est pour nous hors de doute que le pressentiment de la direction théologique et le pas que Galien a fait dans cette direction, sont dus aux idées chrétiennes.

Se basant sur Aristote et sur Galien, il va clore enfin le cercle des connaissances humaines et en agrandir quelques rayons importants.

II. *Éléments et exposé de la Biographie d'Albert le Grand.*

Les éléments de la biographie d'Albert le Grand se trouvent partout; mais ils sont réunis plus abondamment dans l'histoire des Dominicains, écrite par Ecchard, religieux de l'ordre. Les écrits d'Albert lui-même sont une des sources les plus utiles.

Il est connu sous les noms divers d'ALBERTUS THEUTONICUS, FRATER ALBERTUS DE COLONIA, ALBERTUS RATISBONENSIS, ALBERTUS GRATUS ou MAGNUS.

Issu de l'illustre famille des comtes de Bollstædt, Albert naquit en 1193, à Lavingen, ville de Souabe, sur les bords du Danube. Doué du génie le plus heureux pour les sciences, il les cultiva dans sa patrie, sous les yeux de ses parents. Leur grande fortune lui permit de passer ensuite dans les différentes écoles de France, d'Allemagne et d'Italie. Il étudia dans les universités de Paris et de Pavie. Ce fut dans cette dernière ville, où il s'adonna à l'étude de la philosophie, des mathématiques et même de la médecine, qu'il fit la connaissance de Jourdain, second supérieur général de l'ordre des frères prêcheurs. Gagné par ses discours, édifié par ses exemples, il entra dans l'ordre en 1222 ou 1223, n'ayant pas encore trente ans accomplis. En se faisant moine dominicain, il subissait l'influence de l'époque, et suivait son goût pour la science. L'instruction alors ne pouvait exister que dans le clergé, et principalement dans les corps religieux, paisibles sanctuaires, où quiconque aspirait à la science devait venir prier.

Il est assez probable qu'en entrant dans l'ordre, il étudia, selon la coutume, la théologie à Pavie ou à Bologne, pendant quelques années. Sa capacité et sa grande facilité pour l'enseignement, le firent destiner, par ses supérieurs, à professer dans les diverses écoles de l'ordre; il le fit, surtout à Paris et à Cologne. Il commença dans cette dernière ville à professer les sciences naturelles et les sciences sacrées; deux branches qui n'auraient jamais dû être séparées dans l'enseignement. Après qu'il y eut paru avec un éclat extraordinaire, on l'envoya en diverses villes d'Allemagne, entre autres, à Hildesheim, Fribourg, Ratisbonne, Strasbourg, et partout il fit l'admiration de ses auditeurs. Quétif et Ecchard, tous deux religieux et écrivains de l'ordre, pensent qu'il revint à Paris pour perfectionner ses études religieuses dans la maison de Saint-Jacques, où chaque province envoyait tous les ans trois de ses sujets les plus distingués. Il était de retour à Cologne et y professait avec éclat lorsque le jeune Thomas d'Aquin vint entendre ses leçons en 1244. L'année suivante, Albert retourna à Paris dans la maison de Saint-Jacques; il y occupa pendant trois ans la chaire de théologie. En 1248 il fut appelé par le chapitre général de l'ordre à remplir la première chaire dans le collége de Cologne, et fut remplacé à Paris par saint Thomas son disciple. « Telle était la réputation d'Albert, que Guillaume de Hollande, couronné roi des Romains, passant par Cologne, rendit visite au célèbre professeur : Albert le reçut d'une manière digne de ses connaissances et de la majesté royale, en lui offrant, dans un jardin du cloître, la parure du printemps et sa douce température au cœur même de l'hiver, chose qui serait très-extraordinaire même de nos jours, qui dut le paraître encore plus dans un siècle peu éclairé, et qui prouve, non le pouvoir magique du docteur, mais les progrès qu'il avait faits dans les sciences naturelles [1]. ».

En 1254 on le fit provincial au chapitre de Vormes. Il nous apprend lui-même qu'il fut envoyé en qualité de légat apostolique en Pologne; il fut appelé à Rome par le pape Alexandre IV, qui le créa maître du sacré palais. De retour à Cologne, il fut, par l'ordre du même pontife, arraché à sa chaire, à son collége, à ses occupations chéries, pour remplir, en 1270, le siége épiscopal de Ratisbonne. Mais le poids de cette dignité, le tumulte des affaires dans lequel elle le jetait, la nécessité qu'elle lui imposait d'interrompre la culture des sciences, toutes ces circonstances le portèrent à s'en démettre pour retourner dans sa chère cellule de Cologne, où sans aucune responsabilité autre que celle de sa propre personne, il pouvait se livrer à ses goûts, et continuer à enseigner. Cependant sa soumission au saint-siége, son zèle pour la religion, l'arrachèrent encore à sa retraite. On assure qu'il assista, en 1274, au concile de Lyon, après avoir prêché, par ordre du souverain pontife, la croisade en Allemagne et en Bohême, et qu'en 1277 il entreprit, quoique octogénaire, le voyage de Paris, pour défendre la doctrine de saint Thomas, son disciple, qui y était vivement attaquée. Ce grand homme, de retour à Cologne, y mourut le 15 novembre 1280, âgé de 87 ans.

On loue extrêmement sa sévérité tempérée de douceur et son amour pour la pauvreté, qui allait jusqu'à

[1] Jourdain, *Recherches sur les traductions d'Aristote*, p. 331.

laisser ses propres écrits aux couvents où il les composait, afin de n'avoir rien à lui. Cela même a paru contribuer en partie à l'altération de ses ouvrages. On l'a regardé comme saint, et il a été béatifié par le pape Grégoire XV, en 1622.

Considéré comme théologien ou comme philosophe, Albert est sans contredit l'un des hommes les plus extraordinaires de son siècle, et même l'un des génies les plus étonnants des âges passés. Ulric Enhelbert, qui avait été son élève, exprime en peu de mots l'admiration qu'il lui inspirait : *vir in omni sciencia adeo divinus, ut nostri temporis stupor et miraculum congrue vocari possit.* Nous allons le voir, en effet, donner une nouvelle direction et une grande impulsion à toutes les sciences philosophiques et naturelles. Il avait pris une instruction large, complète et philosophique; il avait voyagé beaucoup, et observé dans les lieux les plus favorables à l'instruction. Il conçut le projet et se proposa pour but d'appuyer l'étude démonstrative de la théologie sur la philosophie et sur la connaissance de la nature, tout en lui conservant le fondement divin qui la constitue science. Tel fut son grand et son principal effort. Par là il termina le cercle scientifique qui comprend désormais la nature, l'homme et Dieu.

Mais afin de pouvoir apprécier la puissance de son action, nous avons à étudier les circonstances dans lesquelles il s'est trouvé, et, par conséquent, les éléments qui lui ont été fournis par ses prédécesseurs, pendant les dix ou douze siècles qui se sont écoulés depuis Galien jusqu'à lui.

III. *Éléments des travaux d'Albert le Grand, dans les directions grecque, chrétienne et perse.*

Au sortir des mains d'Aristote, nous avons vu la science prendre deux directions : l'une, la direction romaine, représentée par Pline et marchant vers l'Occident ; l'autre, la direction grecque ou orientale, continuée et agrandie par Galien, va d'abord s'enfoncer vers l'Orient, pour revenir ensuite, en tournant la Méditerranée, par l'Espagne et l'Italie, rejoindre la direction occidentale, et se fondre avec elle dans les mains d'Albert le Grand, pour constituer la science moderne. Suivons d'abord la dernière, comme la plus importante en elle-même et pour notre point de vue.

Le plus beau résultat des conquêtes d'Alexandre fut d'ouvrir la marche à la communication plus facile et plus large, et à la fusion plus intime des philosophies particulières des divers peuples, Grecs, Égyptiens, Juifs, Persans et Indous. Cette fusion s'opéra dans le foyer scientifique d'Alexandrie, qui avait succédé à l'école d'Athènes. Par les conquêtes romaines dans l'Afrique et l'Asie, l'Espagne, les Gaules et la Germanie vinrent s'adjoindre les connaissances philosophiques de ces peuples, qui ont apporté de nouvelles modifications dans l'ensemble de la science. Les Romains, pour leur compte, n'ont rien ajouté de leur fond à la philosophie : chez eux, la philosophie grecque s'étendait et se complétait; mais ils conduisirent la science uniquement vers l'application et vers l'art, entraves éternelles qui la dégradent toujours. Sous le point de vue philosophique, cette science, créée par Aristote, dégradée entre les mains de Pline, fut relevée, du moins sous le rapport médical, entre celles de Galien.

Immédiatement avant ce grand homme, de son temps et surtout après lui, s'opérait, dans le monde intellectuel et moral, et, par une conséquence nécessaire, dans le monde civil et politique, une grande et admirable révolution, qui devait avoir pour la science elle-même les résultats les plus heureux. Nous ne reviendrons pas sur cette œuvre sublime et divine, qui est au-dessus des forces humaines : cela n'est point de notre sujet ; et, dans notre introduction, nous avons assez prouvé l'immense progrès philosophique opéré par le travail intellectuel et religieux de cette brillante époque, la plus sublime et la plus heureuse pour l'esprit humain, puisqu'il remontait à sa source, et rentrait dans les voies de ses destinées vraiment sociales, parce qu'elles étaient saintes.

Mais il nous importe de jeter au moins un coup d'œil rapide sur ce que fut la science, au point de vue où nous l'envisageons, pendant les cinq ou six premiers siècles de l'Église. Elle fut ce qu'elle devait être, c'est-à-dire qu'alors, comme dans tous les temps, elle fut dans une position rationnelle et logique pour le progrès réel de l'esprit humain. Il s'agissait, en effet, de terminer la philosophie, de la rectifier, de la compléter, en y introduisant la science théologique, ou la science des vrais rapports des créatures et de l'homme, en particulier, avec Dieu, et des créatures entre elles. Puissante synthèse qui ramenait tout à l'unité, et que la Divinité seule pouvait opérer, parce que seule elle connaissait son œuvre. Mais l'esprit humain devait, comme en tout le reste, en être l'instrument, sauf au secours divin à le soutenir, à le diriger dans cette voie. Toute son activité fut nécessairement absorbée par la démonstration et le parfait développement de ce rayon, le plus essentiel et le plus nécessaire de tous. Il portait dans le sein de sa fécondité divine l'avenir du monde. Devant lui les autres parties de la science se reposèrent pour reconnaître sa puissance; elles s'arrêtèrent. Leur station fut plus ou moins longue, suivant leur contact plus ou moins immédiat, plus ou moins utile au grand travail qui s'opérait, jusqu'à ce que, enfin, la théologie, revêtant le caractère de science démonstrative, vînt remplir la lacune du cercle et en terminer la circonférence. Par là fut désormais ouverte une voie plus libre et plus sûre à tous les progrès ultérieurs des autres rayons. Bien qu'il soit en effet évident et certain que l'établissement du christianisme, et le travail intellectuel qu'il exigea, n'ait eu aucun but, aucune direction scientifique, humainement préconçus, comme on pourrait l'entendre, cependant, par sa nature et son essence même, comme par celles de l'esprit humain et de tout ce qui fait son domaine, le christianisme devait venir en son temps et tout naturellement constituer réellement la science comme la société, quoiqu'il semblât seulement les recréer et les vivifier.

Si l'on ne doit point attendre de progrès scientifique spécial dans cette première période de l'Église, ce serait pourtant se tromper que de la regarder comme nulle pour la science, même dans la direction que nous étudions. Outre la rénovation philosophique et sociale qui se fit alors, le passage de la science dans le christianisme mérite une attention sérieuse. Ce passage s'opéra par la conversion au christianisme des philosophes et des savants les plus remarquables, et par l'introduction des idées chrétiennes dans la philosophie, dont la réaction sur ces mêmes vérités ne laissa pas de produire de fortes émotions. La science, en devenant, comme le genre humain, naturellement chrétienne, revenait à Dieu, son principe, et jetait les fondements de sa grandeur future. Les sciences instrumentales furent continuellement en activité dans la grande lutte du christianisme contre le paganisme mourant, et contre les violentes attaques du philosophisme. Les sciences médicales et naturelles ne cessèrent pas un instant non plus d'être en exercice. Galien et Aristote furent étudiés; Galien surtout servit de base à une foule de travaux chrétiens sur la science médicale, qui furent composés pendant les quatre ou cinq premiers siècles, et dont plusieurs, nullement indignes de lui, se trouvent réunis sous son nom à la collection de ses œuvres. Outre ces auteurs, dont les noms sont inconnus, quoique leurs croyances et leurs sentiments soient consignés dans leurs écrits, c'est un fait historique [1] que l'impulsion unanime et générale des Pères et des docteurs chrétiens de cette époque vers l'étude des sciences profanes, qu'ils regardèrent comme une arme puissante pour la défense de la vérité chrétienne.

Il y eut même des travaux spéciaux, trop remarquables et trop généralement admirés, pour les passer sous silence. De ce nombre est l'Hexaémeron du savant évêque de Césarée, saint Basile le Grand. C'est une démonstration scientifique de la puissance du Créateur, de sa sagesse et de sa providence, fondée sur les sciences physiques, astronomiques et naturelles, suivant le plan du premier chapitre de la Genèse. Il avait déjà réuni l'étude de la nature, l'étude de l'homme et celle de Dieu, pour instruire l'âme et la conduire à la glorification de son Créateur [2]. Son but était de donner à son peuple, sous

[1] Voir l'*Introduction*, ch. I.

[2] Il suit l'ordre de la création, traite du monde à l'état d'éléments,

une forme simple et pourtant élevée, la plus haute philosophie de la nature et du monde. Mais il n'y avait pas de conception scientifique nettement posée.

Saint Ambroise fit dans l'Église latine, en traduisant et complétant saint Basile, ce que celui-ci avait fait dans l'Église grecque.

Les admirables homélies de Jean Chrysostome sur la Genèse, sont une exposition claire et lucide des principes logiques, qui seuls peuvent encore aujourd'hui conduire à la connaissance des lois harmoniques qui ont présidé à la création. Les rêves de l'étude superficielle y sont réfutés à l'avance.

L'évidence philosophique d'une harmonie dans la création avait conduit un autre philosophe chrétien,

puis du monde à l'état d'êtres. En histoire naturelle, il suit, comme Moïse, l'ordre ascendant, et commence par les végétaux, dont il a connu les sexes et parfaitement exposé la nutrition. Des animaux inférieurs, il arrive aux poissons, aux reptiles, aux animaux terrestres ; montrant partout une science profonde et une observation délicate ; car il ne s'était pas contenté d'étudier Aristote, il le dit lui-même, il avait observé et étudié la nature. Son but n'était pas la science ; aussi, quoiqu'il soit bien évident qu'il l'ait approfondie autant qu'elle pouvait l'être alors, il n'entre dans les détails que quand ils sont nécessaires à son but. Ses erreurs sont celles d'Aristote; il le suit en tout ce qui tient à l'observation; et, quoiqu'il n'ait que des aperçus sans autre système scientifique que la marche tracée par Moïse, il a pourtant complété certains points avec une grande lucidité et d'une manière assez heureuse. Il est surtout remarquable quand il traite les hautes questions de l'intinct dans les animaux. Tel qu'il est, l'Hexaémeron n'est pas complet; saint Basile promet d'y traiter de la nature de l'homme, et cela se trouve dans deux homélies séparées, dont l'authenticité est en partie contestée. L'auteur y parle de l'histoire naturelle de l'homme, de son anatomie et de son admirable organisation, et enfin de sa haute dignité d'image et de ressemblance de Dieu.

Némésius, évêque d'Émèse, à concevoir instinctivement, et à priori, non-seulement la série animale, mais encore la série de tous les êtres créés [1]. Il l'a si parfaitement conçue, dans une époque où elle était encore si loin d'être démontrée à posteriori, que l'on ne

[1] Au chapitre premier de son traité *de la Nature de l'homme*, Némésius dit que le Créateur semble avoir disposé l'ensemble des êtres divers, de manière à ne faire qu'un seul tout, et à les lier entre eux par une sorte de parenté; qu'il a coordonné toutes choses entre elles par leur ressemblance et leur différence, en procédant graduellement, afin que celles, qui sont complétement inanimées, ne fussent pas entièrement séparées des plantes, ni celles-ci des animaux qui sont pourvus de sensibilité, et afin que les animaux, à leur tour, ne fussent pas éloignés des êtres doués d'intelligence. « Le Dieu créateur du monde, passant des plantes aux animaux, n'est pas venu tout à coup, mais par degrés, à la faculté de marcher et de sentir. Il a formé, en effet, les pinnes et les actinies comme des arbres sentants, puisqu'il les a fixées dans la mer, à l'instar des plantes, par leurs racines, qu'il les a entourées de test comme d'écorce, et a voulu qu'elles fussent immobiles comme les plantes; cependant, il leur a fait largesse du sens du toucher commun à tous les animaux. Elles ressemblent donc aux plantes par leur stabilité, et aux animaux par la sensibilité. C'est pour cela que, par la réunion du nom de l'animal et de celui de la plante, les savants les appellent zoophytes. C'est ainsi qu'accordant ensuite à d'autres plusieurs sens, et à d'autres la puissance de marcher, le Créateur arrive aux animaux plus parfaits. J'appelle animaux plus parfaits ceux qui jouissent de tous les sens, et peuvent marcher au loin. Dieu ensuite, passant des bêtes à l'animal doué de raison, à l'homme, il ne le crée pas aussitôt; mais d'abord il a donné à d'autres animaux une certaine prudence, l'artifice et la ruse pour leur conservation, afin qu'ils parussent s'approcher de plus en plus de l'animal qui participe véritablement de la raison, l'homme qu'il a créé enfin. » Dans l'édition du livre de Némésius, à Oxford, 1671, on lui attribue des découvertes considérables sur la qualité et l'usage de la bile; on y dit même qu'il connaissait la circulation du sang. Quand cela serait vrai, la science en aurait peu profité.

peut s'empêcher d'admirer la fécondité du principe chrétien, qui devançait ainsi la science avant même que celle-ci soupçonnât sa puissance.

La grammaire, la logique, les mathématiques, furent non-seulement mises en usage par le christianisme, mais ces sciences instrumentales furent reprises, pour être d'abord développées et appliquées ensuite à la démonstration de nouvelles et importantes vérités. Ce fut l'œuvre d'un des esprits les plus éminemment positifs que le christianisme et le monde entier ait peut-être porté. Saint Augustin reprit toute cette partie de la philosophie aristotélicienne dans Aristote lui-même, d'après lequel il travailla. Il le perfectionna sous certains rapports, en l'appliquant à un but nouveau, qui n'était plus uniquement l'observation de la nature grossière.

Entre les mains d'un tel génie, la science de l'homme s'agrandit de la démonstration scientifique de toute la plus noble partie de son être; l'âme, son existence, sa nature, son origine, son immortalité, ses facultés, et cette grande et magnifique thèse du libre arbitre, du bien et du mal, etc., grandes vérités dont la démonstration fut complétement inconnue aux anciens[1].

De tous ces faits, et d'une foule d'autres, nous pouvons donc conclure que toutes les sciences furent cultivées, même activement, par la généralité des Pères des cinq premiers siècles. Ils étaient bien loin de s'effaroucher de l'étude de la nature, comme on l'a prétendu, et comme certains esprits, qui ne peuvent concevoir

[1] Le beau livre de saint Augustin, intitulé : *De quantitate Animæ*, renferme une curieuse application de la géométrie à l'étude de l'âme humaine. Son traité du libre arbitre, celui de l'âme, etc., sont des monuments scientifiques assez importants pour prouver la fécondité de cette époque.

que la science est fille de la religion, le prétendent encore. La force qu'ils puisaient dans le travail et l'étude, permettait à ces hommes puissants l'acceptation pure et nette d'une foule de théories scientifiques, devant lesquelles chancellerait aujourd'hui notre faiblesse, ou plutôt la crainte d'un travail opiniâtre que leur activité savait dominer. Ces hommes, qui affermirent le christianisme dans le monde, cherchaient pour eux-mêmes, et exigeaint pour les autres l'étude des sciences profanes.

L'élan qui fut alors imprimé à l'esprit humain devait retentir dans les siècles futurs. Tout se tient et s'enchaîne dans le monde; les phénomènes intellectuels n'y sont pas plus isolés que les phénomènes physiques; les faits partiels ont leur cause dans des lois plus générales, et ces lois sont des principes immuables; les prin scipes dominent le monde; ils dominent le monde social surtout. Voilà pourquoi les peuples versent leur sang pour défendre les principes sur lesquels sont enracinées leur vie et leur durée. Les faits, quelque accablants, quelque outrageants qu'ils soient, les trouvent impassibles; mais la violation des principes entraîne toujours après elle des révolutions. Les principes dominent les sciences; ils les constituent. Toute science sans principe n'est qu'un amas de faits sans fécondité, comme sans résultat, comme sans progrès. Dans la démonstration des principes gît tout le progrès des sciences.

Le christianisme, en descendant sur la terre, venait y apporter les vrais principes du monde physique, du monde intellectuel et du monde social. Longtemps l'esprit humain s'était débattu dans les étroits sentiers du doute; si des génies plus puissants avaient pressenti les plus hautes vérités, ils n'en avaient pas la certitude; surtout, elles n'étaient pas passées dans la vie sociale.

Les sciences positives avaient pénétré assez loin dans la recherche et l'analyse des faits; mais le principe qui constitue la science en la rendant sociale, manquait. La création tout entière était isolée du Créateur; la vraie nature de l'homme était inconnue; les fondements vicieux de la sociabilité humaine, le plus sublime caractère de l'homme, ne lui permettaient pas d'atteindre à la perfection de son être. L'homme inconnu à lui-même ne pouvait servir de terme de comparaison suffisant à l'étude approfondie des autres êtres. Chancelants sur leur base, les principes qui régissent le monde avaient perdu leur puissance, et tout progrès social ou scientifique était désormais impossible.

Le christianisme pouvait seul replacer la société dans l'équilibre, ramener l'humanité dans la voie normale de sa nature, en lui enseignant que le monde était l'œuvre de Dieu; que la nature physique avait été créée pour l'homme; que l'homme était l'image et la ressemblance de son Créateur; qu'il était, dans son essence, un être moral et social; qu'il ne pouvait atteindre à la perfection de sa nature qu'en s'immolant à la société, en se renonçant lui-même pour cette société, hors de laquelle il ne pouvait ni exister, ni se développer. De là ressortaient les obligations mutuelles des pouvoirs et des sujets, les devoirs des individus et de la famille, les obligations individuelles et collectives de l'humanité envers Dieu, sa source et son terme final; en un mot, tous les principes du monde social étaient établis sur les bases inébranlables de l'autorité divine, qu'il s'agissait de démontrer aux nations, pour les ramener par la foi dans les sentiers de la vie.

Avec ce travail, au-dessus des seules forces humaines, il fallait porter la lumière dans le chaos des sciences. Le monde antique, en accumulant des faits, n'avait aperçu que quelques lois secondaires, à l'aide desquelles il avait tenté de renouer quelques-uns de ces faits, sans pouvoir arriver à l'unité. L'unité seule, pourtant, rend la science susceptible d'entrer dans les destinées sociales et de servir l'humanité dans toute l'étendue de sa nature, dans son mieux-être physique, intellectuel et moral. Aussi la science jusqu'ici n'a-t-elle d'autre but que l'utilité physique de l'homme. Pline nous l'a prouvé chez les Romains; chez les Grecs, Aristote l'avait élevée jusqu'à l'utilité intellectuelle, et Galien encore plus, mais sous l'influence chrétienne. L'utilité morale n'avait pu être atteinte, malgré l'éthique, qui s'arrêtait dans les actes, sans en rechercher la loi et sans pouvoir en saisir le véritable but. La science était donc arrêtée; il lui manquait quelque chose; il lui manquait la puissance du principe. Elle lui vint du christianisme. Mais tout était, pour ainsi dire, à refaire : il fallut revoir tous les faits, soulever toutes les questions, et les rattacher une à une au principe, en leur donnant une vie qu'elles n'avaient point. Nous avons vu les Basile, les Ambroise, les Chrysostome, les Némésius, le faire pour les sciences physiques et naturelles, et le grand Augustin opérer le même travail dans les sciences instrumentales et métaphysiques. Ils ne furent pas les seuls, car la divine sagesse, qui place toujours le remède à côté du mal, suscita la plus belle armée de génies qui fut jamais; Dieu la convoqua pour le combat, et lui donna des forces en proportion des grands desseins qu'il songeait à accomplir sur l'humanité. Par son triomphe sur l'erreur et le doute, dans le monde intellectuel et social, la science fut réellement constituée dans l'unité; elle avait des principes à l'aide desquels elle ne pouvait plus s'égarer dans la recherche et l'analyse des faits qu'il lui restait à recueillir. Si le paradoxal Goethe, si la sombre et rêveuse Allemagne, ont rendu ce service à la science, de prouver que tout progrès scientifique a sa source dans l'*a priori*, dans l'idée qu'il faut ensuite faire passer dans les faits, pour les systématiser; si l'école mathématique française a pleinement confirmé la même vérité, nous les en remercions pour notre compte : ils ont prouvé notre thèse. En effet, pour que le progrès soit complétement réalisé, il faut nécessairement que l'*a priori* soit complet, que l'idée soit vraie dans toute son étendue, afin de pouvoir embrasser tous les faits; or, l'à priori du christianisme, le principe chrétien, étant les seuls vrais et les seuls complets, puisqu'ils embrassent le monde, l'homme et Dieu, il s'ensuit qu'eux seuls pouvaient établir la science sur ses bases véritables et à jamais inébranlables. Ce pas immense, œuvre de l'époque que nous étudions, n'est-il pas assez remarquable pour venger le christianisme du reproche inconcevable qu'on lui a fait, d'avoir absorbé tout ce qu'il y avait, à sa naissance, de génies dans l'esprit humain [1]. On ne pouvait mieux prouver sa fécondité et sa puissance que par ce reproche, qui laisse pourtant à son auteur la responsabilité de n'avoir pas compris la loi générale du progrès de l'humanité.

Il faut bien d'ailleurs admettre le passage de la science dans l'enseignement chrétien, puisque nous allons la voir en sortir pour se transporter en Perse et en Arabie; car, bien que ce transport se fît par l'hérésie, le résultat n'en appartenait pas moins au christianisme.

Des entrailles de la charité chrétienne est née une

[1] Libri, *Hist. des sciences mathém. en Italie,* Introduction.

autre préparation au progrès scientifique, et elle était elle-même un progrès moral. Je veux parler de l'admirable institution des hôpitaux, que l'on a faussement attribuée aux Arabes; tandis qu'ils ne firent que l'emprunter aux chrétiens, comme bien d'autres choses [1]. C'est dans l'Église que se développèrent les premiers germes de ces asiles, où plus tard, à l'ombre et sous les auspices de la charité chrétienne, les sciences médicales trouveront les plus sûrs éléments de leurs études, en contemplant à loisir les innombrables misères humaines, auxquelles elles sont appelées à remédier.

Cependant, le christianisme avait vaincu les tyrans, triomphé des échafauds, terrassé le paganisme dans le sang des martyrs, et la science était devenue chrétienne. Mais ce ne fut pas sans de rudes et violentes secousses.

[1] C'est dans l'ordre de saint Basile, antérieur de deux ou trois siècles à l'islamisme, que commença ce beau dévouement au service des pauvres et des malades; les maladreries où l'on recueillait les lépreux abandonnés, étaient desservies par les religieux de cet ordre. Saint Grégoire de Nazianze, qui mourut l'an 389, légua, par son testament, ses biens à l'église de Nazianze et aux pauvres qu'elle entretenait. Dès le commencement du christianisme, les pauvres devinrent les enfants bien-aimés de l'Église, elle les nourrissait et secourait toutes leurs misères; l'établissement des diacres par les apôtres, pour distribuer les aumônes, en est la preuve; et le diacre Laurent, traîné devant l'empereur, qui lui demandait les trésors de l'Église, lui présenta les pauvres que l'Église romaine nourrissait tous les jours. Plus tard, les monastères furent la providence des pauvres. Telle est la véritable origine des hôpitaux que nous voyons établis à Constantinople par un évêque de cette ville, dès le quatrième ou cinquième siècle, pour y recueillir les malades. Saint Jean Chrysostome établit lui-même un hospice à Constantinople; mais, dès l'année 368, l'empereur Valentinien avait établi dans chaque quartier de Rome un médecin aux frais du public, pour traiter gratuitement les pauvres.

Dans toute science, il y a trois choses à envisager : la pratique, qui vient toujours la première fournir les éléments constitutifs ; le dogme, qui impose d'autorité ce que la pratique a appris ; et enfin la méthode, qui cherche à démontrer à la raison l'enseignement du dogme. En philosophie, Socrate enseigna la pratique ; Platon, le dogme ; Aristote analysa Platon, et créa la méthode. Il en est de ces trois choses en religion comme en philosophie. Jusqu'à l'apparition du christianisme, les rapports de l'homme avec Dieu ou la morale, n'avaient pas été introduits dans la religion païenne. Le paganisme tendait même à la destruction de toute morale par l'exemple de ses dieux, qui apprenaient aux hommes à en violer toutes les lois. A défaut de la religion, on chercha ces rapports, ces lois de la morale dans la philosophie. Socrate et Platon étaient plus justes, plus chastes, par là même plus saints et plus dieux que Jupiter lui-même. Ces rapports de l'homme avec Dieu, qui constituent la morale, et qui ne peuvent exister sans un dogme, entrèrent dans la religion avec le christianisme, qui n'est lui-même que la bonne philosophie élevée à sa plus haute puissance. La pratique fut acceptée ; nul ne pouvait contester la perfection de la morale évangélique, si belle et si admirable, qu'elle n'a jamais pu être conçue que dans le ciel, et enseignée sur la terre que par un Dieu.

Devant son éclat et sa pureté vinrent pâlir, pâlissent tous les jours et pâliront jusqu'à la fin, tous ces faux brillants de morale philanthropique, rêves creux de l'égoïsme, enfantés par l'orgueil de cette fausse sagesse humaine, qui n'a jamais pu concevoir l'humilité, miracle et pierre angulaire de la morale chrétienne.

On avait d'abord aussi accepté le dogme ; mais la curiosité naturelle à l'esprit humain voulut en scruter les profondeurs, et le soumettre à l'analyse, comme Aristote y avait soumis Platon; c'était la méthode qui se reproduisait. Or, c'est toujours dans la méthode que les divergences se font remarquer, car chacun veut expliquer le dogme à sa façon. Naquirent alors les sectes philosophiques diverses, qui ont conservé leur nom grec d'hérésies dans le christianisme. Toutes ne sont, en effet, qu'une application fausse de la méthode au dogme catholique[1]. Le protestantisme, qui a résumé toutes les hérésies antiques, n'a, par conséquent, pas été autre chose qu'une fausse application de la méthode.

Il y a là, nous semble-t-il, une haute vérité que l'histoire et la philosophie moderne n'ont point comprise, puisqu'on a prétendu, écrit et enseigné que le christianisme était le fait de l'humanité, ou, pour formuler quelque chose de plus précis, la grande synthèse de toutes les philosophies antiques. Outre qu'une pareille prétention est incompatible avec tous les faits historiques et toute saine philosophie, elle est spécialement en contradiction avec les phénomènes que nous étudions. Nous avons, en effet, démontré par des faits qui ne tiennent nullement à la révélation, surtout en étudiant Aristote, que la conception du christianisme était impossible à l'esprit humain, qui s'était arrêté là même où

[1] C'est ainsi que le dogme d'un Dieu en trois personnes, soumis à l'interprétation rationnelle, voit naître le sabélianisme qui confond les trois personnes en une, et l'arianisme, qui, pour éviter de confondre, divise jusqu'à l'anéantissement de la divinité du Verbe. Entre ces deux erreurs opposées se trouve l'enseignement de la foi. Il en fut absolument de même du macédonianisme, de l'eutichianisme, et du nestorianisme; tous cherchaient une interprétation du dogme en dehors de la foi, et contradictoire à l'enseignement de l'Église.

le dogme chrétien commence, sans pouvoir s'élever plus haut. Si, chose indubitable, le monde antique a entrevu sur la divinité quelques idées vraies, elles étaient d'origine divine, puisque le même phénomène que nous voyons se produire sur le christianisme dans cette époque, se produisit anciennement sur elles; ses mille et un systèmes de philosophie ne furent que la méthode analysant la révélation primitive. Ici encore, il y a une gloire pour la puissance du génie d'Aristote; elle lui montra l'inutilité de pareilles tentatives avec l'insuffisance de la méthode et de la raison humaines. Le fait est, qu'il l'ait conçue ou non, qu'il vint jusqu'à la dernière limite et s'arrêta là : il a créé tous les autres rayons de la science, mais il n'a que pressenti la nécessité de la théologie, et n'a même pas formulé un système panthéistique quelconque, ce qui lui était pourtant si facile [1]. Ainsi donc, le christianisme n'a rien pris dans la philosophie, par la raison toute simple qu'il n'y avait rien à prendre.

Qu'a-t-il reçu du travail de la méthode analysant son dogme? Rien encore. En effet, Dieu parle; il se prouve; il faut croire, il n'y a pas d'autre démonstration. L'explication et la démonstration auront pourtant lieu; mais la méthode alors aura besoin d'un nouvel élément, d'une autorité qui la guide. Retranchez cet élément, cette autorité, qui est de même origine que le dogme, l'application de la méthode conduit nécessairement à la destruction du dogme chrétien et à une conception monstrueuse, amalgame d'idées philosophiques humaines et des débris

[1] Aristote n'a réellement point de système religieux; les quelques phrases panthéistes et contradictoires qu'on rencontre çà et là dans ses écrits, ne sont point un système; il n'a systématisé que dans les sciences purement d'observation.

méconnaissables de la conception divine. Et voilà ce qui mérite véritablement le nom de prétendu christianisme humanitaire. Mais la divergence essentielle à la méthode, dénuée du secours divin, conduit nécessairement à autant d'amalgames que de sectes diverses; dans le christianisme, ce sont les hérésies qui, à notre point de vue, ne diffèrent absolument en rien des systèmes panthéistiques antérieurs, et sont tout aussi impuissantes à compléter le cercle philosophique. Que reste-t-il donc? Le christianisme divin, fondé sur l'autorité. Voilà deux christianismes, si l'on peut ainsi dire, sans abuser des termes, l'un humain, hérétique, l'autre divin, opposés l'un à l'autre, et dont l'existence, comme l'incompatibilité, sont un fait toujours actuel. Si l'un est humain, l'autre ne peut l'être; c'est cette vérité que l'on a méconnue, le *christianisme humanitaire*, le travail destructeur de l'hérésie et du philosophisme, prouvant le christianisme divin.

Dans cette guerre du christianisme humanitaire ou de l'hérésie contre le dogme chrétien, besoin fut de revenir à l'instrument d'Aristote, la logique et la dialectique. On lui donna trop d'importance : le dogme et même la morale faillirent succomber sous les subtilités de la dialectique poussées à l'excès. Il est important de constater que toutes les sectes, soit médicales, soit philosophiques ou religieuses, datent leur acte de naissance d'Alexandrie, seul lieu où elles pussent naître. Toutes les sciences s'y étaient réfugiées; le dogme, la morale et la méthode y avaient depuis longtemps leurs représentants. Le conflit des diverses sectes fit pencher vers l'instrument qui devait fournir les moyens de faire prévaloir son opinion. La science des faits et l'observation furent complétement oubliées et négligées; au contraire la logique et la dialectique s'étendirent jusqu'à l'excès déplorable de susciter des maîtres qui ne s'occupaient qu'à l'enseignement d'une dialectique assez subtile pour conduire au triomphe même de l'erreur. C'est ce qu'on peut appeler le règne du sophisme, qui pesa sur Athènes aussi bien que sur Rome et sur Alexandrie.

Les premiers hérétiques, qui sortirent tous d'Alexandrie, introduisirent ces abus dans la discussion des dogmes chrétiens. De cette source, jointe à celles que nous avons déjà assignées, surgirent tous ces combats de l'hérésie, dont le christianisme eut à triompher. Une seule de ces luttes doit fixer notre attention, parce qu'elle va se lier de la manière la plus intime avec l'histoire du passage de la science, par la Perse, chez les Arabes.

Sous le règne de Théodose le Jeune, en 428, Nestorius, d'abord moine, puis évêque de Constantinople, osa enseigner qu'il y avait deux personnes en Jésus-Christ : la personne divine et la personne humaine, et qu'en conséquence la sainte Vierge n'était pas mère de Dieu. Son but était d'expliquer, d'une manière rationnelle, le profond mystère de l'union hypostatique de la nature divine et de la nature humaine dans la seule personne de Jésus-Christ, de manière, prétendait-il, à réfuter Arius et à ne point rebuter les païens qui, eux-mêmes, donnaient des mères à leurs dieux. C'était donc encore l'application de la méthode au dogme; mais il y manqua l'élément nécessaire, l'autorité, que Nestorius repoussa; dès lors sa démonstration prétendue, rejetée du christianisme divin, alla grossir la foule des contradictions du *christianisme humanitaire*.

Cet homme opiniâtre et hypocrite chercha surtout à insinuer ses erreurs dans les monastères, sachant bien qu'une fois enracinée là, il serait difficile de l'en arracher; ce qui lui fut d'autant plus facile, que lui-même avait été moine. Son erreur révolta d'abord la plupart des évêques d'Orient; elle fut condamnée à Alexandrie par un concile, que présida saint Cyrille, évêque de cette ville; puis à Rome, par le pape saint Célestin; et, après plusieurs années de discussions, au concile œcuménique d'Éphèse, présidé par saint Cyrille, au nom du pape, l'an 431.

Les hérétiques travaillèrent à prévenir l'empereur contre cette condamnation; ils essayèrent de l'animer contre les évêques catholiques, qui furent longtemps les tristes victimes de la haine et des supercheries des officiers de l'empereur, gagnés par eux. Dieu vint enfin au secours de son Église éprouvée : Théodose fut détrompé par sainte Pulchérie, sa sœur; et Nestorius, déposé, fut libre de se retirer dans son ancien couvent pour y faire pénitence. Mais loin de rentrer en lui-même, il continua à répandre de là ses erreurs, et à propager ses funestes doctrines. Exilé enfin, il mourut misérablement près de la ville de Panope, en Égypte.

Cependant, plusieurs évêques embrassèrent et défendirent sa doctrine, et il en resta un levain qui fermenta et finit par corrompre une grande partie de l'Orient.

Il y avait à Édesse une école chrétienne pour les Perses; les prêtres persans venaient y étudier, et plusieurs évêques en sortirent. C'est au sein de cette école que les Perses puisèrent la haine du parti avec sa doctrine, dans les écrits de Nestorius et dans ceux de Théodore de Mopsueste, qui était mort réconcilié avec l'Église; mais il avait malheureusement laissé des écrits qui recélaient les germes et les principes de toutes les hérésies qui le suivirent, et l'on peut même dire, du rationalisme moderne.

Un certain Ibas, par sa lettre à Maris, avait aussi semé les principes du nestorianisme parmi les Perses. Rabulas, évêque d'Édesse, étant rentré dans le sein de la foi catholique, chassa de son église tous les Perses nestoriens. Barsumas, l'un d'eux, devenu évêque de Nisibe, en Perse, conçut le projet d'y établir le nestorianisme. Il profita habilement des dispositions hostiles des rois persans contre les empereurs romains, pour peindre à Phérose, alors roi des Perses, les catholiques comme attachés par religion aux empereurs, et les nestoriens comme persécutés des Romains à cause de leur attachement aux Perses.

Il n'en fallut pas davantage pour engager Phérose à protéger le nestorianisme, et à forcer tous les chrétiens de l'embrasser. L'évêque de Nisibe s'associa quelques autres évêques et ses compagnons d'étude, convoqua des conciliabules, et y fit proclamer le nestorianisme. Malgré l'opposition du clergé et du peuple, il triompha; soutenu par une puissante escorte que lui donna le roi, il répandit autour de lui le désordre et la désolation; plus de sept mille catholiques périrent victimes de sa fureur fanatique, et toutes les églises se remplirent d'hommes qui lui étaient dévoués.

Ce n'était pas assez pour ses vues : Barsumas pensa que sans enseignement il était impossible de conserver son œuvre. Il fonda donc plusieurs écoles à l'instar des catholiques et sur le modèle de celle d'Édesse, où il avait étudié avec un grand nombre de Persans.

D'autre part, la persécution de la cour de Constantinople contre les nestoriens, dont l'esprit remuant fomentait des troubles continuels, les força d'émigrer en grand nombre vers la Perse, qui leur offrait une large protection. Toutes ces causes répandirent cette hérésie dans la Syrie, la Mésopotamie, la Chaldée, et dans toute la domination de Chosroès, sous lequel les nestoriens furent en faveur. Ils ne furent pas moins puissants sous les califes arabes.

Au milieu du septième siècle, le nestorianisme avait envahi l'Arabie, l'Égypte, la Médie, la Bactriane, l'Hircanie, l'Inde, etc. Les nestoriens établirent des évêques dans toutes ces contrées, envoyèrent des missionnaires dans toute la Tartarie et au Cathay, pénétrèrent jusqu'à la Chine, et s'étendirent sur toute la côte du Malabar.

Par là s'opéra une nouvelle fusion de toutes les sciences de ces peuples divers, qui fut sans doute la source des quelques progrès que les Arabes firent faire aux sciences mathématiques et peut-être médicales.

L'empereur Justinien, dont la guerre épuisa les trésors, et auquel on reproche, dans sa vieillesse, une avarice sordide, probablement en même temps qu'il abolit le consulat, déclara qu'il ne payerait plus les professeurs publics de sciences, de lettres et de philosophie à Athènes et autres lieux. Alors l'amour et le zèle de la science défaillirent; les savants et les philosophes portèrent leurs talents et leur savoir dans les nouvelles écoles formées en Perse par les nestoriens, sous la protection de Chosroès. Tout concourut de la sorte à établir dans ce pays un nouveau centre, où la diversité des opinions dut réveiller les discussions. Mais les platoniciens, moins utiles dans l'application, y acquirent bien moins d'importance que les hommes d'art, surtout que les médecins, recherchés et protégés des princes, dans l'intérêt de leur santé. Toute facilité leur fut donnée pour établir des hôpitaux, qui furent, comme leurs écoles, une imitation des institutions de l'Église. Ils y ajoutèrent de nouveau la régularisation de ces écoles; ils y créèrent des degrés que les élèves devaient parcourir avant de devenir maîtres, et de pouvoir exercer ou professer. C'est de là que date toute la constitution médicale que les Arabes ont acceptée des Perses et qu'ils nous ont transmise.

Dès les temps anciens, des Juifs, de la captivité de Babylone, avaient fondé dans ces mêmes pays une école qui conserva sans doute une partie de la science de Salomon. Elle prit, vers ce temps-ci, de l'accroissement, et commença à exercer une influence sur la marche de la philosophie.

C'est ainsi que toute la science profane se retirait du périple européen de la Méditerranée pour s'enfoncer dans l'Orient, et particulièrement dans la Perse, où elle était à peine établie, lorsqu'arrivèrent les conquêtes de Mahomet et sa religion, dont il est important d'apprécier l'influence.

IV. *Mahomet, ou les Arabes.*

Depuis trois siècles, l'Église et l'empire d'Orient, agités par la longue chaîne des hérésies nées de l'orgueil de la raison et de la fausse philosophie, avaient abandonné la simplicité de la doctrine apostolique; et la foi chancelait en Orient. Vainement les princes de la terre, usurpant le ministère des docteurs de la foi, cherchaient de dangereux tempéraments, pour concilier les opinions et calmer l'irritation des esprits; les dissensions théologiques acquirent de là une nouvelle force.

Mais pendant que les empereurs perdaient à dogmatiser, un temps mieux employé à la défense de l'empire, la religion de Jésus-Christ allait être attaquée jusque dans ses fondements. L'empire séduisant des passions, l'ardeur du fanatisme et la force des armes, allaient lui déclarer la guerre, se réunir pour faire crouler les trônes sous ses ruines, et élever une nouvelle et redoutable puissance sur leurs débris ; la terre allait être ébranlée.

Un homme, né dans un pays méprisé, obscur rejeton d'un peuple isolé par des mers et des déserts, dont la main était levée contre tous les peuples, et la main de tous les peuples contre lui [1], Mahomet, destiné par la Providence à châtier l'Orient, naquit le 5 mai de l'an 571, de la famille d'Haschem, une des plus distinguées, quoique pauvre, de la tribu des Corisiens. Orphelin dès l'âge de six ans, il fut recueilli par Aboutaleb, son oncle paternel, qui avait la principale autorité dans la Mecque. Aboutaleb, commerçant, comme la plupart de ses compatriotes, ouvrit à son neveu la même voie, et de bonne heure le fit voyager en Syrie, à la suite de ses chameaux. L'esprit du jeune chamelier, vif et pénétrant, se développa dans ses voyages, qui lui fournirent l'occasion de s'entretenir avec des Juifs et des chrétiens de différentes sectes. Il ne fut pas sans entendre parler de la fermentation des esprits, et des dissensions religieuses qui déchiraient l'empire d'Orient, d'une part; et, de l'autre, du mécontentement et de la haine des Juifs, alors surtout repoussés et honnis par toute la société chrétienne.

La fortune que lui donna Kaditcha, riche veuve de Damas, qu'il avait épousée, après avoir été son commis voyageur, éveilla ou encouragea l'ambition qui fermentait depuis longtemps dans son âme, mais d'une manière vague et confuse, que les circonstances ne lui avaient pas encore permis de démêler. Il aspira au rang

[1] *Genèse*, ch. XVI, v. 12.

suprême, désira la souveraineté du pays qui l'avait vu naître. Mais il voulut un pouvoir plus grand encore; il résolut d'imiter Moïse, dont tout ce qui l'environnait lui rappelait la mémoire et les grandes choses; d'être le défenseur de sa patrie menacée par les Perses et les Abyssins, et de fonder une religion, ce qui lui parut la voie la plus sûre et la plus prompte vers cette célébrité, objet de ses vœux les plus ardents. Les circonstances étaient favorables à son dessein.

L'indépendance et l'amour de la liberté est le caractère prédominant des Arabes, peuple à imagination vive et facile à enthousiasmer; toute l'histoire de cette nation, depuis les temps les plus reculés, n'est qu'une suite de brigandages et de rapines exercés sur les peuples voisins. Quand Mahomet apparut, il n'eut qu'à consacrer cet esprit guerrier par la religion, pour en faire un peuple invincible et redoutable à tout l'univers. Son habileté fit à ses disciples un devoir de conscience de ce qui était déjà l'inclination de leur nature.

Aux circonstances favorables que Mahomet trouva dans sa nation, vinrent se joindre celles que lui offrait le triste état de l'Orient. Dès la fin du sixième siècle, les Perses avaient ravagé et ensanglanté les provinces de l'empire romain par leur cruauté féroce. Héraclius, après les avoir chassés et renfermés dans leurs antiques limites, ternit bientôt sa gloire dans les subtilités de l'hérésie monothélite, et perdit ainsi un temps si nécessaire à consolider un empire ébranlé de toutes parts.

Les passions politiques, qui persécutèrent tantôt le catholicisme, tantôt l'hérésie, contribuèrent, avec l'obstination et l'entêtement de secte, à inonder l'Orient d'une multitude de nestoriens, d'eutichéens et d'autres sectaires, divergeant tous entre eux, sauf en une seule chose, la haine implacable contre l'Église et contre le nom romain, qu'ils emportèrent au fond de l'âme en quittant l'empire d'où les bannissait la persécution de la puissance temporelle, qu'ils méritèrent souvent par leur esprit séditieux et toujours prêt à la révolte. La vengeance les infecta de son souffle; exaltés par les regrets de la patrie, le ressentiment de l'injure et les douleurs de l'exil, ils n'attendaient plus qu'un moment favorable pour travailler à la ruine de l'empire, dont le sol tremble déjà sous leur marche, et qui croulera un jour sous leurs coups redoublés et sous le cimeterre dont les armera bientôt un nouveau chef. Les choses en étaient à ce point, la terre d'Orient était agitée par de violentes convulsions, et Mahomet, réveillé par la secousse, sortit de sa caverne pour réaliser un rêve de quarante ans.

Tous ces hommes, divisés sur le dogme particulier de chaque secte, s'accordaient sur deux points universellement admis par les Juifs, comme par les chrétiens, l'unité de Dieu et l'état éternel de bonheur ou de malheur après cette vie. Mahomet, en déchaînant les passions sans aucun frein, fit de ces deux points la base de la nouvelle religion qu'il méditait, comme également propres à rassembler sous ses drapeaux les Juifs, les nestoriens, les eutichéens et les autres hérétiques réfugiés en Perse, en Arabie, en Syrie, et qui composaient des sociétés nombreuses. Sans doute il pensa qu'en réduisant la croyance qu'il proposait, aux dogmes essentiels qu'ils professaient tous, en leur offrant une protection puissante, un état sûr; en consacrant par la foi et le commandement de la Divinité l'inclination guerrière de l'Arabe, dont il conservait la morale païenne, la vengeance implacable de l'hérétique, dont il admettait les principaux dogmes, la vieille haine du Juif, dont il recevait les cérémonies essentielles [1], contre les disciples du Nazaréen, ils ne manqueraient pas de se réunir autour de lui pour ne plus former qu'un seul corps, dont les intérêts comme la foi seraient les mêmes. Tel fut le plan de Mahomet ; plan simple et parfaitement analogue aux dispositions de la plupart des sectes répandues dans l'Orient. S'il ne le dut qu'à ses méditations, il faut bien convenir qu'il joignit la profondeur des vues aux vastes projets de l'ambition ; et s'il fut aidé, comme on le pense, par un moine nestorien et par un juif, dans le développement de ses idées et de son immense système politique, il n'est pas encore sans mérite pour en avoir eu la première pensée. Mais s'il eut un génie capable de saisir son siècle, il faut aussi avouer que les circonstances le favorisèrent d'une manière incroyable.

C'est ainsi qu'en moins de dix ans il eut vaincu ses ennemis, détruit tous les obstacles qui s'opposaient à sa marche rapide, dissipé les rébellions comme le vent du désert en dissipe la poussière, réduit au silence ceux qu'il n'avait pas persuadés, et soumis à son glaive et à sa parole toutes les Arabies, que ni les Romains, ni les Perses n'avaient pu conquérir. Souverain d'un grand pays, chef d'une religion qu'il veut étendre sur la terre entière, il élève la voix; et, du haut de la chaire des mosquées qu'il a érigées, il parle en maître

[1] La religion de Mahomet n'est, en effet, qu'un amalgame de quelques dogmes chrétiens, de la morale païenne et des cérémonies juives ; et l'on trouve même dans le Coran les hérésies nestoriennes à côté de la divinité de J. C.; on y trouve non-seulement la circoncision, déjà, il est vrai, pratiquée par les Arabes, qui l'avaient reçue de leur père Ismaël, mais aussi les purifications et la distinction des viandes, etc.

aux plus puissants des rois qui l'environnent; il leur propose, ou plutôt il leur commande, au nom de Dieu, dont il se dit le prophète, d'embrasser l'islamisme, qui signifie résignation [1]. Mais, décidé à obtenir par les armes ce qu'il ne pouvait devoir à la persuasion, il avait à choisir, pour le premier objet de la guerre, qu'il voulait porter au loin, la Perse ou l'empire de Constantinople. Il résolut de commencer par attaquer Héraclius. Il nomma Ali, le mari de sa fille Fatime, kalife, c'est-à-dire, son vicaire ou lieutenant, pour gouverner à Médine pendant son absence. Après avoir, par une première marche, repoussé les impériaux, il était revenu sur ses pas, pour faire de plus grands préparatifs, lorsqu'il mourut, respecté comme l'apôtre du Très-Haut, par presque tous les Arabes, par les juifs et les hérétiques qui s'y étaient adjoints, et comme un homme étonnant, par tous ses contemporains. En 632, Mahomet cessa de vivre, mais son esprit resta parmi les musulmans. Il leur transmit en mourant l'assurance de voir l'islamisme triompher sur toute la terre; il leur laissa son sabre et sa loi.

Dix ans après la mort de Mahomet, l'empire des Arabes s'étendait depuis les mers qui baignent l'Arabie et depuis l'Éthiopie jusqu'en Arménie, depuis les environs du Gihon et de l'Indus jusqu'à l'occident de Tripoli d'Afrique. Et la Perse était devenue une province de ce vaste empire. Elle fut conquise sous le calife Omar, le second successeur de Mahomet. La dynastie des Sassanides, qui avaient accordé aux sciences une

[1] Il écrivit à Héraclius, à Sisroès qui régnait en Perse, au roi des Abyssins, qui avaient voulu soumettre l'Arabie, au prince cophte qui gouvernait l'Égypte, au roi Mandar, dont les États étaient voisins du golfe Persique.

si haute protection, finit dans la personne d'Izdegerd; il tomba sous les coups des enfants du désert.

Cependant les divisions intestines ne tardèrent pas à se faire violemment sentir dans le sein même de l'islamisme, et les conquêtes des Arabes furent disputées entre deux grandes dynasties : les Ommyades et les Abassides s'excommunièrent mutuellement, et se vouèrent une guerre à mort. Après plusieurs combats sanglants, les enfants d'Abas, vaincus, furent contraints de se réfugier dans la Perse avec leurs partisans; ils y trouvèrent ces écoles florissantes que nous avons vues s'y établir. Elles exerçaient le plus grand empire sur les peuples de la Perse et du Korassan. Les Abassides se tournèrent vers elles, et y puisèrent ce goût puissant des sciences qu'ils vont bientôt protéger et étendre; ils y prirent de préférence un grand goût pour toutes les sciences naturelles, médicales et astronomiques; et lorsque, succédant à la puissance des Ommyades, qu'ils avaient ruinée silencieusement, et dont les peuples commençaient à se fatiguer, ils rentrèrent en Arabie, ils amenèrent avec eux des hommes savants de toutes les religions, et particulièrement des nestoriens.

De toutes les écoles qu'ils fondèrent, la plus remarquable fut celle de Bagdad; elle devint le centre des études et la source où l'on venait puiser. Cette ville, le grand marché des produits de l'Arabie, de l'Inde, de la Perse et de l'Europe, fut très-florissante pendant les cinq siècles qu'elle demeura sous la domination des Abassides. C'est là sous cette nouvelle influence que les sciences, nulles et incultes sous les premiers Ommyades, commencèrent à opérer le plus grand changement sur les Arabes. Par la protection des princes abassides, Almanzor, Haroun-al-Raschild, Mamoun, les Persans et les nes-

3.

toriens, travaillèrent avec ardeur à les éclairer; et, dans moins d'un siècle, la plupart des richesses scientifiques de la Grèce passèrent dans la langue du Coran, grâce à l'activité laborieuse d'Hossain, d'Isaac, de Costa ben-Luca, et de beaucoup d'autres traducteurs persans d'origine et presque tous nestoriens de religion [1].

On traduisit d'abord des ouvrages de mathématiques, de médecine, d'astronomie, puis on vint aux traités de logique et de métaphysique. Aristote ne put être oublié, car depuis longtemps les nestoriens s'étaient rendu ses écrits familiers, et y puisaient des armes contre les décisions des conciles. Aussi Ibenk Haldoun observe qu'Algazeli, Fakhr-Eddin et Rhazy, furent les premiers à employer la logique dans les discussions théologiques, et que le mélange de la philosophie et de la théologie, qui suivit de près l'introduction des ouvrages grecs, contribua puissamment à corrompre la religion musulmane. Enfin Avicennes parut, et, embrassant dans ses écrits un plan aussi vaste que celui du philosophe de Stagire, lui prodiguant ses louanges, adoptant presque toutes ses opinions, tantôt l'abrégeant et tantôt le commentant, il décida de sa fortune parmi les Arabes.

L'école de Bagdad en fit bientôt naître d'autres autour d'elle. Alexandrie, qui avait vu ses écoles abolies et ses collections scientifiques lamentablement ruinées sous le kalifat du fanatique Omar [2], dut être un peu

[1] Jourdain, *Recherches sur les traductions d'Aristote*, p. 85.

[2] On a pourtant nié la trop célèbre réponse d'Omar, touchant la bibliothèque du musée d'Alexandrie : « Si ces livres s'accordent avec le Coran, ils sont inutiles; s'ils ne s'accordent pas avec notre loi, il faut les détruire. » Que cette décision soit vraie ou fausse, peu importe; le crime scientifique qu'elle ordonnait n'en fut pas

consolée de ses pertes, à jamais irréparables, par l'établissement d'une école scientifique sous le règne des Abassides, qui en fondèrent aussi une autre au Caire.

La ville de Kairvan, que les Arabes avaient bâtie et déclarée capitale de l'ancien territoire de Carthage, de la Tripolitaine, de l'ancienne Cyrénaïque et de toutes les contrées qu'ils comprenaient sous le nom de province africaine, vit de même s'élever dans son sein une académie, où les sciences et les lettres arrivèrent à un très-haut degré de prospérité, et elle aura la gloire d'être la mère des académies qui vont s'établir dans la péninsule espagnole, et qui nous intéressent spécialement, puisque c'est en partie de Cordoue que les sciences vont passer dans le reste de l'Europe.

Refoulés vers l'occident de l'Afrique, les farouches enfants d'Ommoya, conquérants sauvages ou ineptes sur le trône de Damas, parurent renoncer à leurs mœurs barbares en s'établissant en Espagne. Ce changement, résultat de l'influence exercée par le peuple vaincu sur le peuple vainqueur, préparé par les émigrations d'Arabes et de Persans en Espagne [1], tourna au profit des sciences. On vit des académies s'élever à Cordoue, à Séville, à Grenade, à Tolède, à Xativa, à Valence, à Murcie, à Alméria, en un mot, dans presque toutes les villes soumises aux Sarrasins. Les princes y attiraient par leurs bienfaits les hommes les plus

moins consommé; et ce fut encore un résultat inévitable de la guerre et des révolutions à ajouter à tant d'autres.

[1] Il s'établit en Espagne des colonies de Korassaniens. La ville de Beïda fut ainsi appelée pour rappeler celle du même nom qui était en Korassan. (*Manuscrit arabe de la Biblioth. royale*, n° 705. Jourdain, *Rech.*, p. 87.)

célèbres de la nation, les dotaient de riches revenus, y attachaient de nombreuses bibliothèques.

L'Orient, néanmoins, était toujours regardé comme la source de toutes les connaissances : et de même qu'un docteur chrétien devait parcourir les écoles de France, d'Angleterre, d'Italie, pour obtenir quelque renommée, de même le musulman espagnol qui prétendait au titre mérité de docteur universel, de savant profond, s'éloignait du sol natal, traversait l'Afrique, fréquentait les écoles d'Égypte, se rendait en Syrie, à Bagdad, en Perse, en Khorassan, moissonnait la science partout où elle se trouvait, recherchant avec ardeur les leçons des maîtres habiles[1]; par là s'introduisit un commerce scientifique qui servait puissamment à l'extension des sciences et à la publication des ouvrages des grands maîtres.

Ce qu'il est important de ne point perdre de vue, pour bien juger la direction de la science chez les Arabes, c'est qu'ils installèrent toutes ces écoles sur le modèle des Perses qui, eux-mêmes, les avaient reçues des chrétiens par Édesse et par les nestoriens, et enfin des philosophes grecs. Ainsi les Arabes, ayant trouvé en Perse des écoles constituées avec une législation scientifique, des degrés et des hôpitaux, établirent aussi ce même régime, au moins dans toutes leurs principales écoles.

Dès que les sciences et la philosophie furent cultivées chez les Arabes d'Espagne, le goût dut s'en ranimer parmi les chrétiens; pour défendre leur croyance contre l'ennemi, ils eurent besoin de ne pas lui demeurer inférieurs. Les évêques espagnols se livrèrent avec ar-

[1] Jourdain, *Rech. sur les trad. d'Aristote*, p. 90.

deur à l'étude de la philosophie. Les chrétiens, d'ailleurs, ne tardèrent pas à jouir d'une espèce d'indépendance sous les Maures, qui avaient besoin d'eux. La conservation de leur religion, les unions même qu'ils firent par des mariages avec des familles musulmanes, contribuèrent beaucoup à la bonne intelligence. Peu à peu la langue arabe leur devint aussi familière que la leur, et on fut obligé, au dixième siècle, de faire une version arabe des canons ecclésiastiques, pour l'usage des catholiques des provinces musulmanes.

En 815, les Arabes s'emparèrent définitivement de la Sicile, et bientôt après de la Pouille et de la Calabre, d'où ils ne furent chassés qu'en 1008, par les Normands, sous la conduite de Tancrède. Pendant cet intervalle fut fondée la célèbre école de Salerne, dont notre école de Montpellier est un rejeton.

Les Arabes, maîtres du commerce de l'univers, apportaient les denrées de l'Orient dans les marchés d'Italie et du midi de la France. Les rapports des Sarrasins avec la ville de Montpellier étaient d'autant plus nombreux, qu'à l'origine de cette ville un grand nombre de ses habitants étaient des Espagnols, attirés en France par les priviléges de Louis le Pieux, et qui avaient vécu parmi les Maures. Ceux-ci ne furent chassés de France que vers la fin du dixième siècle; les intérêts du commerce résistaient aux croisades prêchées contre eux, et la science suivait le commerce. C'est ainsi qu'au mont Cassin, fréquenté par une multitude de chrétiens, de juifs et d'Arabes, il y avait, comme à Salerne même, comme à Montpellier, quatre médecins dans les quatre langues, grecque, latine, arabe et hébraïque; ils s'y rendaient pour guérir les nationaux que le commerce y amenait. Plus tard ces médecins finirent par se réunir pour former une seule école, et donnèrent, par là, naissance à plusieurs universités.

Une autre cause contribua puissamment à répandre dans les États chrétiens la culture des sciences et la renommée des philosophes arabes. Au temps où les sciences fleurirent dans l'Andalousie, les juifs y étaient nombreux; ils avaient des académies; et, à l'aide de leurs connaissances dans la médecine, ils s'introduisirent à la cour des princes chrétiens comme à celle des princes musulmans. On les trouve en aussi grand nombre dans plusieurs villes de France, où leurs écoles jouissaient d'une grande réputation [1]. Le douzième siècle, qui avait produit chez eux Azarchel, dans l'astronomie, Avenzohar, dans la médecine, Avempace, Ibn Thofaïl, Averrhoès, dans la philosophie, vit fleurir Abenhesra, Jonah-ben-Ganach, Maimonides, Thibon, Béchaï, David Quinchi, en Espagne; en France, Moïse Haddarscham, Salomon Jarchi, etc.

C'est ainsi que les sciences naturelles, comme les autres, revinrent en Europe par les Arabes et par les juifs. Nous avons retrouvé les juifs, en Perse; nous les avons vus fournir de nombreux éléments à Mahomet, et les voici qui arrivent en Europe avec le commerce et l'art médical surtout, qu'ils vont exercer pendant assez longtemps.

[1] *Itinéraire de Benjamin de Tudela, dans Jourdain*, p. 94. Telle devint la puissance des juifs à Marseille, que les princes défendirent à diverses reprises de les élever à la baillie, la première des magistratures. Cette défense, commune à la Gaule narbonnaise, dut être observée avec plus de sévérité, lorsque les juifs, proscrits par Wamba, persécutés par les kalifes d'Orient, refluèrent sur l'Espagne et la France méridionale. En même temps qu'ils s'adonnaient au négoce, ils cultivaient les sciences avec succès.

Que fut-il apporté à l'Europe par ces étonnantes révolutions et par cette marche de la science que nous venons de suivre? Les Arabes ne prirent rien des Romains, ils ne reçurent rien non plus des Grecs, en littérature; assez riches par eux-mêmes, leurs croyances et la trempe de leur esprit, leurs usages et leurs mœurs, opposaient d'ailleurs un obstacle invincible aux emprunts de la littérature grecque, qui passa, au contraire, presque tout entière chez les Romains, guerriers par nature, et qui, pour tout le reste, vécurent d'emprunts. Il n'en fut pas de même pour les sciences; les Arabes reçurent tout des Grecs. Ceux-ci furent d'abord traduits en syriaque, par les nestoriens et les platoniciens, et en hébreu par les juifs. Un assez grand nombre de commentaires sur Galien ont été faits en hébreu. Les Arabes traduisirent du syriaque et de l'hébreu, et même directement du grec en arabe, d'où les premiers scolastiques ont traduit en latin. Chez les Arabes orientaux il n'y a eu que des traductions et quelques commentaires; mais les Arabes occidentaux, qui produisirent Averrhoès, Albukasis, Avenzohar, firent des ouvrages; il y eut même chez eux un grand cercle de toutes les connaissances; ils avaient des grammaires et des dictionnaires dans toutes les langues, pour faciliter les recherches; et l'école de Cordoue, qui fut le principal foyer, était très-favorablement constituée pour le travail des professeurs et des élèves. Le passage par l'Inde et la Perse introduisit dans la science grecque, devenue arabe, des nuances dont on reconnaît facilement l'origine. Chez tous ces peuples, l'astrologie et la médecine vont tendre à ne former qu'une seule et même science, et les principes positifs d'Hippocrate et de Galien s'y trouveront confondus avec une sorte de merveilleux et de mystère.

Les mêmes causes qui ont transplanté la science dans la Perse et de là en Arabie, nous expliquent la direction plus essentiellement pratique qu'elle y prit. Bien que les Arabes aient embrassé toute la conception aristotélicienne, cependant l'astrologie et la médecine prédomineront, parce que le désir de connaître les phases de la vie est aussi puissant que le désir de vivre longtemps. La science des nombres, inséparable d'un commerce étendu, fera, entre les mains des Arabes, des progrès assez remarquables qui ont leur origine dans l'Inde, qui, elle-même, avait reçu de l'Egypte et de la Chaldée.

Aristote et Galien feront le fond de toute la science des Arabes[1]. La partie de la médecine qui traite des remèdes fit entre leurs mains quelques progrès; ils étudièrent avec succès les vertus des plantes, et créèrent en partie la pharmacie minérale[2]. Le fameux canon d'Avicennes, si longtemps le texte des docteurs des universités de Paris et de Montpellier, est un traité complet des causes des maladies et de leurs remèdes[3]. Averrhoès, qui vint un siècle après Avicennes, comprit beaucoup mieux la science; ralliant la médecine à la philosophie, il remit à leur place Aristote et Galien, et ramena le raisonnement dans un art d'où les Arabes l'ont peut-être trop souvent banni. Tel est le fondement de sa haute réputation. Les travaux d'Averrhoès et d'Avicennes

[1] Il y a même un certain nombre de traités de médecine composés par des Arabes, réunis à la collection des œuvres de Galien, et qui ne sont pas toujours indignes de lui.

[2] On doit à la médecine arabe les élixirs, le fameux or potable et le nitrate d'argent. (*Abulfed*, vol. XI, p. 22.)

[3] Il indique l'or, l'argent et les pierres gemmes pour purifier le sang ; c'est depuis Avicennes que les apothicaires savent dorer et argenter les pilules.

suivirent longtemps la fortune d'Aristote et de Galien, et passèrent avec eux dans les mains de tous les docteurs du moyen âge; ceux-ci commentèrent souvent Aristote par saint Augustin, et Averrhoès par saint Thomas.

L'anatomie et la chirurgie ne durent presque rien aux Arabes pour qui la dissection des cadavres était un acte sacrilége [1]. Ils n'ont connu quelque chose à la structure du corps humain qu'en observant les os blanchis dans les cimetières, et en consultant les ouvrages des Grecs, surtout ceux de Galien.

Ils nous ont fait connaître certaines maladies cutanées, comme la petite vérole et la rougeole.

Les Arabes n'ont donc rien reçu des Grecs en littérature, et ils en ont tout reçu dans la philosophie et les sciences; ils ont peu ajouté, si ce n'est en pharmacie quelques nouveaux remèdes; le peu de progrès qu'on leur doit par ailleurs avaient leur racine dans Aristote et Galien. Mais ils ont transmis la science à l'Europe. Les écoles de Salerne et de Montpellier datent leur origine du commerce et de l'influence des Arabes. Ainsi la science, après s'être réfugiée en Perse pendant que les barbares allaient fondre sur l'empire romain, revient, par d'autres invasions, en suivant le périple de la Méditerranée, chercher son véritable centre de vie au sein des nations chrétiennes; seules elles pouvaient lui assurer l'avenir. La

[1] D'après la croyance des musulmans, l'âme d'un mort n'abandonne pas le corps subitement; elle s'y promène d'un membre à l'autre avant sa sortie. De plus, ils pensent que les morts sont jugés dans leurs tombeaux, où, par respect pour les deux anges chargés de prononcer la sentence, ils doivent se tenir debout. (Marsigli, *État milit. de l'emper. ottom.*, t. I, p. 39; Alcoran, *sur* XLVII, 27, p. 655.) C'est par ces croyances que les Arabes se sont abstenus des études anatomiques.

Grèce et l'Orient avaient perdu leur gloire en abandonnant l'Église. Dans le silence des ruines, les principes, bases et mobiles du progrès, n'avaient plus d'action. Les hérétiques nestoriens et les philosophes, en fuyant le sol de l'empire, avaient emporté la science en Perse, mais ils en avaient laissé les grands principes au cœur de l'Église dont ils avaient secoué le joug; la science alors, comme un arbre transplanté qui ne peut vivre qu'en serre, végéta, porta même quelques fleurs, mais il n'y eut point de fruits; l'arbre ne grandit point, toute sa puissance vitale fut employée à l'empêcher de mourir. Les Arabes, providentiellement chargés de reporter cet arbre dans son sol natal, en recueillirent d'assez grands avantages, mais ils n'avaient pas le secret de sa culture ni surtout celui de sa fécondité. Toute science a ses racines dans les principes sociaux de l'humanité, et le christianisme seul possède ces principes complets; ils sont le christianisme lui-même. Le christianisme est pour cela même le pays indigène de la science, et son seul climat naturel. L'Europe, en devenant chrétienne, appelait donc nécessairement les sciences naturelles, les plus sociales de toutes, et c'est là que désormais nous en suivrons les progrès. Mais auparavant nous avons besoin d'étudier les éléments fournis à Albert le Grand par les Occidentaux.

V. *Rome et les barbares.*

Ces éléments viennent de l'autre branche des sciences, transplantée de la Grèce à Rome. L'époque de Pline nous a montré les Romains presque nuls pour la philosophie et le progrès; le peu même qu'ils possédaient se serait éteint à la longue sous l'influence de leurs habitudes, de leurs mœurs et de leur constitution sociale, si le christianisme et les Arabes n'étaient venus le relever en lui donnant une nouvelle direction.

Depuis 200 à 329, époque où le siége de l'empire fut transporté à Constantinople, nous n'avons que les noms de quelques compilateurs qui ne sont pas même naturalistes.

Solin, le géographe latin, au commencement du troisième siècle, sous Commode et Héliogabale, ne fit qu'imiter et copier Pline, d'une manière si servile, qu'elle lui a valu le surnom de singe de Pline [1].

Le poëte grec Oppien, sous Caracalla, se borna également à recueillir, dans les différents auteurs, ce qui regarde la pêche et la chasse [2]. Cependant ses descriptions sont intéressantes, même pour des naturalistes, précisément parce que c'est un poëte, et que souvent ses épithètes sont caractéristiques de la forme, de la couleur, de l'origine ou de quelque particularité de l'animal.

Athénée, Grec né à Naucrate, en Égypte, sous Commode, avait une érudition profonde et une mémoire prodigieuse. De tous les ouvrages qu'il avait publiés, il ne nous reste que le *Déipnosophiste*, ou le souper des philosophes, en quinze livres, dans lesquels il parle un peu de tout, et à fond de rien [3].

[1] Il dit lui-même que cet ouvrage est celui de sa jeunesse, que ce n'est qu'une réunion de choses mémorables qu'il a notées dans ses lectures.

[2] Il a laissé cinq livres sur la pêche et quatre sur la chasse; on n'est pas sûr que les deux parties soient de lui. Caracalla lui fit donner un écu d'or pour chaque vers du *Cynégéticon*, ou traité de la chasse. C'est de là que les vers d'Oppien, dit-on, furent appelés vers *dorés*. Ce n'est point un ouvrage scientifique, il n'avait l'intention que de faire des vers.

[3] Il y a réuni un nombre infini de citations et de petits faits qu'il met dans la bouche de ses convives; il y parle de tout, du pain,

Élien, sous Alexandre Sévère, quoique né en Italie, a écrit en grec quatorze livres intitulés *Historiæ variæ*, qui ne démentent pas leur titre; une histoire des animaux en dix-sept livres. Aussi crédule que Pline, il n'a pas cette imagination qui colore et dissimule les défauts du tableau. Compilateur sans critique, il a eu pour but de rappeler et d'expliquer tous les termes employés par les anciens, et il y rattache les anecdotes qu'il a trouvées dans leurs écrits [1].

Apulée, sans être naturaliste, a donné des détails sur certains animaux dont on se servait dans les incantations de la magie [2].

Tels sont, à Rome, les principaux auteurs qui avaient ajouté quelque chose à Pline, en puisant dans les mêmes sources, mais ayant à présenter les faits sous d'autres points de vue et pour un but différent. Nous ne devons nous occuper ni des historiens, ni des poëtes qui ont parlé des animaux du cirque et de ceux qui paraissaient dans les triomphes, bien que ce soit par Martial que nous sachions certainement que les anciens connaissaient des rhinocéros à deux cornes.

Si, dans le siége de l'empire, les sciences étaient descendues si bas, que devaient-elles être dans les provinces?

des vêtements, des animaux, etc.; il introduit Galien pour parler du pain. Les deux premiers livres, une partie du troisième, et presque tout le dernier nous manquent. Il a été commenté par Casaubon, et dernièrement par un Allemand.

[1] C'est Élien qui a le plus puisé dans les écrits romanesques des écrivains de l'expédition d'Alexandre, tandis que nous avons vu Aristote les dédaigner. Il a été commenté par Schneider.

[2] Il a le premier décrit l'aplysie, ou lièvre marin, mollusque que Pline et Dioscoride, et, après eux, Rondelet, ont dépeint à tort comme un animal venimeux qu'il faut non-seulement éviter de toucher, mais même de regarder.

Quand l'empire eut embrassé le christianisme, Rome païenne ne convenant plus à cette nouvelle direction spirituelle, le siége de la puissance politique fut transporté à Constantinople; il retournait en Grèce. Cet évènement fut une cause de la dégradation des sciences en Italie; il en fut aussi l'effet et le signe. Par ce transport, et, à la mort de Constantin, par le partage de l'empire en trois parties, dont Paris devint l'une des têtes, il s'établit une lutte entre le paganisme, réchauffé dans les derniers moments de son agonie par Julien l'Apostat, et le christianisme, représenté par les Pères et les docteurs chrétiens. Le triomphe n'était pas douteux. Mais la victoire amènera un nouvel ordre de choses : la capitale du peuple chrétien par excellence, va, par suite du partage de l'empire et des derniers combats du paganisme, devenir un centre qui s'accroîtra peu à peu, et qui plus tard, sous la domination des rois francs, et surtout de la monarchie française, sera une des plus fécondes sources d'activité intellectuelle qui fût jamais. C'est là que se formeront Albert le Grand, saint Thomas, et tant d'autres qui leur ont succédé.

Si le morcellement de l'empire enleva pour un moment à Rome le privilége de la protection des sciences, il ouvrit aussi une voie plus large aux invasions des nations septentrionales. Elles se partagèrent les provinces romaines. Mais comme elles venaient, pour la plupart, infectées de l'arianisme que la cour de Constantinople leur avait imposé pour prix de son ignomînie, il dut s'établir, et il s'établit en effet, par la puissance de l'arien Théodoric, qui fonda le royaume des Goths d'Italie, une nouvelle lutte pour chercher à renverser les doctrines opposées aux opinions de sa secte. Il eut d'autres vues encore : il avait bien compris que s'il n'affermissait son trône sur la civilisation vaincue, tôt ou tard plus puissante que le glaive, elle finirait par le renverser. Ces divers mobiles d'une politique assez sage et assez profonde pour un Barbare, le tournèrent vers les sciences, et il établit et protégea les écoles chrétiennes; les savants catholiques mêmes ne furent pas repoussés par lui. Ce fut sous son règne que fleurirent les Boèce et les Symmaque, dont il faut taire les noms quand on veut flatter la gloire de ce prince[1].

Les Lombards, Alboin à leur tête, vinrent bientôt après, et s'emparèrent d'une partie de l'Italie, dont le midi était encore presque tout soumis à l'empire grec, qui le gouvernait par l'exarchat de Ravenne.

VI. *L'Église.*

Mais déjà s'élevait la haute puissance intellectuelle du centre de l'Église, dans Rome chrétienne, dont nous verrons les pontifes arriver à la domination de l'univers par l'esprit et la doctrine. La nécessité d'un commun effort amena la réunion de l'armée de la raison guidée par la foi, et formulée sous le nom du pape. Les prêtres, les corporations religieuses, se réunirent pour divers buts, mais surtout pour un but intellectuel. Ces corporations ont été extrêmement importantes; elles ont fertilisé les déserts, et appris aux hommes de la campagne l'art de cultiver la terre; elles leur montrèrent avant tout la vraie voie de la civilisation. Comme conséquence de ces créations, ayant un but social, naquit nécessairement l'établissement des écoles; car il fallait, pour opérer sur le monde et les masses, avec les secours corporels, les secours de l'intelligence, l'éducation et

[1] Il les fit égorger sous prétexe de trahison.

l'instruction. C'est dans les églises, les chapitres et les couvents, et à côté d'eux, que sont nés les hôpitaux et les écoles.

Un homme vient alors : il a conquis l'Occident et refoulé la double invasion du Nord et du Midi; les flots de peuples sont venus se briser à ses pieds. Il s'appuie sur son épée, regarde et veut tout unir autour de lui. Il chasse les Arabes et les Ariens, et marche à l'unité catholique. Profondément imbu de la nécessité de réunir les hommes en corporations, Charlemagne vint en Italie, il en exporta les grandes idées à l'aide desquelles il fonda dans son royaume des académies, des écoles, des couvents, et tout ce qui pouvait contribuer au développement et aux progrès de l'esprit humain, à l'époque de ruine et de détresse où il le prenait. Nous avons prouvé qu'il fallait dater de son règne la véritable renaissance.

A cette époque, le monde était sous la puissance de deux génies; Haroun al Raschild opérait en Orient ce que Charlemagne travaillait à faire germer en Occident. Ces deux princes avaient agrandi leur empire par les armes, et imposé des tributs à une foule de potentats; tous deux firent fleurir les sciences et les lettres, protégèrent les savants, et furent les héros favoris des poëtes et des romanciers. Tous deux furent les plus fermes appuis de leur religion. Le calife de Bagdad ambitionnait l'estime du roi des Franks; il voulut son amitié; il songea même à partager le monde avec lui : Charlemagne aurait régné sur l'Europe jusqu'à la Propontide et l'Hellespont, et toute l'Asie occidentale et le nord de l'Afrique auraient obéi au calife [1].

[1] C'était pour resserrer les nœuds d'une telle union et satisfaire à de si grands intérêts, que Haroun entretenait avec Charles les communications les plus fréquentes. En 807, il lui envoya une nouvelle

Cependant, l'influence de la conquête et de l'invasion des barbares se faisait sentir sur l'Europe; les sciences et les arts expirants furent recueillis et ranimés dans le palais de Charlemagne [1]. Il fonda, sur toute la vaste étendue de son empire, un nombre immense d'écoles, qui, depuis lui, ont continué en France sans interruption, quoique avec des succès variés [2]. On y étudiait les sciences diverses et les langues. La langue tudesque et la langue latine n'étaient pas les seules que connussent ceux qui se livraient à l'étude; le grec leur était familier, et ni l'arabe ni le syriaque ne leur étaient inconnus. Ces langues étaient le symbole des quatre grands empires de l'Europe et de l'Asie occidentale, de l'empire des califes, de celui de Constantinople, de celui de Rome et de celui des Franks. La politique seule aurait porté Charlemagne à les cultiver, quand son génie, qui aplanissait les difficultés, et le plaisir de savoir, ne l'auraient

ambassade et des présents magnifiques, entre lesquels on remarquait une horloge à laquelle l'eau donnait le mouvement.

[1] « Il appela de l'Italie, de l'Angleterre et de l'Hybernie, tous les doctes personnages capables de seconder ses desseins. Il fonda de toutes parts des écoles publiques; et en même temps qu'il rassembla à grands frais des livres grecs et latins échappés au naufrage des lettres, il fit chercher aussi les cantiques de David, les chants guerriers des Celtes, et les hymnes religieux de l'Église; en sorte que la France, après un silence presque morne, écouta tour à tour, en ses concerts, les lyres d'Homère, de Virgile et d'Horace, la harpe du roi-prophète, les sistres des lévites, et les chants de nos bardes et de nos fatistes. » (*Gaul. poét.*, t. III, p. 11-12.)

[2] On enseignait dans ces écoles : 1° la grammaire, la rhétorique, la logique et la dialectique, dont les études portaient le nom de *trivium*; 2° l'arithmétique, la géométrie, la musique et l'astronomie, dont les cours réunis étaient appelés *quadrivium*. (D. Rivet, *Hist. litt. de F.*, t. IV, V, VI et VII.)

pas engagé à s'occuper des langues qu'avaient illustrées des ouvrages immortels [1].

Mais de tous les objets d'étude, la théologie, la connaissance des livres saints, celle des Pères et des docteurs de l'Église, étaient cultivées avec le plus de soin. Il fallait à chaque instant défendre la vérité ou attaquer les opinions hérétiques qui se succédaient avec rapidité, et répandaient en Europe, en Asie et en Afrique, le trouble, le désordre, les haines et les persécutions. Il fallait citer les discours des Pères, les passages des livres saints, les décisions des conciles, les maximes transmises. Avec ces études, le besoin de la philosophie d'Aristote, qui avait remplacé celle de Platon dans l'empire d'Orient, se fit sentir pour lutter contre un Photius de Constantinople, un Nicéphore, un Théodore Studite, nourris dans la dialectique du philosophe de Stagire, que saint Jean Damascène, entre bien d'autres, s'était appliqué à répandre. L'Occident trouvait cette ressource dans saint Augustin et dans les traductions de Boèce.

L'arithmétique générale fut cultivée; on en publia même des traités. On avait retrouvé plusieurs vérités astronomiques, mais le défaut d'instruments avait empêché de multiplier suffisamment les observations.

Les capitulaires de Thionville ordonnaient d'enseigner la médecine aux enfants. Afin d'en hâter les progrès, Charlemagne releva et agrandit l'école de Salerne, d'où

[1] Il avait lui-même composé une grammaire tudesque, et avait traduit dans la langue germanique plusieurs termes d'art ou de science, afin que les Franks pussent se familiariser plus facilement avec les idées que ces termes exprimaient, et il occupait les loisirs de sa vieillesse à rectifier un exemplaire de l'Évangile sur la version syriaque.

la science des Arabes commença dès lors à entrer dans les académies de son empire. Mais l'art de guérir était bien tombé. Il est inutile de dire que la chirurgie était encore moins avancée que la médecine; qu'aurait-elle fait sans l'anatomie? Avec la science arabe pénétraient aussi l'astrologie et cet esprit mystérieux de la magie et de la superstition qui va peser sur toute la médecine du moyen âge, jusqu'aux douzième et treizième siècles.

Auprès des écoles se fondaient des bibliothèques : celle de l'empereur et celles des monastères renfermaient un grand nombre de manuscrits précieux. Les savants et Charlemagne lui-même s'occupaient à les rectifier les uns après les autres. Les moines, et même les religieuses, les copiaient dans leurs retraites. Les princesses, filles de Charles, copiaient elles-mêmes des manuscrits.

Tel était l'état des études sous le règne de Charlemagne. Bien des causes contribuèrent à ralentir le progrès après sa mort; les principales furent les troubles politiques et les nouvelles invasions; celles-ci n'avaient fait que reculer devant son épée, et elles attendaient de loin son dernier soupir. Cependant, Louis le Débonnaire, Charles le Chauve et leurs premiers successeurs, protégèrent les savants avec munificence[1], ce qui n'em-

[1] L'étude des langues surtout fut en honneur; Hilduin, Jean Scot, Pascase Radbert, Hincmar, Remi d'Auxerre, écrivaient en grec avec facilité. Cette langue était même en usage à la cour de Charles le Chauve. Le latin était la langue publique. L'astronomie était enseignée publiquement, mais reposait sur des bases vicieuses. On appliquait les abstractions spéculatives de l'arithmétique à toutes les opérations de l'esprit humain. La manie de versifier enfanta dans le neuvième et le dixième siècle un grand nombre de poëtes, plus remarquables par les bizarres entraves qu'ils imposaient volontairement à leur esprit que par leur bon goût.

pêcha pas les sciences naturelles et la médecine de subir, comme tout le reste, cette crise d'où elles sortiront bientôt avec éclat.

Jusqu'ici, après avoir pris la science en Grèce, nous avons suivi la branche du progrès se développant à Alexandrie, où elle devient chrétienne, puis passant en Perse, d'où elle revient, à travers l'Arabie et l'Afrique, en Europe par l'Espagne et l'Italie. L'autre branche, en devenant romaine, tombe des mains de Pline dans une dégradation croissante, pendant laquelle se préparent de nouvelles causes d'activité et d'impulsion dans la discussion des dogmes chrétiens, et par l'établissement de la puissance intellectuelle du centre de l'Église. Lorsque l'invasion aura passé, le génie de Charlemagne viendra réveiller l'esprit humain de son assoupissement, comprendre la haute mission de l'Église et de ses institutions, la saisir et l'étendre, rouvrir les communications avec le monde oriental, et marcher ainsi au progrès, qui sera, il est vrai, ralenti, mais ne cessera plus désormais. Les deux directions scientifiques que nous venons de suivre se rencontrent dès le règne de Charlemagne; elles vont tendre à se fondre en une seule, et les croisades contribueront puissamment à cette fusion.

Tandis que le commerce, les sciences et la religion tendaient à l'unité, ces guerres, nées de l'élément religieux et social, et continuation de l'empiétement perpétuel victorieux et civilisateur de l'Occident sur l'Orient, vinrent, en 1095 ou 1099, développer tous ces rapports et en accroître l'influence. Elles n'eurent pas toujours l'effet immédiat qu'on en attendait, mais les résultats ultérieurs changèrent la face de l'Europe.

Sans parler ici des résultats politiques et commerciaux, civils et religieux, qui ne sont pas de notre sujet, les croisades exercèrent la plus haute influence sur les progrès des sciences et sur la marche de l'esprit humain. Elles furent le dernier terme de l'invasion barbare et musulmane; elles opérèrent la fusion intime de l'ancien monde vaincu et du nouveau monde devenu vainqueur, en réunissant l'un et l'autre dans un but commun, une pensée commune et des moyens communs. Au delà des mers et loin de leur pays, les hauts et puissants seigneurs s'abaissèrent vers le peuple qui les avait suivis et dont ils avaient besoin; ils le traitèrent en frère, et, au retour, l'égalité se conserva. Mais quelle ne fut pas sur l'esprit des croisés la profonde impression du monde grec et du monde arabe? Le premier, quoique humilié, conservait encore les titres de son antique splendeur intellectuelle; le second, qui avait hérité du premier, et qui devait bientôt retrouver sous les tentes d'Ismaël les primitives habitudes du désert, était alors dans tout l'éclat de sa gloire scientifique. Les livres qui manquaient en Occident se trouvaient dans les bibliothèques de Constantinople au nombre de plus de deux cent mille volumes [1]. Les Arabes surtout faisaient alors d'étonnants progrès dans les sciences exactes et naturelles, et dans cette industrie usuelle appropriée aux besoins journaliers de la vie sociale [2]. L'astronomie, la géographie et la navigation, leur durent de nombreuses découvertes [3]; Massudi, Ibn Haukal, Aledrissi,

[1] Guido Pancirolus, *Rerum mirabilium, sive deperditarum*, l. I, tit. XXII; Fabricius, *Bibl. græc.*, t. I et suivants.

[2] Bechmann, *Fragm. pour servir à l'hist. des inventions*; Muratori, *Dissert.*, XXIV, p. 208 et 212.

[3] Les hardis travaux, entrepris par les Arabes dans le désert de Sandgiar, près de Palmire, et dans la plaine de Kufa, apprirent à mesurer la terre; leurs flottes audacieuses reculaient, pour ainsi dire, les bornes du monde, et trouvaient dans la mer des Indes et

apprenaient à les aimer par leurs élégantes relations[1].

Un pays si nouveau pour eux fit sortir nos ancêtres de leur stérile apathie ; ils prirent le goût des lettres et devinrent plus avides d'instruction ; mais, distraits sans cesse par leurs belliqueuses entreprises, c'était moins de suite et en Orient, que plus tard et dans leur patrie même, qu'ils devaient mettre à profit tant de leçons.

Constantinople, Alexandrie et les principales villes de l'Égypte et de la Syrie, étant devenues le théâtre de la guerre, et n'offrant plus de retraites paisibles à l'étude, virent s'exiler de leurs murs ravagés un grand nombre de savants grecs et arabes, qui vinrent chercher un asile en Occident. Salerne, l'abbaye du mont Cassin, Naples, Montpellier, reçurent ces nouveaux dépôts des connaissances humaines. Bientôt l'Europe sentit l'influence de ces hôtes illustres. L'Italie, la France et l'Angleterre semblent échapper au chaos et commencent à jeter un éclat qui ne sera plus éclipsé.

Le treizième siècle n'a pas encore achevé son cours, et déjà la France compte plus de cent poëtes et plusieurs historiens. L'Université de Paris devient célèbre dans toute l'Europe; l'académie de Bologne ne lui cède pas en gloire ; celle de Florence est fondée par Brunetto Latini. Aux accents de ce maître apparaît Dante Alighéri ; la langue qu'il trouve ne lui suffit pas, il s'en fait une aussi audacieuse que son génie, pour embrasser tant de choses nouvelles qui n'avaient point encore de nom. Le Dante est tout le moyen âge de l'Italie.

Un Vitellio, en Pologne, un Albert le Grand, de

jusqu'au fond de l'Asie, des pays inconnus aux anciens pilotes. (Bailly, *Hist. de l'astronomie.*)

[1] Sylvestre de Sacy, *Magas. encyclopédique.*

Souabe, mais réclamé par la France, un Roger Bacon, en Angleterre, étonnèrent leurs contemporains par leurs découvertes ingénieuses.

Les communications journalières de l'Europe et de l'Asie font faire au commerce, à la géographie et aux sciences nautiques, des progrès favorisés par la découverte ou l'introduction de la boussole. Les négociants anséatiques pénètrent jusqu'en Tartarie; des marchands italiens trouvent de nouveaux pays au delà du Pont-Euxin et de la mer Caspienne; des caravanes de Génois font le commerce de l'Inde et de la Chine; Venise, cette Tyr du moyen âge, couvre de ses flottes les mers du Levant, et fonde d'opulentes factoreries dans les trois parties du monde. Christophe Colomb découvrira bientôt la quatrième [1].

Les croisades ouvrirent donc une ère nouvelle pour l'Europe; elles chassèrent les Arabes de notre Occident; elles éloignèrent de notre civilisation naissante le joug de destruction qu'ils voulaient lui imposer. Et ce fut là peut-être, pour la civilisation et les sciences, le plus beau résultat de ces guerres étonnantes, puisque la gloire des Arabes n'a duré qu'un instant, qu'elle s'est anéantie sous l'influence destructive de leur constitution politique et religieuse, impuissante par elle-même à embrasser l'ensemble des connaissances humaines, et qui devait tôt ou tard en arrêter le développement, tandis que le retour complet de la science dans le christianisme lui préparait tous les progrès des temps modernes.

Nous avons vu avec quelle activité Charlemagne avait cherché à établir partout des écoles. Il n'y avait pas toujours réussi d'une manière durable; mais, deux

[1] *Gaule poét.*, t. V, p. 175 et suiv.

cents ans après lui, on en sentit mieux le besoin : ce qu'il avait fait se retrouva, et, joint à tant d'influences nouvelles, détermina l'érection des universités de médecine et de droit, qui ne furent pas d'abord toutes acceptées par les gouvernements; mais elles finirent ensuite par les dominer. Les premières acceptées furent celles de droit, et surtout de droit canon, conséquence nécessaire de l'état social. L'Église possédait toute la science et faisait la législation; c'était l'intelligence régnant par ses droits sur la matière ou la masse des gouvernements d'alors. Aussi, tous ces établissements intellectuels doivent être au fond considérés comme des créations de la religion chrétienne : les règlements et les constitutions en étaient faits par les papes, qui les érigeaient, les protégeaient et les défendaient contre les attaques que la force brute leur livrait quelquefois; on y réglait jusqu'aux livres que l'on pourrait et que l'on devrait y étudier à l'exclusion des autres. Il s'agissait alors d'établir scientifiquement le dogme et la morale évangélique, qui l'étaient déjà de fait par la pratique et la foi, et à priori. L'on ne doit, par conséquent, pas s'étonner qu'on y interdît la lecture des livres païens propres à corrompre l'un et l'autre. La bonne doctrine une fois affermie, on pouvait se permettre cette lecture, qui sert à dégoûter des immoralités des divinités païennes [1]. Mais n'eût-il pas été absurde que, voulant édifier, on posât les bases sur des fondements ruineux, comme le voudraient certains esprits qui n'ont pas compris l'action de l'Église à cette époque?

Chez les Grecs, l'enseignement fut grec; chez les Perses, il fut grec et perse; chez les Arabes, il fut grec,

[1] Voyez l'*Introduction*.

perse et arabe; chez les Romains, il avait été grec et romain; dans le moyen âge, il fut tout cela, et de plus chrétien. « Le monde moderne a présenté un phénomène dont il n'y a aucun exemple dans le monde ancien : les enfants des barbares se séparant de leur race par l'éducation; confinés dans des colléges, ils apprirent des langues que leurs pères ne parlaient point, et qui cessaient d'être parlées sur la terre; ils étudièrent des lois qui n'étaient pas celles de leur nation; ils ne s'occupèrent que d'une société morte, sans rapport avec la société vivante de leur temps. Les vaincus, sortis d'un autre sang, et perpétuant le souvenir de ce qu'ils avaient été, renfermèrent avec eux les fils de leurs vainqueurs, comme des otages. Il se forma, au milieu des générations brutes, un peuple d'intelligence hors de la sphère où se mouvait la communauté matérielle, guerrière et politique. Plus l'esprit autour des écoles était simple, grossier, naturel, illettré, plus dans l'intérieur de ces écoles il était raffiné, subtil, métaphysique et savant. Les barbares avaient commencé par égorger les prêtres et les moines; devenus chrétiens, ils tombèrent à leurs pieds; ils s'empressèrent de contribuer à la fondation des colléges et des universités: admirant ce qu'ils ne comprenaient pas, ils crurent ne pouvoir accorder aux étudiants trop de priviléges. Une véritable république, ayant ses tribunaux, ses coutumes et ses libertés, s'établit pour les enfants même au centre de la monarchie des pères[1]. »

Une multitude de colléges s'élevèrent autour des universités, et tous par la munificence des pontifes et des rois. Et ainsi nous voyons à cette époque, en

[1] Châteaubriand, *Étud. hist., œuv. comp.*, in-18, t. XVI, p. 400.

France, en Espagne, en Italie, en Angleterre, dans la Barbarie même, enfin sur toute l'Europe, un mouvement intellectuel sublime, et un nombre infini de grands hommes.

VII. *De l'influence et de la transmission des œuvres d'Aristote.*

L'intérêt qu'inspire ce puissant mouvement scientifique nous conduit à rechercher quelle fut sur lui l'influence d'Aristote, et à étudier l'histoire de la transmission de ses œuvres; elle nous apprendra ce que les deux directions, arabe et romaine, ont pris et apporté de lui au moyen âge.

Un fait très-important pour l'histoire scientifique et littéraire de notre pays, c'est que jamais la connaissance du grec ne s'est perdue en Occident, spécialement dans les Gaules et la France. Apportée dans le midi des Gaules par les colonies grecques, cette langue ne cessa pas d'y être parlée et enseignée jusqu'à la chute des écoles publiques des cités gauloises, sous l'invasion des barbares. Tous les enfants romains étaient élevés par des précepteurs grecs; l'Église des Gaules fut fondée par des Grecs [1].

Les communications continuelles de l'Église grecque et de l'Église latine, jusqu'à la consommation du schisme

[1] Saint Pothin, premier évêque de Lyon, qui vivait dans le second siècle, était de l'Asie Mineure, aussi bien que tous les missionnaires qui vinrent avec lui. Saint Irénée, son successeur, était aussi Grec, et il a écrit dans sa langue natale, quoiqu'il habitât les Gaules, preuve évidente qu'on pouvait l'entendre en Occident. Saint Hilaire de Poitiers, au quatrième siècle, emprunta dans ses ouvrages une foule de termes et d'idées aux Grecs. Saint Augustin savait certainement le grec, puisqu'il avait traduit certains ouvrages d'Aristote.

grec, au neuvième siècle, ne permettent pas de douter que la langue d'Homère et d'Aristote ne fût connue en Occident. Nous l'avons vue enseignée à la cour et dans les écoles de Charlemagne; et elle était parlée à celle de Charles le Chauve, qui donna à Compiègne le nom de Carlopolis, voulant en faire une nouvelle Constantinople. Pendant le dixième siècle, elle était en usage dans la liturgie et étudiée dans les monastères [1]. Dans une partie de la France, les Grecs se trouvaient en assez grand nombre pour jouir d'une existence politique. Vers le douzième siècle, ils partageaient, avec les Sarrasins et les juifs, les bénéfices du commerce [2].

Adélard de Bath, Jean de Sarisbery, Jean Sarrazin, et plusieurs autres, savaient le grec; et au temps d'Albert et de saint Thomas, sa connaissance était répandue en France, puisque les œuvres d'Aristote furent toutes traduites directement du texte original.

Tous ces faits nous permettent donc de conclure que jamais l'étude et la connaissance de cette langue n'ont

[1] A Saint-Martial de Limoges, dans le dixième siècle, on chantait en grec, à la messe de la Pentecôte, le *Gloria*, le *Sanctus*, l'*Agnus*, etc. Ekkard, moine de Saint-Gall, Remi d'Auxerre, un de plus savants docteurs de son siècle, Nother, autre moine de Saint-Gall, savaient le grec. Remi enseigna dans l'université de Paris, et mourut vers 908; Nother faisait grand cas des commentaires d'Origène, sur le Cantique des cantiques, et recommanda à Salomon, son disciple, de les faire traduire; il mourut en 971.

[2] « On voit par d'anciennes chartes, conservées dans les archives du département des Bouches-du-Rhône, et citées par le docteur Prunelle, qu'établis à Arles et à Marseille, pendant les neuvième, dixième et onzième siècles, les Grecs payaient certains droits aux monastères de Saint-Victor et de Montmayour. Une communauté de moines grecs s'établit même à Auriol, près de Marseille. » (Jourdain, *Rech. sur les traductions d'Aristote*, p. 48.)

été oubliées en Occident; et il est, par conséquent, à présumer qu'on a toujours possédé un certain nombre d'auteurs grecs. Voyons ce qu'il y a de positif pour Aristote.

Sylla apporta les œuvres d'Aristote à Rome, et aussitôt Pline en tira tout ce qu'il y a de science dans ses écrits. Cicéron, Victorinus, saint Augustin, Boèce, travaillèrent sur Aristote. Les exemplaires des versions de saint Augustin et de Boèce étaient assez nombreux dans les onzième et douzième siècles, mais leurs travaux ne portaient certainement que sur la logique et la dialectique; ces deux branches, par conséquent, ont été connues dès le temps de Charlemagne et depuis. Les autres ouvrages d'Aristote n'étaient connus avant le onzième siècle que par des citations des saints Pères, qui, en plusieurs circonstances, avaient engagé les fidèles à étudier le maître des péripatéticiens, afin de répondre aux attaques païennes.

Lorsque les sciences montèrent sur la chaire de Mahomet avec les Abassides, les Arabes commencèrent par les mathématiques; vint ensuite la logique. La théologie et la philosophie furent confondues. Sous les Ommyades d'Espagne, l'astronomie, les mathématiques, la médecine, furent les premiers objets des études. Jusqu'au milieu du douzième siècle, les chrétiens ne connaissaient les Arabes que comme d'habiles mathématiciens et de savants astronomes.

Avicennes parut dans la fin du dixième et le commencement du onzième siècle. Il fut à l'Orient ce qu'Averrhoès fut à l'Espagne, ce qu'Albert le Grand fut à l'Occident. Peut-être même qu'Albert dut à Avicennes l'idée de ses vastes travaux. L'un et l'autre entreprirent, non pas de commenter Aristote, mais de composer sous les mêmes titres le même nombre de traités que lui, en s'appropriant ses sentiments, et souvent ses expressions.

Les ouvrages d'Avicennes eurent la même influence en Espagne qu'en Orient. Averrhoès, qui, dans sa méthode, se rapproche de saint Thomas, décida de la fortune du Stagirite parmi ses contemporains.

Les chrétiens ne restèrent jamais étrangers à l'état des sciences chez les Maures. Les relations politiques et commerciales, les juifs répandus en grand nombre dans plusieurs parties de l'Occident, les en instruisaient. Aussi l'histoire n'a-t-elle conservé le nom d'aucun philosophe chrétien versé dans les sciences des Arabes, qu'il ne les ait étudiées en Espagne.

La philosophie suivit chez les chrétiens la même progression que parmi les Arabes. Constantin, Gerbert, Adélard, s'occupèrent d'abord de la médecine et des mathématiques. Vers le milieu du douzième siècle, commença l'étude de la métaphysique, de la physique, connues par les écrits d'Avicennes, d'Algazel, d'Alfarabius, et transmises de ces sources aux Latins par l'archidiacre Dominique Gonsalvi et le juif espagnol Jean Avendreath : cependant, avant la première année du treizième siècle, les philosophes arabes et Aristote ne paraissent point cités dans les écrits des scolastiques ; et en 1272, époque de la mort de saint Thomas, on possédait des versions faites, soit de l'arabe, soit du grec, de tous les ouvrages d'Aristote. L'époque de leur publication a donc eu lieu dans un laps de temps de soixante-douze ans, et l'on peut assigner les années 1220 à 1225 comme l'époque où la philosophie péripatéticienne commença à être employée dans nos écoles, soit qu'elle nous vînt des Arabes, soit qu'elle fût un résultat des rapports ouverts entre

Constantinople et l'Occident. C'est en effet par ces deux voies qu'elle nous est arrivée.

Les huit livres de la Physique, les dix-neuf livres des Animaux, les livres *de Cœlo et mundo*, *de Plantis*, de la Météorologie, n'ont été lus pendant plusieurs années que dans des versions arabes-latines.

Le livre *de Animâ*, a d'abord été traduit du grec. On ne peut déterminer si les livres *de Generatione et Corruptione*, ont été connus d'abord par la version arabe-latine, ou par la version grecque-latine.

Les *Parva naturalia*, *de Coloribus*, *de Lineis insecabilibus*, et les Problèmes, n'ont été traduits que du grec.

La Métaphysique a été connue originairement d'après une version grecque-latine.

Les quatre premiers livres de l'Éthique provenaient de textes grecs; mais la première version complète de l'ouvrage a été faite de l'arabe : les *Magna moralia* et la Politique ont été traduits du grec.

Les trois livres de la Rhétorique ont été traduits en entier d'après le texte grec seulement.

Dès qu'on put se procurer des versions immédiatement tirées du grec, on renonça à l'emploi des versions arabes-latines. Saint Thomas, secondé par le pape Urbain IV, contribua puissamment à enrichir l'Occident de traductions faites immédiatement du grec.

Les traductions tirées de l'arabe étaient trop défectueuses pour qu'il n'en fût pas ainsi; nous avons vu qu'elles provenaient d'abord du grec traduit en syriaque ou en hébreu; de là elles passaient en arabe; et lorsque les chrétiens les recherchèrent, on traduisit de l'arabe en espagnol, et de l'espagnol en latin. Ceci nous explique la foule d'incorrections que nous devons nous attendre à rencontrer dans les écrits des docteurs du moyen âge, et, entre autres, dans ceux d'Albert le Grand.

Ainsi, saint Augustin et Boèce pour la logique, les Arabes pour les sciences naturelles surtout, et les Grecs de Constantinople, ou bien encore, les Occidentaux, habiles dans la langue grecque, et recevant des manuscrits par l'influence des croisades, pour la métaphysique, la morale et la politique, tels sont les moyens qui ont apporté Aristote en Occident, et particulièrement en France [1].

Par là se trouve à peu près résolue la question de l'influence des Arabes sur le moyen âge, d'autant plus que si les sciences des Grecs furent florissantes en Espagne, les Maures le durent aux chrétiens, comme les Perses et les Abassides l'avaient dû aux nestoriens. L'influence des moines grecs s'étendit jusqu'en Espagne, et lorsqu'en 948, Romain, empereur de Constantinople, envoya à Naser Abd-Abraham les ouvrages de Dioscoride, ce calife lui demanda un homme capable de les traduire. Le moine Nicolas, chargé de cette mission, arriva à Cordoue en 951, et ce fut lui principalement qui répandit parmi les Maures d'Espagne les sciences des Grecs [2].

Cependant, la philosophie aristotélicienne trouva d'abord une assez forte opposition, mais elle en triompha bientôt par l'influence presque générale d'Albert le Grand et de saint Thomas, son disciple. Depuis lors, le progrès s'agrandit jusqu'à Descartes et Bacon, qui vinrent y ajouter de nouveaux éléments, et donner à l'instrument un fil, pour ainsi dire, plus tranchant. Mais jamais l'Église n'a commis la faute dont on l'a accusée si légèrement,

[1] Tous ces faits sont démontrés dans l'excellent ouvrage de M. Jourdain, sur les traductions d'Aristote, dont nous n'avons fait que résumer en grande partie les conclusions.

[2] Abdallatif, *Relat. de l'Égypte*, p. 496 et suiv.

d'avoir rejeté Aristote dans le temps où son admission était un progrès, et de n'avoir plus voulu s'en détacher quand il était un obstacle rétrograde. Cette prétendue faute est chimérique, puisque la fortune d'Aristote a été, comme nous l'avons démontré, le résultat logique des événements et des progrès de l'esprit humain, qui suit toujours la même marche rationnelle; et que d'ailleurs jamais Aristote n'a pu être et ne pourra jamais être un obstacle ni un point d'arrêt; Descartes, Bacon et tous les autres, ne sont, en effet, que la conséquence logique, le développement d'Aristote; ils ne peuvent pas plus se passer de lui que la Seine, grossie de tous ses affluents, ne peut se passer de sa source. Du reste, quant au fait matériel de la sentence portée par Robert de Courçon, Grégoire IX, et par le concile de Paris, et qui défendait la lecture des écrits d'Aristote, cette sentence ne frappait nullement les ouvrages de ce philosophe, mais bien des abrégés faits par un juif, et des extraits d'Avicennes et d'Algazel, publiés sous le nom du philosophe grec. C'est ce qu'a parfaitement démontré M. Jourdain [1]. Mais l'eût-elle fait, on aurait toujours tort d'en tirer les conséquences dont nous parlons.

VIII. *Docteurs du moyen âge.*

Après avoir, aussi nettement que possible, analysé les éléments fournis à Albert le Grand par les deux branches de la science, *gréco-arabe* et *gréco-romaine*, et aussi le puissant tribut avec le magnifique élan que le christianisme lui apporta, il nous reste, pour avoir le tableau complet, à jeter un coup d'œil sur les princi-

[1] Jourdain, *Recherches*, etc., p. 202-215.

paux docteurs chrétiens du moyen âge, prédécesseurs ou contemporains d'Albert le Grand, et qui furent, par conséquent, plus ou moins soumis aux mêmes influences que lui.

En remontant jusqu'au septième siècle, nous trouvons le premier encyclopédiste catholique, saint Isidore de Séville. Dans ses vingt livres des Origines et des Étymologies, retouchés par Braulion, évêque de Sarragosse, il traite de toutes les sciences divines et humaines : la grammaire, la logique, la rhétorique, les mathématiques, l'astronomie, la médecine, l'agriculture, la navigation, la chronologie, l'écriture sainte et la théologie. C'était le premier effort de l'esprit humain après la grande secousse produite par les barbares. Ce ne sont plus les Pères des cinq premiers siècles, et ce ne sont pas encore les docteurs du moyen âge. C'est un passage de l'un à l'autre. Ce travail est resté là plutôt comme témoignage que comme résultat marchant au progrès.

Nous n'avons à parler ni des savants de la cour de Charlemagne, ni de Gerbert, ni des quelques savants des neuvième et dixième siècles, bien qu'ils ne soient point à dédaigner, puisqu'ils ont au moins le mérite d'avoir entretenu le feu sacré. Nous ne pouvons rappeler que les principaux docteurs des onzième, douzième et treizième siècles; seuls, ils apportent à notre but quelque chose de positif.

Odon, évêque de Cambrai, se rendit surtout célèbre par sa dialectique; il suivait la doctrine de Boèce, et, par conséquent, quoi qu'on en ait dit, celle d'Aristote. Ce fut un des premiers champions des réalistes contre les nominaux, deux tendances qu'Albert le Grand essaya vainement de concilier plus tard.

Nous ne citons Abailard que pour montrer en lui,

dans le moyen âge, le représentant de la méthode poussée à l'excès, et retraçant les mêmes phénomènes que les hérétiques nous ont offerts dans les premiers siècles; il devint, comme eux, une sentinelle perdue, dont l'effet est nul pour le progrès.

Hugues de Saint-Victor est le premier qui ait joint d'une manière positive l'étude des sciences naturelles à celle de la théologie.

Pierre le Lombard, le maître des sentences, marchant sur les traces de saint Jean Damascène et de quelques autres, tenta le premier de réduire l'ensemble de la théologie dans un corps de doctrine; travail plus important et plus nécessaire au progrès qu'on ne pense. C'était, en effet, le résumé de toute la doctrine catholique exposée par les Pères, sur lesquels il s'appuie, et dont il fait la concordance. C'était aussi un des premiers essais de démonstration scientifique de la théologie tout entière, et, par conséquent, une préparation immédiate aux travaux d'Albert le Grand et de saint Thomas. On le regarde comme la source de la théologie scolastique.

Quelques années après, Alexandre de Halès commenta le maître des sentences, et donna dans sa Somme un corps de doctrines beaucoup plus complet.

Saint Bonaventure, contemporain d'Albert le Grand et de saint Thomas, reprit la théologie d'une manière plus complète encore, et la soumit tout à fait à la méthode aristotélicienne. C'est la même marche logique que celle du créateur des sciences; posant d'abord les généralités, puis entrant dans le détail des questions, en réfutant, comme Aristote, les opinions contraires, il embrasse tout l'ensemble du dogme chrétien, dans l'ordre, pour ainsi dire, chronologique. Après avoir traité de Dieu et de sa nature, il traite de ses œuvres; de la création en général; de la création et de la nature des anges; de la création des autres êtres, et surtout de celle de l'homme, qu'il considère dans ses rapports avec Dieu, avec les anges et les autres êtres; et, enfin, en lui-même, dans son âme et dans son corps, ce qui le ramène à étudier au moins les principes généraux de son histoire naturelle. La crânioscopie et la physionomie, dont le matérialisme moderne a fait tant de bruit, sont conçues et exposées par saint Bonaventure dans leurs généralités les plus vraies, appréciées à leur juste valeur dans leurs rapports avec la liberté humaine et la saine morale [1]. Après avoir considéré

[1] Les chapitres 57, 58 et 59 du livre II du compendium de la vérité théologique, attribué à saint Bonaventure, et se trouvant dans le tome septième de ses œuvres complètes, édition du Vatican, sont consacrés à la nature du corps humain et à la physionomie de l'homme. « L'homme, dit-il, en grec *anthropos*, est un arbre renversé. » Il compare les cheveux aux racines, et les bras et les jambes aux branches. Il est assez intéressant de retrouver là un des principes de la classification naturelle.

Dans la physionomie, il déclare suivre Aristote, Avicennes, Constantius, Philémon, Loxus, Palemotius. Il parle des cheveux, des caractères que leur couleur désigne... De la tête : « Une tête trop grande indique un sot, une tête en globe et courte est sans sagesse et sans mémoire. Une tête basse supérieurement et presque plate donne l'indice de l'insolence et de la dissolution. Une tête un peu oblongue et semblable à un marteau, indique un homme circonspect et prévoyant. »

« Un front étroit marque le trop d'indocilité et de voracité; large, il signifie le peu de discrétion ; bas et abattu, la pudeur; carré et d'une grandeur modérée, c'est l'indice d'une grande sagesse et de la magnanimité. »

Il donne ensuite les indications des sourcils, des yeux, des oreilles, des joues du nez et de tout le visage. « Une bouche petite convient aussi bien aux visages de femme qu'aux hommes efféminés;

l'homme dans les deux parties de son être, il le considère dans l'union de ces parties, et arrive à l'étude des lois morales et des rapports positifs établis par la révélation entre Dieu et l'homme; ce qui le conduit aux commandements de Dieu, à l'infraction de la loi, et enfin à sa réparation par les mérites du Rédempteur, appliqués dans les sacrements. Dieu, l'homme et tous les êtres ainsi étudiés dans le passé ou leur origine, dans le présent ou dans leurs rapports d'existence en ce monde, le docteur séraphique plonge dans l'avenir, et les étudie dans la vie future. Se présente alors le grand drame du jugement dernier, qui finit le temps et commence l'éternité, pendant laquelle s'accomplira le dogme

mais celle qui se dilate outre mesure indique un homme vorace, dur et impie; car un tel rictus convient aux monstres marins.» Après avoir donné les règles particulières de la physionomie de toutes les parties du corps, il consacre un chapitre aux règles générales de la physionomie. Il dit entre autres choses : « Il faut noter, en outre, que, bien que les signes des membres fassent connaître les mœurs naturelles des hommes, ils n'imposent cependant point nécessité, mais montrent l'inclination de la nature : ils ne dénoncent pas même toujours les affections des hommes, mais fréquemment et probablement.». . . « Ces signes peuvent avoir lieu par accident et non par la nature.» Et à cette occasion, il raconte, d'après Aristote, le trait de Philémon, qui, sur la vue d'un portrait d'Hippocrate, présenté par les disciples de celui-ci, le jugea porté à la débauche et vers les femmes; ce qu'Hippocrate avoua, en disant qu'il avait corrigé ces penchants de la nature par la philosophie. Cicéron raconte le même trait du physionomiste Zopyre et de Socrate.

« Enfin, continue-t-il, il faut savoir que ces signes extérieurs ne se rapportent qu'à ces passions qui sont naturellement dans l'homme, comme la colère, la concupiscence et autres semblables, mais non à celles qui appartiennent à l'âme seule, comme la musique, la géométrie et autres semblables. Il faut encore savoir que la perfection de la physionomie consiste dans les yeux, et qu'ainsi l'indice des yeux confirme l'indice des autres membres.»

des récompenses et des peines éternelles, ce qui achève le sublime tableau des rapports de l'intelligence incréée et de l'intelligence créée.

IX. *Plan des ouvrages d'Albert le Grand.*

Telle était la direction de l'esprit humain, lorsque vint Albert le Grand. Il appartenait à un corps religieux qui lui fournit les moyens les plus propres à servir son génie. La création des ordres de Saint-Dominique et de Saint-François d'Assise marque une belle et grande époque de civilisation intellectuelle. Nés pour la défense et l'extension de la religion catholique, ce fut avec les armes de la science qu'ils accomplirent leur mission. Bientôt le monde entier fut livré à leur zèle : l'Orient, la Chine, l'Inde, la Tartarie, furent arrosés des sueurs de leur foi; ils commencèrent ce grand mouvement des missions, qui ramènera bientôt tout l'univers à l'unité. La Grèce et l'Asie occidentale reçurent d'eux leurs évêques, et donnèrent en échange, à l'ordre, les livres que lui seul pouvait désormais comprendre.

Les luttes même que ces ordres eurent à soutenir contre la jalousie des corps enseignants, contribuèrent à enraciner chez eux le zèle et l'amour de la science; elle pouvait seule leur permettre un combat victorieux. De ces rudes chocs, se prolongeant et retentissant dans une partie des douzième et treizième siècles, jaillirent, comme du silex, de vives étincelles qui ne furent pas perdues pour le progrès.

Au milieu de ces circonstances apparut Albert le Grand; il voulut réunir la philosophie pratique et théorique, embrasser Dieu et ses œuvres. Il prit la méthode d'Aristote pour compléter par elle la méthode à priori, et rallier ainsi les réalistes et les nominaux, comme le Stagirite avait tenté de rallier les idéalistes et les matérialistes de son temps, Platon et Démocrite. Ses ouvrages sont, en général, des commentaires d'Aristote et de Galien, auxquels il joint tous les auteurs qui les ont suivis chez les Grecs, les Arabes et les Latins. Aristote et Avicennes sont ses deux principales autorités; il cite rarement Pline, toujours avec réserve, et souvent pour le réfuter[1]. Son type et son modèle fut essentiellement Aristote; il s'est calqué sur lui, et a composé, avec ses ouvrages, ceux de ses successeurs et de ses commentateurs, autant de traités, et dans le même ordre, que le Stagirite, dont il se proposait d'expliquer la doctrine, pour la rendre accessible à l'intelligence des jeunes frères de l'ordre. On peut donc regarder Albert le Grand comme représentant la science à son époque.

Ses leçons étaient données dans les chaires qu'il occupa en différents pays, où son général l'envoyait comme une puissance, et c'en était une, pour agir dans le sens vrai de la science, et soutenir l'honneur de l'ordre. Recueillies par différents élèves, elles furent répétées pendant plusieurs siècles dans les chaires de ses successeurs. Il dut par conséquent s'y glisser des fautes. Ayant lui-

[1] Entre autres traits de la conduite d'Albert envers Pline, nous citerons les aigles du Nord. Pline avait dit qu'ils enveloppaient leurs œufs dans une peau de renard et les suspendaient aux rameaux des arbres sous le soleil, jusqu'à ce qu'ils fussent éclos par la chaleur de ses rayons; qu'ils ne les couvaient point, mais que lorsque les petits sortaient de la peau, ils revenaient vers eux; ce que, ajoute Albert, j'ai déjà éprouvé être complétement faux, *jam expertus sum esse falsissimum*; et il cite à l'appui les aigles de la Livonie. Il réfute aussi souvent les autres fables des poëtes, comme les Harpies de Virgile. (*De Animalibus*, l. XXIII.)

même travaillé sur des traductions latines, altérées en passant du grec par le syriaque, l'hébreu et l'arabe, il en est résulté un grand nombre de noms propres estropiés, de dénominations barbares, qu'on lui a reprochées à tort. Pierre Jamini, qui a recueilli ses œuvres, et qui n'avait probablement pas la force d'Albert, a pu s'y laisser glisser de nouvelles erreurs. L'école des dominicains a sans doute modifié ses travaux; et nous n'avons pas la certitude que tout soit de lui dans les ouvrages publiés sous son nom.

Il se proposait d'enseigner la théologie suivant un plan nouveau qui aurait pour base les sciences philosophiques instrumentales, et les sciences naturelles, la physique, comme il va la nommer, embrassant tout l'univers. C'était, sous ce rapport, le plan d'Aristote; mais, observateur lui-même, il a considérablement agrandi le cadre de son modèle par un grand nombre d'observations nouvelles, dont il cite le lieu; il l'a surtout complété par l'introduction de ce que nous n'avions point encore vu en histoire naturelle, des descriptions exactes de chaque être, pris à part et séparé des généralités qui conviennent à tout un groupe. Il a décrit et introduit dans la science tous les animaux du Nord, dont personne n'avait encore parlé; le second après Galien, constatant des degrés d'organisation, il a cherché à établir la série animale, et a donné les raisons à l'aide desquelles on l'établirait dans la suite. Il faut donc ajouter aux sources où il a puisé, ses propres observations.

Toutes les œuvres d'Albert le Grand sont renfermées dans 21 vol. in-fol. Il y en a un assez grand nombre d'éditions, dont il est inutile de parler. Après avoir exposé son plan, en suivant Aristote pied à pied, il donne les généralités avant d'entrer dans les détails;

il annonce qu'il complétera son maître, et fournit le moyen de reconnaître ce qui lui appartient en propre [1]. Son plan embrasse la philosophie rationnelle, la philosophie naturelle ou métaphysique, la philosophie morale.

Aristote avait dit qu'il traitait des choses périssables, et qu'il n'allait pas plus haut. Albert admet aussi la philosophie naturelle ou réelle, *realis;* il la subdivise en trois branches : la métaphysique, qui traite de l'être, *ens*, d'une manière absolue; les mathématiques, qui envisagent la matière comme soumise à la quantité et au mouvement; et, enfin, la physique, ou histoire naturelle, qui y joint de plus la conception de l'être selon la raison, et fait l'histoire des êtres et des causes des phénomènes qu'ils présentent.

Tel est l'ordre de la dignité, dit-il; mais il s'agit de déterminer l'ordre de la doctrine, qui ne commence pas toujours par ce qui est, à priori, selon l'objet et la nature, mais par ce qu'il est plus facile d'apprendre. Afin donc d'avoir un point d'appui et d'aller du connu à l'inconnu, je renverserai la méthode; et, avec l'aide de Dieu, nous terminerons d'abord la science naturelle; ensuite nous parlerons de toutes les mathématiques, et nous achèverons notre entreprise dans la science divine [2].

[1] Il procédera, dit-il, en suivant l'ordre des livres d'Aristote, et composant autant de traités que lui, sans faire mention de son texte cependant; il l'expliquera et le complétera. Quand le titre indique simplement le contenu du chapitre, ce sera un signe qu'il est de la série des livres d'Aristote; mais le titre de digression marque que ce chapitre est ajouté par Albert pour suppléer ou développer Aristote et le prouver. Il ajoutera même quelquefois des parties de livres imparfaits; ailleurs, des livres intercalés ou omis, qu'Aristote n'a point faits ou qui ne sont point venus jusqu'à nous.

[2] *Lib. phys.*, l. I, c. I.

Il commence donc par la physique, à laquelle il consacre huit livres, comme Aristote, en y traitant des mêmes choses que lui, et dans l'ordre que nous avons proposé. Il intercale, entre le sixième et le septième livre, le traité des lignes insécables d'Aristote. Viennent ensuite les quatre livres de *Cœlo et Mundo;* les deux *de Generatione et Corruptione;* les quatre des Météores. Il place ici les cinq livres des Minéraux, qui sont entièrement de lui. Il nomme et décrit tous ces minéraux, en suivant l'ordre alphabétique, qu'il reconnaît n'être pas philosophique, mais plus accommodé au commun des esprits (*rusticis*)[1]. Il ne suivra pas les alchimistes dans leurs transformations et leurs remèdes, mais il parlera des minéraux en général, puis des pierres, ensuite des métaux proprement dits, et des corps intermédiaires.

Ainsi, après avoir parlé du monde en général, des lois du monde et de ses éléments, il va parler des corps *homiomères*, qui sont, par la simplicité de leur nature, avant les *anhomiomères*, lesquels ont, d'ailleurs, besoin des précédents pour exister. Or, les métaux sont plus homiomères que les plantes, où l'on trouve diverses parties; il va donc traiter d'abord de la minéralogie.

S'élevant ensuite aux corps vivants, il commence par la physiologie générale, et traite de la vie, *de anima*, comme Aristote, d'abord physiologiquement, ensuite psychologiquement, mais d'une manière beaucoup plus nette et plus distincte que le philosophe grec; enfin,

[1] Il n'a d'Aristote, sur les métaux, que ce qu'a conservé Avicennes. Plusieurs auteurs, dit-il, ont traité des métaux; entre autres Cuates, roi des Arabes, Dioscorides, Aaron et Joseph, mais tous insuffisamment aussi bien que Pline.

dans plusieurs traités successifs, il embrasse toute la physiologie générale [1].

Des généralités il passe aux spécialités, et commence par les premiers corps organisés, les végétaux [2], pour terminer par les animaux, la partie de la philosophie qu'il appelle science naturelle.

Sous le nom de philosophie morale, il comprend les éthiques en dix livres et la politique; la métaphysique comprend treize livres.

La science humaine se termine avec Aristote. Mais Albert n'a accompli que la moitié de sa tâche; il faut qu'il arrive à la science divine. Il commence cette étude par des commentaires sur tout l'ensemble de l'Ancien et du Nouveau Testament, en se basant sur les parties de la philosophie déjà développées, pour arriver à l'explanation de ce nouvel élément qui passe de Dieu dans la science humaine. Il tire de ses commentaires la théologie démonstrative. Il commente ensuite le bienheureux Denis l'aréopagite, le maître des sentences, puis il compose sa Somme [3].

[1] *De causis vitæ et mortis et longitudinis vitæ ; de nutrimento ; de somno et vigilia ; de sensu et sensato ; de memoria et reminiscentia ; de motibus animalium ; de respiratione et inspiratione ; de intellectu et intelligibili.*

[2] Il est indubitable que, pour les végétaux, Albert a eu les traités d'Aristote, ou, si l'on aime mieux, de Théophraste, traduits de l'arabe.

[3] *Théologie positive.* 7e vol. : Commentarii in psalmos. 8e vol. : Commentarii in threnos ; — in Baruch ; — in Danielem ; in 12 prophetas minores. 9e vol. : Commentarii in Matthæum ; — in Marcum. 10e vol. : In Lucam. 11e vol. : In Joannem ; — in Apocalypsem.

Théologie démonstrative. 12e vol. : Sermones de tempore ; orationes super evang. Dominic. totius anni ; sermones de sanctis ; sermones 32 de sacramento eucharistiæ ; liber de muliere forti.

3e vol. : Commentarium in beatum Dionysium areopagitam.

Tel est le plan d'Albert de Grand; il embrasse tout et complète la science. La théologie, ainsi basée sur la philosophie instrumentale et la science de la nature, d'une part, et sur la révélation démontrée, de l'autre, devient, comme tout le reste, une science positive de faits, d'expérience et de démonstration philosophique. Par là le cercle des connaissances humaines est terminé, puisqu'il renferme le monde ou l'ensemble des créatures, l'homme ou le lien d'union de l'esprit et de la matière, et enfin le dernier et le plus grand terme, Dieu, créateur et conservateur, qui a tout fait au commencement dans l'harmonie, pour le seul but raisonnablement digne de lui, sa glorification, vers laquelle tendent toutes les créatures par l'homme, médiateur entre les créatures et le créateur.

X. *Analyse du traité des animaux.*

Peu d'ouvrages ont autant de droits à l'attention du philosophe qui aime à suivre les progrès de l'esprit hu-

Théologie scientifique. Compendium theologiæ veritatis, septem libris digestum. 14e vol.: Commentarium in primum librum sententiarum. 15e vol.: In 2 et 3 lib. sententiarum.

17e vol., prima pars: Summæ theologiæ. 18e vol., secunda pars: Summæ theologiæ. 19e vol.: Summa de creaturis, divisa in duas partes, quarum prima est de quatuor coævis, secunda de homine.

Théologie mystique. 20e vol.: *Mariale,* sive questiones 230 super *missus est;* de laudibus B. Virginis libri XII. Biblia Mariana.

21e vol.: De apprehensione et apprehensionis modis lib. I. Philosophia pauperum, sive isagoge in libros Aristotelis de physico auditu, de cœlo et mundo, de generatione et corruptione, de meteoris et de anima.

De sacrificio missæ lib. I; de sacramento eucharistiæ lib. I; paradisus animæ sive virtutibus libellus; de adhærendo Deo libellus. De alchimia libellus.

main, que l'histoire des animaux par Albert le Grand. « Soit qu'on la regarde comme une simple compilation d'Aristote et d'écrivains subséquents, ou comme le dépôt des connaissances du siècle où il vivait; soit que l'on veuille y voir l'ouvrage d'un homme voué à l'étude de la nature, et qui savait en pénétrer les mystères, on conviendra que, sous l'un ou l'autre de ces rapports, elle est un monument précieux qui, présentant l'état des opinions et des connaissances du moyen âge, remplit une longue lacune, et lie l'histoire ancienne de la science à celle des temps modernes [1]. »

C'est ici que le génie d'Albert le Grand place la philosophie sur ses bases. Nous avons vu le grand traité d'Aristote divisé en neuf livres, auxquels s'en joint un dixième regardé comme apocryphe. Albert donne une autre division excellente; c'est à peu de chose près celle que nous avons proposée.

I. *Anatomie.* 1° *Ostéologie.* Il traite d'abord de l'anatomie, *De membris separatim absque causis*, où il fait entrer les quatre premiers livres d'Aristote. Prenant l'homme pour mesure, pour terme de comparaison, il l'étudie sous le point de vue anatomique et physionomique. L'anatomie est beaucoup plus avancée qu'elle ne l'était chez Aristote; il crée un plan anatomique très-remarquable; il commence par la partie centrale ou la colonne vertébrale, qu'il a parfaitement décrite, puis il vient au thorax qui renferme les appendices du tronc; il finit son ostéologie par les appendices terminaux, les membres antérieurs et postérieurs, auxquels il a eu soin de joindre le bassin comme en faisant partie. Il y a donc dans cet ordre anatomique du squelette une méthode plus phi-

[1] Jourdain, *Recherches sur les trad. d'Aristote*, p. 358.

losophique que celles que nous avions rencontrées jusqu'ici.

2° *Myologie*. Il n'a pas tout à fait suivi le même ordre rationnel dans la myologie. Il traite d'abord des muscles en général; puis des muscles de la tête et des *membres de la tête*, expression assez originale, qui lui appartient, et que nous verrons plus tard justifiée par les savantes leçons de M. de Blainville. Il suit l'étude des muscles en allant de haut en bas.

3° *Système nerveux*. Il traite ensuite du système nerveux; il reconnaît sept paires de nerfs sortant du cerveau; il en décrit fort au long l'origine, la sortie et les fonctions sensoriales; puis il vient aux nerfs qui sortent de la moelle le long de la colonne vertébrale.

4° *Système artériel*. Il reconnaît que toutes les artères naissent certainement du cœur.

Toute cette partie, qui traite de l'ostéologie, de la myologie, du système nerveux et vasculaire artériel, est propre à Albert le Grand. Elle était presque nulle dans Aristote; d'ailleurs il la réclame positivement en la mettant sous le titre de digression. Il la doit en partie à ses propres observations, en partie à Galien pour les faits; mais l'ordre lui appartient.

4° *Système veineux*. En reprenant le système veineux, il revient à Aristote, qu'il n'avait abandonné que pour le mieux expliquer. Après avoir parlé de toutes les parties du corps, il traite, dans une digression, de la peau qui enveloppe ces membres, et qui est comme la contexture des nerfs et des veines mutuellement repliés en filaments pour envelopper les membres intérieurs[1].

[1] Quæ (*cutis*) est quasi sit contextio nervorum et venarum filariter reflexarum ad invicem, ut involvatur ea membra interiora.

Cette définition de la peau ne diffère pas de ce que la science admet aujourd'hui sur la partie vasculaire et sensoriale de l'enveloppe extérieure.

L'homme, ainsi connu anatomiquement, il lui compare, dans les trois livres suivants, tous les animaux, qu'il divise, comme Aristote, en animaux à sang et en animaux privés de sang. C'est dans le livre second qu'il parle des animaux du Nord; de ceux de la Sclavonie, de la Hongrie, de l'Allemagne et de la Prusse.

Dans les livres suivants, il traite de la génération, abstraction faite des explications qu'on en peut donner. Après l'avoir exposée dans l'homme et les animaux, parmi lesquels il a très-bien connu les vivipares, les ovipares et les ovovivipares, il termine par la partie de prévision; *de impedimentis generationis, et sterilitate;* c'est son dixième livre.

II. *Physiologie.* Il reprend, dans les livres suivants, les choses précédemment exposées, et les considère dans leurs causes, ou physiologiquement. En donnant les raisons de son plan, il a aussi donné un aperçu très-remarquable de l'ordre suivi par Aristote. Ici encore il termine par la génération dans les animaux [1], qui est parfaitement traitée et lui appartient en grande partie.

Dans tout ce qui précède il a suivi Aristote en le complétant; mais les six derniers livres sont son œuvre propre.

Il est le premier qui, dans son traité de la physionomie, ait pensé à déterminer les facultés de l'âme d'après les organes extérieurs du crâne. Aristote avait

[1] De la génération par les œufs; de la génération dans les animaux parfaits et dans les animaux imparfaits; il s'étend sur le nombre des produits de la génération, et il a égard à l'âge, aux circonstances, à la nourriture, à la taille des individus, etc.

déjà donné un traité de physionomie, et Théophraste y avait ajouté ses caractères; mais Albert le Grand, dans le siècle duquel cette science était en grande vogue, contient en germe la théorie de Gall et de Spurzheim, son disciple, moins l'exagération et les principes matérialistes.

Le vingtième livre est intitulé : *de Natura corporum animalium et de principiis materialibus eorum*. C'est là qu'il va traiter des matériaux des corps animaux, des vertus ou de la cause formatrice, *nisus formativus*.

III. *Série animale*. Dans le vingt-et-unième livre, qu'il intitule : des animaux parfaits et imparfaits, et de la cause de l'imperfection et de la perfection, il emploie neuf chapitres à traiter des animaux parfaits et imparfaits, à montrer la série animale. Il part de l'homme qu'il prend pour terme de comparaison; et il établit la dégradation sur le degré d'intelligence. Il est le premier qui ait employé les mots de degré de perfection, *de gradibus perfectorum, et imperfectorum animalium*. Il met l'homme en dehors des animaux : Ce n'est point un animal, dit-il; et lorsqu'il a exposé que les organes qui sont les instruments de l'âme, se groupent autour d'elle, il juge avec cette mesure tous les animaux de la série, et arrivé à l'éponge, il demeure, comme nous, indécis si elle appartient aux végétaux ou aux animaux.

Voilà la partie anatomique, physiologique et philosophique de la science nettement exposée et distinctement conçue. Il reste maintenant à appliquer les principes aux spécialités, en les décrivant dans leur nature, leurs qualités et leurs usages. C'est un nouveau pas complétement dû à Albert le Grand. Ici commence l'ordre alphabétique auquel l'état de la science l'a obligé de se soumettre, tout en reconnaissant qu'il n'était pas philosophique.

Le livre vingt-deuxième a pour titre : *de Naturis sigillatim animalium* ; de la nature des animaux en particulier. Exposant d'abord la vraie nature de l'homme, il traite de sa génération, de ses propriétés naturelles et de ses facultés intellectuelles et spirituelles; il le sépare nettement des animaux, car l'homme seul est le lien du monde et de Dieu. *Solus homo nexus est Dei et mundi.*

Viennent ensuite les quadrupèdes ; d'abord leurs parties en général, puis les spécialités. A chaque mot ou espèce il donne les noms, les définitions et les descriptions claires et nettes de l'animal. Il cite parfois Pline ; il parle même de ses animaux merveilleux, comme la menticore, etc., mais avec une réserve douteuse. Il s'étend principalement sur les animaux domestiques, le chien, le cheval, le bœuf, etc. Il traite de la nature de chaque animal, de ses facultés, de ses usages, et souvent, ce qui ne s'était point encore vu en histoire naturelle, de ses maladies et des remèdes qu'il faut y apporter. Il donne la synonymie des noms dans les divers pays, mais malheureusement ils sont presque tous défigurés.

Le livre vingt-troisième embrasse les oiseaux, d'abord dans leur généralité, puis dans leurs espèces. Il s'étend très-longuement sur les faucons et la fauconnerie, chose très-importante à son époque; il passe en revue les diverses espèces de ces oiseaux chasseurs, traite de leur gouvernement, du gouvernement de leur santé et de la guérison de leurs maladies. M. Schneidre a emprunté toute cette partie d'Albert.

Le livre vingt-quatrième comprend les poissons, parmi lesquels il place tout ce qui vit dans l'eau. Mais à part ce défaut dû à l'état de la science, il les classe assez convenablement en poissons osseux, cartilagineux, poulpes, coquilles, et le reste par des considérations tirées de la locomotion et des organes de la peau. Il s'étend sur la baleine et la pêche qu'on en faisait alors dans l'océan Atlantique, et la Manche, sur nos côtes.

Le livre vingt-cinquième traite des serpents en général, puis de leurs espèces, qu'il distingue en *reptilia*, *reptentia* et *repentia*. Il place parmi les serpents la tortue, non, dit-il, parce qu'elle soit serpent, mais parce qu'elle y ressemble en certaines choses. Il avait déjà donné ailleurs les points de ressemblance qui rattachent les crocodiles et les lézards aux ophidiens.

Enfin le vingt-sixième livre traite *de Parvis animalibus*, des petits animaux qui n'ont point de sang, à la manière d'Aristote.

Tel est ce grand ouvrage d'Albert le Grand; la première partie est d'Aristote perfectionné et développé; le reste est d'Albert dans la composition générale aussi bien que dans les spécialités, quoi qu'en ait dit Schneidre, dont les conjectures ne sont pas admissibles contre l'affirmation formelle d'Albert, qui réclame cette partie comme son bien propre.

Albert avait envisagé l'espèce humaine surtout dans ses caractères intellectuels, parce qu'elle sent, raisonne, juge, et qu'elle est perfectible, etc. Il la place à la tête et même hors de ligne; et à l'aide de cette mesure il étudie toute cette partie de la série de la création, qui s'étend depuis l'homme jusqu'au végétal. Il montre que le singe n'est susceptible, ni de perfectionnement, ni d'éducation. Il appelle le pithèque, pygmée, parcourt ensuite les parties de son organisme dont il montre les différences avec l'organisation humaine.

Sous le rapport de la méthode ou l'art d'exposer clairement et nettement ses idées, Albert le Grand a peut-être été plus loin qu'Aristote. Il y a chez lui des subtilités, mais elles sont éclaircies par des exemples et des définitions. S'il emploie des mots nouveaux, il a toujours soin de les bien définir.

XI. *Principes et faits introduits dans la science par Albert le Grand.*

Albert le Grand a envisagé la théologie d'une manière tout aussi élevée qu'on l'avait fait avant lui et peut-être plus élevée qu'après. Loin d'en faire une science isolée, il la regarde comme le centre vers lequel doivent converger toutes les autres sciences. Dieu, en effet, ne s'est pas seulement fait connaître à l'homme par sa parole, mais encore par ses œuvres; et ses œuvres mêmes sont l'objet des sciences. En donnant donc pour appui à la science de Dieu ou à la théologie l'étude de la nature, c'est-à-dire, des corps naturels et des lois qui les régissent, il entrait dans une excellente direction, dont l'effet eût été la réunion de tous les efforts de l'esprit humain vers un même but. Les théologiens n'auraient jamais dû sortir de cette voie; la démonstration de leur science en eût été plus large et plus acceptable à tous les esprits qu'elle aurait dirigés dans leurs investigations, et les autres sciences y auraient gagné.

C'est par là qu'Albert a complété le cercle des connaissances humaines, puisqu'il a ajouté aux parties si bien exposées par Aristote la science des rapports de l'homme avec Dieu.

Aristote avait, en effet, compris la grammaire, la logique, la dialectique, la rhétorique et la poésie; puis les sciences naturelles, générales et particulières, appliquées successivement au monde et au ciel, aux météores, aux minéraux, aux végétaux et aux animaux comparés à l'homme pris pour mesure. Enfin il avait terminé par la politique, l'économique et la morale, mais il était resté là.

Albert le Grand va plus loin : outre ces différents traités qu'il développe, commente et perfectionne, il s'élève jusqu'à établir les rapports de l'homme avec Dieu, suivant les dogmes de la religion chrétienne, qui seuls pouvaient permettre une si belle conception et la donner. Il a donc parcouru tout le cercle et atteint le dernier terme de la science humaine : savoir d'où tu es, ce que tu es, et où tu vas. Ainsi était complétée la philosophie, nécessairement dans la direction chrétienne, dans laquelle Albert le Grand était obligé d'entrer, non-seulement comme chrétien, mais encore comme philosophe. Nulle religion, en effet, n'a élevé aussi haut la moralité de l'homme, ni si parfaitement embrassé tout son être. Cela même le conduisait des travaux d'Aristote à l'étude des saintes Écritures, qui doivent lui fournir la base de la science théologique. Voulant et devant toujours y appliquer la méthode péripatéticienne, que les abus avaient proscrite des universités, il la fit surmonter les obstacles qui luttaient contre elle. Il était impossible qu'elle ne triomphât pas; car, en définitive, le champ de bataille reste toujours à la vérité. Mais comme dans les mains d'Albert le Grand cette méthode devait avoir une autre direction, il dut presque la créer pour le but qu'il se proposait, et il en résulta ses divers commentaires sur les prophètes, les évangélistes et l'Apocalypse, sur saint Denis l'aréopagite et le maître des sentences; et enfin les deux parties de sa Somme théologique. Nous n'avons point à l'examiner comme théologien, bien qu'un tel examen ne manquerait pas d'intérêt, puisque son haut mérite est tout aussi méconnu sous ce rapport que sous les autres. Nous laissons ce point, dont ce n'est ici ni le lieu, ni le temps, à l'historien de la science théologique, si cette histoire est jamais faite. Mais il n'en sera pas de même des éléments théologiques qu'il a pris dans l'étude de la nature, qu'il les ait empruntés à Aristote ou qu'il les doive à ses propres observations; nous nous arrêterons surtout sur ce qu'il a introduit en philosophie naturelle proprement dite, et spécialement en zoologie.

Son but est positif et dignement énoncé : « Mon but, dit-il en commençant, est d'abord de louer Dieu tout-puissant, qui est la source de la sagesse, le créateur, l'instituteur et le gouverneur de la nature; secondement, l'utilité des frères de l'ordre, et, par suite, de tous ceux qui liront ce livre, et qui désirent posséder la science de la nature [1]. »

Il avait parfaitement saisi l'importance de cette science, lorsqu'il prononce que la science naturelle ne consiste pas simplement à accepter, à recevoir des récits, des histoires, mais à rechercher les causes.

La stabilité des espèces est une condition nécessaire à l'existence de la science; leurs variations et leurs perturbations continuelles excluent tout principe et toute prévision. L'école qui nie les espèces, et, par conséquent, la science, est réfutée à l'avance par Albert. Comprenant l'impossibilité de la science sans la perpétuité des espèces, il soutient qu'elles sont perpétuelles

[1] Ad laudem primò Dei omnipotentis, qui fons est sapientiæ et naturæ sator, et institutor et rector; ad utilitatem fratrum et per consequens omnium in eo (libro) legentium et desiderantium adipisci scientiam naturalem.

comme le monde[1]. Le monde lui-même est sorti d'une cause intelligente; ce qu'Aristote avait aussi soutenu. Mais Albert va plus loin : il démontre que le monde est sorti de la cause première par l'intelligence et la volonté : *mundum processisse à primâ causâ per intellectum et voluntatem*. Les épicuriens ont bien pu extravaguer jusqu'à considérer l'intelligence comme résultant de l'ensemble des lois de la nature; mais la volonté marque un être déterminé, agissant par lui-même et librement. Voilà la conception posée, il ne reste plus qu'à la démontrer, et c'est ce qu'il fait. Le grand principe de la science est donc nettement exposé.

Classification générale des êtres. Ici il a peu ajouté à ce qu'avait fait Aristote. L'espèce et le genre sont pourtant nettement définis. L'espèce, dit-il, est la réunion des individus qui naissent les uns des autres; les espèces constituent le genre. Le germe des idées développées par Buffon, sur ces questions importantes, est dans Albert le Grand.

L'homogénéité des corps matériels est son grand principe de classification générale. L'homogénéité caractérise les minéraux, tandis que les corps organisés sont hétérogènes dans leur composition; il distingue donc les corps de la nature en deux grandes classes, les tangibles, ou minéraux, et les corps organisés qui ont la vie, l'*anima* d'Aristote, les végétaux et les animaux. Il commence son étude par les premiers.

En minéralogie[2]. Il a certainement avancé la science,

[1] Mundus totalis est perpetuus, semper in tempore permanens nec unquam in aliquo tempore cessavit generare plantas et animalia secundum species plantarum et animalium.

[2] Pour les minéraux, Albert prévient qu'il n'a vu que quelques fragments des livres d'Aristote ; que ce qu'Avicennes en a dit dans

d'abord en traitant toutes les questions générales, mais surtout en donnant la description et la définition d'un assez grand nombre de minéraux et de métaux qu'il avait observés lui-même.

Il divise le règne mineral en pierres, métaux et corps intermédiaires, c'est-à-dire, les sels.

Il étudie les pierres dans la matière qui les compose, dans leurs accidents, leurs couleurs diverses, leur dureté, leur *dolabilité* et leur *indolabilité;* traite des causes de la porosité et de l'opacité des pierres, de leur gravité et de leur légèreté.

Son chapitre huit, de *Lapidibus*, est remarquable en ce qu'il y est question de certaines pierres qui ont extérieurement et intérieurement des effigies d'animaux; il dit, d'après Avicennes, que ce sont des animaux pétrifiés. Le problème des fossiles commençait donc déjà à occuper la science, qui était loin encore d'en voir la solution.

Les pierres précieuses sont l'objet du livre second; il les range par ordre alphabétique, donne de chaque genre des descriptions claires et nettes; il dit le lieu où on les trouve, leurs usages et quelques-unes de leurs propriétés; il décrit ainsi près de quatre-vingt-six genres ou espèces.

Le livre troisième traite des métaux et de leurs propriétés générales[1]; le quatrième, des métaux en par-

le 3e chapitre de son livre premier n'est pas suffisant. Il cite en plusieurs endroits ses propres observations et ses voyages, pour étudier les métaux et les transformations des alchimistes.

[1] Ce troisième livre est dû aux observations d'Albert; il y traite du lieu de la génération des métaux, ou ce qu'on entend aujourd'hui par gisement; puis des actions des métaux, de leur ductilité, de leur couleur, de leur saveur, de leur odeur, de leur *créma-*

ticulier[1]; le cinquième, des corps intermédiaires ou des sels[2].

Il avait embrassé toutes les propriétés générales et les caractères des minéraux, sauf la cristallisation et la composition chimique qu'il ne pouvait connaître. La minéralogie a donc beaucoup avancé entre ses mains.

On a rejeté de la science l'ontologie, ou la création des forces, que l'école péripatéticienne admettait pour expliquer les faits. Il est vrai qu'Albert le Grand a pu en faire un usage exagéré; mais l'ontologie n'est pas plus blâmable que les autres hypothèses scientifiques, à l'aide desquelles on procède tous les jours dans la science. C'est toujours l'x de l'équation, et tant qu'elle satisfait à toutes les données, elle est acceptable.

Après avoir étudié les pierres, les métaux et les sels, en donnant sur ces divers sujets une foule d'observations et de détails qui prouvent qu'il n'était pas un simple commentateur, qu'il avait, au contraire, beaucoup voyagé pour étudier sur les lieux mêmes, il vient aux corps organisés, les végétaux et les animaux. Il a montré que l'âme n'est pas le résultat des organes, mais qu'elle en appelle le développement; la physiologie générale lui doit beaucoup d'autres principes importants et un grand nombre d'observations curieuses.

bilité et de leur *incrémabilité*, ce que la chimie métallique comprend sous le nom d'oxydes.

[1] Il y traite du mercure, du plomb, de l'étain, de l'argent, de l'airain, de l'or, du fer.

[2] Le sel marin, le sel gemme, les ocres, les alumines, l'arsenic qu'il a connu sous diverses formes; les marcassites, que l'on comprend aujourd'hui sous les noms de fer sulfuré, de bismuth natif, de cuivre pyriteux, de zinc sulfuré, aussi bien que la pyrite arsénicale et les minerais de cobalt cristallisé. Il parle ensuite des nitrites, et il finit par l'ambre.

En botanique. Considérant le règne végétal dans ses généralités, il a recherché le principe de la vie dans les plantes, et montré qu'elles différaient des animaux en ce qu'elles n'ont ni désir, ni mouvement volontaire, ni une vie parfaite, mais seulement une partie de la vie; qu'elles n'ont d'autres fonctions que celles de se nourrir, de s'accroître et de se reproduire; qu'elles se rapprochent des corps bruts et inanimés; que la plus parfaite des plantes est bien au-dessous de l'animal, parce que la plante est créée pour l'animal, et non l'animal pour la plante; que la plante a bien moins de parties hétérogènes dans sa composition que l'animal. Il regarde les arbres comme les plus parfaites des plantes.

La reproduction est, selon lui, le grand caractère de la végétabilité; aussi regarde-t-il les champignons comme beaucoup moins parfaits que les autres végétaux, parce qu'ils ont moins de moyens de reproduction; il les compare aux animaux inférieurs. C'est sans doute ce qui a attiré toute son attention sur la graine; il l'a parfaitement décrite, a distingué l'embryon, ses formes et ses positions dans les différents végétaux. Les formes des fleurs, sur lesquelles Tournefort a basé sa méthode, s'y trouvent déjà indiquées au nombre de cinq ou six : fleurs en cloches, en pyramides, en ailes d'oiseau, en étoile, etc. Il a traité des fruits, de la dissémination des graines par la nature, et a fait, sur la culture et les usages des plantes, des observations très-remarquables.

En zoologie. La zoologie doit beaucoup à Albert le Grand; les principes surtout, qui font toute la base de la science, sont actuellement posés. Il a beaucoup mieux établi que ses prédécesseurs le caractère de l'animalité et les principes de la distinction des animaux.

En prenant l'homme pour terme de comparaison, il a eu soin de prouver la valeur de cette mesure. Les sens de l'homme sont plus parfaits que ceux d'aucun animal; principe important contre lequel on objectait déjà que certains animaux ont les sens meilleurs que l'homme; les vautours ont un meilleur odorat; les lynx, une meilleure vue, etc. Albert répond d'une manière victorieuse à cette objection, en distinguant dans les sens deux choses: l'acuité organique, qui peut être plus grande dans les animaux que dans l'homme, et le *disciplina*, l'éducabilité des sens, qui permet à l'homme de perfectionner ses sens, de les placer dans les circonstances les plus favorables pour leur exercice et pour l'observation, *in contemplandis*, faculté dont l'homme seul est capable, et dont nul animal ne jouit, pas même les singes, qui ne sont presque pas éducables.

L'homme admis comme terme de comparaison, le conduisait aux principes de la classification naturelle et de la série animale, qu'il ne pouvait pourtant démontrer dans l'état de la science à son époque. Son livre de la Perfection et de l'imperfection des animaux, est un progrès; mais n'ayant pas d'anatomie, il a dû s'appuyer davantage sur la locomotion, comme plus visible. S'il a suivi l'ordre alphabétique, il n'en a pas moins tracé la seule marche philosophique à suivre dans l'étude des dégradations sériales. Comme il fallait connaître la mesure avant de s'en servir, il expose donc l'anatomie générale de l'homme, parce qu'il est, dit-il, plus digne que tous les animaux, et que, pour le nombre et la figure des membres, il est beaucoup plus parfait qu'eux. « Or, continue-t-il, les membres parfaits bien connus, nous pourrons mieux connaître les imparfaits, et les membres humains nous sont beaucoup mieux connus que les autres... Toute diversité, soit dans le corps, soit dans les organes, a sa cause dans les différences des puissances de l'âme.... Il faut donc, avant tout, exposer les membres et les parties de l'homme, pour mieux connaître les perfections et les imperfections des animaux, en comparant leurs membres à ceux de l'homme; la comparaison sera prise du complément de l'homme, de la perfection de créature ou de formation, et de l'excellence de ses opérations, pour lesquelles sont données les parties qu'on appelle organiques [1]. »

« L'homme diffère plus que par l'espèce des autres animaux.... Il ne peut y avoir d'animal plus parfait que lui.... » Et en effet, entre l'homme et le plus parfait des animaux, il y a une distance infranchissable : les animaux sont tous matériels; l'homme seul réunit en lui les deux mondes de la matière et de l'esprit. « L'homme seul possède l'organe des organes, la main, » que nous avons vue si magnifiquement appréciée par Aristote et mieux encore par Galien. « L'homme a le tact le plus subtil et le plus sûr.... C'est par l'ouïe qu'il est disciplinable, par les signes des choses et par un autre que lui... » ce qui fait de l'ouïe le premier des sens, le sens vraiment social, place qu'il obtient aussi dans la révélation positive, puisque la foi vient de l'ouïe : *Fides ex auditu* [2]. « L'éducation conduit l'homme à trois choses : aux sciences contemplatives, aux arts mécaniques, aux vertus morales; et l'homme n'arrive à aucune sans la raison et l'intelligence. » L'éducation est le propre de l'homme.

« L'homme seul est le lien du monde et de Dieu; » il

[1] Lib. I, Trac. II, cap. I.

[2] S. Paul, *Rom.*, ch. X, v. 17.

est le médiateur des créatures et du Créateur, auquel il peut seul renvoyer la gloire que Dieu s'était proposée pour but en créant [1]. Les sciences sont donc arrivées à leur terme le plus sublime, à la perfection de l'homme physique, intellectuel et moral, et à relier la création au Créateur; il n'y a donc plus qu'à développer ces principes, et à les appuyer par de nouvelles preuves, en agrandissant la somme des faits.

En anatomie. Albert a été moins heureux en anatomie et en physiologie; il n'a guère fait que disposer dans un ordre accommodé à ses vues, les faits fournis par Aristote, Galien et les Arabes; mais nous avons vu que plusieurs de ses vues avaient une assez haute portée philosophique; son plan anatomique pour l'ostéologie est remarquable, parce qu'il est rationnel. Il avait parfaitement compris et défini le système excitateur nerveux, lorsqu'il dit qu'un nerf est une substance visqueuse dirigée du cerveau par tout le corps, afin que par lui, le sentiment et le mouvement soient donnés au corps. Ce sera sur cette distinction du sentiment et du mouvement qu'on établira de notre temps le système nerveux sensorial et le système nerveux locomoteur.

Il a fait l'observation que, dans l'oiseau, les chairs sont délicates, et qu'il y a beaucoup d'air.

Il définit comme nous le reptile: un animal qui peut

[1] Homo plus quam specie differt ab his quæ dicuntur bruta animalia. . . . potest non esse animal perfectius homine. . . tactum habet homo subtilissimum et certissimum. . . auditus est sensus disciplinalis ex signis rerum et ex alio. . . . ex disciplina ad tria proficit homo; ad scientias videlicet contemplativas, ad artes mechanicas, ad virtutes morales; ad nullam homo sine ratione et intellectu. . . . proprium homini disciplinæ esse perceptibili. . . . solus homo nexus est Dei et mundi.

être pourvu de deux paires de pattes, mais qui, soit qu'il en ait ou non, rampe sur le ventre.

En histoire naturelle. Il a introduit la description, partie importante et base de l'histoire naturelle. Il a fait connaître les animaux du Nord; il a traité des mœurs des animaux, quelquefois de leurs maladies et des remèdes qu'il faut y apporter; enfin, il a donné des règles pour le gouvernement des animaux.

Parmi les animaux qu'il a déterminés dans ses descriptions, on compte trois singes; le pygmée lui semble le premier degré d'animalité après l'homme : l'homme, dit-il, le pygmée, le singe, descendent par des degrés continuels; ces deux genres s'approchent plus de l'homme par la ressemblance que tous les animaux. Il donne ensuite comparativement les caractères des singes.

Il a décrit et déterminé une chauve-souris, trois insectivores, vingt-trois carnassiers, quinze rongeurs, un gravigrade, six pachydermes, dix-sept ruminants, deux cétacés. En outre, il parle de quarante-sept autres mammifères, qu'il est difficile de déterminer.

Parmi les oiseaux, il a également décrit et déterminé un perroquet, seize oiseaux de proie, cinq latirostres, trois zygodactyles, un syndactyle, un subulirostre, quatre cultrirostres, cinq longirostres, trois parvirostres, un acutirostre, un crénirostre, neuf conirostres, deux sponsores, six gradatores, un cursor, huit grallatores, quinze natatores. Il parle, en outre, de trente-neuf oiseaux indéterminés. Il a décrit également un assez grand nombre de reptiles, de poissons et d'animaux inférieurs.

On peut donc résumer ce qu'Albert le Grand a laissé à la science dans les dix thèses suivantes :

1° Il a complété et terminé le cercle des connaissances humaines, en ajoutant à ce qu'avait fait Aristote la démonstration scientifique des rapports de l'homme avec Dieu.

2° Il a donné à l'étude de la nature son véritable caractère, l'utilité physique immédiate et l'utilité théologique, beaucoup plus importante, socialement parlant.

3° Il a étendu la voie de l'observation, en la portant sur tous les êtres de la nature et sur toutes les circonstances où ils existent, sauf sur l'anatomie.

4° Il a créé la description des corps naturels, inconnue aux anciens.

5° Il a senti et exprimé les rapports naturels des êtres, quoiqu'il n'ait pu, faute des éléments nécessaires, en faire l'application à la classification.

6° Il a mesuré en quoi consiste la perfection et l'imperfection, en plus ou en moins, des êtres organisés.

7° Il a senti, et souvent heureusement défini les degrés qui forment les corps naturels, et il en a fait une application heureuse à quelques cas.

8° En acceptant les principales thèses de l'école péripatéticienne, il les a éclaircies, rectifiées et développées d'une manière convenable.

9° Il a, le premier, employé d'une manière générale la forme de *dictionnaire* ou d'ordre alphabétique, pour la description des corps naturels, en en signalant les avantages et les désavantages.

10° Il est encore le premier qui ait embrassé toutes les parties des sciences naturelles sur un plan complet, parfaitement suivi et logique, puisqu'il a souvent complété les lacunes d'Aristote.

En acceptant donc, avec l'Aristote chrétien, le premier verset de la Genèse : *In principio creavit Deus cœlum et terram*, et les conséquences qui s'ensuivent, nous voici, selon nous, arrivés à l'apogée de l'encyclopédie des connaissances humaines, qui n'a plus maintenant qu'à s'étendre dans le nombre et la connaissance plus approfondie des matériaux.

APPENDICE.

DE L'ÉTAT DES SCIENCES CHEZ LES CHINOIS ET LES INDOUS, DEPUIS LES TEMPS LES PLUS RECULÉS JUSQU'A NOS JOURS.

Habitués qu'on est aux paradoxes historiques sur l'antiquité des Chinois et des Indous, et sur leur priorité en toute espèce de connaissances, on sera sans doute surpris de voir que les premiers en France nous les rangions à leur véritable époque. Cependant on doit être préparé, par tout ce que nous avons dit jusqu'ici, à comprendre enfin que ces peuples n'ont absolument rien apporté aux développements de la philosophie. L'histoire de leurs connaissances n'est donc qu'un appendice curieux, qui n'a véritablement aucune place dans la marche logique des progrès de l'esprit humain. Ces peuples ont vécu et travaillé en dehors du reste de l'humanité, sous tous les rapports. Les Indiens ne connaissaient que peu de chose avant Alexandre; par ses conquêtes s'ouvrirent pour eux des relations avec Alexandrie et le monde grec, qui leur communiqua les premières notions de sa philosophie. Le christianisme pénétra d'Alexandrie et de Syrie dans l'Inde, il y porta des vérités qui furent bientôt altérées par l'allégorie naturelle à ces peuples. Plus tard, les Perses et les Arabes leur portèrent de nouveaux fragments des sciences grecques, qu'ils s'approprièrent comme tout le reste, mais sans pouvoir en effacer complétement le caractère original. C'est, du moins, ce qui nous paraît évident, par l'étude des faits et la comparaison des doctrines.

Les Chinois ont beaucoup et presque tout reçu, en fait de sciences et de philosophie, des Indous; les uns et les autres ont beaucoup reçu des Juifs. Ceux-ci pénétrèrent en Chine vers l'an 206 avant J. C. Dans le premier siècle de notre ère, vers le temps de la ruine de Jérusalem, de nouvelles colonies juives passèrent du Corassan et de la Transoxane dans la Chine. Vers le douzième siècle, des synagogues juives furent établies en Chine; elles y subsistaient encore quand les missionnaires français y arrivèrent. « Pendant longtemps, les Juifs ont été dans la Chine sur un grand pied : plusieurs ont été gouverneurs de province, ministres d'État, bacheliers, docteurs. Il y en a eu qui ont possédé de grands biens en terre ; mais, aujourd'hui, il ne leur reste rien de cet ancien état. Leurs établissements de Ham-Tcheou, de Crimpo, de Péking, de Ning-Hia, ont même disparu. La plupart ont embrassé la secte mahométane. On ne connaît que ceux de Cai-Fong-Fou. »

« Ils comptaient plus de soixante-dix familles des différentes tribus de Benjamin, de Lévi, de Juda, etc., lorsqu'ils s'y établirent; maintenant elles sont réduites à sept familles, qui font tout au plus mille personnes[1]. »

Les Juifs répandus ainsi dans la Perse, l'Inde, le

[1] Tous ces faits sont prouvés dans le mémoire remarquable sur les Juifs établis en Chine, mémoire qui se trouve dans le trente-et-unième recueil des Lettres édifiantes et curieuses.

Thibet et la Chine dès les premiers siècles de notre ère et auparavant, y portèrent non-seulement leurs dogmes et leurs livres sacrés, mais durent encore y transplanter les sciences et la philosophie des Grecs, surtout celle d'Aristote, qui était en grande vogue en Judée, depuis près de deux cents ans avant J.-C.

Tout donc, et les conquêtes d'Alexandre, et les communications du commerce d'Alexandrie, et les migrations des Juifs, et la prédication du christianisme, et l'étonnante extension du nestorianisme, tout porte à croire que les Indous et les Chinois ont reçu de l'Occident la plupart de leurs connaissances [1]. Mais ce qui doit achever de nous convaincre, c'est que toutes ces connaissances sont demeurées stériles entre leurs mains, et presque dans le même état où ils doivent les avoir reçues. Ce n'est même qu'au seizième siècle de notre ère, après les grandes révolutions des Tartares et des Mongols, qui ouvrirent de vastes et nouvelles communications avec l'Occident, que l'on trouve chez eux quelque chose de positif sur les sciences de l'organisation. Telles sont les causes qui nous font placer ici cet appendice, dans lequel nous allons essayer de donner une juste appréciation de ce que l'on connaît de l'état des sciences chez les Chinois et les Indous.

II. *Chine.*

A l'extrémité du monde oriental, vit un peuple dont les annales remontent presque jusqu'au déluge. La nation chinoise est, de toutes, celle qui a le plus longtemps vécu. Cette longue vie ne l'a pas empêchée de subir des révolutions de toutes sortes, et de passer par

[1] Nous avons étudié plus largement toutes ces questions dans notre *Prodrome d'ethnographie*, auquel nous renvoyons.

tous les essais successifs des diverses combinaisons politiques que le gouvernement des hommes a tentées partout ailleurs. Une peuplade, composée de cent familles, sous la conduite d'un chef, paraît avoir été le premier noyau de ce vaste empire. D'autres colonies s'y rendirent plus tard des pays voisins; et la Chine fut d'abord, et pendant assez longtemps, partagée en plusieurs petits royaumes. Le royaume du milieu triompha enfin, et soumit à sa domination la plupart des autres monarchies. Mais cette unité politique ne commença guère que dans les derniers siècles de l'âge ancien, ou même les premiers de notre ère.

La religion des Chinois conserva plus longtemps sa pureté primitive qu'aucune autre. Ce fut un monothéisme pur, qui, d'abord, vicié par les spéculations philosophiques, dégénéra plus tard en athéisme spéculatif, et dut enfin céder le pas au bouddhisme. Celui-ci, chassé de l'Inde, vint s'établir définitivement à la Chine, vers le cinquième siècle de notre ère. Mais, dans toutes ces phases, l'influence juive est marquée de la manière la plus positive : elle est consignée dans la doctrine du premier philosophe de la raison, Lao-tseu, et dans tous les livres sacrés des Chinois. Cette influence n'est pas moins marquée dans les doctrines bouddhiques, dont tous les livres sont, du reste, postérieurs de plusieurs siècles aux livres juifs, connus dans l'Inde et la Chine longtemps avant les derniers développements des doctrines bouddhiques, et avant les livres qui les contiennent.

Pour apprécier à sa juste valeur l'état des sciences dans la Chine, il est nécessaire de rappeler deux faits importants: les rapports des Chinois avec les étrangers, et la chronologie de leurs travaux scientifiques. C'est aux missionnaires catholiques que nous devons tous les premiers éléments, et les secours à l'aide desquels on a pu, dans ces derniers temps, faire quelque progrès dans l'étude de la langue, des sciences et de la littérature chinoises. Abel Rémusat le prouve dans une foule d'endroits de ses Mélanges, et en particulier dans sa Dissertation sur les dictionnaires chinois.

Les relations de la Chine avec l'Occident, par l'Inde et la Perse, remontent à la plus haute antiquité : c'est un fait aujourd'hui démontré; mais il n'en résulte aucune lumière pour la connaissance de l'état des sciences dans l'antiquité chinoise. Les Grecs et les Romains vinrent commercer à la Chine, dès les premiers siècles de notre ère, et peut-être plus tôt; le commerce de la soie en fait foi, ainsi que plusieurs monuments positifs. Des missionnaires chrétiens vinrent à la Chine dès les premiers siècles de l'ère chrétienne; les nestoriens y pénétrèrent plus tard; les Grecs de Constantinople y préparèrent les voies aux schismatiques russes, qui y ont aujourd'hui un archimandrite et des moines avec une école à Pékin. L'irruption des Mongols, au treizième siècle, l'un des événements les plus mémorables du moyen âge, ouvrit de nouvelles relations entre la Chine et l'Occident. La marche du commerce et le développement des sciences en reçurent une impulsion remarquable.

Depuis saint Louis, A. Rémusat a compté jusqu'à neuf tentatives principales faites par les princes chrétiens d'Europe, pour se lier avec les Mongols, et jusqu'à quinze ambassades envoyées par les Tartares en Europe, et principalement aux papes et aux rois de France. Le même auteur pense que l'usage de la boussole, l'imprimerie stéréotype, la gravure en bois, l'artillerie, nous sont venus par ces communications. Ces rapports, ouverts par les croisades, et bornés d'abord à la Palestine, n'eurent bientôt d'autres limites que la mer du Japon. Par suite du grand bouleversement des peuples, que produisit l'irruption des Tartares, une foule de particuliers se trouvèrent transportés à d'immenses distances des lieux qui les avaient vus naître. Des Anglais, des Flamands, des Français, des Italiens, des Espagnols, avaient, pour la première fois, traversé l'Asie entière, soit pour s'acquitter de missions diplomatiques, soit pour prêcher la religion ou pour reconnaître les routes nouvelles qui venaient de s'ouvrir au commerce. D'un autre côté, des Tartares, originaires des frontières de la Chine, étaient venus à Rome, à Barcelone, à Lyon, à Poitiers, à Paris, à Londres, à Northampton. Ces communications se multiplièrent pendant soixante années. Ce mélange d'hommes de toutes races produisit son effet ordinaire; cette communication de l'Asie orientale et de l'Occident changea bien des idées, et il est impossible de juger quel en fut le résultat, surtout pour l'Orient [1]. La Chine, alors soumise aux Mongols, fut visitée par des religieux et des commerçants d'Europe. « Marc-Pol la parcourut dans toute son étendue. On oublia la Chine pendant près de deux siècles, après lesquels les Portugais en firent de nouveau la découverte, vers 1517. Saint François Xavier forma le dessein d'y prêcher la foi, en 1552, et Matth. Ricci exécuta ce même projet en 1582, en entrant à la Chine par la province de Houang-Toung. En 1603, le P. Goez fut envoyé de l'Inde à la Chine pour

[1] Ab. Remusat, *Mélanges asiat. sur les relations pol. des rois de France avec les empereurs mongols.*

reconnaître la partie septentrionale de ce pays..... Depuis cette époque, plusieurs ambassades envoyées par les Russes, les Hollandais et les Anglais, dans l'intérêt de leur commerce, ont donné naissance à diverses relations et à des descriptions de la Chine, parmi lesquelles il se trouve des ouvrages très-recommandables par leur exactitude. Mais rien n'égale, sous ce rapport, les travaux scientifiques et littéraires des missionnaires catholiques, et notamment ceux des religieux français.....[1]»

Il est donc prouvé que les Chinois ont eu des relations fréquentes avec les étrangers, et cela au moins 200 ans avant notre ère. Mais les Chinois sont orgueilleux comme toutes les nations rigoureusement circonscrites par la nature ou par l'art. Ils s'attribuent tout; et tel a toujours été leur esprit, comme le prouvent leur histoire entière, et les diverses ambassades qui ont été envoyées à la Chine, et surtout celle de lord Amhrest, de 1816 à 1817, et la guerre actuelle avec l'Angleterre; car, malgré leurs défaites humiliantes, ils publient ces incroyables proclamations où ils se vantent d'avoir réduit en poudre jusqu'au dernier de leurs ennemis. En présence de ce caractère, il est impossible d'accepter avec une confiance sans bornes tout ce qu'ils veulent bien nous raconter de leur antiquité, de leurs hauts faits et de leurs sciences. Il faut donc ici nécessairement recourir à une critique extrêmement prudente et sévère.

A entendre les Chinois, ils auraient toujours été aussi avancés qu'ils le sont aujourd'hui. Si l'on prenait à la rigueur les termes de leurs anciennes chroniques, il faudrait rapporter aux premiers siècles de la monarchie la

[1] *Mélanges asiat.*, t. I, p. 69-70.

composition des ouvrages qui traitent de la médecine et des diverses branches de l'histoire naturelle. Un prince dont le nom désigne le souverain de la terre (Hoang-ti), passe pour avoir écrit un livre intitulé *Simples questions* sur les maladies et les moyens d'y remédier; et un autre empereur, qui a conservé le nom de divin laboureur (Ching-noung), est regardé comme l'auteur d'un petit traité d'histoire naturelle, qui a servi de modèle à tous les ouvrages du même genre. Suivant les anciennes traditions, ce livre était en trois parties, mais il n'a jamais été vu. Vers l'an 5 de J.-C., la cinquième année Youan-chi du règne de Ping-ti, on fit ramasser dans les provinces, et apporter dans de petits chars, à la capitale, tout ce qu'on put trouver de livres historiques et de traités sur les sciences et les arts. Il se trouva, dans le nombre, un Penthsao-fang-chou, c'est-à-dire recueil d'observations sur les propriétés des plantes, en plus de mille caractères. Sous les Chang (du septième au neuvième siècle de notre ère), Li-chitsi, et les autres naturalistes ses collaborateurs, se fondant sur l'autorité des catalogues littéraires rédigés sous la dynastie des Hiang (première moitié du seizième siècle), prirent pour base et placèrent à la tête de leur collection un Penthsao en trois livres, qui passait pour être celui du divin laboureur, quoique la chose leur parût très-douteuse. Ils n'ont pas été imités, en cela, par Tchang-ki, Hoa-tho, et les autres médecins leurs successeurs. Un philosophe chinois, des premiers siècles de notre ère, Hoaï-nam-tseu, dit que le divin laboureur avait fait l'essai des propriétés de cent espèces de plantes, et qu'en un jour il éprouva soixante-dix poisons. C'est de là, ajoute-t-il, qu'est née la médecine, qui demeura traditionnelle jusqu'aux deux dynasties des Han (200 ans avant et 200 ans après J.-C.), sous lesquels les médecins recueillirent les traditions que leur avaient léguées les anciens, y ajoutèrent les nouvelles observations, et en composèrent les divers ouvrages que nous avons sous le titre de *Penthsao*, qui renferme tout ce qui tient aux sciences naturelles et médicales.

Dans les premiers livres, ces sciences se combinaient avec l'astrologie, et les 365 espèces médicinales contenues dans le Penthsao du divin laboureur répondaient au nombre des jours de l'année et à leur influence atmosphérique. Le nombre des espèces décrites dans ces sortes de livres en l'espace de mille ans, a toujours été en augmentant jusqu'au traité de Li-chi-tchin, intitulé Penthsao-kang-mou, commencé en 1552 et terminé en 1578 de notre ère. Il est partagé en cinquante-deux livres, et contient les productions des trois règnes, distribuées en seize classes, soixante ordres, dix-huit cent soixante et onze espèces naturelles, et huit mille cent soixante compositions médicinales. Cette belle collection a été publiée un grand nombre de fois, soit en entier, soit par extraits, tant à la Chine qu'au Japon. Elle a servi de base à tous les traités qui ont été rédigés postérieurement, et notamment à la partie de l'encyclopédie japonaise qui se rapporte à l'histoire des êtres naturels. Ce traité forme habituellement quarante à cinquante volumes chinois, répondant à neuf ou dix de nos volumes in-4° ordinaires. Il remplit à peu près autant d'espace que l'ouvrage de Buffon. Le mérite de cet ouvrage est incontestable, quoiqu'il soit loin d'approcher des traités de ce genre que l'Europe a produits [1].

Ainsi les sciences naturelles et médicales seraient

[1] Extrait du Mém. d'Abel Remusat, *Mém. de l'Académie*.

restées à l'état de tradition jusqu'à 200 ans avant et 200 ans après J.-C.; et le premier recueil ou penthsao serait de cette époque; un autre, fait sur le modèle de celui-ci, est du septième au neuvième siècle. Jusque-là la science est basée sur l'astrologie; le premier traité sérieux et où il y ait des progrès réels, est le Penthsao-kang-mou, exécuté dans la dernière moitié du seizième siècle de notre ère.

L'astronomie est loin d'avoir fait, à la Chine, les mêmes progrès que les sciences naturelles proprement dites, bien qu'elle ait été en honneur dès les temps les plus reculés, et que toujours les officiers de l'empire aient été chargés d'exécuter avec grande pompe les opérations astronomiques. Ils ont surtout attaché le plus haut intérêt aux éclipses de soleil, dont ils n'ont retiré qu'une supériorité incontestable sur les autres peuples donnée à leurs annales sous le rapport chronologique. Le peu de progrès qu'ils ont fait dans cette science laisse donc encore tout l'honneur à l'Europe. L'uranographie, la mécanique et la géométrie paraissent y avoir fait quelques progrès; mais il serait difficile d'en fixer les époques, qui ne peuvent pas être bien reculées si l'on considère les erreurs graves qui ont été relevées par les Européens; le fameux débat qui s'éleva au dix-septième siècle entre les jésuites et les astronomes chinois, prouva que ces derniers ne savaient pas trouver la déclinaison du soleil, c'est-à-dire calculer un triangle rectiligne rectangle [1].

L'histoire même de la Chine, les communications des Chinois avec les étrangers, l'époque bien précise de leurs ouvrages scientifiques les plus importants, prouvent que leurs progrès réels sont postérieurs à l'irruption des Mongols, et par conséquent aux communications avec l'Occi-

[1] Delambre, *Hist. de l'astr. anc.*, t. I, p. 247 et suiv.

dent. Loin donc de les classer dans l'antiquité, il faut les rappeler aux temps modernes, ou tout au plus au moyen âge. Cependant il faut distinguer deux époques, l'époque théologico-philosophique, et l'époque des sciences d'observation; la première est ancienne, et la seconde est moderne. Mais la première même a été soumise à l'influence de la communication étrangère, comme le prouvent les ouvrages et les voyages aujourd'hui indubitables de Lao-tseu en Occident.

Ces questions préliminaires posées, nous allons analyser méthodiquement les résultats de la science chinoise à ces deux époques.

I. *Époque ancienne de la philosophie chinoise.* Nous ne reviendrons pas sur la pureté primitive de la religion chinoise; nous ne dirons même rien de Confucius qui s'attacha à conserver cette pureté; nous remarquerons seulement avec M. Pauthier, que les Védas indiens correspondent, non pour le contenu, mais pour l'espèce du contenu, aux Kings chinois. *Le Rig-véda*, le premier dans l'ordre, est un recueil d'hymnes, de chants, comme *le Chi-king*. *Le Yadjour-véda* est également dogmatique et moral comme le *Chou-king*; *le Sama-véda* contient les préceptes, les rites, comme le *Li-ki* : cette conformité de l'espèce du contenu et de l'ordre des védas et des kings n'est peut-être pas purement due au hasard[1]. Au cas qu'il faille tenir compte de cette coïncidence, quel serait le plagiaire? C'est assez difficile à déterminer.

Quoi qu'il en soit, l'école philosophique de Lao-tseu doit surtout fixer notre attention. Les sciences d'observation y sont nulles; ce ne sont que des spéculations philosophiques, plus ou moins abstruses et panthéistes.

[1] *Mém. de Collebroke;* traduits par Pauthier. (*Note du traduct.*)

Cette doctrine se résume à quelques propositions : « Sans nom, le *Tao* est le principe du ciel et de la terre; avec un nom, c'est la mère de tous les êtres..... Ces deux manières ou modes d'être du Tao ont la même origine, et elles se nomment cependant diversement. C'est la doctrine de Spinosa, d'une seule substance sous divers modes : » *Omne ergo quidquid est, ab infinito intellectu concipitur, ad unicam tantum substantiam pertinet : imo una et eadem est substantia, quæ jam sub* HOC, *jam sub* ILLO ATTRIBUTO *comprehenditur.* Le Tao, l'esprit ou l'intelligence divine en se transformant, est sortie du non-être, et elle a été : elle est sortie de l'incorporel pour devenir existante corporellement; et le nom a été appliqué à l'être ou à l'existence corporelle. Tous les êtres sont la grande manifestation corporelle de l'être immuable sans nom, qui est l'unité absolue. Cette doctrine peut être formulée dans le tableau suivant.

I.

Au sommet, le Tao, le Tchang-tao, raison primordiale, éternelle et suprême, désignée aussi par : Hionan, *Bleu:* Hionan-yéou-hioûan, bleu et encore bleu : l'identité primordiale absolue, et 1, l'UNITÉ *absolue.*

II.

Considérée sous deux points de vue.

WON MING, sans nom. — THIEN THI CHI, principe du ciel et de la terre, représentant	YEOMING, avec un nom. — WEN WE MOU, mère de tous les êtres corporels, représentant

Sa nature insaisissable et subtile	Sa nature corporelle phénoménale
MIAO.	KIAO.

Pour dernier résultat, l'unité à laquelle tout retourne.

On trouve, dans cette doctrine, des points d'une ressemblance frappante avec celle des néoplatoniciens, des gnostiques, de beaucoup de philosophes modernes, et surtout de Schelling, comme nous le verrons plus tard. C'est ainsi qu'un même effort de la raison humaine, en dehors de la vérité révélée, conduit aux deux extrémités du monde et du temps, pour ainsi dire, aux mêmes idées incomplètes, et, par conséquent, éloignées de toute vérité comme de toute science.

II. La longue durée de l'antique empire chinois n'a presque été d'aucun profit pour le progrès des sciences: il faut arriver jusqu'aux temps modernes pour trouver quelque chose de positif. Deux causes nous semblent surtout avoir influé sur cette espèce d'inaction intellectuelle. D'une part, la nature du pays, du sol, du climat, et les mœurs de la nation; un pays abondant et fertile en toutes sortes de productions matérielles pour l'utilité et l'agrément de la vie, a tourné, semble-t-il, toute l'activité de ses habitants vers le bien-être physique de préférence. D'autre part, le progrès a surtout été arrêté par les principes d'une philosophie qui a matérialisé tous les êtres et obscurci tous les phénomènes, en entravant la science dans des explications systématiques et absolues. Cette école est sortie de la précédente. Tschu-hi, dont la doctrine a opéré, au douzième siècle de notre ère, une révolution profonde dans la philosophie chinoise, en est l'auteur. Il semble avoir approfondi toutes les connaissances de son temps; sa doctrine, goûtée par les littérateurs contemporains, balança bientôt l'autorité de Confucius lui-même, et substitua, à un scepticisme réfléchi, un matérialisme naïf et sans détour; car, à force de vouloir tout expliquer avec sa théorie de l'action et du repos, même les phénomènes intellectuels, Tschu-hi a fait de sa philosophie naturelle une philosophie atomistique et moléculaire.

Il en est résulté un état stationnaire et rétrograde qui n'a permis ni d'arriver à la découverte de l'analyse, ni de passer, comme ont fait d'autres peuples, de la théologie à la métaphysique, ni enfin d'étudier les facultés humaines et le mode des opérations intellectuelles.

Ce sont surtout les sciences naturelles qui ont souffert des opinions de Tschu-hi; puisqu'il expliquait le monde intellectuel et moral par le resserrement et l'expansion, le repos et le mouvement, à plus forte raison devait-il appliquer son explication universelle au monde physique. Aussi son école n'est-elle pas embarrassée pour faire comprendre comment sont nés les cinq éléments et les propriétés des corps; d'où provient la différence des sexes dans les animaux; quelle est la cause des maladies, et pourquoi, parmi les végétaux, les uns ont un tronc ligneux et les autres ont une tige herbacée. Avec l'action de deux principes, qui sont l'éther et la matière fixée, il n'est aucun phénomène dont les disciples de Tschu-hi ne puissent rendre compte. De là, des observations mal faites; et des raisonnements qui, n'ayant pas l'expérience pour appui, ont donné naissance aux théories les plus ridicules sur la génération des animaux, sur la transformation des étoiles en pierres, de la glace en cristal de roche, du rat en caille, des êtres sensibles en êtres insensibles [1]. Ainsi, le matérialisme continue à nous montrer, en Chine, comme il l'a déjà fait et le fera partout où sa funeste influence se fera sentir, la science véritable s'arrêter et rétrograder.

La secousse opérée par la conquête des Mongols, et, par suite, les communications étrangères, donnèrent sans doute un nouvel élan, puisque c'est après cette époque qu'apparaissent les travaux scientifiques les plus sérieux de la Chine. Si ces peuples n'ont pas fait plus de progrès, ce n'est pas faute d'institutions nationales dirigées vers la culture des sciences. « Il y a, à la Chine, un bureau pour les traductions, un autre pour la rédaction du calendrier, un troisième pour la médecine, et un collége pour l'enseignement de la haute littérature.[2]» Quels résultats pourtant les Chinois ont-ils obtenus dans le cercle des connaissances humaines?

I. *Sciences instrumentales. Langage.* « L'étude des mots à la Chine, et seulement à la Chine, est véritablement l'étude des choses; et, si l'on y sait un peu moins, l'on y doit savoir beaucoup mieux [3].» Cet avantage tient à la nature même de leur langue et de leur écriture, fondées sur les qualités et les rapports des êtres et des objets naturels. Les Chinois, d'ailleurs, ont aussi étudié les langues étrangères; dans les temps anciens, les langues de l'Inde, et dans les temps modernes les langues européennes mêmes.

La littérature chinoise est incontestablement la première de l'Asie, par le nombre, l'importance et l'au-

[1] Ab. Remusat, *Nouv. Journ. asiat.*, n° VIII.

[2] *Nouv. Mél. asiat.*, t. I, p. 41-42.

[3] *Nouv. Mél. asiat.*, t. I, p. 242.

thenticité des monuments. Chez ce peuple, l'histoire, la géographie, la biographie, la poésie, l'éloquence politique et philosophique, sont en grand honneur depuis longtemps. « L'instruction est très-répandue à la Chine; il n'y a pas d'artisan qui ne sache au moins lire quelques caractères, et faire usage des livres relatifs à sa profession. Il n'y a pas, même en Europe, de nation chez laquelle on trouve tant de livres, ni de livres si bien faits, si commodes à consulter et à si bas prix [1]. »

Méthode. La logique et la dialectique ne paraissent pas avoir occupé les Chinois; ils se sont abandonnés à la marche de leur esprit sans en rechercher les lois. Nous les verrons pourtant tirer de leur langue une nomenclature méthodique des êtres naturels; mais ils y furent forcés par la nature de leur langue même, et n'en ont, par conséquent, pas le mérite.

Mathématiques. Leurs prétendus progrès dans les mathématiques sont purement pratiques, et ils n'en ont jamais développé la théorie. Leur numération décimale a le grand vice de posséder dix chiffres significacatifs; malgré cela, ils en ont pourtant fait sortir une sorte d'algèbre. Leur géométrie et leur mécanique ont été et sont encore purement pratiques.

Art graphique. « Les arts du dessin sont imparfaitement cultivés à la Chine. Les peintres n'y excellent que dans certains procédés mécaniques relatifs à la préparation et à l'application des couleurs [2]. » Ils exécutent sur le bois des gravures en relief d'une finesse remarquable. Cependant la sculpture ne se distingue, chez eux, que par un fini précieux, et pèche le plus souvent

[1] *Nouv. Mél. asiat.*, t. I, p. 63.

[2] *Nouv. Mél. asiat.*, t. I, p. 58.

du côté de l'élégance et de la correction des formes. C'est dans le dixième siècle de notre ère que l'imprimerie stéréotype paraît avoir été inventée par les Chinois ; mais ils ne sont pas sortis de là.

II. *Sciences d'application. Physique générale.* Les Chinois cultivent surtout l'uranographie, la météorologie et l'astrologie. Ils ont un état du ciel assez intéressant, et qui paraît être des derniers siècles avant notre ère. Malgré leurs erreurs de calculs, leurs catalogues d'éclipses, d'occultations, de comètes et d'aérolithes, n'en sont pas moins intéressants.

Ils n'ont rien fait en physique spéciale, si ce n'est sous le point de vue de l'art et de l'usage ; ainsi, la métallurgie, la fabrique de porcelaine, etc., les ont rendus célèbres.

Sciences naturelles. Méthode, nomenclature. La logique et la méthode en général n'ayant que peu occupé les Chinois, il en est résulté que la méthode dans les sciences naturelles a été pour ainsi dire nulle; le génie de leur langue, seul, les a conduits à une nomenclature rationnelle, d'où est nécessairement sortie une sorte de méthode naturelle qu'ils ne pouvaient éviter; et il est très-remarquable que, conduits par cette nécessité, ils aient admis comme grand caractère des êtres la forme extérieure, comme nous aurons l'occasion de nous en convaincre. Si la langue chinoise n'avait pas conservé le caractère des langues primitives, si elle n'était demeurée, pour ainsi dire, calquée sur la nature même des êtres, jamais ils ne seraient arrivés à ce qu'une science perfectionnée seule a pu donner aux autres peuples : une nomenclature, un langage scientifique. C'est un des avantages que les naturalistes chinois ont eus sur ceux des autres pays, d'avoir de tout temps possédé une sorte de nomenclature régulière et presque systématique; ces sortes d'arrangements sont chez eux l'effet inévitable de la formation d'une écriture figurative. La tête d'un taureau, les cornes d'un bélier, les pieds d'un cheval, les ailes d'un oiseau, les feuilles pendantes d'un bambou, le port des céréales, se reconnaissent au premier coup d'œil dans les signes affectés à ces différents êtres, même sous la forme très-altérée que les variations de l'écriture moderne leur ont fait prendre. Mais, comme ce genre de dénomination est nécessairement très-borné, parce qu'il ne peut saisir toutes les nuances, ils n'avaient d'abord que trente et un signes répondant à l'ensemble des productions des trois règnes; ils ajoutèrent, à côté de l'un de ces radicaux primitifs, la prononciation du nom que l'objet nouveau avait reçu dans la langue parlée; de là, chaque être naturel se trouva pourvu d'une dénomination binaire, puisque le caractère qui la constituait était nécessairement formé de deux parties : l'une pour la classe, l'ordre ou le genre; l'autre pour l'espèce ou la variété. On dit en un seul mot : le chien-loup, le chien-renard, le chien-chat; le cheval-âne, le cheval-mulet, le cheval-chameau; le riz-millet, le riz-sucre; la gemme-jaspe, la gemme-agate; le métal-argent, le métal-cuivre, etc. Ainsi, le procédé de cette nomenclature est absolument analogue au principe de la nomenclature Linnéenne. De là ils se trouvaient, pour ainsi dire, comme nécessairement conduits à l'établissement de véritables familles naturelles, imparfaites sans doute, et fondées sur des aperçus inexacts, des observations incomplètes, et une analyse peu philosophique, mais où l'on entrevoit presque toujours une intention judicieuse, des vues saines et parfois ingénieuses. Nous allons en tracer une esquisse rapide.

1° *En minéralogie.* 1re famille. *Les gemmes.* Le type est le jade des monts Hymalaya. On y a joint les madrépores, les pierres factices, le verre, le succin, le corail, les perles, l'écaille de tortue, etc.

2e f. *Les pierres.* Toutes les substances non susceptibles d'éclat ou de poli.

3e f. *Les terres.*

4e f. *Les métaux.*

2° *En botanique.* 1re f. *Herbes.* La plupart des plantes herbacées.

2e f. *Arbres.* Les plantes à tiges ligneuses.

3e f. *Roseaux.* Les bambous et certains végétaux, comme les joncs et les palmiers, qui semblent tenir le milieu entre les herbes et les arbres.

4e, 5e, 6e et 7e f. *Céréales* et plantes analogues au riz et au millet.

8e f. *Légumineuses.* Type, dolichos, les fèves, les haricots, les pois, etc.

9e f. *Cucurbitacées.*

10e f. *Les alliacées.*

11e f. *Plantes* analogues au chanvre.

3° *En zoologie.* 1re famille. *Animaux semblables au chien, carnassiers.* Type de la famille, le chien. Variétés du chien, distinguées par leur grandeur, leur pelage, leurs habitudes : le léopard, les renards, le loup, le lion, le chat, une sorte d'ours, le glouton, la chauve-souris, la belette, le phoque, la loutre, et aussi les principales espèces de singe et quelques-unes du genre porc.

2e f. *Animaux de forme élancée, analogues à la panthère.* Plusieurs des carnassiers déjà nommés dans la famille précédente, comme le chien sauvage, plusieurs variétés du loup et du renard, le lion, le chat sauvage, le léopard et la panthère, le tapir oriental, le sanglier, le blaireau, le polatouche, le glouton, le chacal, certains amphibies, et plusieurs autres mammifères dont la férocité semble former le trait caractéristique qui distingue cette famille.

3e f. *Les tigres.* On y fait entrer, outre le tigre, plusieurs variétés ou espèces peu connues, et dont quelques-unes paraissent fabuleuses.

4e f. *Les rats.* Presque tous les rongeurs; on y joint le mammouth, que, par une tradition fabuleuse empruntée aux Tartares, les Chinois prennent pour une grande espèce de rat qui vit sous terre, et qui meurt dès qu'il a vu le jour.

5e f. *Les moutons.* Le bélier est le type. On y renferme les chèvres, les antilopes et plusieurs petits ruminants à cornes simples, qui existent dans l'orient de l'Asie.

6e f. *Les bœufs.* Type, le bœuf. Le buffle, le bœuf velu, le yach, et aussi le rhinocéros.

7e f. *Les cerfs*, ou *ruminants à cornes rameuses.* Le cerf, la biche, la licorne, le daim, le musc, l'élan, le bouquetin, etc.

8e f. *Les chevaux.* Le mulet, l'âne, le cheval et l'âne sauvage, dont on a rapproché le chameau, à raison de ses usages.

9e f. *Les cochons.* Les variétés du même genre, le sanglier, auquel, par un rapprochement assez remarquable, on a réuni deux pachydermes, l'éléphant et le rhinocéros, constitueraient une famille presque naturelle, si l'on n'y avait rapporté le porc-épic, une espèce d'ours et le glouton.

10e f. *Les oiseaux*, d'abord distingués en oiseaux à queue courte et oiseaux à queue longue. Cette distinction puérile a disparu dans l'écriture moderne, et il n'y a plus dans les dictionnaires qu'une seule famille de caractères pour cette classe d'animaux, l'une des plus nombreuses à la Chine, parce que c'est une de celles que les habitants se sont plu davantage à étudier.

11e f. *Les chéloniens*. Les tortues.

12e f. *Les batraciens*. La grenouille, le crapaud, la rainette; on y a mêlé, par une sorte de ressemblance de figure, certaines tortues, des huîtres, des araignées.

13e f. *Les poissons*, distingués primitivement en poissons allongés et poissons de forme arrondie; on y a fait entrer les cétacés, les crocodiles, les grands crabes, les crevettes, quelques mollusques, et même le pangolin, qui n'a rien de commun avec les poissons, pas même les écailles dont il est couvert, car il n'y a que des rapports de formes entre elles et celles des poissons. Mais ce fait n'en est pas moins remarquable, puisqu'il vient achever de prouver que c'est surtout la forme extérieure, bien ou mal comprise, qui a guidé les Chinois dans leurs classifications.

14e f. *Les insectes*. Les inventeurs de l'ancienne écriture avaient admis deux caractères typiques pour les animaux inférieurs : l'un désignait les animaux pourvus de pieds, et l'autre ceux qui n'en ont pas, c'est-à-dire, les vers. Ce dernier subsiste seul, et sert à désigner toutes sortes d'animaux appartenant aux dernières classes de l'animalité, et même certains vertébrés, que leur corps vermiculaire rapproche des vers, ou qui, par leur aspect rebutant, sont assimilés aux insectes. C'est ainsi qu'on trouve, dans la section des caractères dérivés de l'image d'*insecte*, outre les insectes proprement dits, des vers et des zoophytes, la plupart des sauriens et des ophidiens, des crabes, les têtards, de

8.

petits batraciens, le hérisson, la chauve-souris, des mollusques, tels que la sèche, et presque tous les conchylifères.

Les lexicographes ne se sont pas bornés à la classification, ils y ont ajouté des définitions qui ne manquent pas d'intérêt. Les mammifères sont des animaux à quatre pieds et couverts de poil. Les oiseaux ont deux pieds, le corps revêtu de plumes, et jouissent de la faculté de voler. On nomme poissons, les animaux inférieurs qui vivent et se meuvent au milieu des eaux. Les reptiles (sauriens et ophidiens) sont des insectes écailleux et d'une grande dimension. Les insectes proprement dits sont les plus petits de tous les animaux. On donne des noms particuliers à ceux qui sont pourvus de pieds et à ceux qui n'en ont pas. Il y en a qui sont nus, d'autres velus, ailés, d'autres couverts d'écailles, ou d'un test. Tous ont les os en dehors, et la chair dans l'intérieur. Ils sont vivipares, ou naissent d'un œuf, ou par l'effet du vent, ou de l'humidité, ou par transformation. Leur voix vient du cou, ou du bec, ou des flancs, ou des ailes, ou de l'abdomen, ou du thorax.

Les générations et les transformations spontanées occupent une grande place dans les systèmes des Chinois, systèmes rétrécis et formulés sur l'existence de cinq éléments primitifs, de la combinaison desquels ils font naître tous les êtres. De là aussi les fables racontant que le rat est changé en caille, et qu'à la douzième lune il redevient rat.

La gravure en bois leur a fourni, depuis près de 900 ans, les moyens d'assurer à leurs travaux l'avantage d'une forme fixe et régulière, et d'y ajouter le secours des planches et des figures.

Leurs descriptions extérieures sont exactes sans être

méthodiques. Ils fondent le caractère de l'espèce sur la génération; le terme qu'ils emploient pour la désigner signifie *semence*.

Les naturalistes, en travaillant dans un autre sens que les lexicographes, ont fait des classifications plus ou moins systématiques et fondées sur des idées médicales; la plus complète de toutes est celle de Li-chi-tchin, de 1552 à 1578.

1° *En minéralogie.*

Classe		*Ordres.*	*Espèces.*
Ire Classe.	Eaux.......	du ciel. de la terre.	
IIe	— Elle n'a qu'un ordre, qui contient onze espèces de feux...............		du soleil. de la lune. des étoiles, etc.
IIIe	— Terres, 61 espèces qui ne sont que des variétés de terreau...............		végétal ou de sable commun.
IVe	— Minéraux......	métaux, 28 espèces. gemmes. pierres. sels.	

2° *En botanique.*

Classe		
Ire Classe.	Herbes......	1° de montage. 2° odoriférantes. 3° plantes des lieux humides. 4° vénéneuses. 5° grimpantes. 6° aquatiques. 7° de rocher. 8° mousses et lichens. 9° plantes mêlées (*incertæ sedis*).
IIe Classe.	Céréales.	
IIIe —	Oléréacées.	
IVe —	Ligneuses ou herbacées.	
V^e —	Arbres.	

3° *En zoologie*, comme il y a cinq éléments, il y aura cinq classes. Dans l'ordre de gradation du moins au plus en général, mais, du reste, sans autre principe conducteur.

Classes		Ordres.	Sous-ordres.
Ire Classe.	Insectes....	nés d'un œuf.	
		— par métamorphose.	
		— de l'humidité.	
IIe —	Animaux à écailles....	sauriens.	
		ophidiens.	
		poissons	de rivière et de lac.
			de mer et de grands fleuves.
		poissons sans écailles.	
IIIe —	Animaux à test	chéloniens..	tortues.
			crabes.
		mollusques conchylifères.	
IVe —	Oiseaux......	d'eau.	
		de grandes plaines.	
		de forêt.	
		de montagne.	
Ve —	Quadrupèdes animaux....	domestiques.	
		sauvages.	
		les rats.	
		les singes.	

Il a décrit, dans les trois règnes, 1871 espèces, mais il y a des compositions médicales artificielles. En rassemblant les éléments d'autres ouvrages, on arriverait à 3,000 espèces.

La science des Chinois est contenue dans les dictionnaires par ordre alphabétique; ils avaient très-anciennement de ces sortes d'ouvrages, mais ils étaient loin d'être complets. Le Yoan-kian-louï-han, est une encyclopédie en quatre cent cinquante livres de toutes les sciences chinoises, depuis l'astronomie jusqu'à l'histoire naturelle des insectes; il contient les arts, les usages, les mœurs, les notions historiques. Les animaux y sont classés dans l'ordre de Li-chi-tchin [1].

Anatomie. Les peuples de l'Asie orientale n'ont jamais attaché de prix aux travaux anatomiques; ce qu'ils savent sur l'organisation du corps humain se réduit aux

[1] Extrait du Mém. d'A. Remusat, *Mém. de l'Académie.*

notions les plus communes, défigurées par leurs idées systématiques. Cependant il y a en chinois des traités d'anatomie qui, s'ils ne peuvent, sous aucun rapport, se comparer aux nôtres, suffisent du moins pour donner une idée générale du nombre, de la situation et de la disposition des parties [1].

III. *Sciences d'application et terminales.* L'industrie est florissante à la Chine depuis longtemps ; l'économie rurale est assez perfectionnée chez ce peuple pour qu'il puisse nous apprendre à nous-mêmes beaucoup de choses utiles. Leur médecine est mêlée de pratiques superstitieuses, et fondée sur une théorie tout à fait imaginaire. On a vanté leur empirisme dans la doctrine du pouls et dans l'application du moxa et de l'acupuncture. Il paraît certain qu'ils connaissent, depuis plusieurs siècles, la circulation du sang, et même ils ont trouvé des rapports entre son mouvement dans les artères, et celui du soleil dans sa révolution diurne [2]. Leur pharmacopée est assez riche, et ils ont de bons livres d'histoire naturelle médicale. Les planches dont ces livres sont accompagnés sont d'une grande utilité.

Cependant nulle science n'a pu arriver chez eux à une généralisation assez puissante pour entrer dans la philosophie ; nous venons de le voir, tout est demeuré dans le but et l'utilité purement matérielle; de là, sans aucun doute, leur peu de progrès et les immenses lacunes dans leur cercle scientifique, qui n'a même atteint une formule un peu remarquable que dans les derniers temps. L'Europe a donc eu bien peu à prendre là; c'est une conséquence sur laquelle nous n'insistons pas, car

[1] *Mél. asiat.*, t. II, p. 227 ; *Mél. asiat.*, t. I, p. 245.

[2] *Mém. sur les Chinois*, t. VIII, p. 260 ; *Mél. asiat.*, t. I, p. 240.

elle ressort de toutes les parties de notre travail ; s'il y a eu quelque chose de commun, c'est que l'esprit humain commence ses observations à peu près partout de la même manière ; ou bien les Chinois ont emprunté à l'Occident, puisque leurs travaux sont les derniers en date.

III. *Inde.*

Les populations indiennes sont bien moins positives que les Chinois ; aussi le mouvement intellectuel s'est-il porté chez elles beaucoup plus vers la spéculation que vers l'utilité et l'application matérielle. Dès lors aussi leur chronologie est nulle ou à peu près ; cependant l'étude des monuments, dans ces derniers temps, a permis d'apporter quelques lumières sur leurs antiquités. Le bouddhisme, qui paraît certainement avoir été leur première religion, ne vit s'élever à côté de lui que des hérésies religieuses ; nous ne connaissons absolument rien de la science sous sa domination. Du bouddhisme naquit le brahmanisme, qui commença à dominer vers le septième ou huitième siècle de notre ère [1]. C'est à l'époque du brahmanisme qu'il faut rapporter la plupart des systèmes philosophiques de l'Inde. Cependant leurs progrès dans les sciences d'observation ont été arrêtés par la fausseté et la rigueur de leur dogme religieux.

Substituer des explications analytiques à celles que donnent les livres sacrés, eût passé pour une tentative sacrilége, et les brahmanes ont toujours été assez puissants pour écarter cette profanation. Ils paraissent n'avoir fait d'exception qu'en faveur de la médecine, qui fut cultivée par eux dès la plus haute antiquité ; car, d'après les Pouranas, l'une des quatorze choses précieuses qui sortirent de la mer par le frottement de la

[1] Voir notre travail *sur l'Origine des peuples.*

montagne Mandar, fut un savant médecin. Nous ne devons donc pas nous attendre à trouver chez eux les sciences naturelles aussi avancées même que chez les Chinois. Mais l'esprit spéculatif qui les conduisit en philosophie par toutes les phases et les faiblesses de la raison humaine se débattant dans le champ des rêves intellectuels, tantôt s'élevant par Vyasa jusqu'à l'idéal le plus raffiné du spiritualisme, existant seul et sans matière, tantôt retombant de tout son poids sous le fardeau de la matière que Kapila lui représente comme seule existante; cet esprit, né des discussions religieuses, nécessita pour eux l'aiguisement des instruments de la pensée : voilà pourquoi nous retrouverons ici ce qui a manqué à la Chine, une logique plus ou moins parfaite. Par suite aussi de la tendance à vouloir tout expliquer par les systèmes philosophiques que ne purent arrêter les brahmanes, malgré leurs anathèmes, nous rencontrerons quelques-unes des notions les plus générales des sciences physiques à côté de quelques idées physiologiques plus ou moins raffinées. L'astronomie aussi y jouera un certain rôle; nous ne parlons point de leur littérature, elle devait, chez un tel peuple, absorber une partie de l'activité intellectuelle.

Mais ici, bien moins encore qu'à la Chine, trouverons-nous, comme on l'a prétendu, la source et l'origine de la philosophie et des sciences européennes. En prouvant que la Chine n'avait jamais interrompu ses communications avec l'Occident, nous avons prouvé qu'il en était de même pour l'Inde, puisqu'elle avait servi de lieu de passage. En outre, en rappelant à leur véritable époque moderne les travaux des Indiens, comme nous l'avons fait ailleurs [1], nous avons prouvé jusqu'à

[1] Voir notre travail *sur l'Orig. des princ. peuples.*

l'évidence que l'Europe n'avait rien emprunté à l'Inde, et qu'au contraire l'Inde avait beaucoup reçu de l'Occident. Mais en rapprochant ce que l'Inde nous fournit de ce que nous avons recueilli en Chine, on peut dire que sous le point de vue scientifique, comme sous le point de vue religieux, l'Inde et la Chine se complètent mutuellement; car ni chez les Hindous, ni chez les Chinois, le cercle des connaissances humaines n'a été nettement tracé, ni rempli; nous l'avons prouvé pour les Chinois, il nous reste à l'exposer pour les Hindous.

I. *Sciences instrumentales*. Ils n'ont pas trouvé dans leur langue les mêmes avantages que les Chinois, mais ils ont eu une logique au moins ébauchée; Gotama en fut l'auteur; cependant le Nyaya qui contient cette science, outre qu'il est très-probablement de notre ère, n'est point, à proprement parler, de la logique, ce n'est que de la dialectique superficielle, bien que fort ingénieuse, qui présente une théorie peu complète de la discussion, et qui n'a pas pénétré jusqu'au raisonnement, à ses principes vrais, à ses éléments essentiels[1].

Le syllogisme, dont on a gratifié Gotama, ne lui a réellement jamais appartenu, l'honneur en revient tout entier à Aristote. Il n'y a, entre ces deux auteurs, d'autres ressemblances que ce qui appartient naturellement à l'esprit humain dans tous les temps et dans tous les lieux.

Il faut aussi rabattre beaucoup de l'honneur que l'on a fait aux Indiens dans les sciences mathématiques. Ils ont reçu, en effet, la numération décimale des Égyptiens aussi bien que les caractères qui la représentaient; la géométrie leur a probablement été apportée de la

[1] *Mém. sur la Phil. sansk., par Barthélemy Saint-Hilaire.*

Grèce dans les premiers siècles de notre ère; et l'algèbre enfin serait sortie pour eux, comme pour d'autres peuples, de l'emploi des lettres alphabétiques dans la numération ; il n'y a d'ailleurs guère plus de six cents ans qu'ils se servent de l'algèbre. Tous ces faits résultent des travaux des archéologues les plus consciencieux.

II. *Sciences d'observation.* L'astronomie indienne n'a guère été que de l'astrologie; ils ont reçu le zodiaque des Grecs, et ils n'ont fait que des observations très-communes comme tous les peuples anciens; ils n'ont même pas connu la figure de la terre, si ce n'est vers le douzième siècle. Bhaskara-Atcharya, qui vivait vers 1114 de notre ère, est le premier qui ait dit chez eux que notre globe est formé de terre, d'air, d'eau, d'espace et de feu, qu'il est entouré de planètes, et se tient stable au milieu de l'espace, par son propre pouvoir, et qu'il n'a point de support.—La terre, ajoute-t-il, a un *pouvoir attractif*, par lequel elle attire à elle un corps pesant quelconque existant dans l'air, lequel corps a alors l'apparence de tomber; ce pouvoir attractif de la terre montre comment les choses placées à la partie la plus inférieure, ou aux côtés, ne tombent pas de sa surface. D'après certaines évaluations, si elles sont exactes, l'astronome indien ne s'éloignerait pas beaucoup des astronomes et des géographes de l'Europe sur la mesure de la circonférence, du diamètre et de la superficie convexe de la terre [1]. Ce sont là, sans doute, des progrès assez marqués, mais ils sont récents, et prouvent même que la science n'était pas fort avancée à cette époque, et depuis elle n'a rien fait de plus.

En résumant méthodiquement, d'après Collebroke,

[1] *Mém. de Collebroke*, trad. par Pauthier.

les systèmes de Gotama et de Kanada, nous aurons une idée des principes de physique générale et de physiologie des Hindous.

La philosophie Sânkya reconnaît deux principes éternels, l'âme et la matière. Kanada reconnaît neuf substances, parmi lesquelles l'âme individuelle, infinie; c'est la première chose à prouver pour Gotama; elle est le siége de la connaissance ou du sentiment du corps et des sens, différente pour chaque individu, infinie, éternelle.

Parmi les neuf substances reconnues et énumérées par Kanada, sont : 1° la terre, qui a pour propriétés distinctes la couleur, la saveur, l'odeur et la température; sa qualité distinctive est l'odeur, et elle est définie brièvement une substance odorante. Dans quelques cas, comme dans les pierres précieuses, l'odeur est latente; mais elle devient sensible par la calcination. Elle est éternelle à l'état d'atomes, passagère à l'état d'agrégats. Les agrégats ou produits sont des corps organisés, ou des organes de perception, ou des masses inorganiques. Les corps terreux organisés sont de cinq sortes : l'organe de l'odeur est terreux; les masses inorganiques sont les pierres, les blocs d'argile, etc. L'union des parties intégrantes est dure, molle, ou cumulative, comme les pierres, les fleurs.

2° L'eau a les propriétés de la terre, excepté l'odeur; elle a de plus la viscosité. L'odeur, quand elle s'observe dans l'eau, est accidentelle; elle a été contractée par un mélange de particules terreuses. La propriété distinctive de l'eau est la froidure. Elle est définie pour cette raison, une substance froide au toucher. Elle est éternelle à l'état d'atomes, passagère à l'état d'agrégats. L'organe du goût est aqueux, témoin la salive. Les eaux inorganiques sont les rivières, les mers, la pluie, la neige, la grêle, etc. Quelques-uns soutiennent que la grêle est de l'eau pure, rendue solide par une force invisible ; d'autres imaginent que la solidité en doit être attribuée à un mélange de particules terreuses.

3° La lumière est colorée, et elle colore les autres substances; elle est chaude au toucher, ce qui forme sa qualité distinctive. Elle est définie, une substance chaude au toucher (la chaleur alors et la lumière sont identifiées comme une même substance). Elle a les qualités de la terre, excepté l'odeur, la saveur et la gravitation. Elle est éternelle à l'état d'atomes, et non pas à l'état d'agrégats. Les corps organiques lumineux sont des êtres habitant le royaume solaire. Le rayon visuel, qui est l'organe de la vue, est lumineux. La lumière inorganique est quadruple : terrestre, céleste, intestinale et minérale. La lumière terrestre est celle dont l'aliment est terrestre, comme le feu ; la lumière céleste est celle dont l'aliment est aqueux, comme la foudre et les météores de diverses sortes; l'intestinale est celle dont l'aliment est tout à la fois terrestre et aqueux : elle est intérieure et produit la digestion de la nourriture; la minérale est celle qui se trouve dans les mines souterraines, comme l'or.

4° L'air est une substance incolore, sensible au toucher, et tempérée (c'est-à-dire, ni chaude ni froide). Outre cette propriété distinctive, l'air a les mêmes qualités que la lumière, excepté la fluidité. L'air est éternel à l'état d'atomes, ou passager à l'état d'agrégats. Les corps organiques aériens sont des êtres habitant l'atmosphère et les mauvais esprits qui fréquentent la terre. L'organe du toucher est un tégument, une enveloppe aérienne, ou bien un air répandu sur l'épiderme. L'air inorganique est le vent qui agite les arbres et autres objets mobiles. On peut ajouter, comme quatrième espèce d'agrégats aériens, le souffle ou la respiration, et les autres airs vitaux.

5° L'éther est une substance qui a la propriété du son. Il est infini, simple et éternel. Son existence est conclue par induction, non par perception. L'organe de l'ouïe est éthéré, étant une portion de l'éther contenu dans le creux de l'oreille, il est doué d'une vertu particulière et invisible qui manque à l'oreille du sourd.

Telles sont les cinq substances matérielles élémentaires; elles sont considérées par Kanada comme étant primitivement des atomes, et ensuite des agrégats; il soutient l'éternité des atomes et leur indivisibilité. Ces atomes forment les corps composés. Le premier composé consiste en deux atomes ; le second, en trois atomes binaires ; deux atomes terrestres constituent un double atome de terre; trois atomes binaires forment un atome tertiaire, et quatre triples atomes un atome quaternaire, et ainsi de suite jusqu'à une grosse, une plus grosse, ou la plus grosse masse de terre : c'est ainsi que la grande forme de la terre est produite; et de cette manière les grandes eaux sont formées des atomes aqueux; la grande lumière, des atomes lumineux; et le grand air, des atomes aériens.

Il y a maintenant des qualités générales qui appartiennent à certaines matières élémentaires : 1° la couleur est une qualité particulière, perceptible seulement à la vue ; elle réside dans trois substances : la terre, l'eau et la lumière. Dans la terre, elle est variable, et sept couleurs y sont distinguées; savoir, le blanc, le jaune, le vert, le rouge, le noir, l'orangé, et la couleur mêlée ou mixte. (Malgré les erreurs sur les couleurs du spectre, il est assez remarquable d'en rencontrer sept.)

La gravité est la cause particulière de la descente ou chute primaire ; elle affecte la terre et l'eau.

Le son est une qualité particulière de l'élément éthéré, et il est perceptible à l'ouïe. Le son est propagé par ondulation, vague après vague, ou onde après onde, rayonnant dans toutes les directions d'un centre déterminé, comme les fleurs du nauclea. (Cette théorie de l'acoustique montre dans Kanada un observateur profond.)

L'élasticité est une qualité particulière des objets tangibles et terrestres, et elle est la cause de cette action particulière par laquelle une chose altérée ou comprimée est rendue à son état primitif, comme un arc qui n'est plus tendu et une branche qui n'est plus forcée reprennent leur première position. Elle est imperceptible ; mais elle est conclue du fait du retour d'une chose à sa première forme ou à son premier état.

Kanada vient de nous apprendre ce qu'est la matière élémentaire, ce que sont ses propriétés ; Gotama va nous dire ce que sont les corps organisés et les organes des sens. Le corps est le siége de l'effort, ou du mouvement. C'est un tout consistant en parties : une substance formée, non initiale ou primitive. Il est terreux, car les qualités de la terre sont perçues dans lui (nommément *l'odeur*, *la couleur*, *la solidité*, etc.). Selon quelques opinions, il consiste en trois éléments, *la terre*, *l'eau* et *la lumière* ou *la chaleur*.

Outre les corps humains et les autres corps de ce monde qui sont tous terreux, il y en a, dans d'autres mondes, d'aqueux, d'ignés et d'aériens. Dans ceux-là aussi il y a union avec un élément, pour la jouissance de l'âme.

Les corps terrestres sont de deux espèces, produits

sexuellement, ou le contraire : la première espèce est vivipare ou ovipare; la seconde résulte du concours ou de l'agrégation de particules, dirigée par une cause inconnue ou prédestinée, et par la disposition particulière des atomes. Ce sont de telles créatures qui, comme le prouve l'autorité des Védas, révèlent la création de dieux et de demi-dieux.

Ou les corps sont engendrés par l'union des sexes, ou ils sont autrement produits. Les derniers comprennent la génération équivoque des vers, des larves, des insectes, des moucherons, et autres, considérés comme produits par la corruption ou la fermentation des substances végétales et la germination des plantes qui sortent du sein de la terre. Ainsi, il y a cinq espèces distinctes de corps : 1° ingénérés; 2° utérins ou vivipares; 3° ovipares; 4° produits par la fermentation; 5° par la végétation ou la germination. Les bouddhistes de la Chine n'admettent que quatre sortes de génération : 1° utérine; 2° ovipare; 3° par pourriture; 4° par métamorphose.

Ainsi les Indiens admettent les générations spontanées, puisque, outre les ingénérés, certains animaux naissent des végétaux; du reste, d'autres systèmes, comme celui de Kapila, par exemple, admettent que les sens ont produit la matière, que l'homme s'est transformé en toutes les espèces animales successivement, et que c'est ainsi qu'elles ont été créées.

La troisième catégorie de Gotama nous donne les organes des sens. Pour lui, un organe des sens est défini un instrument de la connaissance, uni au corps, et imperceptible aux sens. Il y a cinq organes externes: *l'odorat, le goût, la vue, le toucher, l'ouïe;* ils sont matériels et formés respectivement des éléments suivants: la terre, l'eau, la lumière, l'air et l'éther.

Le siége de l'organe visuel est la pupille de l'œil; celui de l'organe auditif, l'orifice de l'oreille; celui de l'organe olfactoire, les narines; celui du goût, l'extrémité de la langue; et celui du toucher, la peau. Les objets saisis par les sens sont, l'odeur, la saveur, la couleur (ou la forme), la tangibilité (ou la température) et le son, qui sont des qualités appartenantes à la terre, à l'eau, à la lumière, à l'air et à l'éther.

Il existe un sixième sens, le sens interne, c'est l'instrument qui effectue la perception; par son union avec les sens externes, il produit la connaissance des objets extérieurs perçus par eux. Son existence est prouvée par l'indivisibilité de la sensation, puisque des sensations différentes ne peuvent pas naître en même temps dans la même âme. — Il est éternel et distinct de l'âme. L'intelligence n'est que la perception, la connaissance, et n'est pas autre chose. Le caractère du sens interne, c'est de s'instruire instantanément par les indications que lui fournissent les sens. (*Aphor. du Nyaya.*) Le tableau suivant résumera toute cette doctrine.

		dont le siége est	l'objet des sens	appartient aux élém. primitifs.
Le sens interne donne la connaissance par son union aux sens externes	L'odorat....	les narines....	l'odeur.....	la terre.
	Le goût....	l'extrémité de la langue	la saveur....	l'eau.
	La vue....	la pupille de l'œil......	la coul. et la forme..	....la lumière.
	Le toucher..	la peau.....	la tangibilité la températ[re]	l'air.
	L'ouïe.....	l'orifice de l'oreille.....	le son.....	l'éther.

Comme il y a cinq éléments, il y a aussi cinq sortes de générations.

Malgré les quelques données assez justes que nous avons aperçues dans ce résumé, cependant, comme les

Hindous n'ont étudié la nature qu'*à priori*, pour ainsi dire, dans la direction d'une métaphysique plus ou moins creuse, il ne faut pas y chercher de sciences d'observation constituées. Il y a néanmoins un grand nombre d'ouvrages de médecine composés en sanskrit, par conséquent après la conquête musulmane, puisque cette langue n'a été en usage qu'après cette époque ; et par suite, l'influence grecque a pu dominer dans la médecine hindoue, comme dans les systèmes précédents, qui doivent être aussi de la même période.

On trouve, dans ces ouvrages de médecine, les noms et la description des plantes et des minéraux de l'Inde, avec leur usage pour la guérison des maladies, indiqué par l'expérience.

Il résulte donc de l'aperçu rapide que nous avons donné sur la Chine et l'Inde, que c'est plutôt l'état moderne des connaissances humaines de ces pays que l'on peut connaître, que l'état ancien ; qu'il y a eu, par conséquent, un vice immense de critique à agglomérer tout ce qu'on en savait sous la même époque de l'antiquité la plus reculée; qu'il est par là même évident que l'Occident n'a rien emprunté à ces peuples, si ce n'est peut-être, à l'époque d'Alexandre, les fables de Ctésias et autres.

Mais un caractère qu'il ne faut jamais perdre de vue, c'est qu'au milieu de toutes les aberrations fantastiques du panthéisme et du matérialisme les plus prononcés, dans l'Inde comme à la Chine, la philosophie a toujours eu pour but le bonheur de l'âme humaine, même après cette vie, et c'est ce qui distingue le panthéisme matérialiste indien du panthéisme matérialiste grec et moderne.

PÉRIODE VI.

TRANSITION DU MOYEN AGE AUX TEMPS MODERNES.

1280 — 1516.

CONRARD GESNER.

1516 — 1564.

I. *Préliminaire.*

La force d'un grand génie nous a montré les sciences de la nature, parmi lesquelles la zoologie occupe le plus haut rang, passant presque d'un saut, à une conception complète. Par Albert le Grand les instruments ont subi une nouvelle préparation, les phénomènes ont été étudiés, et la science a été appliquée à l'homme social et moral. Aristote l'avait envisagée dans son vrai point de vue philosophique en remontant des effets aux causes. Pline l'a rabaissée en lui donnant pour borne l'application matérielle, le seul bien-être animal.

Galien, en la ramenant à la médecine physique et morale de l'homme, la relève, sous l'influence chrétienne, jusqu'à la cause suprême.

Elle a enfin atteint le faîte de son développement et de sa triple utilité, physique, intellectuelle et morale, en passant dans les mains du philosophe chrétien; elle est devenue une preuve évidente de l'existence d'un Dieu créateur et conservateur de tout ce qui existe. Par son entrée dans la théologie, elle a embrassé l'homme dans toute l'étendue de sa nature; elle marche à la démonstration de sa haute destinée, de l'immortalité de son âme, des peines et des récompenses dans une autre vie. Elle ne s'arrête pas là : l'ensemble harmonique de la création, la nature spéciale de l'homme, en prouvant la vérité des causes finales, la vérité du dogme du libre arbitre, appellent comme conséquence la sollicitude du Créateur pour la créature faite à son image, et le besoin des inspirations spéciales de Dieu pour ses créatures privilégiées. De là encore, par l'enchaînement des principes et des conséquences, ressortent les dogmes de la chute et de la rédemption.

Le perfectionnement ne gît pas ici dans les faits, qui ne se sont pas considérablement accrus. L'observation et la méthode n'ont aussi que peu marché. L'art de l'expérience ou d'interroger la nature naissait à peine, et ne pouvait encore être continué fructueusement.

Néanmoins la science était assez riche pour qu'un homme de génie, en se plaçant au point de vue convenable, pût constituer et établir le plan, et même élever quelques parties de l'édifice, en lui donnant le caractère théologique. En sorte qu'après lui il n'y avait plus qu'à ajouter les trois parties de complément : les faits, l'observation et la méthode. Deux excès étaient à éviter : l'excès théologique et l'excès de l'observation. Le premier se manifesta dans l'école de saint Thomas, où malheureusement la grande conception de l'Aristote chrétien ne parut pas avoir été complétement sentie. Le but fut dépassé, même par les élèves d'Albert, en sortant la théologie de sa véritable direction scientifique, la démonstration de Dieu par ses œuvres, d'accord avec sa parole; et en s'appliquant exclusivement à la théologie dogmatique, au lieu de lui associer cette théologie positive des sciences de la nature, qui est et qui sera éternellement le plus ferme appui de la révélation. Voilà l'exagération en plus. L'exagération en moins est celle dans laquelle nous sommes encore aujourd'hui.

Ici le vrai but des sciences n'a plus été aperçu d'une manière nette; l'observation et l'expérience, éléments importants des raisonnements théologiques et philosophiques, ont absorbé à elles seules les forces humaines. La nomenclature est venue s'y joindre par la suite. Malgré les progrès considérables dans ces trois moyens, depuis Albert le Grand jusqu'à nous, nous ne craignons pas de le dire, la science, dans son essence, dans sa nature et dans son but élevé de poser l'homme comme le lien du monde et de Dieu, s'est pour ainsi dire dissimulée, ou même, ce qui est beaucoup plus grave, s'est tellement déviée, que les naturalistes ont paru fournir des armes à l'athéisme; ils se sont même abusés jusqu'à croire être parvenus à le démontrer. Cet excès désolant, qui faisait des naturalistes les plus redoutables ennemis de la vérité, a contraint les chefs de l'Église, les représentants de la morale, les défenseurs des droits de Dieu, à se mettre en garde, et à rejeter même sur la science les reproches que méritaient seuls ceux qui l'avaient faussée. En vain l'école philosophique protestante a-t-elle essayé à plusieurs reprises de faire remonter les sciences naturelles à la théologie; la défiance trop légitime de l'école chrétienne catholique a repoussé cet effort par cela même que ses frères égarés l'adoptaient trop abusivement. Tel est le résultat immanquable de tout excès, il nuit à la vérité, en forçant ses défenseurs naturels à repousser des armes qu'on a souillées; c'est ce qui arriva aux théologiens catholiques, qui ne s'apercevaient pas qu'ils répétaient tous les jours dans leurs prières le *Cœli enarrant gloriam Dei*, du prophète, et que les sciences naturelles ne sont que le commentaire de cet admirable verset.

L'exagération matérialiste a d'ailleurs été si loin, que le célèbre Goëthe, qui s'est dit naturaliste, on ne sait trop pourquoi, a osé nier que les organes fussent créés pour les fonctions, et qu'il y eût par conséquent des causes finales.

Telles sont les déductions dont nous devons maintenant démontrer la légitimité par la suite de notre histoire des progrès de l'esprit humain dans les sciences naturelles.

Gesner sera pour nous le représentant de l'époque de transition, qu'on a faussement désignée sous le nom de renaissance. Comme entre Galien et Albert le Grand, nous traversons donc un espace de temps assez considérable, un intervalle de 290 à 300 ans. Pendant cet intervalle, avaient été introduits des éléments matériels très-importants, qui devaient exercer une influence plus ou moins directe sur les progrès de la science. Ces deux ou trois siècles virent naître l'art de l'imprimerie, qui a tant servi à la diffusion et à la communication des idées. La boussole, qui, découverte ou introduite, ouvre sur toutes les mers des chemins inconnus à la navigation et au commerce, trace sur l'Océan une nouvelle route abrégée d'Europe en Asie, permet de connaître tous les pays intermédiaires, la partie occidentale et méridionale de l'Afrique, et l'Inde par le cap de Bonne-Espérance. Bientôt elle conduit le Génois Colomb, en 1492, à la découverte d'un nouveau monde. Alors un immense horizon se développe. Des animaux inconnus, des végétaux curieux, des minéraux d'un grand prix, tous nouveaux et en grand nombre, se présentent à l'observation et viennent compléter l'admirable échelle des êtres créés, et préparer la démonstration rigoureuse de la série animale, qui n'aurait peut-être jamais été faite sans ces nouveaux échelons. D'une part, ils comblent des lacunes immenses, et de l'autre ils offrent à la palæontologie des termes de comparaison indispensables, sans lesquels elle n'aurait probablement jamais pris rang parmi les sciences positives, bien loin de pouvoir servir elle-même à la démonstration rigoureuse de l'ordre de la création.

C'est encore à cette époque que fut trouvé un des moyens les plus faciles de recueillir des animaux pour former des collections, la poudre et les armes à feu.

L'art de la gravure, qui multiplie les êtres dans leurs formes et leurs images, vint avec l'imprimerie faciliter la publication des découvertes.

Les verres grossissants, tout en marquant un progrès pour la science spéciale de l'optique, augmentaient la portée de l'œil humain, prouvaient sa faculté disciplinable, et qu'il est encore plus puissant par son intelligence que par sa structure. La pierre, sous la puissance de l'homme, fut forcée de changer sa nature pour permettre à son roi de pénétrer plus avant dans les profonds secrets de la création!

A cette période se rapporte aussi la dernière prise de Constantinople par les Turcs, les plus illettrés et les moins civilisables de tous les peuples. Il n'y avait plus de rois persans, plus de princes arabes pour protéger les savants grecs, qui fuyaient la ruine de leur patrie, pour n'être pas écrasés sous les débris. Ils se réfugièrent au sein de la catholicité qui les reçut avec amour, consola leur exil, en les élevant même aux dignités les plus hautes. Ils refluèrent surtout en Italie, qu'ils enrichirent des traductions latines des livres écrits dans leur langue. Par eux furent vulgarisés Aristote et Galien, ainsi que leurs commentateurs et ceux qui les avaient abrégés. Les erreurs introduites par les traductions faites de l'arabe furent rectifiées.

Mais voici qu'à la fin de cette époque, la Réforme vient renouveler les réactions malheureuses que nous avons vues jusqu'ici sortir des diverses luttes de l'esprit humain, appliquant la méthode, sans autorité, à l'explication du dogme; dès lors les mêmes phénomènes se reproduisirent dans le domaine de la science. La direction imprimée à ce mouvement a conduit comme nécessairement à une application matérielle qui a fini par tout engloutir.

L'établissement du vrai système du monde par le chanoine Copernic, qui mourut en 1523, exerça aussi une certaine influence sur les progrès de l'esprit humain.

De tant de nouvelles circonstances favorables aux progrès matériels de la science, nous verrons sortir un grand nombre de résultats, déjà en partie indiqués. D'abord des collections particulières se formèrent; puis les villes et les gouvernements ambitionnèrent à leur tour ces diplômes de science. Des publications de voyages eurent lieu; de là des études et des ouvrages spéciaux, et ensuite des ouvrages généraux. Parmi les naturalistes généraux qui tenaient encore un peu à la direction théologique, se remarquent Gesner, Aldrovande, et plusieurs autres. Gesner a, le premier, recueilli dans un traité général toutes les connaissances de l'époque, et Aldrovande même n'a fait souvent que le copier. Pour ces raisons et pour bien d'autres, le premier doit donc sceller cette époque de son nom et en résumer tous les traits.

II. *Éléments et extrait de sa biographie.*

Albert le Grand, dirigé par un corps religieux, fut placé dans toutes les circonstances propres à attirer ses efforts vers la culture des sciences. Il n'en sera plus ainsi de Gesner : il apparaît au milieu d'une société plus avancée sous le rapport de la civilisation matérielle, et puis il était médecin; deux circonstances qui vont influer sur sa direction. Les éléments de sa biographie sont nombreux et assez avérés pour permettre de juger avec connaissance la nature et l'intensité de son action sur le progrès. Il nous en fournit lui-même dans les préfaces et les dédicaces de ses différents ouvrages [1]. Josias Simler, son compatriote et son successeur dans l'enseignement des mathématiques, à Zurich, fit son oraison funèbre, et publia sa vie l'année même de sa mort. De Thou, Adam, Hottinger, le Père Niceron, Cuvier, ont écrit sur la vie de Gesner. Sa biographie la plus complète a été donnée par Schmiedel, médecin du margrave d'Anspach [2].

Mais aucun de ces biographes ne nous semble avoir apprécié Gesner d'une manière convenable. La preuve, c'est le nom de *Pline de l'Allemagne*, *Plinius Germanicus*, qui lui fut appliqué par Théodore Zwinger, dans l'épitaphe qu'il composa en son honneur, et dont tous les autres ont cru lui faire gloire. Il n'y a aucune comparaison à établir entre ces deux hommes, pas plus qu'entre leurs ouvrages : l'un est essentiellement athée,

[1] Particulièrement dans son *Epistola ad Guillelmum Turnerum, de libris à se editis*, 1562, qu'il a composée à l'exemple de Galien ; ensuite la préface de la Bibliothèque universelle.

[2] En tête de l'édition *des œuvres botaniques de Gesner*, 2 vol. in-f°, Nuremberg, 1754-1770.

l'autre éminemment religieux; celui-ci observateur, celui-là pur et simple compilateur; l'un déclamateur amer contre l'homme et la nature, l'autre écrivain consciencieux. Visant à la science et non au plaisir de son lecteur, infiniment au-dessus de Pline, Gesner n'a de commun avec lui que l'ordre alphabétique qu'il suivait pour les notes sur les animaux recueillies dans ses cartons.

Conrard Gesner naquit à Zurich le 26 mars 1516, époque de guerre religieuse dans son pays, où Zwingle et Mélanchton réformaient les opinions de leur maître Luther. Ses parents étaient pauvres; son père, Ursus Guesnerus, était pelletier; circonstance qui aura pu déterminer la direction de Gesner, en le mettant en rapport avec les chasseurs des Alpes, et en le portant lui-même à la chasse, dans un temps où les fourrures étaient en grand usage.

Dès son enfance il s'adonna très-sérieusement à l'étude des langues; il y fut soutenu par son oncle maternel, Jean Frich, ministre protestant, qui lui donna les premières leçons de belles-lettres, et même quelque teinture des sciences, spécialement les éléments de la botanique. Il continua ses études sous Thomas Platter, savant naturaliste et médecin, célèbre par lui-même et par sa famille, toute dévouée au culte de la science médicale; elle fut presque en Suisse ce que les Asclépiades furent en Grèce. Jean-Jacques Amman, chirurgien de Zurich, charmé de son amour pour les sciences, recueillit Gesner chez lui.

A quinze ans il perdit son oncle, et, peu après, son père périt, en 1531, à la bataille de Zug, dans laquelle succomba aussi le fameux Zwingle. Alors il quitta sa patrie pour chercher des secours à l'étranger. Il se rendit à Strasbourg, où il eut pour maître Pierre Dasypode, professeur de grec. Il entra ensuite dans la maison de Wolfgang-Fabrice Capiton, pour étudier l'hébreu. Ses progrès rapides lui permirent de seconder, pendant quelque temps, moyennant un salaire, les travaux de son maître sur cette langue, et sur plusieurs parties de la Bible.

Ayant alors obtenu quelques secours des magistrats de Zurich, il eut l'idée de se faire médecin. Il entra en France et se rendit à Bourges. Le célèbre Cujas y attirait une foule d'auditeurs autour de sa chaire législative. Gesner put, par occasion, assister à ses cours; mais l'étude de la médecine le fixa tout entier. C'est alors qu'il lia, avec son compatriote et son compagnon d'étude Jean Frisius, une amitié qui dura toute sa vie. Ce dernier, placé plus tard à la tête du collége de Zurich, y mit en honneur les études orientales, et contribua à former cette foule d'élèves qu'on vit briller depuis dans les universités de France et d'Allemagne. On lui doit la plus complète de toutes les éditions de la Bibliothèque de Gesner, tribut d'hommage rendu à la science et à l'amitié.

Les secours qu'il recevait de sa patrie ne suffisant pas, Gesner fut obligé de consacrer une partie de son temps à donner des leçons pour s'aider à vivre. A dix-huit ans, il eut occasion de se rendre à Paris; il s'y livra activement à l'étude, et surtout à celle des langues grecque et latine, dévorant, dit-il, tous les livres grecs, hébreux, arabes et latins, qui lui tombèrent sous la main. Jean Steiger, jeune patricien de Berne, qui lui portait une grande amitié, le soutint de sa bourse. Sa qualité de lettré, de linguiste savant, le fit rechercher de tout le monde; et, en 1536, il retourna à Strasbourg avec la réputation d'un prodige de science, *miraculum litterarium.* Peu après, il obtint, au collége de Zurich, une petite place de professeur d'humanités; et il se maria n'ayant pas encore vingt ans.

Cependant on ne tarda pas à reconnaître que la place qu'il occupait était au-dessous de son mérite; les magistrats de Zurich lui accordèrent de nouveaux secours pour continuer à Bâle ses études médicales. Il commença aussi ses travaux philologiques pour la nouvelle édition du dictionnaire grec-latin de Favorinus.

Lorsque l'académie de Lausanne fut fondée, le sénat de Berne l'appela pour y enseigner les lettres grecques. Il y resta trois ans, pendant lesquels il publia quelques traductions qui lui procurèrent un peu d'aisance. Il passa ensuite une année à Montpellier, pour y continuer ses études médicales, et s'y lia intimement avec le célèbre médecin Joubert et avec le naturaliste Rondelet. Enfin, à l'âge de vingt-cinq ans, en 1541, il se fit recevoir docteur médecin, à Bâle, et fut rappelé à Zurich, pour y exercer et y enseigner la médecine. C'est alors qu'il publia quelques analyses d'auteurs grecs et latins; puis un catalogue de plantes en quatre langues. Il faisait déjà preuve de connaissances très-étendues sur la botanique, en indiquant plusieurs végétaux nouveaux pour son temps.

Il fit ensuite plusieurs voyages dans les montagnes de la Suisse et de la Savoie pour recueillir des êtres et des faits naturels. Observateur et poëte, ces voyages lui fournirent l'occasion de publier, en 1542, son Traité du lait, avec une lettre sur la beauté des montagnes.

La même année, il édita plusieurs traductions du grec; un Traité des syllogismes, et d'autres ouvrages philosophiques, qu'il fit suivre des Sentences de Stobée, des Allégories d'Héraclide de Pont, du Discours de Dion Chrysostome sur Homère.

En 1545, un voyage à Venise lui permit d'observer et de dessiner les poissons de la mer Adriatique. Il fit un autre voyage à Augsbourg pour consulter des ouvrages précieux et rares. A cette époque, il commença aussi à publier sa Bibliothèque universelle, ce qu'il continua jusqu'en 1549, sans la terminer cependant.

Il recueillait depuis longtemps des observations sur les corps naturels des trois règnes, par lui-même et par les amis et correspondants qu'il avait dans toutes les parties de l'Europe. Chaque année il faisait un voyage dans les Alpes pour récolter des objets en nature; il avait rassemblé un herbier de plus de cinq cents espèces nouvelles de plantes. De 1551 à 1556, il publia successivement les cinq livres de son grand ouvrage sur les animaux, pour lequel il avait amassé des matériaux depuis longtemps.

En 1557 il fut nommé professeur public de philosophie naturelle à Zurich. L'empereur Ferdinand Ier, qui aimait les sciences et passait ses loisirs à étudier les poissons, reçut la dédicace du livre de Gesner sur cette classe d'animaux. Pour lui en témoigner sa reconnaissance, il l'appela à Augsbourg, et lui donna des armoiries d'anoblissement significatives : le lion, l'aigle, le dauphin et le basilic, chacun roi de sa classe, semblaient donner à ce noble de la science le sceptre de la nature.

En 1564, une maladie pestilentielle s'étant déclarée à Bâle, elle s'étendit bientôt à Zurich et atteignit Gesner. Pendant les deux ans qu'elle dura, il avait donné beaucoup de soins aux malades qui en étaient atteints, et avait même écrit une dissertation sur la meilleure méthode de la traiter. Dès qu'il se vit attaqué, il ne douta point qu'il ne fût condamné; il se fit transporter dans son cabinet pour achever de mettre en ordre ses ouvrages, et mourut ainsi dans le sanctuaire de la science, le cinquième jour de la maladie, à l'âge de quarante-neuf ans. Il céda sa bibliothèque et ses manuscrits à Gaspard Wolf, son élève, qu'il chargea de publier tout ce qu'il pourrait en extraire de propre à étendre quelques parties des connaissances humaines.

Gesner a peut-être eu la vie la plus pleine que nous puissions offrir dans la carrière des sciences, puisque, mourant à l'âge de quarante-neuf ans, il n'a parcouru, au plus, que la moitié de la vie d'un homme scientifique. Né pauvre, dans un pays pauvre, méditerranéen et peu commerçant, sans Mécène possible, puisque son gouvernement, dont il reçut cependant des secours, n'était pas assez riche pour acquitter la dette du pouvoir envers l'intelligence, il dut tout à son travail. La profession de ses parents put bien lui donner le goût des sciences naturelles; mais ils n'étaient pas en état de diriger son éducation. Réduit donc à ses propres forces pour lutter contre tant d'obstacles, il étudia d'abord les langues mortes et vivantes avec la persévérance de la nécessité, pour vivre et faire face aux dépenses de ses études. Il puisa ensuite, dans l'enseignement de la grammaire et de la dialectique, cette grande force qui lui permit de scruter les œuvres de ses prédécesseurs et celles de la nature.

De là il est arrivé à l'art de guérir, vers lequel le portait son goût. Ce fut pour lui le premier des arts, et celui qui réclame le plus de connaissances. Aussi étudia-t-il comme en faisant partie, et lui donnant un appui nécessaire, les sciences naturelles. Enfin, il aboutit au terme inévitable, la théologie, dont il comprit la haute importance, et dont il discuta les plus graves questions dans plusieurs de ses lettres.

III. *Éléments de ses ouvrages.*

Nous allons bientôt voir comment cette conception philosophique religieuse, seule base solide de la science, résumée par Albert le Grand, descendra par degrés jusqu'à nos jours, depuis le moment où les naturalistes ont commencé à ne vouloir s'en rapporter qu'à l'expérience. Tenant pour préjugé tout ce qui n'était pas appuyé sur elle, ils ont protesté contre la méthode, qui n'était pas expérimentale ; tandis que, par un excès opposé, dans la direction théologique, à partir de saint Thomas, nous verrons les deux termes de la philosophie, qui devaient toujours marcher ensemble, *conjurant amicè*, se séparer et devenir ennemis.

Pendant tout l'intervalle qui sépare Albert le Grand de Gesner, la méthode scolastique a dominé; elle a dominé en théologie, elle a dominé dans la science du droit, elle a dominé en médecine, elle a dominé dans toutes les sciences. Elle fut un progrès, et contribua puissamment au magnifique et presque inconcevable effort du moyen âge dans toutes les connaissances humaines. Elle prépara tous les progrès modernes. Cela devait être ainsi. Elle ne fut, en réalité, que la continuation d'Aristote, ou le développement de la logique de l'esprit humain, toujours le même au fond. Cependant l'ardeur avec laquelle elle fut saisie et poussée ne tarda pas à la jeter dans une voie d'abus, inévitables toutes les fois que pareil phénomène se manifeste. On voulut tout creuser, tout embrasser, tout approfondir avant le temps. Les éléments manquaient; on saisit à défaut les instruments, on les travailla comme on aurait fait les matériaux. De là jaillirent nécessairement ces arguties, ces questions oiseuses, ces thèses insolubles, souvent insoutenables, que nous aurions pourtant grand tort de ridiculiser. Elles étaient le témoignage d'une immense activité intellectuelle, dont le feu manquait d'aliments. Il fallait que ce besoin d'aliments se fît sentir après une sorte d'épuisement, pour être plus sûrement recherché et satisfait. Qu'on le comprenne bien, cependant: il n'y a pas deux marches rationnelles pour l'esprit humain; la science théologique ne fut pas seule écrasée sous cet abus; s'il s'y est perpétué un peu plus longtemps, cela tient à la certitude même de son enseignement, et au besoin moins facilement senti de chercher hors d'elle-même des auxiliaires. Les sciences législatives, les sciences médicales et les arts même subirent cette nécessité, bien plus nuisible pour les premières surtout, que pour la théologie, ou, du moins, dont le résultat destructeur des intérêts matériels devait être là bien plutôt aperçu qu'ailleurs. Cet abus même eut son utilité; il aiguisa l'instrument, et apprit à l'esprit humain à envisager les phénomènes observés sous toutes leurs faces, prévenant par là l'excès bien plus grave de hâter la constitution d'une science non encore assise sur des bases solides, ou la généralisation de lois qui ne sont que des exceptions; excès dont nous sentons aujourd'hui, mieux que jamais, toute la gravité, et contre lequel le progrès n'a que trop souvent à soutenir une pénible lutte. Respect donc à l'abus même, car la louange ne sera jamais égale au mérite, ni la reconnaissance à l'étendue du bienfait que nous a légué cette vivifiante scolastique.

Nous n'avons point à analyser ses travaux d'une manière spéciale; nous en avons pris et nous en prendrons seulement ce qui est inséparable de notre thèse, laissant à la conscience de chacun le soin de juger du reste par ce spécimen.

C'est sous l'empire de la scolastique que le cercle des connaissances humaines a été clos et terminé; toutes les parties vont en être étudiées telles qu'elles sont, jusqu'à ce que vienne Gesner, dont l'effort remarquable a été de montrer où l'on était arrivé. En résumant tout la science antécédente dans un ensemble facile à voir, il indiquait vers quelle direction il fallait tendre ultérieurement. Peu de personnes ont compris toute la portée de Gesner. On a trop négligé ses préfaces, libre expansion de la pensée, où il s'est révélé tout entier. A travers la nécessité, nous le voyons se diriger vers la médecine, pour arriver à l'histoire naturelle, et par elle à Dieu.

On s'explique alors pourquoi, de bonne heure, ce jeune homme, chargé d'enseigner les lettres, et plus grand que son humble position, a été nommé un miracle de science; comment il est parvenu, par la direction nécessitée de ses études, à produire ses deux grands ouvrages avec un soin admirable. Ne mérite-t-il pas qu'on lui tienne compte de ce qu'une mort prématurée lui a ravi? Moissonné à quarante-neuf ans, à l'époque de la vigueur de l'âge et de la puissance de l'intelligence; capable alors, après avoir parcouru tous les sentiers de la science, d'en embrasser l'ensemble pour résumer et formuler toutes ses connaissances, que n'eût-il pas fait si le terme d'une vie ordinaire lui eût été accordé? Car on ne doit pas oublier que, si des difficultés font agir l'esprit, trop d'obstacles l'écrasent.

Les nombreux éléments que Gesner eut à sa disposition peuvent être partagés en cinq grandes catégories : 1° les auteurs anciens déjà employés, mais mieux connus par de meilleures interprétations ; 2° les ouvrages publiés dans l'intervalle qui le sépare d'Albert le Grand ; 3° les auteurs qui le précèdent immédiatement, voyageurs, géographes ou naturalistes ; 4° ses contemporains, qui lui fournissaient des notes, des observations, des dessins et même des objets ; 5° enfin ses propres observations.

1° Les auteurs anciens avaient été mieux traduits et mieux commentés depuis l'élan imprimé par saint Thomas, et surtout par les auteurs suisses, contemporains de Gesner, ou qui vivaient peu de temps avant lui; ils avaient travaillé sur Hippocrate, Aristote, Galien, Élien, etc. Il lui fut donc plus facile de connaître parfaitement les anciens; son habileté dans la langue grecque lui permit même de les lire textuellement, d'en commenter et d'en éditer plusieurs, entre autres une traduction complète des œuvres d'Élien. Cuvier fait remarquer, avec raison, que les passages des anciens qui ont échappé à Gesner, n'ont presque pas été pris en considération par les modernes. Il méritait cette confiance par son exactitude, sa clarté et sa bonne foi.

2° Les successeurs d'Albert le Grand continuèrent son plan dans toute son étendue, ou seulement dans certaines parties.

Vincent de Beauvais, contemporain d'Albert, fut, comme lui, dominicain, et probablement son élève. A l'exemple de son maître, mais sur un plan un peu différent, il entreprit l'encyclopédie des connaissances humaines. Et ici encore apparaît la grande image de saint Louis. Par ses ordres, et sous ses auspices, Vincent de Beauvais entreprit le résumé des principes de toutes les sciences alors enseignées dans les universités. De toutes parts les copistes faisaient les extraits des ouvrages nécessaires à cette grande compilation.

Le Speculum majus, ou grand miroir de Vincent, se divise en quatre parties : *le Speculum naturale*, miroir naturel; *morale*, moral; *rationale*, ou peut-être *doctrinale*, scientifique; et *historiale*, historique.

Le miroir naturel est l'étude détaillée de la création dans l'ordre de la Genèse; ordre rationnel et logique, même au point de vue de la science. Il nous fait descendre du ciel à la terre; de Dieu, cause et source de toute existence phénoménale, il nous amène, par les anges, les esprits, ses ministres, à la création en général, passant ainsi des réalités incorporelles au monde sensible. Les livres suivants sont consacrés à la lumière, au firmament, au feu, à l'air et à l'eau. On ne ferait pas autrement au dix-neuvième siècle; on viendrait des fluides impondérables aux corps pondérables, ou substances inorganiques, à la tête desquels on placerait les métalloïdes; toutefois, avec un peu moins de philosophie, on passerait sous silence, comme une thèse surannée, la cause première pour entrer de plain-pied dans un terrain sans fondement. Dans Vincent de Beauvais, les livres VI, VII et VIII, en traitant de la terre, des minéraux, des métaux et des pierres proprement dites, complètent l'étude de la nature inorganique. Les six livres suivants commencent celle du règne organique, par les plantes envisagées dans tout le cours de leur développement. L'œuvre du quatrième jour, qui occupe le quinzième livre, intervertit la suite des faits, à laquelle il revient dans le seizième; ce dernier livre et les suivants jusqu'au vingt-deuxième inclusivement, contiennent la zoologie. Nous trouvons ici, comme dans Albert le Grand, la confirmation importante de notre thèse sur le traité *de Anima* d'Aristote. Nous avons prouvé que ce n'était autre chose qu'une belle et magnifique physiologie générale, et nullement un traité de l'âme. Vincent de Beauvais consacre en effet le quatorzième, le quinzième et le seizième livre du *Speculum naturale* à examiner, l'un, les forces vitales et conservatrices du corps; l'autre, la vie sensitive; le dernier, les impressions que l'âme reçoit involontairement pendant la veille ou le sommeil, ou les phénomènes de l'instinct. Mais il n'y a qu'un seul livre séparé pour exposer le grand problème de l'action des puissances de l'âme sur elle-même, ou le *mens*, l'âme proprement dite.

Du reste, tout ce *Speculum naturale* n'est qu'Aristote et Albert le Grand, mis dans un ordre propre à cadrer avec le but de l'auteur; il y a pourtant quelques nouvelles additions sous le rapport de la description des objets naturels.

Le *Speculum morale* est une conséquence logique du miroir naturel; les lois morales sont conservatrices des lois physiques, et tendent au même but qu'elles, la glorification du Créateur par la conservation et le perfectionnement de son œuvre. Cette partie est beaucoup moins étendue que la précédente; on ne veut même pas qu'elle soit de Vincent, mais de saint Thomas, son disciple et son confrère, qui aurait exécuté cette partie du plan de son maître.

Le *Speculum rationale* résume en dix-sept livres toutes les sciences profanes et divines, et la théorie des principaux arts. Le premier traite de la chute de l'homme, et, comme conséquence, de la possibilité qui lui est laissée de réparer une partie de sa perte par l'étude, la philosophie, etc.; elles le conduisent à l'acquisition pénible de la science, qu'il aurait indubitablement possédée sans labeur, par ses communications intimes avec l'intelligence suprême avant sa chute. Du sixième au dixième livre, il enseigne l'économique, ou l'art de bien gouverner l'intérieur de sa famille; la politique et tous ses détails, le gouvernement, les lois, le droit, l'état des personnes publiques ou privées; les affaires sacrées ou profanes; le droit privé, les procès et la procédure; la nature et le mode de répression des crimes qui offensent la Divinité; les droits respectifs des juridictions ecclésiastique ou civile; enfin, il traite des crimes contre le prochain et contre soi-même. N'est-ce pas là le résumé de la grande et sublime législation du roi qui avait puisé sa justice dans le ciel? seule législation rationnelle, parce que, seule, elle entre dans le plan de la création; seule, elle lie l'homme à Dieu. En vengeant d'abord l'offense de la Divinité, et accomplissant par là le grand but de la glorification de l'Éternel, elle acquiert des droits réels à venger les offenses contre l'humanité, et de l'individu contre lui-même. Ainsi, tout est à sa place, Dieu glorifié, l'ordre social établi, l'individu conservé, puisqu'il lui est défendu de se haïr. Mais, Dieu enlevé, l'ordre social retombe sous la force brute, et l'individu s'engloutit dans la licence et la frénésie de la haine de soi, conséquence rigoureuse de l'affranchissement des droits de Dieu, seul conservateur possible, comme il est seul créateur. Ces vérités servaient de fondements à la législation de saint Louis, qui était celle du christianisme dans ses applications politiques.

Le onzième livre contient les *arts mécaniques*, les

spectacles, la guerre, le commerce, la navigation, etc. Il est facile encore de reconnaître ici, dans les trois derniers chapitres, l'action des croisades, racontée sous le commencement même de leur bienfaisante influence.

Après avoir parcouru, dans les derniers livres, toutes les autres branches des connaissances humaines, il termine par la théologie, comme Albert le Grand.

Par le *Speculum historiale*, l'esprit humain est connu dans son ensemble pour la première fois; l'histoire du genre humain, jointe au cercle encyclopédique, est une idée nouvelle et heureuse qui mérite une haute considération, à cause de son importance pour le progrès qu'elle peut favoriser en tout sens, en ne permettant jamais à l'esprit humain de s'oublier lui-même dans aucune partie de son domaine, quand toutefois cette science de l'histoire est légitimement instituée. Toute cette partie du grand miroir, qui renferme autant de savoir, de patience et de talents, que les précédentes, est digne d'intérêt, malgré les défauts alors inévitables pour l'auteur, et que la critique historique a su corriger depuis.

Roger Bacon est rentré davantage dans le plan d'Aristote; la méthode expérimentale fit entre ses mains des progrès étonnants pour son époque; elle le conduisit à une foule de découvertes intéressantes en physique et en chimie. L'optique lui doit certainement plusieurs vues nouvelles; la chimie, probablement la combinaison du salpêtre, du soufre et du charbon pour faire la poudre à canon; et peut-être aussi la découverte d'une espèce de phosphore ou de corps analogue, comme serait un de ses oxydes. Il n'était étranger à aucune science, et avait étudié les langues. Il fit des travaux utiles sur la géographie; sa démonstration des erreurs du calendrier prouve la solidité de ses connaissances astronomiques. Mais déjà la méthode mathématique commence à dominer chez lui ; il regardait les mathématiques appliquées à l'observation, comme la seule route qui pût conduire sûrement à la connaissance de la nature; et ce ne fut peut-être pas là une des moindres causes de ses erreurs.

L'opus majus est son principal ouvrage; il y traite dans l'ordre suivant : des obstacles à la sagesse; des causes de l'ignorance humaine; de l'utilité des sciences; de l'utilité des langues; des centres de gravité; des poids; de la valeur de la musique; des jugements de l'astrologie; de la cosmographie; de la situation du globe; des régions du monde; de la situation de la Palestine; des lieux sacrés; description des lieux du monde; prognostic du cours des astres.

Viennent ensuite divers traités de perspective, et le traité *de Specierum multiplicatione*, de la multiplication des espèces; puis de l'art expérimental; des rayons solaires; de la manière de faire les couleurs artificielles. Ensuite plusieurs traités d'alchimie, qui renferment néanmoins un assez grand nombre de choses réclamées par la chimie. De la manière de retarder les accidents de la vieillesse. Il avait encore composé plusieurs autres traités qui n'ont point été imprimés : tels que le *liber naturalium*, le *computus Rogeri Baconis*, l'*opus minus*, l'*opus tertium*, *speculum alchemiæ*, *de potestate mirabili artis et naturæ*. Il publia aussi quelques traités de théologie.

D'après ce plan même, il est facile de conclure qu'il s'était bien plus fortement attaché à suivre Aristote et Albert que Vincent de Beauvais; et d'un autre côté, qu'il avait activement travaillé à l'agrandissement de plusieurs rayons du cercle philosophique, et surtout en instituant l'expérience par un traité spécial.

Barthélemy d'Angleterre. On ne possède aucune particularité sur la vie de Barthélemy d'Angleterre. L'examen de son ouvrage *de Proprietatibus rerum*, porte à croire qu'il ne fut composé, au plus tard, que vers 1260. Il se divise en dix livres, lesquels embrassent la description du ciel et de la terre, et de tout ce qu'ils renferment. Sa prétention n'a point été de donner un traité complet, mais de glaner les épis échappés à d'autres mains. Il prévient qu'il mettra peu du sien, se contentant de puiser dans les livres des saints et des philosophes; il n'a voulu publier qu'un abrégé.

Saint Thomas d'Aquin, de 1237 à 1274. Albert le Grand fut le maître de l'ange de l'école. Les ouvrages de saint Thomas se divisent en quatre classes : les ouvrages de philosophie, ceux de théologie, les commentaires sur l'Écriture sainte, et les opuscules qui contiennent des matières variées.

Suivant l'exemple de son maître, il entreprit de connaître la philosophie d'Aristote dans toutes ses parties, mais en se traçant une autre marche; il n'acheva pas son projet; et s'il l'eût terminé, peut-être eût-il évité à ses successeurs la direction exagérée qui les porta à séparer la philosophie de la théologie, erreur qui s'est propagée jusqu'à nous, et qui a pu naître jusqu'à un certain point de la Somme de saint Thomas.

Parmi les écrits d'Aristote, il a commenté les livres de *l'interprétation; les analytiques;* les livres *de physique;* les trois premiers *du ciel et du monde;* le premier de *la génération* et de *la corruption;* les deux premiers *des météores;* les deux premiers *de la vie* (*de anima*); celui du *sens et de la chose sensible;* de *la mémoire et de la réminiscence; du sommeil et de la veille;* les douze de *métaphysique*; les dix *des éthiques;* les onze premiers *de la politique.* Lorsque saint Thomas enseignait à Rome, sous le pape Urbain IV, il exposa les sciences naturelles, métaphysiques et morales, d'après Aristote. Tel est, du moins, le témoignage de Tholomé de Lucques. Dans sa Somme il cite assez souvent les livres des animaux d'Aristote, et traite les grandes questions de psychologie et de physiologie.

La critique, dont ils offrent un grand nombre d'exemples, distingue surtout ses commentaires. Ne se contentant pas d'expliquer bien ou mal les versions latines reçues de son temps, il conçut qu'avant d'interpréter les maximes d'Aristote, il fallait d'abord s'assurer du véritable sens de ses paroles; de là les discussions auxquelles il se livre touchant le sens positif de la lettre et du texte, les rapprochements qu'il fait des versions, ou plutôt des variantes qu'il donne dans divers passages; variantes fournies par la comparaison du texte grec et de la version latine.

Ses œuvres théologiques sont d'abord les commentaires sur les quatre livres du maître des sentences, renfermant un cours méthodique de théologie; secondement, sa Somme de théologie, ouvrage admirable, qui a, depuis lui, servi de thème à l'enseignement de la théologie. Le plan en est rationnel et logique; la mort ne lui permit pas d'y mettre la dernière main. Sa Somme contre les gentils, qui a le même but que la Cité de Dieu de saint Augustin, fut composée à la prière de saint Raymond de Pennafort, pour fournir aux prêcheurs d'Espagne les moyens de travailler avec fruit à la conversion des Juifs et des Sarrasins.

Il a commenté la plus grande partie des saintes Écritures. Son explication des Épîtres de saint Paul est surtout remarquable. Ce fut lui qui, par l'ordre du pape Urbain IV, composa l'office du Saint-Sacrement que l'Église chante encore aujourd'hui. Il a su y joindre la plus stricte théologie à la piété la plus suave. Ses opuscules sont remarquables par la science théologique et par une piété aussi onctueuse que solide.

A dater de saint Thomas, la démonstration scientifique de la théologie est terminée. Nous l'avons vue préparée par les Pères de l'Église et par les progrès des sciences humaines, se formuler entre les mains de Pierre Lombard, entrer dans le cercle des connaissances humaines pour les féconder et les diriger, par Albert le Grand. La voici enfin définitivement posée par son disciple, avec une tendance qui, demeurant dans les limites où le génie de saint Thomas l'avait tracée, n'aurait en rien nui au progrès social des sciences, mais l'eût au contraire soutenu, puisqu'il ne peut se réaliser sans elle. Malheureusement cette tendance, exagérée de plus en plus par une école moins forte et moins éclairée, fut brisée trop brusquement par la Réforme, qui la força à un plus grand éloignement de la science. Cette exagération a fini par poser la science et la théologie en deux camps ennemis; ainsi a été causé le plus grand préjudice aux progrès de la première, et à l'influence nécessaire de la seconde.

En résumé, depuis Albert le Grand, trois points importants ont été introduits ou agrandis : des descriptions plus nombreuses et plus complètes encore par Vincent de Beauvais, et surtout l'histoire du genre humain, si utile au progrès; en second lieu, la théorie de l'expérience et ses résultats; les découvertes de nouveaux faits, par Roger Bacon; enfin l'art de la critique, si important pour démêler la vérité, par saint Thomas, qui a en outre terminé la démonstration scientifique de la théologie.

3° La fin du moyen âge, en donnant aux sciences le grand véhicule de l'imprimerie, vit naître quelques ouvrages originaux qu'on peut regarder comme contemporains de Gesner. Ils sont de nature extrêmement diverse, et ne peuvent plus se présenter à nous que dans un ordre déterminé par le sujet.

Ouvrages généraux. Ces grands travaux, si communs dans le moyen âge, deviennent rares à l'époque de la transition qui cherche en sous-œuvre à reconstruire l'édifice.

Jérôme Cardan, médecin et mathématicien, naturaliste et philosophe, naquit à Paris, en 1501. Vers la fin de sa carrière, il était dans un état voisin de la folie. Ses traités *de Subtilitate* et *de Rerum varietate*, embrassent l'ensemble de sa physique, de sa métaphysique et de ses connaissances en histoire naturelle; mais c'est surtout comme mathématicien qu'il a des droits à la célébrité.

Scaliger, qui chercha sa réputation dans la destruction de celle de ses contemporains, combattit Cardan comme il avait combattu Érasme. Il s'occupa aussi de toutes les connaissances de son temps. Ses meilleurs titres à la reconnaissance de la science, sont ses travaux sur Hippocrate et Aristote, dont il a traduit ou commenté plusieurs traités.

La science va changer sa marche; déjà il n'y a plus d'ouvrage d'ensemble que celui de Cardan. Encore n'y trouve-t-on point de conception générale : elle a disparu après Albert le Grand et ses successeurs immédiats. La direction des mathématiques qui va se développer est beaucoup plus prononcée dans Cardan qu'elle ne l'avait encore été. Nous pressentons déjà la méthode mathématique, la plus antiphilosophique de toutes les méthodes; elle va marcher de plus en plus vers l'envahissement de la science; elle finira par la restreindre et l'acculer dans les limites les plus étroites. C'est un phénomène bien remarquable que, parmi les mathématiciens, même modernes, Ampère soit le seul qui ait su introduire dans la science l'usage légitime et convenable des mathématiques, et qui pour cela même ait pu réunir et coordonner les connaissances humaines en les laissant à la place que chacune d'elles doit occuper logiquement.

Ouvrages spéciaux. Le règne des ouvrages spéciaux arrive avec les temps modernes; conséquence de l'état de la science et des larges voies ouvertes à la communication entre les peuples, ils sont une source où Gesner puisera de nouveaux éléments. Apparaissent d'abord des géographes, des historiens, des voyageurs et des pèlerins. La navigation de Christophe Colomb et les ouvrages sur la découverte du nouveau monde; la relation des voyages d'Améric Vespuce, en 1506, l'histoire de la découverte du nouveau monde, et la relation curieuse de l'ambassade en Égypte par Pierre Martyr. Les navigations de l'Espagnol Pinzon; les découvertes de Magellan, naviguant vers les îles Moluques; l'histoire d'Angleterre, celle des inventions, et les livres des prodiges de Polydore Virgile; enfin, l'histoire des nations et le tableau des terres septentrionales d'Olaüs Magnus, chassé de Suède à Rome par la Réforme.

Après les voyageurs se présentent les historiens de la nature, qui ont écrit, ou sur les animaux en général, ou sur quelques spécialités de la science de l'organisation. Parmi les premiers, Édouard Waton, médecin et naturaliste d'Oxford, et Épiphanes, archevêque de Salamine, en Chypre au quatrième siècle, dans son Physiologue, ont fourni des matériaux à Gesner.

Les spécialités sont beaucoup plus nombreuses. *Sur l'homme*, il avait à consulter André Vésale, quoique son ouvrage ne fût pas encore publié; Landus Bassianus, de Plaisance, sur la connaissance de chaque partie de l'homme; Jo. Botnus Aubanus, sur les mœurs des nations diverses; André Furnérius [1]; c'est l'homme en général, l'humanité dans ses différentes branches, dans les circonstances diverses où elle vit.

Sur les mammifères, Michel Hérus, *des Quadrupèdes;* Michel-Ange Blondus, médecin vénitien, de *la Chasse et des Chiens;* Jean Caïus, médecin anglais, *des Chiens britanniques*, traité inséré dans la zoologie de Pennant; et beaucoup d'autres, mais tous envisageant les animaux par rapport à la chasse et non pour la science.

Sur les oiseaux, Guillaume Tardivus, *des Oiseaux et des Chiens de chasse;* Eberhardus Tappius Lunensis, *des Oiseaux de proie;* Guillaume Turner, médecin anglais et ami de Gesner, qui loue son ouvrage. Outre ses traités de botanique, il publia une histoire succincte des oiseaux dont il est fait mention dans Pline et Aristote. Gilbert Longolüdia, *des Oiseaux.*

C'est surtout à Belon, médecin français, que Gesner doit davantage. Né à la Soultière, hameau de la paroisse d'Oisé, dans le Maine, Belon doit être regardé comme l'un des restaurateurs des sciences naturelles. Il a donné une histoire de la nature des oiseaux, avec leurs descriptions et naïfs pourtraicts retirez du naturel, écrite en sept livres, en 1553. C'est Belon qui a commencé

[1] *De Decoratione humanæ naturæ.*

en France la véritable histoire des oiseaux ; son ouvrage est de l'anatomie comparée; il l'accompagna de figures gravées sur bois, où les oiseaux sont distingués en familles d'après leurs mœurs ou le lieu de leur habitation. Outre cette première impulsion donnée à l'ornithologie, on lui doit encore des observations intéressantes et des détails fournis par ses nombreux voyages, et que Buffon n'a pas dédaigné d'emprunter. L'histoire des espèces est déjà avancée dans Belon.

Sur les reptiles et les amphibies. Les reptiles et les animaux à sang froid, en général, ont été longtemps négligés, à cause de la répugnance qu'ils inspirent. Nous savons que Linné lui-même n'osait toucher le crapaud.

Les poissons sont mieux étudiés. Paul Jove, évêque de Nocéra, a donné, en 1560, un traité des poissons qu'on voyait au marché de Rome. Pierre Gilles[1], Charles Figuli[2], ont aussi fourni quelques faits. Belon est encore le premier qui ait posé quelques-unes des bases de l'ichthyologie, dans son traité des animaux aquatiques (1553). Les poissons y sont rangés par groupes, dont quelques-uns sont assez naturels; il les a, comme les oiseaux, accompagnés de figures sur bois. Turner, ami de Gesner, lui a fourni une lettre sur les différentes espèces de poissons que l'on trouve en Angleterre[3].

Quelques années après Belon, Guillaume Rondelet, médecin naturaliste, né à Montpellier, et professeur en cette ville (1507), est véritablement le premier ichthyologiste de cette époque, par le nombre des poissons qu'il a connus, et par l'exactitude des figures

[1] *De vi et naturâ animalium.*

[2] Dialogues, *Alter de mustelis, alter de piscibus in Mosellâ Ausonii.*

[3] Cette lettre a été insérée dans le 3e vol. de l'histoire des animaux de Gesner.

qu'il en a données; il a aussi parlé de plusieurs classes d'animaux. C'est dans l'ouvrage de Rondelet qu'on a longtemps puisé les meilleures notions sur les poissons; et, encore de notre temps, on le consulte avec fruit, parce qu'il n'a parlé que de ce qu'il avait vu, que sa critique est saine et qu'il avait voyagé [1].

Hippolyte Salviani, médecin de Rome, né à Città di Castello, dans l'Ombrie, mérita, par son goût et ses talents pour l'histoire naturelle, la protection du cardinal Cervini, qui lui fournit les moyens de composer son livre de l'histoire des animaux aquatiques; elle est remarquable surtout pour les gravures en taille-douce, supérieures à celles de Rondelet, mais beaucoup moins nombreuses. Son ouvrage n'est d'ailleurs qu'une compilation bien inférieure à l'ouvrage de Rondelet. Dès lors, il est frappant de voir comment les Français, avec leur tournure d'esprit et leur langue si lucide et si logique, sont heureusement entrés dans la grande marche de la science.

Les articulés étaient infiniment peu avancés; on n'a pu tirer de Gesner que la description du scorpion. Il avait un poëme en deux livres sur les bombices, par Jérôme Vida, évêque d'Albe.

Les mollusques et les zoophytes étaient nuls.

Il n'en est pas de même des végétaux, dont Gesner traite avec succès. Il avait les ouvrages de Mathiole, commentateur de Dioscoride, ceux de Jean Ruel, d'Othon Brunsfels, de Jérôme Tragus, le premier qui ait commencé à introduire l'observation dans la botanique, et qui ait rejeté l'ordre alphabétique pour faire les pre-

[1] *De piscibus marinis*, lib. XVIII, *Lyon*, 1554; *Universæ aquatilium historiæ pars altera, cum veris ipsorum imaginibus.*

miers pas vers la méthode naturelle. Comme conséquence de cet effort, il comprit et discuta l'importance de la nomenclature; si Gesner l'en a blâmé, c'est une preuve que Tragus devançait son époque.

Fuchs, contemporain de Tragus, médecin comme lui, s'adonna à la botanique pharmaceutique surtout.

Adam Lonicer publia l'histoire de huit cent soixante-dix-neuf espèces de plantes, qu'il divisa en deux classes, seulement d'après leur grandeur et leurs qualités.

A la même époque à peu près, Dodoen fit paraître un ouvrage en trente livres, dans lequel il place huit cent quarante plantes, d'après leurs qualités, leur grandeur, et d'après quelques-unes de leurs parties.

Enfin, Belon porta en botanique la même sagacité qu'en ornithologie et en ichthyologie.

Minéralogie. Il faut placer à cette époque le commencement de l'observation pénétrant dans toutes les sciences. George Agricola, ou Bauer, médecin bohémien, peut être regardé comme le créateur de la métallurgie. Il y eut encore bien d'autres travaux importants sur toutes les branches des sciences naturelles, et principalement sur la minéralogie, entre autres ceux de Libavius; mais comme ils sont tous postérieurs à Gesner, nous ne devons point en parler ici.

Cet aperçu rapide nous mène à plusieurs conclusions importantes. Tous les travaux dont nous venons de parler sont spéciaux; ils n'embrassent absolument qu'une partie plus ou moins limitée de la science. L'observation commence avec activité. Les écris nés de ce nouvel élan se publient en langue vulgaire pour être ensuite traduits en latin, langue universelle et savante. Les médecins, presque seuls, s'occupent de la science; dès lors elle incline nécessairement vers un but d'art ou de pratique, et tend à tomber dans la pharmacie. C'est au sein de la réforme, surtout en Suisse et en Allemagne, que cette direction se développe avec le plus de force et d'exagération, et qu'elle produit les travaux les plus nombreux. Mais les travaux où la direction scientifique est encore plus marquée, la France les réclame : Rondelet et Belon lui appartiennent. Enfin il ne faut pas oublier que la cour de Rome, les princes de l'Église et les évêques encouragèrent de leur côté les sciences et protégèrent les savants. Belon eut successivement pour protecteurs René de Bellay, évêque du Mans, Guillaume Duprat, évêque de Clermont, le cardinal de Tournon et celui de Lorraine. Salviani dut aux énormes dépenses du cardinal Cervini la facilité de composer ses ouvrages. Paul Jove et Jérôme Vida durent leurs évêchés aux encouragements de la cour de Rome, qui fut toujours la plus ardente protectrice des sciences, des lettres et des arts.

4° L'intérêt de tous ses contemporains s'attachait à Gesner et à ses travaux. De toute part on lui envoyait une quantité immense de notes, d'observations et de dessins; comme il était pauvre, il indiquait les moyens de lui transmettre ces matériaux sans qu'il lui en coûtât d'argent.

5° Enfin, Gesner venait dans un siècle où l'observation commençait, et l'estimant plus qu'aucun autre, il lui dut les plus nombreux éléments de ses ouvrages; il faisait chaque année des voyages pour recueillir les plantes et les minéraux.

L'invention de l'imprimerie, en plein exercice depuis cent ans, avait fourni aux auteurs les moyens de publier eux-mêmes leurs ouvrages au fur et à mesure qu'ils les composaient. Conrad Gesner vint dans ces circonstances heureuses, et put, par conséquent, publier lui-même la plupart de ses écrits. Cependant, si cela eut lieu pour tous ceux de physiologie et de critique, il n'en fut pas de même tout à fait pour ceux qui avaient trait à l'histoire naturelle, dont plusieurs ne furent publiés qu'après sa mort, par les soins de ses élèves et de ses amis.

IV. *Plan méthodique et analyse des principaux ouvrages de Gesner.*

Sans embrasser le cercle des connaissances humaines, comme Albert le Grand, Aristote et Galien même, Gesner en approche beaucoup, quoique cela devînt de jour en jour plus difficile, à cause de l'accroissement progressif des divers rayons.

La succession de ses ouvrages a suivi celle de ses conceptions.

1° *Sur les langues.* Il voulut d'abord savoir les langues dans lesquelles les objets naturels sont dénommés; puis étudier ces objets dans les ouvrages composés dans ces langues, avant de se livrer à ses propres observations. Il publia son *Mithridates de differentiis linguarum*, Zurich, 1555, in-8°. Dans cet ouvrage, il est question de deux cent trente langues comparées entre elles, sur un seul texte traduit dans toutes ces langues, rangées par ordre alphabétique. Il le termine par un vocabulaire du jargon des Bohémiens; il y avait introduit un tableau de l'oraison dominicale en vingt-deux langues. C'est à lui que nous devons la méthode comparative, la meilleure de toutes, dans l'étude des langues; méthode indiquée par le dominicain Balbi, et si perfectionnée de notre temps par Humboldt et une foule d'autres savants philologues.

Le second ouvrage de Gesner est son *Lexicon græco-latinum*, qui a précédé celui de Robert Étienne.

2° *Bibliographie*. S'étant ensuite livré à l'étude de la bibliographie, et ayant besoin de revoir tout ce qui avait été écrit sur l'histoire naturelle, il voulut composer pour ce but une bibliothèque universelle; ce qui n'était peut-être pas encore impraticable de son temps. Il la réalisa en partie; elle contient vingt et un livres.

3° *La Logique et la Dialectique* furent l'objet de ses études et de son enseignement; il a publié un traité des syllogismes, traduit du grec.

4° *Minéraux*. Après avoir approfondi les langues et la bibliographie, et assis les bases du raisonnement, il embrasse, dans ses recherches, tous les êtres naturels. Il a écrit d'abord sur la terre et les minéraux; un petit traité sur la figure des fossiles, des pierres et des gemmes. Il y mentionne plusieurs pétrifications qui y sont figurées. Il a reconnu que les fossiles étaient des corps organisés, sans remonter, il est vrai, à leur étiologie, et sans sentir la portée de cette découverte.

Son traité sur les eaux minérales de Suisse et d'Allemagne, une description du mont Pilat, près Lucerne, et des observations sur la beauté des montagnes, dans son petit traité du lait, font encore partie de ses travaux minéralogiques.

5° *Végétaux*. Les végétaux l'ont occupé toute sa vie; les plantes qu'il voulait faire peindre étaient élevées dans son jardin. Il a laissé quinze cents de ces dessins à sa mort. Il publia une préface à l'histoire des plantes de Tragus; un catalogue en quatre langues, des plantes alors connues. Il avait entrepris un grand ouvrage sur les végétaux, semblable à celui qu'il a laissé sur les animaux; dans l'état où cet ouvrage a été publié, il ne contient que ses commentaires sur Valérius Cordus, et des fragments d'une histoire des plantes, d'après son plan, par son disciple Wolf, avec quelques gravures accompagnées de notes. — Son Enchiridiun, *Historia plantarum*, ouvrage de sa jeunesse, publié à Paris, en 1541, est peu important.

Malgré ce petit nombre de publications, il a pourtant donné une impulsion à la botanique par la fécondité de ses vues. Cette étude de toute sa vie le conduisit à poser comme bases de la distinction et de la classification des végétaux, les organes de la fructification; il a nettement exprimé, dans plusieurs de ses lettres, la nécessité de s'attacher, en botanique, aux caractères de cette nature, marche qui a créé la botanique moderne.

6° *Sur les animaux*. En s'élevant toujours, il arrive enfin aux corps organisés animaux. Il publia une édition complète des œuvres d'Élien, avec la traduction latine de l'histoire par P. Gilles; et celle des histoires diverses par Vultrisius. Il paraît qu'il avait fait des notes sur le texte; mais elles n'ont vu le jour, pour la première fois, que dans l'édition d'Élien, par Gronovius. Il donna une édition corrigée des commentaires d'Hermolaüs Barbaro sur Pline. Le plus important de ses ouvrages est celui que nous analyserons; il y traite des quadrupèdes vivipares, des quadrupèdes ovipares, des animaux aquatiques et des serpents; il lui a donné le titre d'*Historia naturalis*.

7° *Sur l'homme*. C'est sous le rapport médical qu'il a surtout envisagé l'homme; pratiquant la médecine, il a publié sur cette science la préface critique des œuvres de Galien, et donné une dissertation sur la meilleure manière de traiter la peste qui éclata à Zurich, et dont il mourut.

8° *Sur la religion.* Son but était la démonstration du Créateur par ses œuvres : aussi aimait-il à s'occuper de théologie, ses lettres en sont la preuve; plusieurs hautes questions de métaphysique religieuse y sont résolues.

Ainsi, il avait à peu près embrassé le cercle complet. Il suivait, il est vrai, l'erreur protestante, que nous avons vue et que nous verrons se prononcer de plus en plus, et nous faire descendre du sommet de la science, auquel nous avait conduits Albert le Grand.

V. *Analyse de son principal ouvrage.*

Le grand ouvrage de Gesner est une conception dans un ordre réfléchi et déterminé, dont chaque article complet devait être traité avec la même régularité et suivant un ordre aussi déterminé.

Son livre des quadrupèdes est précédé d'une épître dédicatoire très-remarquable, comme toutes ses préfaces; il y expose son but, sa conception de la science, sa grandeur et sa dignité. Il fait suivre cette épître d'un extrait de Job, touchant la providence de Dieu sur les animaux. C'était sa pratique d'appuyer ses conceptions de l'autorité des livres les plus révérés. Il fera la même chose dans le livre des oiseaux, en citant presque tout le psaume cent-quatorzième.

Sa troisième préface démontre l'utilité de l'histoire des animaux d'après le philosophe chrétien Thédore de Gaza, dans sa préface à l'histoire des animaux d'Aristote. Viennent ensuite les catalogues des anciens qui ont écrit sur les animaux et dont les livres n'existent plus; des livres qui lui ont servi pour son ouvrage, hébreux, arabes, grecs, latins des anciens, latins du moyen âge. Ce catalogue fait voir qu'il avait consulté toute l'antiquité, les philosophes, les historiens, les poëtes, en un mot, tout écrit qui pouvait lui fournir quelque indication. Le troisième catalogue énumère les livres des modernes et ceux de son temps, en latin, en allemand, en italien, en français. Le quatrième donne les noms des savants qui lui ont fourni, par leur correspondance, des notes, des objets, des figures, etc.

Ce que l'on peut appeler sa huitième préface est l'exposition de la méthode suivie dans son livre. Sur chaque animal envisagé dans toute la conception de Gesner, il doit y avoir huit chapitres numérotés par les huit premières lettres de l'alphabet.

Dans le premier chapitre, A, il traite de la synonymie ou des dénominations de l'animal dans les diverses langues anciennes et modernes; ainsi sont facilitées de suite la comparaison et la coordination de ce que chaque auteur a pu dire sur cet animal, dont les dénominations différentes ne doivent plus arrêter.

Le second chapitre, B, donne le pays de l'animal, sa description extérieure et intérieure, autant que les travaux anatomiques faits jusqu'alors le lui ont permis; et enfin les variétés de l'espèce.

Le chapitre C contient tous les actes naturels touchant la nourriture et la reproduction; la durée de la vie de l'animal, son accroissement, l'époque de sa fécondation, de la naissance des petits, et leur nombre par chaque portée; les maladies de cet animal et leurs remèdes.

Le chapitre D traite des mœurs et de l'instinct de l'animal, de l'amitié et de l'inimitié et des rapports de cet animal avec l'homme.

Le chapitre E expose les usages pour l'homme, autres que ceux de nourriture et de médecine, comme le labourage, la chasse, etc.

Le chapitre F, les usages de cet animal pour la nourriture de l'homme.

Le chapitre G, les usages pour la médecine.

Enfin le chapitre H est un recueil des images et des comparaisons que cet animal a fournies à la poésie et à l'éloquence, des épithètes qu'on lui a données; en un mot, de tout ce qui concerne la philologie, les étymologies, les hiéroglyphes et les représentations.

Tout ce que les auteurs anciens, les auteurs du moyen âge, avaient écrit de relatif à ces divers chapitres, y est réuni, et Gesner y ajoute une infinité de détails nouveaux tirés de ses propres observations, ou communiqués par ses nombreux correspondants.

Après ce tracé de son plan, il donne l'énumération des quadrupèdes vivipares dans l'ordre où ils sont décrits dans le livre, puis un index plus rigoureusement alphabétique des mêmes animaux; et enfin un index polyglotte des noms des animaux en hébreu, chaldéen, arabe, grec, italien, espagnol, français, allemand, anglais, illyrien.

L'ordre suivi dans son livre est alphabétique; mais il ne le garde pas rigoureusement, puisqu'à l'occasion d'une espèce animale, il en rapproche un certain nombre d'autres espèces ou variétés dont le nom est tout différent. Il entre en matière immédiatement sans aucune généralité. A l'article bœuf, il embrasse tout ce que l'on pourrait dire aujourd'hui de cet animal en économie rurale. Il rapproche du genre bœuf, le buselaphus, espèce d'antilope; l'antilope bubale; le bison; le bonasus ou aurochs; le catoblepas ou antilope gnou; les bœufs sauvages de l'Inde, variétés du buffle; le tarandus ou renne; le bos camélita ou zébu.

Dans le genre chèvre il comprend des cerfs et des antilopes.

Il finit par le nom de l'oryx, en renvoyant, pour sa description, à la lettre *O;* ce qui prouverait seul que l'ordre alphabétique n'était point pour lui l'ordre scientifique, et qu'il travaillait à le réduire à la conception de classification au moins générique.

Le genre loup est pour lui le type des carnassiers. Il renferme dans la famille des rats un grand nombre d'espèces différentes de rongeurs, et si l'on en excepte la musaraigne, ce grand genre, tel qu'il l'a donné au mot rat, se rapproche assez de la nature.

Le groupe de la famille des mustela est encore assez bien formé.

Enfin il a réuni les singes de l'ancien et du nouveau continent.

Le livre troisième renferme les oiseaux exécutés sur le même plan que les quadrupèdes; les familles y sont réunies d'une manière plus frappante, comme il a soin d'en prévenir dans sa préface. Chacune d'elles est envisagée en général d'abord, puis dans ses spécialités. Il a beaucoup puisé dans Albert le Grand.

La première famille est celle des accipitres ou oiseaux de proie; elle est déjà assez bien délimitée et caractérisée. Il y comprend les aigles, les éperviers, l'émérillon, les buses, les busards, les faucons, etc.

Ensuite il parle des alouettes, des alcyons, des anates ou canards. Cette dernière famille est encore assez naturellement réunie. Il en est de même des hérons et du coq, à l'occasion duquel il parle de la formation, de la nature et de l'incubation de l'œuf; il rapproche du genre coq les pintades, les dindons, l'outarde, les faisans, les tétras; et ensuite il donne un tableau synoptique des poules d'eau.

Il n'a pas négligé la nomenclature; la nomenclature

binaire est introduite par lui, comme fait, dans la science, en attendant que Linné l'y introduise comme principe. Cela est surtout remarquable dans sa nomenclature des lari et des mésanges; il parle de ces dernières d'abord en général, puis de chaque espèce en particulier, au nombre de sept, distinguées les unes des autres par l'épithète spécifique jointe au nom générique. *De paris diversis in genere;* et puis 1° *de paro majore;* 2° *de paro cœrulæo;* 3° *de paro atro;* 4° *de paro palustri;* 5° *de paro cristato;* 6° *de paro caudato;* 7° *de paro sylvatico.*

Quoiqu'il décrive les chauves-souris parmi les oiseaux, il a pourtant donné toutes les raisons qui doivent les faire placer au rang des mammifères, même les plus élevés; il en a dit autant des veaux marins, qu'il veut retirer des poissons pour les reporter aux mammifères.

Il termine son livre des oiseaux par un appendice renfermant quelques oiseaux inconnus et sans noms, et enfin quelques noms nouveaux d'oiseaux d'Amérique ou des Indes.

Le livre second, renfermé dans le premier volume, traite des quadrupèdes ovipares; du caméléon; des crocodiles; du scinque; des lézards; des grenouilles, à l'état fœtal ou de têtard, et à l'état adulte; des crapauds ou grenouilles venimeuses, *Buffones*, nom qui leur était déjà donné; des tortues.

Le livre cinquième, que Gesner n'a pu terminer, renferme les serpents. Jacques Carron, de Francfort, recueillit toutes les notes laissées par Gesner sur cette partie; il les mit en ordre, y ajouta ses propres recherches, et les publia dans l'état où nous les avons.

La première partie traite des généralités, ce que n'avait point fait Gesner; elles renferment le nom et la définition des serpents; leur division générale suivant les lieux; les pays où on les trouve; leur grandeur, leur couleur; et enfin une description générale des serpents; et en détail, de chacune de leurs parties, tant extérieures qu'intérieures, autant qu'on le pouvait alors.

Le troisième chapitre les considère sous le point de vue philosophique; le quatrième sous celui des mœurs, des sympathies et des antipathies avec tel ou tel animal.

Le cinquième chapitre expose la classe des serpents; le sixième, l'utilité que certains peuples en retirent pour leur nourriture; le septième, les remèdes que les différentes parties des serpents fournissent à la médecine. La fin de ce chapitre traite spécialement des motifs de fuir les serpents, de leur morsure et de leur venin, enfin des moyens de guérir ceux qui en sont atteints. Le reste du livre donne la synonymie et les spécialités à la manière de Gesner; il est suivi de l'histoire du scorpion, tirée des notes de Gesner, par Gaspard Wolf.

Le livre quatrième est consacré aux poissons et aux animaux aquatiques; Gesner y renferme le castor, l'hippopotame, les cétacés, les poissons, les crustacés, les mollusques, les zoophytes, en cherchant à réunir en groupes les espèces pour en former des genres, tout en suivant l'ordre alphabétique. Il suit surtout Rondelet et Belon.

Il discute les raisons qui doivent faire ranger les cétacés parmi les mammifères, plutôt que parmi les poissons.

La famille des crabes ou cancres, qu'il a prise dans Rondelet, est déjà parfaitement délimitée, caractérisée et décrite.

Les sangsues, les vers intestinaux, les polypes ou poulpes, *octopoda*, sont assez bien connus. Vient ensuite un assez bon traité de conchyliologie, commençant par les univalves et finissant par les bivalves. Il termine par les oursins et les orties de mer, *urticis marinis*, dont il donne un tableau synoptique.

A mesure que Gesner avançait dans son travail, il sentait de plus en plus le besoin d'asseoir la classification des êtres sur des bases solides; aussi revient-il souvent dans ce livre à donner des tableaux synoptiques, qui sont de si puissants moyens pour établir clairement une méthode quelconque, naturelle ou artificielle. Il donne des tableaux de la division des truites, de celle des tortues; ce qu'il n'avait pas fait quand il en a parlé dans les quadrupèdes ovipares. Il en donne un du genre squille, qu'il a emprunté au livre *de Subtilitate* de César Scaliger. Il en donne un des éponges, un des grenouilles; ce qu'il avait encore omis dans le livre des quadrupèdes ovipares. Il est d'ailleurs assez probable qu'il devait la plupart de ces tableaux à Rondelet; car c'est en France que la méthode est née, qu'elle s'est formulée et qu'elle a été positivement démontrée; elle a été ensuite traduite dans les autres langues.

De cette analyse bien succincte, il suit que Gesner est le représentant de la science à son époque; tout a convergé vers lui et se trouve résumé dans ses livres. Il nous reste à tirer les conséquences des faits posés en voyant ce qu'il a légué à la science.

VI. *Faits et principes légués à la science par Gesner.*

Quand vint Gesner, la science était constituée; il s'agissait d'en agrandir les rayons; par conséquent il était nécessaire de voir bien positivement le point où chacun de ces rayons était arrivé, pour ne pas travailler en vain, mais appliquer l'instrument, le levier au point essentiel, et le pousser dans la direction du progrès possible. Or, un tel besoin exigeait la révision la plus complète de tout ce qui avait été fait depuis les temps anciens, afin de montrer, dans un clin d'œil, ce qui était acquis à la science, et de ménager ainsi à ceux qui viendraient, un temps précieux, en leur épargnant des travaux inutiles. Cette entreprise de force, de courage et de patience, Gesner l'a accomplie avec un rare bonheur pour la zoologie; et si sa carrière n'avait été tranchée, il avait l'intention de remplir le même plan sur toutes les parties de l'histoire naturelle. Dans ce qu'il a pu faire, se trouve la preuve évidente que s'il n'a pu embrasser le plan dans toute son étendue, comme Albert, comme Aristote, il en a au moins saisi les points importants.

But. Son but, ainsi qu'il nous l'apprend lui-même, était évidemment théologique. « Mon premier but, dans la composition de cet ouvrage, a été de trouver dans la nature elle-même et dans sa contemplation si pure, une sorte d'échelle qui me permît de m'élever, comme par degrés, assez haut pour connaître et pour adorer le grand architecte de toutes choses, le maître et le père de la nature et de nous[1]. » Aussi Dieu est-il le pivot suprême du monde, vers lequel notre raison doit tendre, comme l'aimant vers le pôle du monde.

Il regarde comme une âme abjecte et sordide, celle qui regarde en toute chose l'utilité et le lucre[2]. Il blâme Pline de mettre la personnification de la nature à la place de Dieu, *ut inquit Plinius, non rectè naturam*

[1] Lib. III, *Epist. nuncup.*

[2] Lib. I, *Epist. nuncup.*

pro Deo nominans. « S'il y a des animaux utiles à l'homme, comme les troupeaux, les bestiaux et beaucoup d'autres, non-seulement nous contemplerons en eux la sagesse et la puissance de la nature, ou plutôt de Dieu, mais encore nous rendrons grâces à la bénignité de celui qui produit pour les besoins de l'homme tant d'animaux divers, et qui en conserve perpétuellement les espèces. De sorte que l'histoire de chaque animal sera pour nous un hymne à la sagesse et à la bonté divine..... Dans ces sentiments donc, si nous descendons avec un cœur simple et pieux dans les derniers degrés de l'œuvre de Dieu, reconnaissant avec action de grâce que tout cela a été divinement produit pour nous, nous ne nous y arrêterons pas cependant, mais de là nous nous élèverons à l'artisan lui-même, et nous userons de toutes les autres choses, comme d'une occasion et d'un avertissement, ou comme d'aiguillons et d'éperons, pour penser à leur auteur; car, sur ce théâtre du monde, nous sommes tels, que nous avons sans cesse besoin d'être portés et excités à la contemplation des choses divines. Abandonnant, dans peu ou certainement après cette vie mortelle, toutes ces choses extérieures, inférieures et au-dessous de nous, par la grâce de Dieu le père, sous la conduite de Notre-Seigneur Jésus-Christ, qui seul et le premier nous a montré et préparé cette voie par sa mort, nous serons admis au partage de cet ineffable, intime, suprême et premier bien. Et telle est la fin, tel est le but, aussi bien de la considération de toutes les choses naturelles, que de toute la vie de l'homme[1]. »

Le but aussi nettement posé et exprimé d'une manière

[1] Lib. I, *Epist. nuncup.*

si belle, quels moyens y ont conduit Gesner? Tourné, dit-il lui-même, vers la médecine dès son enfance, il a vu la grande parenté de cette science avec la philosophie naturelle; il a compris qu'il ne pouvait y avoir de médecin illustre et véritablement savant qu'à la condition de puiser dans la nature, comme dans leur source, les premiers rudiments de l'art de guérir. Alors il a étudié les philosophes qui ont écrit sur les trois parties qui concourent à former ce monde [1]; travaillant en même temps à les confirmer ou à les corriger, comme il le dit dans son avis au lecteur.

Dans ce grand travail, il vit bientôt que la science est nécessairement formée, composée de deux parties essentielles, le raisonnement, *ratio*, et les faits, *experientia*. « La raison renferme les préceptes universels dans lesquels, comme dans les idées et les types, les figures et toutes les particularités existent en puissance, pour employer le langage des philosophes, et dont elles sortent comme de leur source [2].» C'est ainsi que dans la création, la chose était en puissance dans le Créateur avant que d'être produite. Il développe cette comparaison de Galien, « que le raisonnement et l'expérience agissent, pour les progrès de la science, à l'instar des deux jambes dans la marche; la droite ou le raisonnement, la plus forte et la plus noble, s'ébranle la première; la gauche, ou l'expérience, marche la seconde; mais elles sont toutes deux nécessaires l'une à l'autre. La première est plus noble, plus élevée; la seconde plus utile, plus nécessaire, et peut-être même précédente, ce qui n'est cependant pas certain. » « L'une est donnée par la na-

[1] Lib. I, *Epist. nuncup.*

[2] Lib. III, *Epist. nuncup.*

ture, ou mieux par Dieu, dont tout dépend ; l'autre est établie par l'homme, et, par conséquent, arbitraire. » L'expérience ne peut exister sans le raisonnement, parce que l'homme qui ne sait point raisonner n'aura jamais l'expérience. Gesner compare la raison à la boussole, nécessaire au navigateur pour le guider sur une mer dangereuse : « Elle tend vers Dieu comme l'aimant vers le pôle. » Il ajoute qu'il est bien plus difficile de s'élever de l'expérience et du particulier à la raison et au général ; c'est comme une navigation, ardue contre le courant du fleuve vers la source, et facile en descendant de la source pour s'abandonner au courant [1].

Iconographie. S'il a bien compris les principes généraux, il n'a pas moins bien saisi les moyens secondaires : le premier il a fait ressortir l'importance de l'iconographie. C'est, dit-il, le seul moyen de faciliter l'intelligence de la description, et de mettre l'image de l'objet décrit non-seulement à la disposition de l'individu, mais encore à celle de l'espèce humaine. En exposant les plus importants services de l'iconographie, il avait montré, dès 1550, l'utilité de la coloration des images ; sa pauvreté seule l'a empêché de l'exécuter dans ses livres.

Comme il était impossible de représenter au naturel un éléphant dans un volume, il se demanda si l'on ne pourrait arriver à une réduction proportionnelle qui embrasserait tous les animaux. Mais cela est tout aussi impossible, puisqu'on ne verrait plus la musaraigne, par exemple, qu'à la loupe.

Description. Nous avons déjà trouvé la description

[1] Lib. III, *Epist. nuncup.*

dans Albert le Grand, et c'est là même que Gesner va la puiser le plus souvent. Le premier, cependant, il a donné une description complète des êtres. La description doit être une histoire remontante et descendante; elle doit donner la prévision. Ainsi, en embrassant les variations qu'éprouvent les êtres à leurs différents âges, on pourra prévoir, pour toute l'étendue de leur durée, leurs rapports bien ou malfaisants avec l'homme. Il a donc le premier raisonné et établi une description comparative suivant un ordre déterminé, où tout ce qui concerne un être serait relaté. Pour arriver à ce but, il a recueilli dans ses descriptions tout ce qui avait été dit par ses devanciers; il en naît une prolixité nécessaire dont il se défend. L'idée de son plan est grande et élevée; ses descriptions n'y sont pas placées au hasard, mais il a soin de les mettre en comparaison.

Méthode. Bien que Gesner ait exécuté son ouvrage par ordre alphabétique, nous allons pourtant voir naître la méthode sous sa main. *Ordo autem primum in toto, deinde per partes singulas consideratur.* Pour Platon, l'ordre c'est Dieu; mais à mesure qu'on l'a abaissé aux êtres créés, il a fallu le tailler à notre portée.

Albert le Grand avait dit que l'ordre alphabétique n'avait rien de philosophique; Gesner, acceptant la même idée, commence à remédier au mal, en montrant d'abord que, si l'ordre alphabétique était avantageux pour ranger commodément tout ce qui a été observé, il rompt trop les affinités, les parentés: *Orao alphabeticus cognatas animantes nimium distrahit.* A cause de cela même, il groupe autour du genre toutes les espèces. Nous avons cité un assez grand nombre de familles naturelles réunies en groupes pour la première fois; si le mot de famille n'y est pas encore, la chose y est, et déjà assez avancée. C'est à lui que nous devons la distinction de l'ordre naturel et de l'ordre artificiel. L'ordre, ou la classification artificielle dans laquelle on peut comprendre l'ordre alphabétique, repose sur un seul caractère, par exemple, sur les dents pour les animaux, le nombre d'étamines pour les végétaux; tandis que la classification naturelle repose sur l'ensemble et l'importance relative de tous les caractères organiques.

Les tableaux synoptiques des genres, que nous avons vus augmenter en nombre à mesure que Gesner approfondissait la science, joints à ses nombreuses familles, marquent un premier pas vers la méthode naturelle, qui ne s'établira pourtant qu'en passant par les degrés préalablement nécessaires des méthodes plus ou moins artificielles.

Nomenclature. La nomenclature est l'art de dénommer les corps naturels, de telle sorte que les rapports y soient sentis et exprimés. Aristote nous en a offert les germes; mais c'est encore Gesner qui l'a spécialement exécutée pour la première fois. La nomenclature binaire consiste à ajouter un adjectif qualificatif au nom générique; elle existe naturellement dans les langues hiéroglyphiques; Gesner l'a réellement créée dans nos langues modernes; il n'y avait plus qu'à l'introduire dans la science comme base et comme principe en la généralisant : c'est ce que fera Linné.

Série animale. La méthode et la nomenclature conduisent à la série des êtres créés; Albert le Grand nous l'avait indiquée en nous montrant des degrés dans les êtres organisés; Conrard Gesner est le premier naturaliste qui ait exposé la série complète de tous les êtres, en y comprenant même les anges, intermédiaires entre l'homme et Dieu. Il la concevait ainsi formulée : 1° *Cœlestes ordines spirituum angelorum*, les ordres célestes des esprits angéliques ; 2° *Hominum animi à præstantissimis ad infimos*, les âmes des hommes, depuis les plus élevées aux plus infimes; car il reconnaissait des différences même dans l'espèce humaine; 3° *Animalium diversi gradus*, les divers degrés des animaux ; 4° *Plantæ*, les plantes ; 5° *Inanimata corpora*, les corps inanimés.

Cette série n'était pour Gesner que la démonstration plus théologique de la science : « C'est, dit-il, de la sagesse et de la bonté divine, comme d'une source éternelle et très-pure, qu'émane tout ce qui a jamais été fait de bien, de beau et de sage, d'abord les intelligences célestes et les ordres des esprits angéliques, ensuite les âmes des hommes, en avançant des plus élevées aux plus infimes; car, dans les hommes mêmes, il n'y a pas une seule mesure d'excellence et des dons de Dieu; et de l'homme, en descendant par les divers degrés d'animaux, les zoophytes et les plantes, jusqu'aux êtres inanimés; de sorte que les inférieurs sont toujours en une certaine manière composés à l'imitation des supérieurs comme des espèces d'ombres. Ainsi la Divinité descend des choses placées au-dessus de la nature aux choses naturelles; mais nous, nous nous élevons, *vice versa*, par les mêmes degrés jusqu'à la contemplation de la Divinité[1]. »

L'anatomie et la physiologie, que nous allons voir entrer dans le progrès, n'étaient pas encore assez avancées pour permettre d'établir, à posteriori, les dégradations dans chacun des ordres de la série animale.

[1] L. I, *Epist. nuncup.*

Exécution. Le plan de Gesner était bien arrêté, et il l'a exécuté de la manière la plus convenable. Le premier il a établi la nécessité et les raisons de faire les ouvrages de sciences naturelles sur deux plans : 1° les Pandectes, ouvrage où tous les faits sont réunis et exposés dans leur plus grande étendue; et 2° les Épitomes, ou abrégés, dans lesquels sont rassemblés les règles et les principes, et qui sont comme la philosophie de la science. Dupetit-Thouars et Ampère sont les seuls parmi les modernes qui aient, avec M. de Blainville, compris l'importance de cette distinction.

C'est encore à Gesner que nous devons le commencement des collections d'objets naturels et d'objets représentés en figure. En lui finit le monde ancien et commence l'âge moderne de la science. Il fait le passage naturel de l'un à l'autre, en montre l'enchaînement et la liaison nécessaires, et apporte à notre thèse une des preuves les plus frappantes de la marche logique de l'esprit humain, qui monte ainsi d'échelons en échelons jusqu'au sommet, non pas sans doute par une marche uniforme et sans obstacles, mais, au contraire, en luttant contre les déviations que l'erreur et l'exagération font subir à la philosophie.

PÉRIODE VII.

TEMPS MODERNES.

SECTION I. — VÉSALE ET HARVEY.

§ I. ANATOMIE DE LA MESURE.

VÉSALE, 1512—1564.

I. *Préliminaires.*

Avec Gesner nous arrivons à la fin des naturalistes généraux, des hommes qui ont embrassé toute la conception philosophique ; le bien-être matériel de l'individu va dominer la science. Cela se fera d'abord sans le dire, puis on verra des philosophes oser le formuler en principe ; preuve infaillible que l'esprit humain se dégrade. Pareil phénomène avait déjà ruiné la Grèce après Aristote. Et maintenant il va abaisser les sciences naturelles entre les mains des gens de l'art, dans la pharmacie et l'industrie. Peu à peu même, nous les verrons descendant des hauteurs intellectuelles, se rapetisser jusqu'à s'enfermer dans des peaux bourrées, affichant qu'ici l'on vend des drogues. L'espèce humaine va se séparer de la science générale, pour occuper à elle seule la médecine et la chirurgie. Ces deux branches importantes dans l'application n'étant plus protégées et glorifiées par le grand manteau philosophique, iront se dégrader dans le lucre et se souiller d'argent; car « il n'y a qu'une âme basse et sordide qui regarde en tout le lucre et l'utilité[1]. »

L'observation de faits nouveaux, la classification et la nomenclature étaient le besoin de la science revenant de Perse par l'Arabie au centre de l'Europe chrétienne. Vient Albert le Grand, il observe et décrit. Gesner complète la description, pose la nomenclature en fait, introduit les germes déjà développés de la classification, et montre à ses successeurs le point d'où il faut partir. Linné viendra donner la nomenclature en principe, et essayera, ce que fera aussi Ray, la classification. Cependant avant d'arriver au terme, il faudra suivre les progrès de l'anatomie, de la physiologie et de l'histoire naturelle; alors seulement que ces trois grands points auront été suffisamment étudiés, on pourra former la série animale et la démontrer. Arrivée là, la science renouant avec la philosophie, redeviendra nécessairement théologique.

A travers les oscillations et les obstacles, l'anatomie et la physiologie vont ouvrir la marche, la première entre les mains de Vésale, et la seconde entre celles de Harvey. Par eux nous entrons dans cette série d'hommes qui, abandonnant la science générale, ne travailleront plus qu'à en éclaircir certains points. Ils nous introduisent dans ce qu'on appelle la philosophie des faits, où loin, bien loin de toute conception vraiment philosophique, le fait seul absorbe toute l'attention, qui n'a plus égard aux principes d'où part la science, ni au but qu'elle doit atteindre. Chacun ne va plus s'occuper que d'une branche isolée, d'un fait même, sans s'élever à aucune conception d'ensemble.

[1] *Illiberalis herculè et sordidus est animus, quisquis ubique utilitatem et lucrum spectet.* Gesn., *Epist. nuncup. quadrup. vii.*

Vésale s'est uniquement borné à l'étude anatomique de l'homme; il a pourtant posé les moyens à l'aide desquels l'anatomie et la physiologie se perfectionneront mutuellement. La direction, pour ainsi dire, corporelle de la science, l'application de l'art au bien-être matériel, prennent le dessus; le préjugé respectable et général, chez tous les anciens peuples, et même dans le moyen âge, pour la dépouille mortelle de l'homme, va disparaître, non comme une nécessité pour les progrès philosophiques de la science, bien que c'en fût réellement une, et probablement la plus urgente, mais devant l'intérêt de conservation des riches et des grands, et les vues de fortune des médecins. Dès lors les souverains pontifes et les princes, qui pouvaient seuls contre-balancer le préjugé par leur autorité, permirent l'anatomie des cadavres humains. Mais le petit nombre de sujets accordés à l'étude, borna nécessairement la démonstration à ce qu'il y avait dans les livres. Galien devint alors le maître de tous les anatomistes; ils ne cherchèrent qu'à confirmer sa doctrine. De la sorte, jusqu'en 1694, on ne put obtenir qu'un très-petit nombre de cadavres sur lesquels le barbier ou démonstrateur, car le professeur n'y touchait pas, montrait aux auditeurs, souvent une chose, tandis que le professeur en lisait une autre sur le livre de Galien, ou sur les extraits qu'il en avait faits. Alors arriva Vésale; il ne put se contenter de ce qui suffisait aux esprits vulgaires, parasites de tous les temps, entés sur le génie des autres, dont la séve les nourrit avec plus ou moins d'abondance suivant leurs propres forces. Vésale voulut observer et démontrer par lui-même; déployant une rare activité dans cette étude anatomique, il semblera bientôt effacer Galien; on l'appellera partout pour être témoin de ses démonstrations; et, déplorable misère de l'humanité, sa réputation, en excitant l'envie de ses confrères, répandra bien des amertumes sur sa vie.

Nous considérerons donc Vésale comme le premier pas vers la reprise en sous-œuvre de la philosophie d'Aristote, devenue chrétienne; elle ne sera pas saisie, embrassée dans son ensemble, mais dans une seule partie, la plus importante, il est vrai, celle qui sert de mesure, et la seule que nous connaissions directement. Elle sera même considérée plutôt médicalement que philosophiquement, et toujours dans son application matérielle.

II. *Éléments et extrait de la biographie de Vésale.*

Les détails les plus intéressants de la vie de Vésale se trouvent dans divers passages de ses ouvrages, et surtout dans la dédicace de son grand ouvrage à Charles V; dans les critiques acerbes de quelques-uns de ses élèves ou de ses contemporains.

De Thou, dans son histoire; Tessier, dans l'édition qu'il a donnée des vies des hommes illustres; Niceron, dans ses mémoires pour servir à l'histoire des hommes illustres, et Boerhaave, à la tête de son édition des œuvres anatomiques et chirurgicales de Vésale, 1725, 2 vol. in fol., ont donné des détails sur la biographie du restaurateur de l'anatomie.

Mais l'un des auteurs les plus intéressants est Ad. Burgraeve, professeur d'anatomie à l'université de Gand, dans ses études sur André Vésale, 1841.

André Vésale naquit le 31 décembre 1514, ou le 19, et, suivant quelques autres, le 30 avril 1512, à Bruxelles. Cette ville faisait alors partie des États de Bourgogne, soumis au grand empire espagnol, sous Charles V et

Philippe II. Vésale était d'une famille remarquable, consacrée depuis longtemps à la médecine dans la ville de Wesel, d'où sa famille a tiré son nom, en Westphalie, ou basse Allemagne. Cinq ou six de ses aïeux avaient été médecins; l'un d'eux, Pierre Vésale, qui pratiqua la médecine dans le quinzième siècle, avait même publié des commentaires sur Avicennes. Jean Vésale, son bisaïeul, fut médecin de Marie de Bourgogne, première femme de l'empereur Maximilien Ier, et professeur à l'université de Louvain. Éverard Vésale, son aïeul, joignait aux connaissances médicales celle des mathématiques; outre quelques traités sur cette dernière science, on a de lui des commentaires sur les livres de Razi et sur les quatre premières sections des aphorismes d'Hippocrate. Enfin, son père était apothicaire de la princesse Marguerite, tante de Charles-Quint, et gouvernante des Pays-Bas. Vésale naquit donc dans la contrée qui partageait alors avec l'Italie l'avantage d'être la plus riche et la plus éclairée de l'Europe; d'une famille qui le destina presque naturellement à la médecine.

Il fit ses premières études à Louvain, où l'enseignement était alors extrêmement fort, avec un frère, François Vésale, qui mourut bien jeune, et qui avait les mêmes goûts pour l'anatomie. Il étudia, avec le plus grand succès, le latin et le grec, et il écrivait ces deux langues avec la même facilité. Plus tard même, l'un des Juntes, célèbres imprimeurs de Venise, le pria de revoir le texte de Galien, et d'en corriger la version latine. Riolan ajoute qu'il y laissa, ou même y fit des fautes dans l'intention de les relever plus tard. Vésale apprit encore l'hébreu, et entendit assez l'arabe pour comprendre les passages qui contenaient quelques points d'anatomie. Il eut aussi beaucoup de goût pour la physique et la philosophie péripatéticiennes, d'où son esprit retira une assez grande force.

Pendant ses premières études, il avait un désir si prononcé de connaître la structure des animaux, que pas un seul ne tombait sous ses mains qu'il ne le disséquât mort ou vif, et peut-être pas toujours avec la compassion due aux œuvres du Créateur, capables de ressentir la douleur. Par ce goût actif et précoce, il était, dès quinze ans, en état de faire des corrections aux ouvrages de Galien.

La direction de ses études, son goût naturel, le portèrent donc vers l'anatomie et la recherche de la cause des phénomènes, caractère excellent de la physique péripatéticienne, bien qu'elle errât quelquefois dans ses explications étiologiques.

A quinze ans, il alla étudier la médecine à Montpellier, qui possédait alors la palme sur toutes les universités. Dès qu'il fut en état de comprendre quelque chose à l'anatomie, il vint à Paris, où il paraît que les secours pour l'étude étaient plus grands. Il y étudia sous Andernach, sous Sylvius ou Dubois, et sous notre célèbre Fernel. Pendant les trois ou quatre ans qu'il passa à Paris, il se livra spécialement à l'anatomie. On raconte avec quel courage il surmonta tous les dégoûts et même les dangers attachés alors à cette étude; passant des jours entiers, soit au cimetière des Innocents, soit à la butte de Montfaucon, au milieu des cadavres, il disputait leur proie aux oiseaux, pour composer un squelette avec les os des suppliciés; il les volait même quelquefois avec ses condisciples. Il dit dans sa préface à Charles-Quint : « Qu'étant à Paris pour apprendre la médecine, il commença à mettre la main à l'anatomie. Ne se contentant pas des démonstrations superficielles du barbier, il s'excerça lui-même sur des animaux. Ainsi, à la troisième dissection publique à laquelle il assista, il commença, à l'invitation de ses condisciples et de ses maîtres, à démontrer sur un cadavre avec beaucoup plus d'étendue qu'on n'avait coutume de le faire, puisqu'on y montrait seulement les viscères. Lorsqu'il l'entreprit, ajoute-il, pour la seconde fois, il essaya de montrer les muscles de la main et de disséquer avec plus de soin les viscères. Car, continue-t-il, excepté huit muscles de l'abdomen, déchirés indignement et dans un ordre détestable, jamais personne (pour dire la vérité) ne m'a montré aucun muscle, aucun os; bien moins encore la série des veines et des artères. » Une telle activité l'avait mis en état de répondre à une question assez délicate alors, posée par Sylvius, qui l'engagea à la démontrer à ses élèves, condisciples de Vésale. Il s'agissait des valvules qui se trouvent à la racine du poumon.

La guerre déclarée entre la France et la puissance de son pays, le força de retourner à Louvain où il professa l'anatomie, ou mieux se livra à cette étude plus qu'il ne l'avait fait à Paris. Cependant, toujours dans le même but, il chercha à suivre les armées impériales en 1535, dans la guerre contre la France.

Un goût si persévérant le conduisit à une telle facilité de démonstration, qu'il fut appelé à Padoue par le sénat de Venise, pour y professer l'anatomie; de là, il fut appelé à Bologne, à Pise, à Louvain et dans presque toutes les villes qui possédaient des universités, pour y donner ses démonstrations. Il paraît aussi qu'il exposa l'anatomie dans des réunions, à Bologne et à Pise. Pendant toute cette époque, depuis dix-huit à vingt et quelques années, il fut à même de faire de nombreuses observations, et il écrivit tous les matériaux avec lesquels il composa son grand ouvrage d'anatomie, publié en 1544.

Il connut à Rome les grands peintres de l'époque, entre autres le Titien, avec lequel il fut lié jusqu'à faire croire que ce dernier avait prêté son crayon aux gravures anatomiques si parfaites qui ornent les ouvrages de Vésale; mais il n'en est rien. En 1539, il publia ses planches anatomiques; il les nomme son épitome, et les dédia à Philippe, fils de Charles V.

La publication de sa grande anatomie fit sensation. Elle opéra une véritable révolution dans la science, en forçant d'abandonner l'ancienne routine pour suivre une marche véritablement scientifique. Aussi, l'admiration fut-elle universelle; les élèves accouraient de toutes parts aux lieux où professait Vésale; les maîtres eux-mêmes descendaient de leurs chaires désertes pour grossir la foule de ses auditeurs. Il abandonnait Galien après l'avoir proclamé le plus grand anatomiste. S'étant aperçu qu'il n'avait point disséqué d'hommes, il commença à le dire dans ses leçons, mais d'abord avec précaution et timidité, tant on craignait de blesser l'espèce de culte professé envers le médecin de Pergame. Cependant, la jalousie et l'envie profitèrent de ses critiques contre l'idole de l'opinion, l'anatomiste infaillible, dans lequel il relevait plus de deux cents fautes, pour tomber sur lui avec une espèce d'acharnement. Malgré ce déchainement de ses confrères, et même de quelques-uns de ses élèves, comme Eustache et Fallope, Vésale avait pris sa direction et il la suivit. Sylvius l'avait protégé tant qu'il s'était tenu dans le rang modeste d'élève; se voyant surpassé, il profita du prétexte de défendre Galien pour poursuivre Vésale au milieu de ses triomphes; il alla jusqu'à soutenir, contre l'évidence, que l'anatomiste grec avait disséqué des cadavres humains.

Cependant Charles-Quint, averti par la renommée de son savant sujet, éleva Vésale au poste éminent de son premier médecin, et l'appela près de lui. Vésale, enlevé à la science, quitta l'Italie, et en passant à Bâle, il gratifia l'école de médecine de cette ville, d'un squelette fait de sa main, et conservé depuis avec une religieuse vénération. L'écorce de kina, nouvellement apportée en Europe, venait de rendre la santé au monarque espagnol. Vésale en célèbre les vertus dans une lettre publiée à Ratisbonne; mais il s'arrête beaucoup moins à l'écorce de kina, qu'il regarde comme une racine, qu'à sa défense contre ses adversaires, auxquels il prouve sans réplique que les descriptions de Galien ont été faites d'après des singes, et non sur des organes humains. Il suivit Charles-Quint dans toutes ses guerres, et passa au service de Philippe II, lorsque Charles abdiqua l'empire pour finir ses jours dans la solitude.

C'est pendant cette époque de sa vie pratique qu'il fut obligé de répondre aux attaques de Sylvius et d'Eustache. De cette polémique, il résulte pour la science deux choses : l'existence des fautes reprochées à Vésale par son élève, et la réalité des erreurs de Galien. Mais lorsque Fallope eut publié, en 1551, son anatomie, renfermant plusieurs découvertes importantes, et indiquant des corrections à faire à l'ouvrage de Vésale, son maître, qu'il traitait néanmoins avec respect; celui-ci, en publiant sa défense, parut, il faut l'avouer, au-dessous de lui-même ; c'est le jugement de ses savants éditeurs Boërhaave et Albinus. Dans ces divers démêlés scientifiques, les élèves prirent fait et cause, de part et d'autre, chacun pour leur maître ; de là leur retentissement. La carrière scientifique de Vésale finit dans ces discussions.

On a raconté que, appelé vers cette époque à donner des soins à un grand seigneur, d'autres disent à une dame de qualité, comme cette personne paraissait morte, il ouvrit le cadavre. Quelques assistants, soit par une illusion ignorante ou en réalité, prétendirent avoir vu battre le cœur ; c'en fut assez. On se saisit de ce malheureux événement ; on étourdit Vésale par la menace des tribunaux, et surtout de celui de l'inquisition. N'ayant plus trop sa tête à lui, il suivit le conseil qu'on lui donnait, d'aller expier sa faute par un voyage en Palestine, peine en laquelle fut, dit-on, commuée la condamnation à mort par la faveur de Philippe II.

Toute cette histoire est fabuleuse. Niceron la traite de conte, et dit que Vésale fit, de son propre mouvement, le voyage en Palestine. De l'Écluse (Clusius), le célèbre botaniste, étant arrivé à Madrid le jour même du départ de Vésale, écrivit à De Thou pour lui signaler quelques erreurs dans la vie de cet anatomiste, et il lui apprit que, ne restant que malgré lui en Espagne, Vésale était tombé dans une maladie dont il ne guérit que difficilement, et à la suite de laquelle il fit de vives instances auprès du roi pour obtenir la permission de se retirer, afin d'accomplir le vœu qu'il avait fait d'aller à la terre sainte ; que non-seulement il obtint ce qu'il demandait, mais qu'on lui donna toutes les facilités pour accomplir ce voyage. « J'ai appris, ajoute de l'Écluse, toutes ces particularités de Charles Tisnacq, chef du conseil des Pays-Bas à Madrid. » — Les auteurs espagnols se taisent également sur l'événement dont il est ici question. M. Burgraeve a publié une notice historique sur André Vésale, par Hernandez Moréjon, demeurée jusqu'ici inédite. Dans cette notice, l'affaire de Vésale avec l'inquisition est complétement réfutée par les raisons les plus solides. En sorte qu'il faut admettre, avec M. Burgraeve, que cette histoire a été inventée, soit en haine de l'inquisition, soit en haine des monarques espagnols pour détacher d'eux leurs sujets belges. Les motifs qui portèrent Vésale à faire le voyage de Jérusalem, furent l'ennui mortel de l'inactivité qui l'opprimait à la cour de Madrid, et le désir de revenir en Italie, où son disciple Fallope venait de publier son anatomie, dans laquelle il relevait quelques erreurs de Vésale. Celui-ci voulut de nouveau rentrer en lice, reprendre et poursuivre sa chère carrière, et tel fut le principal prétexte de son pèlerinage.

Le restaurateur de l'anatomie s'achemina donc vers Jérusalem avec Malatesta, général des troupes de Venise. Ballotté par des fortunes diverses, durant ce périlleux voyage, il fut, à son retour, jeté par la tempête sur les côtes de l'île de Zante, où il mourut de faim ou de la peste, le 15 octobre 1564, au moment où on le rappelait à Padoue, pour remplacer, dans la chaire d'anatomie de cette ville, Fallope, son élève, mort cette année.

Ce qu'il nous importe de remarquer dans cette biographie, c'est le goût prononcé de Vésale pour l'anatomie, direction de sa nature d'esprit favorisée par les circonstances. Il naquit dans une ville riche et commerçante, à côté de la célèbre université de Louvain, à une époque où de grandes guerres appelaient des chirurgiens à la suite des armées; enfin, à une période de la science où le besoin d'appuyer la médecine et la chirurgie sur l'anatomie, se faisait sentir. Dans sa famille on suçait, pour ainsi dire, avec le lait, le goût de la médecine; et Vésale a été en relation avec des princes qui, jouissant de toutes les faveurs de la vie, s'y attachent plus fortement que les autres hommes.

C'est encore en ce temps que se répandit en Europe la fameuse maladie syphilitique. Tout était donc favorable; aussi Vésale parvint-il à faire une science de l'anatomie. Avant lui, il y avait eu des anatomistes; mais la science n'était pas posée sur ses véritables bases; la grande impulsion une fois donnée, la voie qu'il avait tracée a été suivie par d'autres.

III. *Énumération et histoire de ses ouvrages.*

Si l'on en excepte quelques petits traités, comme celui sur la veine qui doit être saignée dans la pleurésie, et celui sur l'usage du kinkina, tous les ouvrages de Vésale furent anatomiques, soit d'exposition, soit de polémique. Ces ouvrages sont: en 1537, *Paraphrasis in norma Razæ;* en 1538, *Additamenta et correctiones in Guntheri institutionibus anatomicis;* 1539, *Epistola de vena secanda in pleuresia;* 1540, *Prima tabula anatomica, Venetiis;* 1543, *de Humani corporis fabrica*, Bâle; 1543, *Epitome de fabrica humani corporis*, Bâle; 1546, *Epistola ad Joachimum Rœlants, etc., rationem modumque propinandi radicis Chynæ decocti, quo nuper invictissimus Carolus V imperator usus est, pertractans et præter alia quædam;* 1555, seconde édition, *de Corporis humani fabrica, libri VII, aucta et mutata;* 1564, *Anatomicarum Gabrielis Fallopii observationum examen;* enfin, sa grande chirurgie, *Chirurgia magna, libri VII*, compilation que le Vénitien Prosper Bogarucci publia à Venise, en 1568, quatre ans après la mort de l'auteur. Ainsi, tous les ouvrages de Vésale, excepté le dernier, ont été publiés par ses soins, et celui qui nous intéresse le plus l'a été deux fois de son vivant, la seconde fois avec des améliorations. Depuis, cet ouvrage a été réimprimé plusieurs fois, à Venise, à Lyon, à Francfort, avec ou sans planches, et traduit dans toutes les langues de l'Europe. De toutes les éditions des œuvres de Vésale, la plus exacte et la plus complète est celle de Leyde, en 1725, par Herman Boërhaave et Bernard-Sigefred Albinus; elle renferme tous les travaux de l'auteur, en 2 vol. in-folio, avec figures et une préface très-précieuse des éditeurs.

IV. *Éléments des ouvrages de Vésale.*

Les sources où il a puisé sont, pour Vésale comme pour tous les auteurs, même les plus originaux, 1° les anciens; 2° les modernes et ses contemporains; 3° enfin ses propres observations.

1° Quant aux anciens, il a puisé dans Aristote et Hippocrate, beaucoup dans Galien, dont il a revu le texte et les traductions. Il paraîtrait même qu'il aurait commenté et traduit ses ouvrages d'anatomie. Longtemps il l'a proclamé le prince et le phénix des anatomistes; et, alors même qu'il critique son anatomie dans ses ouvrages, il le suit pied à pied en physiologie. Le traité *de Usu partium*, de Galien, est celui qu'il cite avec le plus de prédilection; il y revient presque toutes les fois qu'il s'agit de la fonction.

Cependant on peut dire qu'avant Vésale l'anatomie humaine était nulle. Les préjugés des peuples païens, et leurs coutumes de brûler ou d'ensevelir promptement les morts, s'étaient opposés à toute étude de la structure du corps humain. L'habileté des embaumements de l'Égypte n'avait fait que conduire à une ouverture hâtive des cadavres, sans aucun profit pour la science. Hippocrate, Démocrite, Aristote, ne connaissaient rien de l'intérieur de l'homme; Aristote dit que les parties de l'homme sont inconnues, ou, du moins, qu'on ne peut en juger que par la ressemblance qu'elles doivent avoir avec les organes des animaux [1]. Ce ne fut que vers le commencement du troisième siècle avant l'ère chrétienne, que les Ptolémées, rois d'Égypte, en fondant la célèbre école d'Alexandrie, permirent à Hérophile et à Érasistrate la dissection de cadavres humains. Ces deux anatomistes eurent un grand nombre de disciples à Smyrne, à Laodicée et dans plusieurs autres villes de la Grèce; mais, après eux, la science qu'ils avaient créée s'arrêta; le préjugé n'était pas vaincu; il rendit leurs découvertes stériles, parce qu'on cessa d'étudier l'anatomie sur l'homme.

Les Romains, en étendant leur domination dans la Grèce, l'Asie et l'Afrique, contribuèrent à effacer les traditions de l'école d'Alexandrie; et quand Galien vint, vers l'an 131 de l'ère chrétienne, il trouva bien les ouvrages d'Hérophile et d'Érasistrate, dont il nous a conservé quelques fragments; mais il fut obligé de deviner la structure de l'homme par celle des animaux. Il rencontra, il est vrai, avec une telle justesse, qu'il fit croire aux hommes les plus versés dans la science, que le cadavre humain avait servi de type à ses démonstrations.

Après Galien, il n'apparaît plus d'anatomiste qui ait fait avancer la science. Et, lorsqu'à la suite de l'invasion

[1] Arist., *Hist. anim.*, l. I, ch. XVI.

des barbares, tout sembla renaître, l'anatomie se retrouva au point où l'avait laissée le médecin de Pergame. Les Arabes ne firent que transmettre les œuvres de ce grand homme à l'Europe, avec celles d'Aristote et de Platon, sans y rien ajouter. Les monastères, chargés par la Providence de conserver le feu sacré, furent sans doute fidèles à leur mission ; mais la loi de paix, de douceur, nécessaire et naturelle au caractère sacerdotal pour accomplir sa mission sur les peuples, dut interdire toute espèce de pensée de dissection des cadavres. La loi salique, constitution des Francs et des Germains, interdisait le commerce des hommes à celui qui avait exhumé un cadavre, jusqu'à ce que les parents, acceptant réparation, eussent permis qu'il revînt dans la société [1].

Du onzième au treizième siècle, la médecine des Arabes régna exclusivement dans les écoles. L'enseignement de l'anatomie se borna à des commentaires sur Galien, et, de temps en temps, des dissections d'animaux servirent à entretenir dans l'esprit des élèves les erreurs du maître.

Depuis Galien donc, cette branche importante de la science est demeurée stationnaire. Il fallait bien pourtant que cette étude se développât à son tour. Peu importe maintenant que ce soit l'intérêt de la science ou celui de l'égoïsme qui en ait déterminé la reprise un peu plus tôt ou un peu plus tard. Pour les anciens, le contact ou même le seul aspect d'un cadavre imprimait une souillure, que de nombreuses ablutions et une multitude d'autres pratiques expiatoires pouvaient à peine effacer. Dans le moyen âge, la dissection d'une

[1] *Lex salica*, tit. LVII, art. 5.

créature faite à l'image de Dieu fut longtemps repoussée par le respect si digne et si moral qu'inspirait pour les morts la religion chrétienne. Vainement, au temps des républiques italiennes, Mundino, professeur d'anatomie à l'université de Bologne, offrit, de 1306 à 1316, le spectacle nouveau de trois cadavres humains, publiquement disséqués. Le scandale ne se répéta point; le temps n'était pas encore venu; l'opportunité et le besoin d'une telle étude n'étaient appuyés sur aucuns motifs capables de contre-balancer la haute convenance du respect religieux; et Mundino lui-même, effrayé par l'édit encore récent du pape Boniface IV, contre ceux qui osaient attenter à la dignité de l'homme, ne tira point de ses dissections tout l'avantage qu'elles semblaient promettre à la science. Mais aussitôt qu'une utilité visible, même uniquement pour les arts, apparut, les chefs de l'Église furent encore les premiers à favoriser l'étude de cette partie de l'anatomie, dont la connaissance est indispensable aux peintres et aux sculpteurs. Sous la protection de Jules II et de Léon X, Michel-Ange, Raphaël d'Urbin, Léonard de Vinci, dessinèrent d'après nature les muscles que la peau seule recouvre. Grâce à ces nouvelles connaissances positives, puisées dans l'étude du corps humain, les peintres parvinrent à introduire dans leurs compositions une correction et une sévérité qu'on y avait vainement cherchées jusque-là. Léonard de Vinci, après avoir étudié l'anatomie sous Marc-Antonio della Torre, professeur à l'université de Padoue, publia son Traité d'Anatomie pittoresque, qui malheureusement est perdu. Mais, dans son Traité de Peinture, où Léonard parle de l'équilibre dans les divers mouvements du corps, il fait une foule d'observations d'une justesse remarquable, dont on ne trouve d'analogues que dans le bel ouvrage d'Aristote sur le mouvement et la marche des animaux. Ce commencement, d'un faible avantage pour la science, s'acheminait vers une étude plus large.

Cependant les premiers cadavres disséqués pour la médecine, le furent en 1213, en Sicile et à Salerne, d'après une ordonnance de Frédéric II, roi des Romains et des Deux-Siciles. Il paraît que la cour de Rome avait improuvé cette dissection. Frédéric, pour braver cette improbation, défendit d'exercer la chirurgie sans que le candidat ne prouvât avoir étudié l'anatomie sur le cadavre. Il ne sortit de là aucun progrès sensible : un seul cadavre était disséqué dans une école par hiver, en suivant Galien; on n'étudiait même que les trois ventres céphalique, thoracique et abdominal, et l'on négligeait le reste du tronc et des membres.

Plus tard, la dissection s'établit en Occident, dans l'école de Montpellier, où il est à peu près certain que le premier cadavre fut disséqué en 1376. De 1315 à 1329, Henri Hermondaville, professeur à Montpellier, y démontrait, au rapport de Guy de Chauliac, son élève, l'anatomie d'après treize peintures. Mais, en 1376, les docteurs de Montpellier avaient demandé et obtenu de Louis d'Anjou, frère de Charles V et gouverneur du Languedoc, la permission de prendre chaque année le cadavre d'un criminel supplicié. Cette permission leur fut successivement continuée par Charles le Mauvais, roi de Navarre (1377), par Charles VI, roi de France (1396), et enfin par Charles VIII, qui permit, par lettres patentes de 1496, de prendre un cadavre, tous les ans, de ceux qui seront exécutés à Montpellier. Guy de Chauliac dit que Bertucius, son maître, qui enseignait l'anatomie, faisait quatre leçons : la première sur les viscères du bas-ventre; la seconde sur ceux de la poitrine; la troisième sur le cerveau, et la quatrième sur les membres.

En 1429 fut faite à Padoue l'anatomie d'un homme et de l'utérus d'une femme. Ce n'est qu'en 1494 que le premier cadavre fut disséqué à Paris, dans l'école de la faculté de médecine.

En 1556, les théologiens de Salamanque, consultés par Charles V, répondirent qu'il était licite de disséquer des cadavres humains, puisque cela était utile.

Dans toute cette période, un seul cadavre était accordé par an; aussi était-ce moins une démonstration anatomique qu'une confirmation de Galien, en trois ou quatre leçons; on faisait voir les parties, et c'était tout. Il n'y eut qu'un petit nombre d'ouvrages d'anatomie, tous extraits de Galien, et quelquefois corrigés sur une simple vue du cadavre.

Le premier est de Mundino; c'est une reproduction obscure et embrouillée de Galien, qu'il a remplacé pendant près de deux cents ans en Italie, où il servait de texte dans les universités pour les leçons d'anatomie [1]. Guy de Chauliac, médecin des papes Clément VI, Innocent V et Urbain V, à Avignon, est généralement regardé comme le restaurateur de la chirurgie [2].

Il paraît aussi qu'on se servait de préparations sèches; du moins nous lisons dans l'ouvrage de Mundino que, pour arriver aux muscles profonds des extrémités, il faut laisser sécher le cadavre au soleil pendant trois ans.

[1] *Anatome omnium humani corporis interiorum membrorum*, 1306-1315.

[2] *Inventorium sive collectorium partis chirurgicalis medicinæ.*

Durant le quatorzième et le quinzième siècle, les progrès de l'anatomie furent nuls. L'ouverture d'un cadavre était relatée dans les ouvrages du temps comme un événement extraordinaire. Nous lisons dans un traité de chirurgie publié en 1546, qu'en 1429, le 8 du mois de février, fut faite l'anatomie d'un individu de Bergame, et qu'en 1430 on fit à Venise la dissection de la matrice d'une femme [1].

Les auteurs allemands ont fourni des figures anatomiques.

Jacques Peiligh, médecin allemand, est le premier qui ait donné des planches d'anatomie; son texte est extrait des Arabes.

Hunclt, autre médecin allemand, composa plusieurs ouvrages avec des planches anatomiques.

Zerbi de Vérone, médecin habile et anatomiste distingué, a déposé dans ses ouvrages le germe de plusieurs découvertes importantes, dont quelques-unes même ont suffi pour assurer la gloire des anatomistes, qui se les sont appropriées en étendant les recherches de Zerbi. C'est ainsi qu'on y trouve les trompes dites de Fallope; les points lacrymaux, qu'il connut avant Bérenger de Carpi. Tous deux, il est vrai, trompés par leurs observations zootomiques, admettent à tort, dans l'œil de l'homme, deux glandes lacrymales. Zerbi est encore le premier qui ait fait une anatomie de l'enfant comparé à l'adulte.

On doit à Achillini la découverte de plusieurs détails anatomiques plus ou moins importants; c'est lui qui a le premier observé le marteau et l'enclume, les deux seuls osselets de l'ouïe, décrits et figurés dans Vésale.

[1] *Ars chirurgica. Venetiis*, 1546. In-fol., apud *Juntas*, p. 299.

C'est dans le seizième siècle que l'anatomie humaine fut cultivée avec le plus d'ardeur; et on peut dire qu'elle a été créée par Vésale et ses deux élèves, Eustache et Fallope, trois des plus grands anatomistes dont s'honore la science.

Bérenger de Carpi leur prépara les voies avec plus de succès qu'aucun autre; il a surtout insisté sur l'anatomie manuelle, à tel point, qu'il dit avoir disséqué plus de cent cadavres. Aussi l'accusation d'avoir disséqué des hommes vivants, soulevée autrefois contre Hérophile, le fut-elle encore contre lui. Marchant sur les traces de Mundino, qui avait rappelé les travaux d'Érasistrate et d'Hérophile, sources où Galien puisa tous ses détails sur l'homme, Bérenger commença à rectifier plusieurs des erreurs échappées à Galien. On lui doit la découverte de l'appendice du cœcum, des cartilages aryténoïdes du larynx; les premiers détails sur la structure des reins, sur la moelle épinière; l'observation que le réseau admirable, formé par les vaisseaux arrivant au cerveau des animaux, et qu'on croit propre à amoindrir le choc du sang sur ce viscère, n'existe pas chez l'homme, dont la station bipède suffit pour obtenir le même effet; celle que l'utérus, dans l'espèce humaine, n'a qu'une seule cavité, etc. La chirurgie lui doit beaucoup; il opérait avec une grande dextérité; enfin, il est l'un des premiers, sinon le premier, qui ait employé le mercure contre la syphilis, dont ce remède est le plus souvent le spécifique.

En 1545, Charles Étienne publia un abrégé d'anatomie avec des planches; il y fit ajouter les observations nouvelles par un anatomiste de sa connaissance.

2° Tels sont les divers auteurs qui ont précédé Vésale, et il a certainement puisé chez eux aussi bien que dans les leçons des ses maîtres et dans les écrits contemporains.

Il étudia à Montpellier, où, avant toute autre école de France, nous avons vu l'anatomie venir au secours des lectures du professeur. Mais déjà Paris était le centre le plus avantageux pour toutes sortes d'études, et en particulier pour la médecine et l'anatomie. Vésale y eut pour maître Jean Gonthier d'Andernach, devenu par son talent médecin de François Ier. Sa réputation devint colossale. Adonné plus spécialement à l'anatomie, elle n'eut d'autre but en ses mains que la confirmation de Galien; il le copiait avec servilité, et traduisit plusieurs de ses ouvrages.

Vésale, accusé par quelques biographes d'ingratitude envers lui, a, dit-on, avancé qu'il ne disséqua jamais d'autres corps que ceux servis sur sa table. Gonthier eut pour élèves Vésale et Rondelet.

Jacques Sylvius ou Dubois, né à Amiens, en 1478, fut aussi à Paris le maître de Vésale. D'abord, professeur au collége de Tréguier, puis au collége royal, en remplacement de *Guidi Guido,* plus connu sous le nom de *Vidus Vidius,* il faisait dans son cours des dissections, enseignait la préparation des remèdes, et démontrait la botanique. Aussi Dubois avait-il plus de cinq cents élèves, tandis que les autres chaires étaient presque désertes. Cependant il ne fit que suivre Galien, et s'en montra même contre Vésale le partisan un peu fanatique, puisqu'il s'oublia jusqu'à ce misérable jeu de mots intraduisible : *Vesalium non esse, sed vesanum.*

C'était aussi à cette époque que le célèbre Fernel exerçait et enseignait à Paris; il a écrit sur presque toutes les parties de la médecine; mais il était meilleur praticien qu'habile en anatomie, dont il paraît s'être peu occupé.

La petite jalousie de maître à élève a empêché Vésale de rien emprunter à Eustache et à Fallope; ils ne sont d'ailleurs que la continuation de leur maître, et leur gloire rejaillit sur lui.

Ainsi donc, le seizième siècle, en ouvrant une nouvelle ère pour les sciences, vit aussi l'anatomie se réveiller. Elle fut une des premières à entrer dans la voie d'observation qui s'offrait aux sciences. Malgré l'affluence et l'avidité des élèves, l'espèce de culte fanatique professé pour Galien arrêta d'abord l'élan. On ne chercha qu'à le confirmer par la dissection ; et quoique Berengario de Carpi, professeur d'anatomie aux universités de Pavie et de Bologne, de 1502 à 1527, ait ouvert plus de cent cadavres, personne néanmoins jusque-là n'avait osé toucher au système de Galien. Vainement ses descriptions étaient contredites par les résultats des dissections; convaincus de son infaillibilité, les plus hardis supposaient que le texte de ses ouvrages avait été corrompu; d'autres, plus fanatiques, affirmaient que c'était la nature qui avait changé, et que le corps de l'homme n'était plus conformé comme au temps du médecin de Pergame. Loin d'aider aux progrès de la science, les dissections ne faisaient donc que les retarder, en présentant à chaque pas des difficultés qu'il était impossible de lever. Vésale enfin apparaît, jeune homme de 23 ans, auquel, selon l'expression de Senac, il sera donné de découvrir un nouveau monde. Les dissections d'animaux comparées aux dissections de l'homme le conduisent à démontrer que Galien n'avait fait son anatomie que sur des animaux. Et dès lors il accepte la tâche de le réformer par l'anatomie humaine ; mais cette révolution ne s'accomplit pas sans combat.

3° Ses propres observations sont la dernière et la principale source des travaux de Vésale. Une ardeur insatiable le porta vers l'étude de l'organisme dès son enfance, et les circonstances les plus heureuses pour son but, le favorisèrent avec un rare bonheur. Toutes les observations de sa jeunesse ont été faites sur des animaux. Il commença sous Sylvius à voir disséquer des cadavres humains ; mais c'est à Louvain qu'il fit, paraît-il, le premier squelette. On rapporte comment il y déroba du gibet le squelette d'un condamné, et eut bien soin de dire qu'il l'avait apporté de Paris. C'est en Italie, dans les écoles de Padoue et de Venise, qu'il a disséqué avec le plus de facilité et de liberté; et quand sa réputation fut faite, on s'empressait, dans chaque ville où on l'appelait à l'envi, de mettre tout à sa disposition pour ses démonstrations. Il nous reste à voir quel parti Vésale a tiré de tant d'éléments favorables.

V. *Analyse des ouvrages de Vésale.*

Uniquement anatomiste, son grand ouvrage de la fabrique du corps humain est le seul qui nous intéresse. Il le partage en sept livres ; entrant de suite en matière sans généralité, il suit exactement le même plan que Galien, sauf que celui-ci a commencé par la main et que Vésale suit un ordre topographique plus rigoureux ; de plus, à la fin de chaque livre, il donne constamment un traité de l'administration anatomique, ou de l'art de faire des squelettes, et on le suit encore aujourd'hui avec quelques perfectionnements.

Liv. I. Il commence par les os, dont il expose, autant qu'il était possible alors, la composition chimique, les usages, les différences d'usage, de grandeur, de forme, de proportion, de structure; puis en quoi ils diffèrent des cartilages.

Il traite ensuite des cartilages en général; en quoi ils se rapprochent et en quoi ils diffèrent des os; leur position et leurs usages. Suit une nomenclature des parties des os et des cartilages, en donnant leur place avec des figures et des lettres indicatives. Ses dénominations sont empruntées à Sylvius; mais il en donne ensuite une concordance avec les dénominations des auteurs grecs et latins. Il fait la même chose sur les articulations et les vertèbres, toujours en exposant les usages d'après Galien.

Le chapitre quatrième traite de la structure et de l'union des os et des cartilages entre eux; c'est là que vient ce qu'on peut appeler son traité des articulations en général.

Depuis le chapitre cinquième jusqu'au treizième, il expose la structure de la tête de la manière la plus complète, au moyen de figures de cette partie du squelette dans le détail des pièces et dans leur ensemble; il la montre sous toutes ses faces intérieures et extérieures, en faisant toujours suivre la figure de la description. Il a décrit plusieurs os en particulier, entre autres le sphénoïde et les osselets de l'ouïe, dont il ne connaissait que deux, l'enclume et le marteau. Il joint à la tête le système hyoïdien.

Du chapitre quatorzième au dix-neuvième, il décrit la colonne vertébrale dans l'ensemble et dans les détails; arrivé au sacrum et au coccyx, il donne, à cause de la description de Galien, un sacrum de singe et un autre de chien.

Le chapitre dix-neuvième décrit le thorax antérieurement et postérieurement, avec deux figures. Puis viennent une figure de l'articulation d'une côte avec son appendice cartilagineux, deux du sternum, où l'on reconnaît nettement sept pièces. Chacune de ces figures est accompagnée de la description. Il fait remarquer l'industrie du souverain artisan de toutes choses dans la création du thorax, qu'il compare à la tête. Celle-ci est toute solide, et devait l'être pour les fonctions qu'elle est appelée à remplir, tandis que le thorax est composé d'os, de cartilages et de muscles, afin d'exécuter librement et facilement ses fonctions, et de permettre aussi aux organes qu'il renferme et protége leur libre exercice.

Au chapitre vingt, parlant des cartilages, ou de l'os du cœur, que Galien a décrit dans l'éléphant et d'autres grands animaux : « Je ne l'ai point encore trouvé, « ajoute-t-il, dans le cœur humain; à la place que Ga- « lien lui assigne, j'observe une substance cartilagi- « neuse, qui, à mon avis, n'est rien autre chose que les « racines de la grande artère et de la veine artérielle, « qui tirent leur origine du cœur. »

Le tronc décrit et amplement connu, il passe aux membres antérieurs; du chapitre vingt et un au chapitre vingt-neuf, c'est la description détaillée de toutes les parties de ces membres, depuis l'omoplate et la clavicule jusqu'aux phalanges des doigts. Les figures qu'il en donne sont d'une netteté et d'une précision admirable, même pour notre temps. Du vingt-neuvième au trente-quatrième chapitre, il fait sur le bassin et le membre pelvien, ce qu'il a exécuté pour le membre antérieur.

Jusqu'au chapitre trente-neuf, il traite de la même manière des cartilages des paupières, de ceux du nez, des oreilles, de la trachée-artère, des ramifications des bronches, du larynx, et finit par une énumération générale des os et des cartilages.

Le quarantième et le quarante-et-unième chapitres sont consacrés à l'administration anatomique, ou à l'art de faire les squelettes. Il y décrit la manière de traiter les os, les instruments dont il faut se servir pour les scier ou les perforer, etc. Il figure tous les instruments nécessaires à un anatomiste, et termine par la représentation de trois squelettes complets, sous trois aspects divers et parfaitement dessinés, avec une excellente table indiquant par des lettres les noms des diverses parties.

Voilà donc l'ostéologie humaine complétement connue et introduite pour la première fois dans la science.

Le livre II expose la myologie : *de musculis*, des muscles. Quatorze gravures représentent l'ensemble du système musculaire dans ses couches successives, en devant, de profil et par derrière; chaque muscle est marqué en place d'un caractère alphabétique, répété dans la table, qui indique la fonction du muscle, la place qu'il occupe, son point d'origine et celui de son insertion. Trois autres figures représentent la jambe et le pied, et tout le membre pelvien avec les ligaments. Les seize premières figures appartiennent en général à tout le livre, et il conseille de les bien étudier d'abord; mais la dernière est propre au chapitre premier, qui traite de la nature, de la substance, de l'usage, de la position des ligaments et de leurs différences entre eux.

Les os l'ont donc conduit aux ligaments qui les unissent dans un seul système; et il va parler ensuite des muscles qui servent à les mouvoir. La figure d'un muscle, ou faisceau musculaire, lui sert à montrer comment les ramifications des nerfs y pénètrent; une seconde figure représente le membre thoracique avec ses tendons et ses muscles. Le texte du chapitre second est consacré à la myologie en général. Il expose d'abord la doctrine reçue depuis Galien jusqu'à lui sur les muscles, que l'on définissait : « une partie instrumentale composée de nerf, de ligament, de chair, de veines et d'artères, et organe spécial du mouvement volontaire.... » Suivant cette doctrine, les fibres étaient formées par des fibrilles de nerf et de ligament, qui s'entrelaçaient et s'unissaient pour former une première fibre; celle-ci s'unissait à une autre fibre, composée de même, et ensuite à d'autres, et le muscle était ainsi formé avec une tête, une queue et un ventre, comme un rat ou un lézard; ce qui lui fait donner le nom de muscle (*musculus*, petit rat), ou de lacerta (*lacertum*, lézard). Entre les fibres ainsi formées, venait s'insérer la chair, comme une espèce de coussin, pour donner plus de souplesse; et afin que ni cette chair, ni le reste de la substance du muscle ne manquassent de nourriture et de chaleur, les veines et les artères venaient comme des ruisseaux leur apporter ce qui était nécessaire à l'une et à l'autre; enfin, une membrane recouvrait tout cela. Telle était la conception du muscle. Mais Vésale voulut en scruter toutes les parties; et il vient hardiment combattre les adorateurs idolâtres de Galien. Réfutant l'un après l'autre, par un grand nombre de faits clairs et décisifs, les divers points erronés de cette doctrine, il pose à la place celle à laquelle il est arrivé avec beaucoup plus de vérité. « Comme la veine, dit-il, sert à nourrir le muscle, et l'artère à lui porter de la chaleur [1], de même aussi le nerf lui porte continuellement l'esprit animal;

[1] Il lui était impossible encore de ne pas accepter cette erreur que nous allons voir disparaître immédiatement après son effort.

ensuite, par la force de l'esprit animal, de la structure spéciale du muscle, de sa forme essentielle, je pense que le muscle se contracte ou se relâche, qu'il ne remplit pas autrement sa fonction que l'œil et les autres organes des sens; ceux-ci ont chacun leur structure propre et spéciale, et imbus de l'esprit animal que le cerveau leur envoie par les nerfs, ils s'acquittent de leurs fonctions. L'esprit animal, qui se répand à l'œil, à la langue et à l'organe de l'ouïe, n'est pas autre que celui qui se répand aux muscles; mais, en raison de leur structure et par la présence de cet esprit, l'œil voit, la langue goûte, l'organe de l'ouïe perçoit les sons, et, sans aucun doute, le muscle lui-même préside aux mouvements volontaires.....» Il démontre que ce sont seulement des ramifications de nerfs, de veines et d'artères, qui pénètrent dans le muscle, ou qui le suivent en longeant sa surface. « Le muscle est donc l'instrument du mouvement volontaire...., composé de substance de ligament divisée en plusieurs fibres, et de chair qui les affermit et les contient, et recevant en lui-même des rameaux de veines, d'artères et de nerfs, et jamais privé, tant que l'animal est sain, du bienfait de l'esprit animal des nerfs. Et je regarde cette chair, non-seulement comme un soutien, un lit, un appui....., mais je me persuade que la chair des muscles, à laquelle rien autre chose n'est semblable dans tout le corps, est le principal auteur par lequel (pourvu que les nerfs, messagers des facultés animales, ne manquent pas) le muscle, devenu plus épais, se raccourcit et se resserre, et, par là, attire et meut vers lui la partie à laquelle il est inséré; et par lequel, ensuite, il se relâche et s'étend, en remettant la partie attirée.» Il y a évidemment ici un grand progrès dans l'étiologie du muscle et de sa fonction.

Le chapitre troisième montre toutes les différences des muscles entre eux, et le quatrième expose la haute difficulté d'établir le nombre des muscles. Vient l'anatomie de la peau, dans laquelle il reconnaît les ramifications des nerfs, des artères et des veines, et qu'il regarde comme le siége des sensations. Puis il étudie les muscles dans leurs détails, depuis les occipito-frontaux jusqu'à ceux de la plante du pied, par lesquels il termine. Après chaque partie, il donne un chapitre de l'administration anatomique, dans lequel il enseigne la manière de disséquer chaque muscle, et en fait ainsi une sorte de nouvelle description.

Le livre III est consacré aux veines et aux artères, qu'il commence par comparer entre elles. Il définit l'artère et la veine : « un vase membraneux, fibreux, arrondi, creux comme une flûte, et servant, la veine, à transporter le sang qui doit nourrir toutes les parties du corps, et l'artère à donner passage à l'esprit vital et au sang chaud, qui, se précipitant avec impétuosité, se répand par tout le corps. » Par le bienfait de l'esprit vital et du sang, joint au mouvement de dilatation et de contraction de l'artère, la chaleur naturelle de chaque partie se ranime.

Il démontre, contre les anciens, que les veines tirent leur origine du cœur, ou que leur principal tronc vient s'y aboucher; puis il expose l'ensemble et les ramifications du système veineux, et en fait de même pour le système artériel, dont il montre l'origine au côté gauche du cœur.

L'anatomie du système vasculaire est complète; mais Vésale n'a point touché à la physiologie; s'il semble parfois en éclaircir quelques points, c'est parce que ces fonctions sont, pour ainsi dire, plus anatomiques que physiologiques.

Le livre quatrième considère le système nerveux dans l'origine des nerfs, et leur distribution dans tous les organes. Rappelant l'opinion des anciens, qui confondaient sous la dénomination de nerfs, les ligaments, les tendons et les nerfs proprement dits, en les faisant naître du cœur, il remarque que c'est à Hippocrate, Hérophile, Érasistrate et Galien, qu'on doit la connaissance de l'origine véritable des nerfs principaux. Partant de là, il réfute toutes les opinions erronées, pose la thèse que les nerfs naissent du cerveau et de la moelle épinière. Ils sont, dit-il, composés de trois parties : une intérieure de même nature que la substance cérébrale et naissant d'elle, et deux membranes qui recouvrent cette partie intime comme elles recouvrent le cerveau. Il a parfaitement distingué la différence de consistance entre les nerfs des sens spéciaux et ceux de la locomotion : les premiers sont plus mous, et les seconds sont plus durs... « Admirable industrie de l'artisan des choses, dit-il ; car un organe des sens a besoin d'un nerf mou ; il a besoin d'un nerf, parce qu'il est instrument de sens ; et il a besoin d'un nerf mou, parce qu'il doit être affecté et disposé d'une certaine manière, pour pâtir quelque chose d'un objet sensible qui vient de l'extérieur. Et, en effet, le mou est plus propre pour pâtir, et le dur pour agir et pour la force dont le nerf a besoin dans son long trajet. C'est pour cela donc que les organes des sens sont doués nécessairement d'organes mous, et les autres parties qu'il est nécessaire de mouvoir, d'organes plus durs. D'où encore les instruments des sens, qui jouissent d'un mouvement volontaire, comme l'œil et la langue, possèdent les deux genres de nerfs ; l'un pour la sensation, et l'autre pour présider au mouvement. »

Poursuivant cette idée, dans laquelle nous ne sommes pas plus avancés que lui, il fait naître les nerfs des sens de la partie plus molle du cerveau, et les nerfs locomoteurs de la moelle épinière, et pose ainsi, d'une manière nette et précise, la distinction des nerfs sensoriaux et des nerfs locomoteurs, qui existait déjà dans Galien. Il fait naître les nerfs des sens spéciaux, ou les plus mous, par un seul faisceau, et les autres par plusieurs ramuscules ou faisceaux. « Quant à la distribution d'un grand nombre de nerfs en rameaux (dans les organes), il ne paraît nullement important qu'on dise que c'est la réunion de ces divers faisceaux qui se délie, ou que c'est tout le nerf qui se partage en rameaux portés vers les parties. » Dès lors on était donc arrivé à suivre les nerfs depuis leur point de sortie jusqu'à leur terminaison dans la périphérie du corps; l'on cherchait même déjà à assigner dans ces faisceaux nerveux, les uns à la sensation, et les autres à la locomotion; et, par conséquent, l'on marchait vers la théorie moderne, qui affecte aux fonctions sensoriales les faisceaux qui naissent à la partie postérieure; et à la locomotion ceux qui naissent à la partie antérieure du bulbe médullaire. Mais Vésale n'était pas physiologiste, ou bien le temps n'était pas encore venu d'admettre une semblable théorie; « car, dit-il, je ne sais de quel front certains princes des anatomistes ont osé affirmer que de ces rameaux ou de ces cordons, les uns servent au mouvement, tandis que les autres servent au sentiment; non autrement, sans doute, que si la nature avait privé de sentiment certains ramuscules des nerfs. »

Il avait cependant distingué la moelle épinière du cervelet, et suivi la moelle allongée jusqu'où nous la suivons.

Il donne deux figures de l'origine des nerfs de l'encéphale; dans la première il représente le cerveau renversé, présentant très-distinctement l'origine des sept paires de nerfs, que l'on comptait depuis Galien jusqu'à lui. Il admet ces sept paires, en reconnaissant toutefois que l'on pourrait à la rigueur en compter un plus grand nombre, en y joignant d'abord la paire olfactive, puis un nerf qu'il a décrit le premier : c'est le nerf qui naît non loin du commencement de la cinquième paire, ou nerf acoustique, et qui se porte dans les muscles de la mâchoire inférieure ; il l'appelle la petite racine de la cinquième paire.... La seconde figure présente l'origine des nerfs et le cerveau dans la position normale, mais de profil. Dans le chapitre second, il démontre l'origine de ces différents nerfs, et commence dans le troisième à traiter de l'organe de l'olfaction. Dans les chapitres suivants, il étudie les sept paires dans leur origine, et dans toutes les ramifications qu'elles envoient aux diverses parties de l'organisme.

Passant à l'étude de la moelle épinière et des nerfs qui en proviennent, dont il reconnaît trente paires, il donne d'abord une figure de la moelle épinière hors du canal rachidien, seulement avec les racines des nerfs; puis montre, par deux autres figures, la sortie des nerfs par les trous de conjugaison des vertèbres, et tout le réseau de leurs ramifications et de leurs anastomoses dans les organes. Il entre de là dans le détail de la démonstration, en descendant des paires cervicales aux paires sacrées, et finit son livre par un tableau complet du système nerveux céphalique et rachidien, avec des caractères graphiques renvoyant aux explications.

La névrotomie était posée par Vésale sur ses vraies bases, et déjà prodigieusement avancée.

Le livre cinquième et le sixième sont consacrés aux organes que Vésale comprend sous le titre général d'instrument de nutrition ; le premier aux organes contenus dans l'abdomen, et le second à ceux contenus dans la poitrine.

Nous ne le suivrons point dans les détails descriptifs parfaits des organes de digestion ; nous remarquerons seulement qu'il a mieux entrevu que ses devanciers les fonctions de la rate ; qu'il a décrit et figuré pour la première fois les reins, la vessie, les organes de la génération dans l'homme et dans la femme. Mais un progrès tout aussi remarquable, et qui prouve combien Vésale a agi sur tout l'ensemble de la science anatomique et sur ses détails, c'est qu'à chacun des organes dont il traite dans ce livre, il a soin de montrer les nerfs et les artères qui s'y rendent, enseignant d'où ils viennent et quelle est leur utilité. Dans le livre précédent, il avait déjà décrit et figuré tout le système nerveux viscéral, ses anastomoses, et même ses diverses branches récurrentes; dans celui-ci, il complète cette première description, en montrant le rapport immédiat de chaque nerf et de chaque ramification avec les diverses parties de l'organisme qu'il décrit.

Le livre sixième n'expose pas moins bien tout ce qui tient aux poumons et au cœur; il décrit leur position, leur forme, leurs connexions et leur structure. La trachée-artère et le larynx, les glandes thyroïdiennes, la plèvre et le médiastin ; le cœur, ses ventricules, ses oreillettes, les valvules qui sont à l'entrée de chaque vaisseau dans le cœur; les fonctions et les usages de toutes ces parties sont complétement étudiés. Il termine chacun de ces livres par un chapitre de l'administration anatomique des parties qu'il vient de décrire.

Le livre septième traite du cerveau, des sens spéciaux, et renferme quelques expériences physiologiques sur des animaux vivants.

L'étude du cerveau a fait de grands progrès entre ses mains; il l'a figuré et décrit dans toutes ses parties. Commençant par les fonctions générales du cerveau, il cite l'opinion de saint Thomas, d'Albert le Grand et de Scot, qui plaçaient dans les ventricules les diverses facultés intellectuelles. En parlant des circonvolutions, il cite les philosophes et les médecins qui les regardaient, dès le temps de Galien, comme le siége des facultés; et il rapporte la réfutation de cette idée par Galien.

D'après cela, la doctrine qui s'efforce de pénétrer aujourd'hui, avait donc exercé les esprits dans l'école d'Alexandrie, et probablement auparavant, puisque Démocrite disséquait des cerveaux d'animaux pour trouver le siége de la folie chez l'homme.

Quoi qu'il en soit, Vésale commence ses descriptions par les membranes du cerveau; puis il énumère le nombre des parties, expose la situation, la forme des circonvolutions, quelle est la substance du cerveau et du cervelet. Il décrit le corps calleux, le septum qui sépare le ventricule droit du gauche, compte quatre ventricules : un qui est commun au cervelet et à la moelle, un dans la partie gauche, et l'autre dans la partie droite du cerveau, et le quatrième mitoyen entre les deux précédents, et en communication avec eux et avec le premier ventricule, comparé à une plume à écrire par Hérophile. Toutes les autres parties du cerveau sont suffisamment décrites; mais, dans ce qui tient aux organes des sens spéciaux, il est beaucoup moins heureux que dans le reste : la physiologie lui manquait.

Dans son dernier chapitre, *de vivorum sectione nonnulla*, il y a une série d'expériences et des considérations intéressantes sur l'ablation de certaines parties dans les animaux vivants. Galien avait déjà fait de ces expériences; mais Vésale, en les poussant beaucoup plus loin, a préparé à Harvey ses découvertes sur la circulation et la génération.

Les expériences de Vésale portent d'abord sur les os; par la rupture de l'une ou de l'autre des pièces du squelette ou de quelque cartilage, il montre que les os et les cartilages sont le soutien de tout le mécanisme animal; que les ligaments transvers ou annulaires limitent et dirigent l'action des muscles; il prend son exemple sur un cadavre. Puis en coupant le ligament annulaire du carpe, surtout sur un chien vivant, les tendons des muscles fléchisseurs sortent de leur gaîne.

Par ses expériences sur la partie charnue des muscles, il a montré comment, dans l'action, ils épaississent et se resserrent; et, au contraire, comment, dans l'inaction, ils se rétrécissent et s'allongent.

En liant fortement un nerf qui se rend à un muscle, il a montré que ce muscle ne peut plus imprimer de mouvement de flexion aux doigts, si c'est en effet le nerf des fléchisseurs qui a été lié, ce qu'il pourra faire aussitôt que la ligature sera enlevée.

Par la section longitudinale d'un muscle, il a expérimenté que le mouvement n'est pas altéré; mais que, par la section transverse, il l'est proportionnellement à la profondeur de la section; et que, lorsqu'elle est complète, les deux fragments se rétractent, l'un en haut et l'autre en bas.

Pour savoir si c'est la membrane enveloppant le nerf ou la substance même du nerf qui transmet la puissance animale, il propose de mettre à nu le fémur et le nerf crural, et de couper la membrane seulement : dans ce cas, les mouvements des pieds continuent d'avoir lieu.

En coupant transversalement la moelle épinière, il a démontré que toutes les parties sous-posées perdent le mouvement et la sensibilité.

Le vivant, comme le mort, montre que les veines portent partout le sang, et qu'aucune partie ne peut se nourrir sans elles; cette erreur physiologique sur les veines lui laisse cependant la découverte anatomique.

La ligature transverse des artères arrête toute pulsation au-dessous. Il prouve que les artères contiennent du sang; il prétend que la force de pulsation n'est ni en elles, ni dans le sang qu'elles contiennent, mais que cette force émane du cœur. Il propose de faire une ligature à l'artère inguinale, puis d'en enlever une partie assez étendue, et de la remplacer par un canal de roseau de même diamètre; enlevant alors la ligature, la pulsation aura lieu aussi bien au-dessous qu'au-dessus.

Ses expériences sur les organes de la nutrition, sur le foie, la rate, les reins et la vessie, lui ont fourni fort peu de chose; il a fait cependant l'ablation de la rate, et l'animal a vécu quelques jours encore.

Dans les organes de la génération, la castration suffit pour démontrer l'usage des testicules.

Sur le fœtus extrait de la matrice, il dit combien il est agréable de voir avec quelle avidité il tend à respirer, mais en vain, tant que les membranes ne sont pas ouvertes; et aussitôt qu'elles le sont, il respire avec élégance. Il a également expérimenté sur le placenta.

Il a démontré que la dilatation et la contraction

du cœur concordent avec les pulsations des artères.

Il a fait voir que les poumons suivent les mouvements de la poitrine; et qu'en découvrant la plèvre entre deux côtes et la perçant, le poumon s'affaisse tout à fait, au point que si on opère de la même manière des deux côtés, l'animal meurt comme s'il était suffoqué. Il a prouvé que l'ablation du cœur n'empêche pas un chien et surtout un chat de courir encore, pourvu qu'on ait préalablement lié tous les vaisseaux qui en sortent.

Ses expériences sur le cerveau ne lui ont rien appris, sinon que, par son ablation, tout mouvement et toute sensation cessent.

Dans une dernière partie, où il expose longuement une manière de procéder pour faire à la fois toutes les expériences sur un cochon vivant, il dit que, pour lui prolonger la vie après l'ouverture de la poitrine, il faut faire un trou à la trachée et souffler de l'air dans le poumon au moyen d'un tuyau de plume, qu'alors on voit le cœur reprendre peu à peu ses mouvements et le pouls revenir. Il indique cette expérience comme donnant l'idée la plus juste du pouls et de ses modifications.

VI. *Résumé.*

Il résulte de cette analyse aussi brève que possible, assez étendue pourtant pour donner une idée de l'ensemble, que Vésale a véritablement créé la science de l'anatomie humaine. Sans doute, avant lui, on avait fait de l'anatomie, mais elle était bien loin du point où l'a conduite; sa méthode, d'ailleurs, en est une preuve invincible. En effet, il commence presque toujours par exposer l'état de la science dans toute la série de ses prédécesseurs; puis il fait suivre immédiatement sa démonstration, qui vient ou renverser les opinions erronées, ou étendre et développer les vérités déjà introduites en germe dans la science, ou enfin confirmer celles qui lui sont acquises. C'était la marche la plus propre à faire ressortir l'importance de ses travaux, en montrant à quiconque veut seulement se donner la peine de le lire, où était la science quand il l'a prise, et quel progrès il lui a fait faire.

Ainsi Vésale, né dans des circonstances favorables, avec une grande ardeur d'investigation, reçut une instruction préliminaire élevée et approfondie dans les langues, dans la physique et la philosophie. Il put étudier la médecine dans deux des écoles les plus célèbres, Montpellier et Paris, mais surtout se livrer à son goût pour l'anatomie sous Andernach et Sylvius. Aussi, de bonne heure, professa-t-il cette partie de la science de l'organisation. Il ne l'envisagea cependant que comme anatomie chirurgicale ou topographique; il l'étendit également à toutes les parties, mais sans détails circonstanciés suffisants, sans vues générales, sans physiologie, sans plan déterminé. On peut dire cependant que, dans tout ce qui tient à la physiologie mécanique, Vésale a assez bien réussi; mais pour nous, qui envisageons la philosophie, il n'y a aucune idée scientifique élevée. Il n'a fait au fond que donner l'anatomie de Galien appliquée à l'homme, vérifiée, confirmée, ou corrigée et accrue dans un grand nombre de points.

La science lui doit en outre l'iconographie anatomique explicative, mais surtout une impulsion donnée qui n'a plus cessé depuis lui.

SECTION I. — VÉSALE ET HARVEY.

§ 2. — PHYSIOLOGIE.

HARVEY, 1578 — 1657.

I. *Préliminaires.*

La science de l'organisation humaine est entrée dans la voie progressive en saluant une ère nouvelle entre les mains de Vésale, qui a osé reprendre dans son expérience aussi bien ce que Galien avait dit de bon et de vrai sur le singe, que ce qu'il n'avait pas dit. Imitant Galien, qu'il a tant critiqué, nous l'avons vu également faire des expériences sur des animaux vivants, pour estimer l'usage de telle ou telle partie de l'organisation, et par conséquent ouvrir l'ère de la physiologie. Cette partie, dans Aristote, est tout extérieure comme son anatomie. Galien, entré plus profondément dans l'intérieur de l'organisme, avait donné plus d'attention à la mesure des fonctions dans son traité de l'usage des parties. Albert le Grand, reprenant la direction aristotélicienne dans toute son étendue, n'avait pu s'appliquer spécialement à ces deux points de la science. Vésale a fait marcher l'instrument anatomique; il faut maintenant que la mesure des fonctions vienne. Bien que Vésale, comme Galien, ait recherché les usages des organes, néanmoins, comme il ne rencontra pas l'idée féconde qui vint au contraire à G. Harvey, celui-ci sera pour nous le représentant de la physiologie, à l'époque de la reprise en sous-œuvre du cercle des connaissances humaines, quoique le cours de sa vie avance beaucoup dans le dix-septième siècle.

Harvey a tracé la route par deux points de la plus haute importance, la circulation et la génération; il a donné l'impulsion : voilà pourquoi nous le prenons plutôt que Willis, qui a vécu de 1642 à 1675, et n'est qu'une conséquence, un développement de son effort.

Bien que Bacon ait précédé Harvey par le temps, il sera le représentant d'un autre pas, et ne pouvait l'être de celui-ci. Harvey ne lui a rien emprunté. Bacon n'était pas naturaliste.

Or, les besoins de la science de l'organisation demandaient l'étude plus approfondie de la mesure des corps naturels dans ses fonctions. Pour y parvenir, il fallait continuer Aristote, Albert le Grand et Galien, en portant l'investigation sur les usages des parties, afin de revenir avec plus d'utilité sur leur disposition, et de sentir le besoin d'étudier leur structure. C'est-à-dire qu'après un pas dans l'anatomie topographique, il en fallait un parallèle dans la physiologie, pour arriver à l'anatomie générale.

Mais la difficulté s'accroissait; l'observation simple ne suffisait plus; elle devait être remplacée par l'expérience répétée et calculée pour la compléter. Dès lors, le raisonnement devait employer ou suivre l'observation et même la précéder, pour que celle-ci pût être un élément scientifique. C'est ainsi que l'expérience, qui est autre chose que la pratique, est devenue la base, l'âme de la partie de la zoologie qu'on désigne aujourd'hui sous le nom de physiologie.

II. *Éléments et extrait de la biographie de Harvey.*

Les préfaces qui accompagnent les deux ouvrages de

Harvey, dues à ses amis éditeurs de ses œuvres ou à lui-même, sont les premières sources de sa biographie.

Le docteur Lawrence a donné, avec ses œuvres, une notice sur sa vie et ses écrits. On publia, en 1795, dans le Magasin encyclopédique, une notice sur Harvey, traduite de l'anglais, de M. Aikin, extraite du *Biographical essays of surgery*. La plupart des biographies parlent de Harvey, et, entre autres, celle de Michaud lui consacre un article intéressant.

Guillaume Harvey naquit le 2 avril 1578, à Folkstone, dans le comté de Kent, en Angleterre, de parents assez riches. Il fit ses premières études à l'université de Cambridge, et y commença même celles de la médecine. Voyageant ensuite, comme c'est encore assez la coutume de ses compatriotes, en France, en Allemagne et en Italie, il demeura cinq ans à Padoue, où il étudia l'anatomie sous le célèbre Fabrice d'Aquapendente, successeur de Fallope. Il y reçut le bonnet de docteur en 1602. De retour en Angleterre, pour honorer sa patrie, il se fit recevoir de nouveau docteur à Cambridge.

En 1604, il se fixa à Londres, fut associé au collége des médecins de cette ville, et obtint en même temps la place de médecin de l'hôpital Saint-Barthélemi. Appelé en 1613 à professer l'anatomie au collége des médecins de Londres, il y jeta les bases de sa haute renommée; il devint premier médecin du roi d'Angleterre, Jacques Ier, dont le fils, Charles Ier, lui continua sa confiance. L'étendue de sa pratique médicale, et ses fonctions de professeur, ne l'empêchèrent point de se livrer à de nombreux travaux de recherches physiologiques; et, dès 1619, il exposa dans son cours le mécanisme de la circulation, en prouva l'existence par une théorie incontestable, et en appliqua les lois par des expériences positives et concluantes. Ce ne fut pourtant qu'en 1628 que son célèbre traité sur les mouvements du cœur et du sang dans les animaux fut publié à Francfort.

Malgré l'évidence de ses démonstrations, elles furent attaquées de toutes parts avec aigreur. Alors commença sa carrière de controverse, qui contribua à le mettre en plus grande évidence. Il fut même dénoncé au roi Charles Ier, son protecteur, devant lequel il se justifia en répétant en sa présence plusieurs de ses expériences sur la circulation. Aussi lui dédia-t-il la première édition de son ouvrage en Angleterre.

Ce prince, qui avait un goût éclairé pour les sciences, encourageait Harvey, et favorisait ses recherches, en mettant à sa disposition les bêtes fauves de son parc, afin qu'il pût expérimenter sur des animaux vivants. Cette bienveillance le mit à même de faire de nouvelles découvertes sur un autre point de la science non moins important; et, en 1651, il en publia les résultats dans son ouvrage sur la génération.

Triomplant de l'opiniâtreté du préjugé, ses confrères du collége de Londres reçurent favorablement ses doctrines, et ne cessèrent d'honorer l'auteur. Lorsque la guerre civile eut éclaté, Harvey, fidèle et reconnaissant, suivit Charles Ier dans sa fuite. Ce prince le nomma, en 1645, président du collége de Morton, à Oxford, pour récompenser sa fidélité et le dédommager des pertes que lui causait son émigration : car les meubles de sa maison de Londres avaient été pillés, et, ce qu'il regrettait le plus, ses manuscrits, surtout ses observations anatomiques, entre autres celles qu'il avait faites sur la génération des insectes, disparurent. Bientôt Oxford s'étant rendu au parlement, Harvey perdit sa place. Depuis ce moment il mena une vie retirée, tantôt à Londres, tantôt à Lambeth, et tantôt à Richemont, chez l'un de ses frères. Ses malheurs politiques ne l'abattirent pas plus que l'injustice de ses critiques. En 1656 on lui offrit la présidence du collége des médecins de Londres; il la refusa, en continuant toutefois d'assister aux séances. Il fit don à cette corporation d'une salle d'assemblée qu'il avait fait bâtir dans son jardin, d'un cabinet fourni de livres choisis et d'instruments, et d'une rente perpétuelle de cinquante-six livres sterling, destinée à salarier le gardien de la bibliothèque et à subvenir aux frais d'une cérémonie annuelle, dans laquelle devait être prononcé un discours en l'honneur des bienfaiteurs du collége. A quelque temps de là, Harvey succomba sous le poids de l'âge et des infirmités, après avoir joui longtemps d'une bonne et parfaite santé. Il mourut à l'âge de quatre-vingts ans, en 1657, à peu de distance de Londres. Le collége royal lui fit élever une statue dans la salle d'exercice du collége du Cutter.

Son caractère était gai, franc et ouvert; il s'exprimait avec feu et vivacité. Il paraît qu'il n'attachait pas un grand prix à la gloire littéraire, puisque ce ne fut qu'à la prière de George Ent, qu'il livra son manuscrit sur la génération à l'impression, longtemps après qu'il avait été composé. Il en fut de même du traité sur les mouvements du cœur et du sang.

III. *Éléments des ouvrages de Harvey.*

Harvey n'ayant traité que deux points de physiologie, nous n'aurions réellement besoin, pour montrer ce qu'il a pu emprunter à ses prédécesseurs, que d'exposer ce qui a trait au mouvement du sang, ou à la circulation, et à la génération; mais, comme il est pour nous le premier pas dans cette branche de la zoologie, c'est le moment de la faire connaître en elle-même.

La physiologie était pour Aristote la science de l'ensemble des causes et des effets des corps qu'embrasse le monde et qui le constituent. C'est ainsi qu'il l'a conçue et formulée d'une manière plus ou moins complète. Mais bientôt on l'a restreinte à la seule considération des causes. Et lorsqu'on a réduit la science en fragments, en l'appliquant cependant à la mesure ou à l'homme, le mot de physiologie s'est trouvé réduit à signifier la seule recherche des fonctions de l'organisme. Dans ces limites, l'observation naturelle des faits et de leur enchainement ne suffisant plus, l'expérience a été créée. Il faut entendre par expérience un procédé intellectuel par lequel les corps, considérés comme matière moléculaire ou en masse, morts ou vivants, sont placés dans les circonstances propres à montrer leur mode d'action les uns par rapport aux autres. Dès lors, le raisonnement a dû être employé avec l'observation, pour en tirer les corollaires que les prémisses permettaient; mais surtout avant l'observation, pour que les circonstances de l'expérience fussent appréciées.

Tant qu'il ne s'est agi que d'anatomie topographique, d'histoire naturelle même, l'observation a suffi; mais, ici, il faut quelque chose de plus. Le physiologiste, celui qui analyse les causes, va chercher comment s'opère telle ou telle fonction; recherche qui sera d'autant plus difficile que les phénomènes se passent dans un organe plus profond. Cette science alors va emprunter le secours et les procédés d'autres sciences, et compliquer ainsi la difficulté; ce qui n'est peut-être pas assez senti. Ainsi la chimie, appelée dans la digestion et la respiration, etc., donnera la chimie animale; la locomotion, soumise aux lois de la mécanique, en appelle la connaissance pour l'appliquer à la mécanique animale. Il faudra une physique animale pour juger les fonctions des sens; l'optique sera nécessaire à la vue, l'acoustique à l'ouïe, etc. L'augmentation de la difficulté, sa complication, exigent de nouveaux procédés; ils seront fournis par l'*expérience*, calculée et convenablement instituée pour remplacer l'*observation* et *la pratique*.

A l'aide de ce nouvel instrument, les sciences marcheront avec sécurité; mais exagéré, il a plus d'inconvénients que l'instrument intellectuel, même poussé à l'excès. L'expérience est un moyen de la plus haute importance, mais aussi difficile à établir qu'il est difficile d'en tirer des corollaires découlant des prémisses; les plus grandes précautions lui sont nécessaires pour qu'elle puisse être un élément scientifique.

La physiologie définie et bien entendue, quels progrès doit-elle à Harvey? Pour arriver à la solution de cette question, besoin est d'abord de voir quels sont les éléments empruntés à ses prédécesseurs et à ses contemporains.

La circulation du sang, fonction la plus importante de la vie dans les êtres organisés, est le point le plus remarquable sur lequel Harvey ait dirigé ses premières investigations. Si l'existence de cette fonction était soupçonnée, ses lois étaient bien loin d'être connues.

Nous avons vu Hippocrate, démontrant la fluidité du sang, approcher le plus près possible de la circulation, sans même la soupçonner. Aristote avait vu le sang partir du cœur pour arroser toutes les parties de l'organisme [1];

[1] Arist., *de Anim.*, ch. IX; *de Respirat.*, ch. XV.

mais, selon lui, cette liqueur ne revenait plus au cœur, sa source, ou n'y revenait que par une sorte de flux et de reflux. Galien avait démontré la présence et la fluidité du sang, non-seulement dans les veines, mais encore dans les artères qu'il faisait naître du cœur; mais il pensait que les veines partaient du foie. Ces idées dominèrent longtemps dans la science, et ne tendirent à se modifier que peu à peu.

A la reprise du cercle des connaissances humaines, l'anatomie dut la première pénétrer plus avant dans l'étude de l'organisme, et préparer ainsi celle des fonctions. Ç'a été l'œuvre de Vésale.

Fra Paolo, autrement Pierre Sarpi, religieux servite, ornement de son ordre et de Venise, sa patrie, par la vaste étendue de ses connaissances en tout genre, et surtout en anatomie, passe pour avoir le premier observé les valvules des veines, et même la circulation du sang. On a même dit que Fabrice d'Aquapendente lui devait toutes ses découvertes. Mais Morgani nie qu'il ait connu les valvules des veines, et George Ent nous apprend qu'il a connu la circulation par les découvertes de Harvey, qui en avait fait l'exposition à ses élèves en 1619, époque où un ambassadeur vénitien, à Londres, en fit part à Fra Paolo.

C'est sous Fabrice d'Aquapendente que Harvey étudia à Padoue. La physiologie lui doit plusieurs ouvrages remarquables sur les sens spéciaux, la formation du fœtus, les valvules des veines, la dynamique animale, etc. Ses cours, non moins intéressants que ses écrits, furent publiés par ses élèves. Harvey lui doit sans doute sa direction.

Michel Servet, plus célèbre par les persécutions atroces de Calvin contre lui que par sa science, naquit, en 1509, à Villanova en Espagne, publia son ouvrage, du Renouvellement du christianisme, en 1553, et fut brûlé, comme hérétique, à Genève en 1554, par Calvin et ses fauteurs. C'est dans cet ouvrage de Servet, dont il ne reste plus que deux exemplaires [1], qu'on trouve ce fameux passage sur la circulation pulmonaire, qu'il a puisé dans Némésius, évêque d'Émèse, et qui, malgré le fond de vérité qu'il contient, ne donne aucune conception précise et nettement démontrée.

Realdo Colombo, né à Crémone, formé à l'école de Vésale, successivement professeur à l'université de Padoue, à celle de Pise, et enfin à celle de Rome, a pénétré plus avant dans cette démonstration. « Le cœur, dit-il [2], a deux cavités ou ventricules, l'un à droite et l'autre à gauche; celui-là beaucoup plus grand que celui-ci. Dans le premier est le sang naturel, et dans l'autre le sang vital; ce qu'il y a de plus admirable à observer, c'est que la chair qui forme les parois du ventricule droit est assez mince, tandis qu'elle est assez épaisse dans le ventricule gauche, et c'est pour l'équilibre, afin que le sang vital qui est le plus subtil ne passe pas à travers ces parois. Entre ces ventricules est une cloison que presque tout le monde pense devoir donner passage au sang de l'un dans l'autre, et rendre plus facile ce passage. Mais c'est une grande erreur; car le sang est porté par la veine artérielle dans le poumon, et là s'atténue, se raréfie, et ensuite il revient en même temps que l'air par l'artère veineuse au ventricule gauche du cœur; ce que personne jusqu'ici n'avait observé ni écrit. » Il avait en outre aperçu que le cœur se resserre

[1] L'un à la biblioth. du roi à Paris, et l'autre à la biblioth. impériale de Vienne.

[2] *De Re anatomicâ*, l. VII, p. 325-330; l. XI, p. 411.

quand les artères se dilatent, et réciproquement qu'il se dilate quand elles se resserrent. Le mouvement de ce viscère, isochrone à celui de la respiration, ne lui avait pas échappé, et il avait même entrevu la circulation générale. Ses expériences physiologiques ont apporté à la science plusieurs autres faits intéressants.

André Césalpin, né à Arezzo, en Toscane, en 1519, est surtout célèbre par les progrès qu'il a fait faire à la botanique. Admirateur de la doctrine d'Aristote, et nourri de sa méthode, toutes les fois qu'il l'appliqua à la recherche des phénomènes de la nature, elle le conduisit à de grandes découvertes. C'est lui qui a introduit le mot de circulation dans la science. Le premier, il a recherché comment les artères et les veines se joignent à leurs extrémités, et il suppose que c'est en s'abouchant [1]; il a fait l'observation que les veines se gonflent au-dessous de la ligature [2].

La circulation était en grande partie connue de Césalpin, bien qu'il ne l'eût pas démontrée. Si Haller et plusieurs autres ont soutenu qu'il n'avait pas connu la grande circulation, c'est que, médecins et physiologistes, ils n'avaient pas cherché dans son traité des plantes la preuve d'une grande découverte en anatomie physiologique.

Césalpin y dit, liv. I, ch. II : « Car dans les animaux nous voyons l'aliment conduit par les veines au cœur, comme à l'officine de la chaleur innée, et ayant acquis là sa dernière perfection, être, par les artères, distribué dans tout le corps sous l'action de l'esprit, qui est engendré dans le cœur, du même aliment. »

[1] *Questions péripatéticiennes*. Venise, 1571.

[2] *Quest. médicales*. Venise, 1593.

Cependant, Césalpin avait peu disséqué, et c'était plutôt par la pénétration de son génie que par des expériences positives qu'il était arrivé à cette conception, qui va enfin entrer dans la sience par les démonstrations de Guillaume Harvey.

IV. *Énumération et histoire des écrits de Harvey.*

Les écrits de Harvey sont peu nombreux, ne traitent qu'un petit nombre de points de la science, mais ils sont extrêmement importants.

Le premier, intitulé : *Exercitatio anatomica de motu cordis et sanguinis animalium*, fut publié à Francfort, en 1628, in-4°.

Le second est intitulé : *Exercitationes de generatione animalium, quibus accedunt quædam de partu, de membranis ac humoribus uteri, et conceptione.*

Le troisième : *Exercitationes duæ anatomicæ de circulatione sanguinis ad Joannem Riolanum filium.* Il avait encore laissé quelques autres petits traités moins importants.

Le premier ouvrage fut imprimé pour la seconde fois à Leyde, en 1639, in-4° ; dans la même ville et le même format, en 1647, avec les réfutations d'Émilius Parisanus. A Padoue, en 1543, in-12. *Cui accedunt Joan. Wallæi epistolæ duæ quibus Harvæi opinio roboratur.* A Londres, 1660, in-12, sous le titre : *De Motu cordis et sanguinis circulatione exercitationes anatomicæ III ;* édition reproduite à Amsterdam, en 1649, et trois autres fois depuis, et à Leyde, en 1737, par Albinus, in-4°.

Le troisième fut publié pour la première fois à Rotterdam, en 1649, et une seconde fois, en 1611, in-12.

Le premier et le troisième le furent dans la même ville, en 1661 et 1671, sous le titre : *Exercitationes anatomicæ de motu cordis et circulatione, uno editæ cum duplici indice capitum unà et rerum necnon dissertatione de corde Joannis de Back.*

Le second sur la génération a été publié par G. Ente, de la société royale de Londres, in-4°, 1661, à Londres, sur le manuscrit de l'auteur, mais sans aucune révision de sa part. Il a été réédité à Amsterdam, 1651, in-12, 1662; à Copenhague, 1680; à Leide 1737, in-4°, avec une préface d'Albinus ; à Genève, dans la bibliothèque anatomique de Manget, in-fol.; aussi bien que le traité de *Motu cordis*. Il a été traduit en anglais.

V. *Analyse des ouvrages de Harvey, et principaux faits laissés par lui à la science.*

De Motu cordis et sanguinis circulatione. Sa préface est une exposition de la question, de ce qui avait été écrit jusqu'à lui sur le mouvement et l'usage du cœur et des artères. Il fait voir combien il y avait sur ces importantes fonctions, d'incertitude, de confusion et souvent même de contradiction.

Il détermine ensuite le mouvement du cœur d'après ses vivisections, en l'étudiant d'abord sur les animaux à sang froid, les mollusques, les crustacés, les crapauds, les grenouilles, les serpents et tous les petits poissons ; ensuite sur les animaux à sang chaud, dont il cite le chien et le porc. Il signale trois choses à remarquer pendant la durée du mouvement du cœur : la première, que le cœur s'élève en pointe et frappe la poitrine pendant ce temps de manière à faire sentir la pulsation au dehors ; la seconde, qu'il se contracte de toutes parts, et surtout latéralement, de manière à paraître moins grand et plus long ; la troisième, que le cœur saisi dans la main pendant son mouvement devient plus dur. Il explique ensuite comment, par les mouvements de systole et de diastole, le sang entre dans le cœur et en sort.

Il montre que, pendant la systole du cœur, les artères se dilatent et produisent une pulsation ; que le ventricule gauche cessant de se mouvoir, le pouls des artères cesse aussi ; que par la section d'une artère pendant la tension du ventricule gauche, le sang est impétueusement chassé par la blessure ; enfin, que le pouls des artères a lieu par l'impulsion du sang du ventricule gauche, de la même manière qu'en soufflant dans un gant, on voit tous les doigts se distendre à la fois, et imiter le pouls, qui suit toujours le rhythme, la quantité et l'ordre des mouvements du cœur.

Les oreillettes ont un mouvement qui leur est propre et en accord avec celui du cœur sur lequel elles influent. Il les a observées jusque dans le fœtus, chez lequel il en a étudié la formation[1]. Il rapporte plusieurs expériences sur les animaux inférieurs, pour lesquels

[1] Dans l'œuf, « il y a, dit-il, avant toutes choses, une goutte de « sang qui palpite ; d'elle, par l'accroissement et lorsque le poulet « est un peu formé, se font les oreillettes du cœur, qui, par leurs « pulsations, marquent la présence de la vie. Lorsque, quelques jours « après, les premiers délinéaments du corps apparaissent, alors le « corps du cœur est créé ; mais il apparaît pendant quelque temps « blanc et exsangue, et ne produit, comme le reste du corps, ni pouls « ni mouvement. Bien plus, j'ai vu dans un fœtus humain, vers le « commencement du troisième mois, le cœur semblablement formé, « mais blanc et exsangue, tandis que dans les oreillettes était un sang « abondant et rouge. » (*De motu cordis et sang.*, etc.)

il se servait d'instruments grossissants, afin de discerner, dit-il, les choses les plus petites.

De cet exposé, il déduit sa doctrine d'une manière nette. « De ces expériences et d'autres observations semblables, dit-il, j'ai enfin la confiance d'avoir trouvé que le mouvement du cœur se fait de cette manière: d'abord l'oreillette se contracte, et dans cette contraction, elle jette dans le ventricule du cœur le sang qu'elle contient, et dont elle abonde, comme étant la tête des veines et la citerne du sang; le ventricule rempli, le cœur, en s'élevant, tend aussitôt tous les nerfs, contracte les ventricules, et produit le pouls, par lequel le sang, continuellement envoyé de l'oreillette, est poussé dans les artères; le ventricule droit le pousse vers les poumons par ce vaisseau qui porte le nom de veine artérieuse, mais qui réellement, par sa structure, son office et tout, est une artère. Le ventricule gauche pousse le sang dans l'aorte, et, par les artères, dans tout le corps. »

Il démontre successivement chaque point de cette thèse. D'abord, il expose comment le sang du ventricule droit passe à travers le parenchyme des poumons dans la veine pulmonaire qui le transmet au ventricule gauche. Il démontre ensuite la circulation par une première expérience, fondée sur la quantité de sang qui vient continuellement de la veine-cave dans les artères, quantité telle qu'elle ne peut être fournie par l'absorption. Par une seconde expérience, il prouve qu'il entre continuellement et également dans chaque membre et dans chaque partie, par le pouls des artères, une quantité de sang beaucoup plus grande qu'il n'est nécessaire pour la nutrition; et, par une troisième expérience, que les veines elles-mêmes ramènent ce sang de chaque membre au cœur. La ligature des veines et des artères sur un membre, la section de la veine au-dessous de sa ligature convenablement faite pour ne pas empêcher l'artère d'agir, ce qui conduit à un épuisement du sang; les valvules des veines et leur action sur le mouvement du sang; plusieurs autres expériences tout aussi claires lui fournissent les preuves de sa démonstration.

Il faut joindre à ce traité des lettres à J. Riolan; elles sont la confirmation de sa doctrine et une réfutation puissante de toutes les attaques dirigées contre son admirable découverte. Ces deux petits traités contiennent une foule d'observations et d'expériences propres à jeter un grand jour sur la physiologie et la pathologie.

Il avait aussi conçu de quelle haute importance était sa découverte pour le progrès des sciences médicales [1], et il avait étudié sa thèse comparativement dans toute la série animale.

Dès que Harvey eut si heureusement ouvert la voie, on ne tarda pas à y marcher rapidement. On était encore embarrassé pour donner toute l'étiologie du grand phénomène de la circulation ; on lui assignait plusieurs

[1] « Telle est donc, dit-il, la circulation : si elle est empêchée, troublée ou trop excitée, un grand nombre de genres dangereux de maladies et de symptômes étonnants s'ensuivent, tant dans les veines, comme des varices, des aposthèmes, des douleurs, des hémorroïdes, des hémorragies, que dans les artères, comme des tumeurs, des phlegmons, des douleurs très-intenses et déchirantes, des anévrismes, des sarcoses, des fluxions, des suffocations subites, des asthmes, des stupeurs, des apoplexies et d'autres innombrables. Ce n'est pas ici le lieu d'exposer comment tout à coup, comme par enchantement, des maladies réputées incurables sont enlevées et guéries. Parmi mes observations médicales et dans la pathologie, je pourrai donner ces choses que je ne découvre pas avoir été observées par personne jusqu'ici. »

causes. Pour les uns, c'était la vertu propre du sang; pour d'autres, une espèce d'ébullition ou de fermentation. Mais bientôt Stenon et Lower firent mieux connaître la structure du cœur. Ils démontrèrent qu'il devait être rangé parmi les muscles. Lower, dans un traité composé de cinq chapitres, recherche d'abord la situation et la structure du cœur ; en prouvant que sa substance est tout à fait musculaire, il démontre que les autres muscles ont tous deux ventres, que le mouvement du cœur est dû au seul mécanisme du viscère, que par conséquent, son action ne diffère en rien de celle des autres muscles; de sorte que le cœur est comme une pompe qui puise le sang refluant des veines, et le répand ensuite par les artères.

Examinant ensuite les causes qui peuvent accélérer ce mouvement ou le troubler, il passe en revue les maladies qui naissent de là. Il traite de la quantité et de la mesure du sang circulant dans le cœur, fait venir sa couleur rouge de l'air reçu dans les poumons et se mêlant avec le sang. Le premier, il a trouvé ou essayé la transfusion du sang, a montré le passage du chyle dans le sang, et sa transformation. Il prouve, par diverses expériences, que tout le chyle est apporté au sang uniquement par le canal thoracique; et il finit par montrer que le chyle, dès qu'il est, après plusieurs circulations, devenu du sang, est propre à nourrir les parties.

A la suite de ces travaux physiologiques si remarquables, Jean Pecquet, né à Dieppe au commencement du dix-septième siècle, et médecin du ministre Fouquet, fit l'importante découverte de la route que suit le chyle, élaboré dans le mésentère, et de son réservoir, qui a reçu le nom de réservoir de Pecquet. Après avoir découvert le tronc commun des vaisseaux lactés et lymphatiques, l'avoir vu monter le long de la colonne vertébrale, auprès de l'œsophage, jusqu'à la troisième vertèbre cervicale, et se terminer enfin dans la veine sous-clavière gauche, il étudia la marche des vaisseaux lymphatiques, et constata, contre l'opinion encore reçue, que nul d'entre eux ne se vide dans le foie ni ne le traverse, mais qu'ils se rendent tous dans un canal commun, rampant le long des vertèbres lombaires, entre les capsules surrénales; et que, de là, le chyle se rend dans le canal thoracique et dans la veine sous-clavière gauche, qui à son tour se déverse dans le cœur. Par là, la théorie physiologique de l'élaboration du chyle dans le foie fut renversée, et la grande loi de la circulation du sang pleinement confirmée. Elle était encore combattue avec opiniâtreté; mais une connaissance aussi importante que celle de la marche suivie par le chyle, pour se verser dans le torrent de la circulation, et la preuve que les vaisseaux lymphatiques n'ont rien de commun avec le foie, rangèrent tous les physiologistes à l'avis de l'immortel Harvey, dont, sans les travaux de Pecquet, on eût longtemps encore contesté la découverte. Dès lors la nouvelle doctrine triompha de toutes les oppositions, malgré la puissante autorité de Riolan, qui décria toujours les découvertes de Harvey, et critiqua même les expériences de Pecquet, parce qu'elles confirmaient les lois de la circulation.

A cette même époque, ou peu après, un grand nombre d'autres travaux remarquables furent entrepris sur le même sujet. Joseph Lanzoni fit un traité spécial sur le péricarde. Apparut aussi sur la scène George Baglivi, professeur de la Sapience à Rome. Il fut l'émule de l'Allemand Stahl, dans la belle entreprise de ramener la médecine à la direction hippocratique, ou de l'observation naturelle, comme aussi dans la reprise du principe vital, professé par Hippocrate, et renouvelé par Stahl pour l'explication des phénomènes. Ce fut encore Baglivi qui jeta, dans son essai sur la fibre motrice, où il montrait que le rôle principal appartenait dans les phénomènes aux parties solides comme plus particulièrement pénétrées des forces de la vie, le fondement du solidisme moderne. Il voulut également faire revivre la secte de Thémison et des méthodistes, en réduisant les maladies à trois classes : celles dans lesquelles les solides ont trop de force ; celles dans lesquelles ils n'en ont pas assez, et celles dans lesquelles il y a un état mixte. Tendance déjà très-remarquable ; besoin senti, que nous verrons plus tard rempli par notre illustre Pinel, éditeur et annotateur de Baglivi.

Cet esprit si remarquable ne fut pas étranger aux progrès de la découverte de Harvey ; il étudia et fit connaître la circulation du sang dans la grenouille.

Antoine Leuwenhockt, né à Delft, en 1632, dont la vie se passa dans les observations microscopiques et anatomiques, combattit d'abord la découverte de Harvey ; mais, plus tard, avec son microscope perfectionné, il découvrit et démontra jusqu'à l'évidence la continuité des artères avec les veines ; il se refusa même à admettre aucune division entre les vaisseaux capillaires, parce que, disait-il, il est impossible de déterminer où finissent les artères et où commencent les veines. Il combattit la prétendue fermentation du sang, en démontrant avec son microscope qu'il n'y avait point de bulles d'air dans les vaisseaux sanguins, ce qui devrait avoir lieu si le sang fermentait. Dirigeant aussi ses recherches sur la forme des globules du sang, aperçus déjà par Malpighi, il constata qu'ils sont ovales, aplatis, composés de six petits cônes, nageant dans le sérum, et qui, pris séparément, ne réfléchissent pas la couleur rouge, mais communiquent au sang par leur réunion les qualités qu'on lui connaît. Cette découverte servit de base à la théorie de Boërhaave sur l'inflammation.

Ses recherches sur le cerveau furent moins heureuses; mais, en revanche, il étudia très-bien le cristallin de l'œil. Le premier encore il a découvert les animalcules du sperme, et fondé là-dessus une théorie de la génération qui n'est pas admissible dans tous ses points. Il a surtout étudié la circulation dans un assez grand nombre de parties de certains animaux.

Sténon, né à Copenhague, en 1638, ne contribua pas peu aux progrès de la physiologie anatomique. Il découvrit le conduit parotidien qui porte son nom, et conduit la salive sécrétée par les glandes parotides dans la bouche, où ce canal vient aboutir au niveau de la seconde dent molaire supérieure, à trois lignes environ de la réunion de la joue avec les gencives correspondantes. Après un grand nombre de recherches, il démontra que ce sont les principales artères qui fournissent la matière de la sécrétion salivaire. Il combattit les hypothèses de Warthon et Bils, qui supposaient, le premier, que le suc des glandes était séparé par les nerfs ; le second, que toutes les humeurs aqueuses venaient du canal thoracique. Sténon prouva que toutes ces sécrétions s'opèrent au moyen des vaisseaux sanguins; car elles sont plus ou moins abondantes, selon que le sang coule avec plus ou moins de vitesse. Il a décrit plusieurs vaisseaux de l'œil, et la glande placée à l'angle interne de l'œil du veau. Son traité contient d'importantes découvertes, dont Haller a confessé la haute utilité pour expliquer les différentes sécrétions des humeurs. Dans son traité des muscles, dont il indique vaguement la structure, il se propose surtout d'étudier le cœur, sa structure et ses mouvements. Ses recherches ont le mérite particulier d'être antérieures à toutes les autres, à celles même de Lower. Dans ses éléments de myologie, qui vinrent ensuite, il entre dans de plus grands détails sur la structure et la contraction des muscles, et il introduit le secours des mathématiques, principalement de la géométrie, dans la science de l'anatomie physiologique, où elles ont donné les plus heureux résultats pour la mécanique et la dynamique animales. Son traité sur la génération est un des meilleurs essais d'anatomie comparée sur ce point. Ses travaux sur le cerveau ne sont pas moins remarquables; il proposa de suivre en disséquant les filaments nerveux qui traversent la substance médullaire. Enfin, il composa plusieurs mémoires sur les muscles des aigles, le mouvement péristaltique des intestins du chat, les tumeurs des conduits biliaires, le mouvement du cœur, qu'il vit souvent se ranimer sous la pression des doigts. Tels sont les principaux points sur lesquels portèrent les travaux de Sténon.

Converti du protestantisme au catholicisme, il fut persécuté dans sa patrie, où son haut mérite l'avait fait rappeler pour professer l'anatomie. On l'attaqua sur ses opinions religieuses. Il quitta de nouveau son pays, renonça à la science pour embrasser l'état ecclésiastique. Le pape Innocent XI récompensa son zèle en le nommant évêque de Tripoli, et vicaire apostolique dans le nord de l'Europe. Il mourut à Schwerin, le 25 novembre 1687.

Vieussens, né en 1641, dans un village du Rouergue, appartient à l'école de Montpellier. Il suivit la marche qui lui était tracée ; ses travaux portèrent sur *les ferments des liquides*, *la nature du levain de l'estomac*, *les causes du mouvement du cœur*, *le mécanisme des fonctions des nerfs et du cerveau*, *les vaisseaux névrolymphatiques*, et *sur l'extraction d'un sel acide du sang*. Bien que ses hypothèses sur ces divers points soient loin d'être toutes admissibles, elles ont pourtant servi à montrer la route, à provoquer de nouveaux travaux qui sont venus rectifier les siens. Le dernier ouvrage de Vieussens est un traité des liqueurs du corps humain; mais celui auquel il doit avant tous les autres sa réputation, est sa *Névrographie universelle*, qui, malgré son titre, ne traite pourtant que du système nerveux de l'homme. Son travail, incomparablement plus ample et plus fidèle que tout ce qu'on avait fait jusqu'à lui, fait encore connaître plusieurs circonstances, auparavant ignorées, de l'organisation du cerveau et de la moelle épinière. Nous y reviendrons plus tard.

La découverte de la circulation fut donc féconde; elle changea la face de la médecine. En énumérant les principaux travaux qui la suivirent, nous venons de les voir sortir, pour ainsi parler, des entrailles mêmes de la démonstration de Harvey; ils en sont, pour la plupart, une conséquence immédiate; aussi convergent-ils tous à sa confirmation. Une autre remarque essentielle, c'est que ces mêmes travaux nous amènent pleinement, par Vieussens en particulier, dans la physiologie chimique moderne.

Cet aperçu nous fait mieux saisir encore la haute importance de l'effort de Harvey. N'eût-il fait que découvrir la circulation, il mériterait encore de donner son nom à cette époque; mais ses travaux sur la génération ne sont pas moins importants pour la science.

Quand Harvey les écrivit, il connaissait les œuvres de Bacon, puisqu'il le cite [1]. Mais il paraît bien par l'entretien de George Ent, que déjà le baron de Vérulam était jugé par ces savants [2]. Aussi a-t-il peu servi à notre physiologiste; il n'était ni observateur, ni naturaliste, deux qualités que possédait Harvey dans un très-haut degré.

Les *Exercitationes* sur la génération se composent de deux parties : la première traite de la génération dans les ovipares, et la seconde dans les vivipares. Suivent trois petits traités, l'un *de partu*, l'autre *de uteri membranis et humoribus*, et le troisième *de conceptione*.

La première partie se subdivise en deux : l'*histoire narrative*, qui est l'exposition des faits anatomiques, et l'*histoire inductive*, qui en tire les déductions physiologiques, et qu'il nomme, avec Bacon, seconde vendange.

I. *Histoire narrative*. Le sujet de ses expériences est pris de l'œuf et des parties de la génération dans la poule. Disséquant l'ovaire ou la partie supérieure de l'utérus de cet animal, il en décrit la place, la forme, la structure, et il en fait la comparaison avec le même organe dans l'autruche, le coq d'Inde, les poissons, les batraciens et les serpents. Après l'ovaire, il décrit l'*infundibulum*, qui conduit les produits de celui-ci dans le second utérus.

La partie extérieure de l'utérus de la poule, le cloaque, qu'il a le premier dénommé, sont parfaitement dé-

[1] P. 75, *Exercitatio* 24.

[2] *Dum alii plerique*, dit Ent à Harvey, *aliorum cerebro sapiunt et à veteribus tradita (addito variæ dictionis, novæque methodi mangonio) pro suis vendilant ; tu semper, de naturæ arcanis, naturam ipsam consulere malueris.* (Entret. de G. Ent et de Harvey.)

crits. Il montre les trois ouvertures du rectum, de l'utérus, de l'uropygium ou uretère, aboutissant au cloaque. Les orifices du rectum et de la vulve occupent, comme il l'a remarqué, une place différente dans les oiseaux et les autres animaux. Dans ceux-ci, en effet, dit-il, l'ouverture de la matrice est placée dans la partie antérieure, entre le rectum et la vessie; dans ceux-là, au contraire, le rectum occupe la partie antérieure, et, entre lui et l'uretère, se trouve l'entrée de la matrice. En décrivant cette ouverture de la matrice, il la compare à celle de plusieurs autres oiseaux et des mammifères; il arrive, par l'absence du vagin, presque nul dans la poule, et l'absence de verge dans le coq, à voir que la fécondation s'opère ici par affriction des deux orifices mâle et femelle, qui sont semblables. Il conclut l'étude de l'utérus, de sa position et de sa structure en ces termes : « Telle est donc la structure de l'utérus dans la poule : c'est-à-dire, charnue, ample, extensible en long et en large, anfractueuse, descendant de sa racine le long de l'épine du dos, et continuée par l'infundibulum. »

De l'organe il passe au produit, et étudie l'œuf avant l'incubation. « Le vitellus, dit-il, n'est dans l'ovaire qu'une petite papule; il s'accroît peu à peu et atteint sa couleur et sa grandeur ; séparé de sa racine, il descend par l'infundibulum, et roulant dans les spires et les cellules de l'oviducte, il revêt l'albumen : quoique nulle part il n'adhère à l'utérus et ne s'accroisse par des vaisseaux ombilicaux. Mais, comme les œufs des poissons ou des grenouilles acquièrent de l'eau l'albumen et s'en nourrissent, ou comme les fèves, les pois, les autres légumes et les froments, macérés dans l'humidité, se gonflent et tirent de là un aliment pour leur germe qui pullule de lui-même ; de même, de ces plis de l'utérus (comme d'une mamelle ou placenta utérin), l'humeur albuginée découle, et le vitellus (par la chaleur et la faculté végétative innée dont il jouit), se recueille et se cuit un albumen. »

Après l'accroissement de l'œuf et sa sortie, il traite de sa coque et de ses autres parties, qu'il reconnaît au nombre de trois principales : l'albumen, le vitellus et la cicatricule. Dans l'albumen, il décrit très-bien les chalazes ; il regarde la cicatricule comme la principale partie de l'œuf, celle pour laquelle les autres existent, et d'où le poulet tire son origine.

Il étudie en troisième lieu l'œuf incubé, et le développement du poulet pendant l'incubation, en le suivant jour par jour.

L'histoire inductive tire les conséquences de tous ces faits. L'œuf, selon lui, est produit par le principe vital; il devient parfait et fécond par le concours du mâle et de la femelle, selon Aristote. Harvey combat Aristote, qui prétend que le mâle fournit le mouvement et la vie, et que la femelle fournit la matière; il combat aussi les médecins qui prétendent que les deux semences du mâle et de la femelle se mêlent dans l'utérus pour former l'œuf. Examinant ensuite quelle part les deux individus ont dans la génération, il essaye de prouver que la femelle reçoit du mâle comme une espèce de contagion, qui, la pénétrant dans toutes ses parties, la rend féconde; mais qu'elle produit l'œuf tout entier. Il cite, à l'appui, qu'une seule fécondation suffit pour rendre un grand nombre d'œufs féconds. Il est donc conduit à regarder l'organe femelle comme le principal et le seul nécessaire dans certains animaux. Il admet que le poulet se forme par épigénésie ou par addition de parties qui naissent les unes sur les autres; regardant le sang comme la première partie formée, celle qui est la génératrice de toutes les autres et du cœur même, il examine dans quel ordre tous les organes en naissent. Il expose enfin la nutrition du poulet dans l'œuf, et l'utilité des diverses parties de celui-ci, et il conclut que l'œuf est l'origine commune de tous les animaux; revenant ainsi à la démonstration de l'emblème ingénieux qui forme le frontispice et comme le résumé de son livre: Jupiter y est représenté tenant dans ses deux mains les deux moitiés d'un œuf, sur lesquelles est écrit : *ex ovo omnia;* et de l'une de ces moitiés sortent une araignée, une sauterelle, un papillon, un poisson, un serpent, un crocodile, un oiseau, un daim et un enfant.

Cependant Harvey lui-même ne comprit pas toute la portée de sa démonstration, qui fut complétée après lui, comme celle de la circulation.

La seconde partie est consacrée à la génération dans les vivipares. Les biches et les daims du roi Charles lui fournissent les sujets de ses expériences. Il a décrit l'utérus des biches, l'a comparé à celui de la femme et de quelques animaux; il n'a pas suffisamment connu les ovaires ni leurs fonctions; mais il a bien remarqué le développement du fœtus dans les cornes de la matrice, et l'analogue du vitellin des oiseaux dans l'œuf des mammifères. Étudiant mois par mois les développements du fœtus, il démontre plus amplement que tous les animaux et l'homme lui-même naissent d'un œuf; que l'œuf n'est formé dans les cornes de la matrice qu'un assez grand nombre de jours après le coït; que l'œuf des vivipares est composé d'une enveloppe membraneuse extérieure appelée *chorion*, laquelle contient un liquide aqueux; qu'au milieu de ce liquide nage une autre membrane appelée *amnios*, qui contient encore un liquide plus transparent, et dans lequel se trouve le *punctum saliens*. Dans cet état, ajoute-t-il, l'œuf n'adhère à aucun point de la matrice. Bientôt se développent à l'intérieur des ramifications qui sortent de l'amnios, s'étendent au milieu du liquide contenu dans le chorion, et servant évidemment, comme l'albumen de l'œuf, de nourriture au fœtus, que l'on aperçoit alors se développer peu à peu dans le liquide de l'amnios; ce n'est que plus tard que les ramifications radiculaires sortent de l'œuf pour se fixer sur la matrice, et en tirer, non pas du sang, mais une espèce de liqueur albugineuse produite par le sang, et servant à la nourriture du fœtus, lequel continue à se développer ainsi jusqu'au moment du part; mais sans jamais recevoir du sang de la mère pour se nourrir. Il n'en reçoit que ces diverses liqueurs, qu'il transforme lui-même en sang; et il ne se nourrit pas plus de sang que l'adulte, lequel ne se nourrit pas de sang, mais de certaines substances qui y sont mêlées. Telle est la doctrine de Harvey sur la génération.

Il avait donc envisagé son sujet dans toute son étendue; il l'avait étudié dans toute la série animale. Aussi son influence fut-elle ici la même que pour la circulation. Plusieurs travaux anatomiques et physiologiques suivirent les siens et les complétèrent.

De ce nombre sont les deux traités de Regneri de Graaf, sur les organes de la génération dans les deux sexes; les observations anatomiques sur les œufs des vivipares, de Nicolas Stenon; le miracle de la nature, ou la fabrique de l'utérus de la femme, de Jean Swammerdam; les travaux de Gaspard Bartholin, de Malpighi, de Drelincourt, etc., qui tous viennent achever et confirmer la démonstration de Harvey.

Il a donc exercé la plus grande influence sur le progrès. Conséquence d'Aristote, de Galien et de leurs successeurs, il ne pouvait pas en être autrement. Ayant approfondi Aristote, s'il le combat parfois, plus souvent encore il le cite et s'appuie de son autorité. Malgré le petit nonbre d'écrits qu'il a publiés, il avait cependant embrassé la science dans presque toute son étendue, comme le prouvent assez les divers ouvrages auxquels il renvoie sans cesse, soit qu'il les eût déjà composés, ou qu'il dût les composer plus tard; mais que, dans l'un ou l'autre cas, leur publication ait été empêchée.

L'observation n'étouffa point en lui le grand but théologique : « L'inspection des animaux m'a toujours plu, dit-il, et j'ai pensé que nous pourrions, par elle, non-seulement arriver à la connaissance des secrets de la nature, mais encore à une image du Créateur suprême. » Sans la thèse des causes finales, la physiologie est impossible; le génie de Harvey ne pouvait donc pas manquer de l'embrasser. Il place la supériorité de l'homme dans les mêmes faits et les mêmes caractères qu'Aristote et Galien. « L'homme, dit-il, vient au jour nu et sans armes; comme l'animal que la nature a voulu faire social, politique et pacifique, et conduire plutôt par la raison que l'entraîner par la violence. C'est pour cela qu'elle l'a doté de mains et de génie, afin qu'il s'acquît les choses nécessaires pour se vêtir et se défendre. Car les animaux auxquels la nature a accordé la force, ont aussi reçu d'elle des armes conformes; pour ceux auxquels elle l'a refusée, elle leur a fait largesse du génie, de la finesse, et d'une dextérité admirable pour éviter les dangers [1]. »

[1] *Exercit.*, 55, p. 187.

Bien éloigné d'admettre que les anciens avaient tout découvert, comme on le prétendait, et qu'il n'y avait plus rien à ajouter à tout ce qu'avaient vu Aristote et Galien, et comprenant que la création est un tout harmonieux, il avait puisé dans ce principe la base de l'anatomie comparée, qui est l'alphabet essentiel pour lire cette harmonie du monde animal. « La nature, dit-il en effet, est elle-même la plus fidèle interprète de ses secrets : ce qu'elle montre dans un genre d'une manière plus resserrée et plus obscure, elle l'explique dans un autre plus clairement et plus à découvert. Personne, sans aucun doute, ne déterminera bien l'usage ou la fonction de quelque partie, s'il n'en a vu la structure, la place, les vaisseaux qui y tiennent, et les autres accidents dans plusieurs animaux, et s'il ne les a pesés avec soin en lui-même [1]. » En outre, pour lui, comme pour ses prédécesseurs, l'homme est la mesure à laquelle il faut comparer tous les autres êtres, afin d'arriver à leur connaissance; et il fait sentir positivement quelque part, que, seulement par impossibilité, il ne l'a pas pris pour sujet de ses recherches. Cela en effet avait été facile à Vésale, qui ne s'occupait que d'anatomie; mais dès qu'on entre en physiologie, la nature humaine est trop élevée pour être soumise à des expériences; c'est déjà bien assez d'être obligé de faire souffrir des animaux par des vivisections, sans porter une main criminelle sur son semblable.

Le besoin anatomique et physiologique de la science est rempli; il en reste un autre non moins important à satisfaire : la méthode doit être développée pour s'appliquer aux nouveaux éléments introduits dans la

[1] *Entretien de G. Ent et de Harvey.*

science, pour les étendre et en diriger l'emploi. Ce nouveau pas appartient surtout à Bacon et à Descartes; nous le formulerons sous leur nom.

SECTION II. — BACON ET DESCARTES.

§ I. BACON, 1560-1628.

I. *Préliminaires.*

Les deux grandes découvertes de Harvey, sur la circulation et la génération, ont eu la plus grande influence sur les progrès de la physiologie. On a bien pu dire qu'il avait emprunté à Bacon, et qu'il devait à son influence sa sagacité d'observateur; mais il nous sera facile de démontrer positivement le contraire.

La grande réputation de Bacon, comme puissance de haute portée en philosophie, n'a guère retenti qu'en France; la raison en sera révélée plus tard. Ses compatriotes et ses contemporains le jugèrent de son vivant; il ne faisait à leurs yeux que reproduire, sous d'autres noms et en d'autres termes, la philosophie d'Aristote. Telle était, du moins, l'opinion de l'académie des médecins de Londres, publiée dans le dialogue entre G. Ent et Harvey, en tête du traité de la génération de ce dernier. Cette disposition n'avait pas échappé à Bacon lui-même, puisqu'il dit dans son testament: « Qu'il laissait son nom et sa mémoire aux nations étrangères; car mes concitoyens, ajoute-t-il, ne me connaîtront que dans quelques temps. » Legs singulier qui met à découvert tout l'intérieur d'un homme, et se trouve être la prédiction de sa fortune réalisée par l'Encyclopédie.

La célébrité de Bacon, en France, tient au caractère double de ses écrits comme de sa personne. Nous n'avons point à le juger sous le dernier rapport; nous tirons le rideau sur ce qu'on a appelé, avec juste raison, les ignominies de sa vie publique. Nous n'embrassons pas plus les furibondes colères du comte de Maistre [1], que les justifications plus anciennes du pieux et judicieux supérieur de Saint-Sulpice, M. Émery [2]. Il y a, nous le croyons, entre les deux, un moyen terme qui est la vérité, plus facile à trouver aujourd'hui que les passions semblent apaisées.

Trois espèces d'hommes ont jugé Bacon ; toutes les trois d'une manière différente et opposée; toutes les trois avec des fondements apparents tirés de Bacon lui-même, envisagé à une lunette trompeuse et d'un champ trop court pour tout apercevoir.

Les encyclopédistes ont commencé : il leur fallait un homme qui pût faire autorité ; ils n'ont pris que la moitié de Bacon, rejetant l'autre dans l'oubli. Ainsi défiguré, ils en ont fait le grand dieu de la philosophie, tandis que les vrais défenseurs de l'ordre, de la morale et de la vérité, en cherchant à détruire l'influence du philosophisme, ont accepté l'autre moitié de Bacon pour l'opposer aux prétentions de l'Encyclopédie, et ils en ont fait un génie, pour ainsi dire, catholique romain. Ces deux jugements si opposés sont pourtant appuyés sur ses écrits, mais sur ses écrits partagés en

[1] Dans son ouvrage posthume *sur la Philosophie de Bacon.*

[2] Dans *le Christianisme de Bacon ?*

deux; fruit de son caractère moral, ses écrits sont, en effet, doubles comme lui.

Sur cette espèce d'amphibie philosophique est venue tomber en troisième lieu la fureur du comte de Maistre; tout ensanglanté encore des victoires qu'il avait remportées sur l'armée philosophique, il a déchiré, dans les transports de sa colère, ce monstre qui avait paru lui servir d'étendard.

Malgré tout, Bacon est demeuré dans notre enseignement universitaire; il a dû occuper jusqu'aujourd'hui le sceptre de ce qu'on y appelle la philosophie, restreignant ainsi beaucoup trop cette science que nous avons définie et montrée si vaste; que Bacon lui-même avait, en grande partie, comprise comme nous, à une simple époque de son développement dans la marche de l'esprit humain, et, dans cette époque même, à un seul point de la conception établi dans le *Novum Organum*, ouvrage si mal compris et si mal apprécié qu'on a fait de lui toute la philosophie.

Telles sont les opinions diverses et l'état de choses que nous avons à juger en appréciant l'effort et les œuvres de Bacon. Sa biographie étant en partie celle d'un homme politique, ce qui n'importe pas à la science, nous offrira peu d'intérêt.

II. *Éléments et extrait de sa biographie.*

La vie de Bacon a été écrite avec tous les développements convenables par David Mallet, en tête de l'édition de ses œuvres par Shaw[1], et traduite par Pouillot et par Bertin. Leibnitz l'a loué, d'Alembert a fait son

[1] *Londres*, 5 vol. in-4°, 1778.

éloge dans le discours préliminaire de l'Encyclopédie, mais tout à fait dans un sens et pour un but prémédités, et, par conséquent, suspects. Gassendi, le Père Berthier ont admiré Bacon. L'abbé Éméry, dans le Christianisme de Bacon, a cherché, aussi bien que Deluc, dans le précis de la philosophie de Bacon, à réfuter les encyclopédistes, dont l'œuvre fut, au dire de Diderot, leur chef et leur directeur, « une espèce de gouffre où « des chiffonniers jetèrent pêle-mêle une infinité de « choses mal vues, mal digérées, bonnes, mauvaises, « détestables, vraies, fausses, incertaines et toujours « inconséquentes et disparates. » Histoire qui est, pour le dire en passant, du plus au moins, celle de tous ces recueils entrepris dans un but de coterie quelconque. Enfin, dans la biographie de Michaud, l'article Bacon n'est guère qu'un écho modéré des encyclopédistes.

Biographie. François Bacon, grand chancelier d'Angleterre, baron de Vérulam, vicomte de Saint-Alban, naquit à Londres, le 22 janvier 1560 ou 1561. Son père, Nicolas Bacon, célèbre jurisconsulte, était garde du grand sceau et membre du conseil de la reine Élisabeth. Sa mère, Anne Bacon, joignait à beaucoup de savoir une piété solide et les vertus de son sexe. Les circonstances ne pouvaient donc que lui être très-favorables pour l'étude, et il avait aussi de grandes dispositions; mais il les dirigea vers un but spécial. Envoyé à 13 ans pour suivre le cours des études à l'université de Cambridge, il y fit des progrès aussi rapides qu'étonnants, surtout, à ce qu'il paraît, dans la philosophie. Ses études semblent pourtant avoir été plutôt précoces que profondes. Il n'entendit probablement jamais le texte d'Aristote, ni même bien la langue latine, puisqu'il a écrit de préférence en anglais. On rapporte que, dès ce moment, il sentit un tel dégoût pour la philosophie d'Aristote, sans doute comme on l'enseignait alors, qu'il fit un écrit pour la combattre.

La souplesse et la finesse de son esprit le firent avancer dans la voie politique. Envoyé à la cour de France, pour étudier la diplomatie, à la suite de l'ambassadeur de son pays, sir Amias Powlet, celui-ci conçut pour lui une telle estime, qu'il le chargea d'un message de très-haute importance, dont il s'acquitta auprès de la reine de manière à mériter ses remercîments. De retour en France, il parcourut diverses provinces pour étudier les mœurs et les lois du pays; et à 19 ans, il fit un écrit sur l'état politique de l'Europe, qui prouve la maturité de son jugement.

La mort de son père le rappela à Londres; il y suivit la carrière de la jurisprudence, et se livra à l'étude des lois avec tant d'ardeur et de succès, qu'à 28 ans il fut nommé conseiller extraordinaire de la reine. Ami intime du comte d'Essex, alors favori d'Élisabeth, il ne put cependant obtenir une place plus élevée par l'opposition de Cécil, qui le peignit comme livré aux études spéculatives. Le comte d'Essex le dédommagea de ce refus en lui faisant présent d'une terre qu'il accepta avec de grandes démonstrations de reconnaissance. Bientôt après, le comte d'Essex fut disgracié et périt sur l'échafaud, accusé de haute trahison. Bacon l'abandonna, et eut le honteux courage d'être ingrat. Il plaida lui-même contre son bienfaiteur sans y être obligé.

La probité et la dignité de sa conduite au parlement parurent le réhabiliter dans l'opinion. Choisi, en 1593, pour représenter le comté de Middlesex à la chambre des communes, il vota, quoique au service de la cour, avec le parti populaire, et fut plus tard chargé de porter au pied du trône de Jacques Ier, des représentations solennelles sur les vexations qu'exerçaient en son nom les pourvoyeurs de Sa Majesté. Il s'acquitta de cette commission délicate avec tant de talent, que la chambre lui vota des remercîments. Dès lors sa fortune, jusque-là si médiocre que deux fois il avait été arrêté pour dettes, commença à s'accroître par la faveur du roi, qui le fit nommer sucessivement conseiller d'État, et solliciteur général. Cette position lui valut un riche mariage. En 1619, il fut nommé chancelier d'Angleterre et fait baron de Vérulam, titre qu'il échangea plus tard pour celui de vicomte de Saint-Alban.

Les faveurs de la fortune ne firent qu'activer en lui le goût du luxe et de la dépense, et pour le satisfaire, il employa des moyens honteux, ou au moins répréhensibles.

Accusé de concussions devant la chambre des lords, il fut jugé et condamné à une forte amende et à la prison, suivant le bon plaisir du roi; il fut en outre déclaré incapable d'occuper aucun emploi public. Gracié par le roi, dont la faveur n'avait pu l'empêcher d'être condamné, il se retira du monde, se mit à écrire, et vécut dans la retraite jusqu'en 1628, époque à laquelle il mourut à Londres.

Ce fut en 1623 qu'il commença à écrire sur l'histoire, la religion et la morale; cela lui fut d'autant plus facile, qu'il avait des idées élevées, et qu'il s'était livré à des études spéculatives. Cependant, dans la série des faits que nous venons d'exposer, il n'y a rien qui puisse conduire Bacon à devenir un grand naturaliste, et par suite un grand philosophe. La force de son génie lui fit concevoir l'ensemble des sciences ; il aperçut un défaut de la méthode, qui avait besoin de se perfectionner pour s'harmoniser avec le progrès et le diriger; et quoiqu'il n'ait compris sa mission que d'une manière exagérée, cela ne l'empêcha pas de l'accomplir en établissant la méthode à suivre dans l'étude des sciences expérimentales. Il a conçu une espèce de cercle comme Aristote, sauf que le Stagirite avait tout compris et dans des idées plus grandes et plus philosophiques. Voyons donc ce qu'a fait Bacon.

III. *Énumération méthodique des ouvrages de Bacon.*

Jusqu'ici, au milieu de quelques oscillations, de quelques pas rétrogrades, plutôt en apparence qu'en réalité, les sciences ont suivi leurs progrès naturels. Conçues dans leur ensemble par le génie d'Aristote, mais sans atteindre complétement le but, le terme, des détails déterminés par le besoin, sortis de l'application à l'homme sain ou malade, leur avaient été fournis, lorsque la conception fut terminée par Albert le Grand au point de vue catholique. Depuis lors, cette conception sembla abandonnée; elle est reprise maintenant en sous-ordre, pour l'histoire naturelle proprement dite, par Gesner; pour l'anatomie spéciale de la mesure par Vésale; pour la physiologie par Harvey, seulement en deux de ses points importants. Pendant ce temps-là, l'étude des corps bruts s'avançait peut-être de son côté d'une manière à la fois plus rapide et plus sûre. C'est dans cette marche qu'un homme de forte conception crut pouvoir, sans lui-même s'être livré à l'observation, lui donner des principes, des règles, à l'aide desquels l'édifice scientifique devait être construit.

Au fond, lorsqu'on cherche à approfondir la philosophie de Bacon, on voit qu'elle n'est réellement que celle d'Aristote, dépouillée des termes néologiques, remplacés par d'autres; dépouillée surtout de cette exubérance d'explications, de divisions et de digressions, introduites et présentées par la scolastique sous forme de comparaisons, de similitudes. Bacon a de plus commencé la séparation des sciences physiques et des sciences naturelles.

La conception d'Aristote était évidente: l'étude des corps périssables, pour s'élever jusqu'à la cause impérissable dont il ne traitait pas. Commençant par la préparation des instruments, il crée la méthode, embrasse ensuite l'étude du monde en général, par la physique générale et la métaphysique, puis du monde en particulier, à l'état d'êtres, et il entre dans les spécialités de la physique et des sciences naturelles, qui sont pour lui le terme comme renfermant le plus élevé des êtres périssables; car les sciences morales et politiques tenant à cet être, étaient pour Aristote, ce qu'elles sont en réalité, des dépendances de l'histoire naturelle. Il ne manquait donc à Aristote que l'expérience dans les sciences d'observation.

De même qu'Aristote, Bacon limite l'étude du monde aux corps tangibles, et laisse les êtres intangibles. Il arrive également à la méthode, puis à la physique générale, ensuite spéciale, la chimie, l'astronomie, la minéralogie; il omet la zoologie et passe de suite à l'espèce humaine. Tout son travail a pour but unique de rendre l'art le moins long possible, et la vie la plus longue possible. Pour atteindre ce but, ses ouvrages ont été conçus dans un plan général, *instauratio magna;* il a eu la hardiesse, sans avoir rien vu, rien observé, de se croire, et d'autres l'ont cru également, le restaurateur des sciences, qui auraient péri sans lui. D'Alembert a dit que Bacon avait fait naître la physique expérimentale, à laquelle on ne pensait pas; et le rhéteur Garat, que la méthode de Bacon avait changé la face des sciences, et que les sciences, depuis lui, avaient changé la face du monde.

Malgré de si hautes prétentions, nous avions alors, et peu de temps avant lui, le chanoine Copernic, père de l'astronomie; Galilée, né en 1564; Toricelli, son disciple, et Kepler; tous contemporains de Bacon, et qui firent faire des progrès si remarquables à la physique expérimentale, à l'astronomie, etc. Vésale venait de créer l'anatomie humaine; Harvey la physiologie: tous deux avaient institué l'expérience dans ses limites et ses voies les plus convenables; ils en avaient retiré les avantages les plus grands et les résultats les plus heureux. L'expérience physiologique existait d'ailleurs déjà dans Galien. La science n'avait donc pas besoin d'un restaurateur tel que Bacon, qui n'a fait que travailler sur les observations et les expériences d'autrui; son principal caractère, c'est, il est vrai, d'avoir insisté d'une manière plus spéciale sur la substitution de l'*expérience* à l'*observation*, ou mieux, de l'*expérience* à la *pratique*.

Acceptant comme juste le célèbre aphorisme d'Hippocrate: *vita brevis, ars longa*, il se propose de perfectionner ou de raccourcir l'art, et d'allonger la vie, sous le rapport de l'acquisition des connaissances. Nous avons à voir comment il y est arrivé.

Ses premiers ouvrages roulent sur la méthode; c'est la modification des instruments pour son but, qui était, selon lui, la création d'un art, non-seulement pour diriger les observations, mais, ce qui est plus difficile encore, pour interroger la nature. Tel est l'objet de sa grande instauration des sciences, dont le plan était trop vaste pour qu'il pût le remplir en commençant si tard, et surtout sans préparations suffisantes.

INSTAURATIO MAGNA, comprenant : 1° *La méthode* par son *Novum Organum*, qu'il a cru un nouvel instrument, tandis que ce n'est rien autre chose que la logique appliquée à l'expérience et aux corps inorganisés; mais la logique existait avant lui : Aristote l'avait lue dans sa profonde analyse de l'esprit humain, dont elle est l'expression essentielle. Ce *Novum Organum*, quelque intéressant qu'il soit, n'est donc rien de nouveau, pas même dans son application, car nous avons vu Aristote, Sénèque, Albert le Grand, etc., faire cette application dans leurs questions. Bacon lui-même reconnaît que le *Novum Organum, sive indicia vera de interpretatione*, n'est qu'une logique. Cette logique est seulement agrandie dans l'une de ses bases; elle doit être fondée non-seulement sur la nature de l'esprit humain, mais encore sur la nature des choses.

2° *Les procédés*. Le second ouvrage, publié trois ans plus tard, est celui *de Dignitate et augmentis scientiarum;* vient ensuite le *Parasceve ad historiam naturalem et experimentalem, qualis sufficiat ut sit in ordine ad basim et fundamentum ;* il y demande cent trente histoires avant d'atteindre la philosophie.

3° *Plan*. Il arrive ensuite au plan de sa conception dans son ouvrage intitulé : *Prodromus sive anticipationes philosophiæ secundæ;* et dans son *Sylva sylvarum*, ou Mélanges, qui comprend mille articles partagés en dix centuries, il indique des expériences à faire, et en résout plusieurs. C'est du reste un mélange de toute espèce de choses, sans aucun ordre.

Comme un individu ne peut remplir dans sa vie tous

les besoins de la science, il crée une académie, c'est-à-dire une succession d'individus qui résoudront successivement chacune de ces questions ou histoires, et compléteront ainsi le plan. C'est l'objet de son petit ouvrage intitulé : *Novus Atlas*, exposant le plan et les règles à suivre dans cette académie des sciences.

Entrant enfin dans les détails de la science, il aborde la PHYSIQUE GÉNÉRALE : 1° *Cogitationes de natura rerum*; 2° *de Principiis et Originibus rerum*; 3° *Parmenidis, Talesii et Democriti philosophia*; 4° *Impetus philosophici*, contenant : *Filum labyrinthi seu inquisitio legitima de motu*; 5° *Historia gravis et levis*, *aditus sympathiæ et antipathiæ rerum*; 6° *Historia densi et rari*; il y traite des racines de la condensation et de la raréfaction ; là, surtout, il marque la haute importance qu'il attachait à remonter des effets aux causes, et des causes plus simples aux causes plus générales.

ASTRONOMIE : *Descriptio globi intellectualis*, description du globe intellectuel, la conception de l'intelligence; l'histoire du ciel d'Aristote; *Thema cœli. De fluxu maris*.

MÉTÉOROLOGIE : *Historia ventorum*, ouvrage encore très-remarquable aujourd'hui; il a fait un traité de la différence de la chaleur et de la lumière : *Topica inquisitio de luce et lumine*.

CHIMIE : *Historia sulfuris*, *mercurii et salis*.

MINÉRALOGIE : *Questiones circa mineralia; inquisitio de magnete*. Les questions sont en grande partie celles d'Aristote.

PHYSIOLOGIE : *Historia et inquisitio de sono et auditu; Partitio doctrinæ circa C. H., in medicinam et voluptatem*. 1623, in-folio, Lond., et Paris 1624. Il contient quelques détails anatomiques.

Hygiène : *Historia vitæ et mortis*, 1623, in-8°, publié pendant sa vie; ouvrage très-remarquable, qui semble le but, le terme de tous les autres.

Dans tous ces ouvrages, il y a très-peu de physiologie, d'anatomie et d'observations.

Histoire des hommes : *Historia civilis*.

Morale et politique : *Sermones fideles sive interiora rerum*, de la justice universelle.

Religion : *Meditationes sacræ*.

Tel est l'ensemble des connaissances humaines conçu par Bacon, qui en faisait une pyramide, dont la théologie était le sommet. Il est facile d'y découvrir de grandes lacunes, et de se convaincre que, s'il a pu être assez heureux pour tracer des voies sûres aux sciences, il ne les avait certainement pas toutes conçues; il ne les connaissait même pas. Ainsi, dans la section des sciences préliminaires ou instrumentales, il a parfaitement montré, sous le titre d'art traditif, qu'il concevait très-bien tout ce qui a rapport aux mots ou au langage, en les divisant en trois parties : doctrine de l'*organe* (grammaire); doctrine de la *méthode* (logique); doctrine de l'*ornement* du discours (rhétorique), comme l'avait fait Aristote; mais les sciences mathématiques sont nulles pour lui; l'anatomie, la physiologie, la botanique, la zoologie, sciences sans lesquelles la philosophie, ou l'encyclopédie des connaissances humaines, ne peut non-seulement être complète, mais même être logiquement conçue, lui étaient aussi inconnues; tandis qu'elles faisaient le grand terme dans la conception d'Aristote, que Bacon a tant déprécié.

La philosophie, d'après le plan de Bacon, a donc pour lui, comme pour Aristote, trois objets : pour Bacon, Dieu, la nature et l'homme; pour Aristote, la nature, l'homme et Dieu. La discussion des causes finales n'est pas mise par Bacon au-dessous de la recherche des causes physiques, mais parallèlement; et s'il avait connu la structure organique, il lui eût été impossible de ne pas la placer au-dessus.

Enfin, après avoir donné à l'homme les moyens de vivre plus longtemps, il traite de la morale d'une manière convenable, et arrive à conclure que le repos de l'homme est en Dieu.

IV. *Éléments des ouvrages de Bacon.*

Il est bien étonnant de voir le restaurateur des sciences, celui qui s'est vanté d'avoir détruit Aristote et la scolastique, n'en être absolument qu'un rejeton, enté sur ce grand tronc, sans lequel il n'eût jamais existé. Apercevant le défaut prédominant où la subtilité était tombée, en remplaçant souvent les choses par des mots; repoussant l'excès de confiance accordé au maître, excès propre à paralyser un peu le progrès, il avait surtout été humilié par ce genre d'hommes convaincus et persuadés, dans tous les temps, que les bornes de l'esprit humain ne peuvent dépasser ce qu'ils savent; esprits petits et vaniteux, peut-être alors plus nombreux que jamais; infatués de leur mérite, reposant avec complaisance les loisirs de leurs pensées sur la science d'Aristote et de Galien, ils ne croyaient plus qu'on pût aller au delà, pas même, comme le dit Harvey, ajouter un fil à leurs découvertes.

Bacon aperçut ces vices d'une époque qui finissait; quand même il ne les eût pas aperçus, ils auraient disparu devant la nouvelle ère qu'il n'a point créée, puisqu'elle existait déjà avant lui, comme le prouvent

Harvey et Vésale, qui surent s'affranchir du joug de l'école, en sciences naturelles; Galilée, Toricelli et Képler, en sciences physiques; et, presque du temps de Bacon, ou du moins peu après lui, Descartes en philosophie. Il ne fut donc que l'expression de son siècle; il le formula, pour ainsi dire, mais ne le poussa pas. Travaillant à la destruction des abus, il purgea le fond en corrigeant les défauts de la forme. Il crut par là avoir détruit le fond même et construit un nouvel édifice, tandis qu'il n'a fait que remettre l'ancien dans ses belles proportions, dégagées de faux ornements. Il ne fut en un mot qu'Aristote et la scolastique perfectionnés. Telle fut la source de ses travaux; l'analyse de ses ouvrages nous en fournira de nouvelles preuves.

V. *Analyse de ses principaux ouvrages.*

De dignitate et augmentis scientiarum. Le livre premier n'est pas divisé en chapitres, parce qu'il ne contient qu'un plan de tout l'ouvrage, et les réponses à quelques objections. Un de ses buts, dans ce livre, est de prouver l'utilité des sciences réelles. Il en montre la dignité par l'Écriture sainte, répond aux objections qu'on avait cru trouver contre elles dans quel ques passages de Salomon et de saint Paul, et il les défend contre celles de la superstition, du faux zèle et de l'ignorance.

Liv. II. Dans l'introduction, il parle de la littérature et des gens de lettres, de leurs mérites et de leurs défauts. Le chapitre premier a pour titre : Division générale de la doctrine humaine en histoire, poésie et philosophie, suivant les trois facultés intellectuelles de l'homme, la mémoire, l'imagination et la raison, ce qui embrasse la théologie.

« La vraie division de la doctrine humaine doit être « prise dans les trois facultés de l'âme rationnelle, siége « de cette doctrine : la mémoire, l'imagination et la rai- « son. Ainsi, l'histoire se rapporte à la mémoire; la « poésie à l'imagination, et la philosophie à la raison.

« L'histoire ne concerne proprement que les indivi- « dus circonscrits par l'espace et le temps. La poésie em- « brasse aussi les individus, mais elle les figure d'après « quelque ressemblance avec ceux de l'histoire réelle. « La philosophie abandonne les individus; elle n'em- « brasse pas non plus les premières impressions pro- « duites par eux dans la mémoire, excepté pour en « former des notions, qu'elle compose ou divise, sui- « vant ce qu'indiquent la marche de la nature et l'évi- « dence des choses elles-mêmes. C'est ici l'office et l'œu- « vre de la raison.

« Si l'on recherche avec soin l'origine des choses in- « tellectuelles, on la trouvera aisément telle que nous « venons de la définir. Les individus seuls frappent les « sens, qui sont comme la porte de l'entendement. Les « images des individus, ou les impressions qu'ils ont « faites sur les sens, passent dans la mémoire, s'y éten- « dent d'abord comme entières, et suivant l'ordre où « elles ont été reçues. L'âme de l'homme les repasse et « les rumine; après quoi, ou elle les conserve telles « qu'elles sont, ou elle se les peint à son gré, comme « par jeu; et elle les digère par composition ou dé- « composition. On voit donc clairement que la poésie « et la philosophie ont ces trois sources dans l'homme, « la mémoire, l'imagination et la raison; et qu'il ne peut « y en avoir ni aucune autre, ni un plus grand nombre:

« car, ici, nous considérons comme une même chose « *l'histoire et l'expérience*, et nous entendons aussi « comme une même chose *la philosophie* et *la science*. « Nous ne pensons pas non plus qu'il soit besoin « d'une autre division pour embrasser les choses théo- « logiques. »

Le chapitre second traite des divisions de l'histoire, qui est ou naturelle ou civile.

« L'histoire naturelle rapporte les faits, ou ordinaires « ou extraordinaires de la nature; et l'histoire civile, « ceux des hommes. Les objets divins se distinguent « dans l'une et dans l'autre, mais particulièrement dans « la dernière, quoiqu'ils constituent séparément une « histoire particulière, que nous nommons sacrée ou « ecclésiastique. »

La division de l'histoire naturelle dérive des trois états ou situations de la nature elle-même, qui est libre et suit son cours ordinaire : comme dans les cieux, dans les animaux, les plantes, etc.; ou contrariée par quelque obstacle, comme dans les monstres ; ou, enfin, contrainte et changée par les hommes, comme dans les arts.

« L'histoire naturelle est (donc) triple, quant à son « objet; elle est double quant à son usage...; elle sert, « ou pour fournir la première connaissance des choses, « ce qui constitue l'histoire, ou comme premiers maté- « riaux de la philosophie....; et elle prépare ainsi une « collection d'objets propres à l'induction vraie et légi- « time, et est ainsi comme la mère nourrice de la phi- « losophie. Sous ce point de vue, nous divisons aussi « l'histoire naturelle en *narrative et inductive;* mais cette « dernière est encore à désirer. » Il entre dans les détails de cette démonstration, et traite dans le reste du livre de l'histoire civile, dans le même plan général.

Le livre troisième est destiné à tenter un second pas dans la philosophie, par une division des sciences suivant leurs classes et genres. Le chapitre premier renferme la division la plus générale des sciences, avec quelques subdivisions premières.

« On peut, dit-il, comparer la science aux eaux, dont « les unes procèdent comme du ciel, et les autres émanent de la terre. C'est ainsi que la division première « des *sciences* doit dériver de leurs sources, dont l'une « est *d'en haut*, et l'autre *ici-bas*. Toute science en effet « reçoit une double information : l'une est divinement « inspirée; l'autre procède des sens. La science acquise « par cette dernière voie est *cumulative*, et non originelle; comme il arrive aussi à l'égard des eaux, qui, « outre leurs sources premières, s'accroissent par les « ruisseaux qui viennent s'y joindre.

« D'après cette considération, nous diviserons d'abord « la science en deux parties, la *théologie* et la *philosophie*. Mais nous n'entendons, ici, par théologie, que « celle qui est inspirée, c'est-à-dire la théologie sacrée, « et non la théologie naturelle, dont nous parlerons « bientôt. Quant à la théologie sacrée, nous en ferons « le dernier objet de notre ouvrage, comme étant le « port, le lieu de repos de toutes les contemplations humaines.

« La philosophie a trois objets : *Dieu, la nature* et « *l'homme*. Les rayons par lesquels ces trois objets parviennent à l'entendement, peuvent être considérés « comme de trois genres. La nature seule le frappe par « des rayons directs; Dieu, à cause du milieu inégal, « savoir, les créatures, le frappe par un rayon réfracté; « et quant à l'homme, il s'observe lui-même par un

« rayon réfléchi. Il convient donc de diviser la philoso-
« phie en trois doctrines, celles de *la Divinité*, de *la na-*
« *ture* et de *l'homme*. »

Ou bien, ces trois parties de la science, il les regarde comme trois branches naissant d'un même tronc, et ce tronc est la philosophie première, qu'il croit être à désirer.

La première grande division des sciences ainsi établie, et la théologie sacrée réservée pour la dernière partie de cet ouvrage, Bacon passe à la philosophie, et traite d'abord de la première des trois branches.

1° La théologie naturelle, ou philosophie divine. Elle est divine, parce qu'elle a pour objet Dieu, mais seulement autant qu'elle peut être acquise par les lumières de la nature, ou la contemplation des choses créées; et elle est naturelle en tant que la nature est la seule source de ses informations. Elle est propre à réfuter l'athéisme et à le convaincre d'erreur.

Mais elle est distincte de la théologie sacrée, en ce qu'elle n'emploie que des lumières naturelles, et qu'elle est le résultat de la contemplation.

« On peut bien découvrir les pouvoirs et les talents
« d'un ouvrier en voyant ses ouvrages, mais non pas
« l'ouvrier lui-même. Ainsi, les ouvrages de Dieu peu-
« vent bien nous montrer sa toute-puissance et sa sa-
« gesse, mais nullement ce qu'il est. Les païens s'écar-
« taient à cet égard de la vérité sacrée; car, après avoir
« fait du monde une image de Dieu, ils faisaient de
« l'homme une image du monde....

« On peut donc, à la vérité, démontrer par ses œuvres
« que Dieu existe; qu'il gouverne les choses; qu'il est
« souverainement puissant, sage, bon, rémunérateur,
« vengeur, et qu'il doit être adoré. On peut encore,

« avec prudence, en conclure d'admirables vérités quant « à ses attributs. »

C'est ici que Bacon place ensuite ce qui concerne la nature des anges et des esprits tant bienheureux que des esprits immondes déchus de leur premier état.

« Laissant donc maintenant, dit-il, la théologie na- « turelle, à laquelle nous avons donné, comme appen- « dice, les recherches sur les esprits, venons à la se- « conde partie désignée : celle qui concerne la nature, « ou la philosophie naturelle. »

2° Cette branche se divise en *spéculative*, qui a pour but la recherche des causes, et en *opérative*, qui a pour but la production d'effets. « Il ne nous échappe point « qu'il y a une liaison très-intime de cause à effet; tel- « lement que, dans l'explication des choses, ces deux « objets se joignent nécessairement par bien des points. « Néanmoins, puisque toute philosophie naturelle, so- « lide et fructueuse, doit avoir comme deux échelles « distinctes, l'une ascendante qui conduit des expé- « riences aux principes, l'autre descendante des prin- « cipes à de nouvelles découvertes. » De sorte que les indices pour l'interprétation de la nature se composent de deux principes généraux : 1° déduire, extraire les principes fournis par l'expérience; 2° conclure, deviner de nouvelles expériences d'après les principes observés.

La *physique spéculative* et *théorique*, partant des phénomènes pour s'élever par degrés à des causes de plus en plus reculées, se divise en *physique spéciale* et en *métaphysique*, qu'il a soin de définir, non ce qui est au delà de la nature, mais la recherche de ce qu'il y a de plus éminent dans la nature. Ainsi, « nous divisons la philo- « sophie naturelle en recherche des causes, et en pro-

« duction d'effets ; et nous avons nommé théorie, la « recherche des causes; divisant celle-ci, en physique « et métaphysique. Ainsi, la vraie différence de ces deux « dernières doit donc être déduite de la nature des « causes dont elles s'occupent. C'est pourquoi nous di- « rons que la physique s'enquiert des causes efficientes « et de la manière; et la métaphysique des formes et « des fins. »....

Nous diviserons aussi la physique en trois doctrines: 1° de l'origine des choses; 2° du monde, c'est-à-dire, de l'arrangement général des choses, ou de l'ensemble de l'univers, c'est la doctrine des ensembles; 3° de la nature divisée ou éparse, renfermant toutes les variétés des choses, subdivisée elle-même suivant qu'elle envisage les choses *concrètes* ou *leur nature*.

La physique des choses concrètes, comme l'histoire naturelle en général, se divise suivant que les objets sont : les corps célestes, les météores, les terres et les mers, les éléments ou colléges majeurs, les espèces ou colléges mineurs; embrassant pour chaque objet les *écarts de la nature* et les *choses mécaniques* ou *artificielles*.—Suivant Bacon, l'histoire naturelle des espèces, quoique la plus cultivée, se trouve remplie de plus de luxe et de superfluités que de faits et de renseignements propres à donner naissance à la philosophie.

L'histoire naturelle, qui cherche et rassemble les faits, les phénomènes, est l'histoire narrative.

La physique, qui les reprend pour en chercher les causes, est l'histoire inductive.

La métaphysique recherche: 1° les causes formelles, regardées comme inaccessibles à l'esprit humain, quoique Platon ait bien vu que ce soient les véritables objets de la science.

Cette partie de la métaphysique, qui est seulement encore désirée, serait de la plus haute importance: « Elle apporterait quelque remède à l'antique plainte « que l'art est long, et la vie courte. A quoi serait très-« propre un assemblage de principes généraux qui « embrasseraient toutes les choses individuelles. Car « les sciences sont comme des pyramides, dont l'histoire « et l'expérience forment l'unique base. Ainsi, la base de « la philosophie naturelle est l'histoire naturelle. — « Le premier étage au-dessus de cette base est la phy-« sique; et celui qui approche le plus du sommet, c'est « la métaphysique. Mais quant au sommet lui-même, « au point de réunion (œuvre de Dieu du commence-« ment à la fin, la loi sommaire de la nature), c'est « avec raison que nous mettons en doute si toutes les « recherches des hommes peuvent y atteindre. Ce qui « n'empêche pas qu'il ne reste vrai que l'histoire, la « physique et la métaphysique ne soient trois étages « successifs et continus des sciences »

2° Mais pourquoi l'univers existe-t-il? A quelle fin? Nous y voyons des être sensibles, susceptibles de plaisir et de peine. Tout cet ensemble a-t-il été établi pour quelque fin? Cette recherche des fins est la seconde partie de la métaphysique; et ici, comme dans la recherche des causes formelles, il faut d'abord « for-« mer l'histoire, ou la collection des faits dans lesquels « les opérations de la nature paraissent tendre à une « fin. La physique ensuite doit indiquer les causes par « lesquelles ces effets s'opèrent, avec leurs circonstances, « sans songer encore aux fins; et c'est la métaphysique, « qui, en généralisant les causes et les fins apparentes « dans leurs rapports mutuels, doit y chercher le prin-« cipe général *des fins, la théologie.* »

A ce sujet, il prétend que la recherche des causes finales, mal placée et mal dirigée, a plus nui aux progrès de la science que la recherche des causes physiques ; et, par conséquent, que la philosophie de Platon, d'Aristote, Galien, etc., a plus nui que celle d'Épicure ; que cependant l'une n'exclut pas l'autre ; et que l'une et l'autre convergent pour démontrer l'existence d'une puissance intelligente hors de la matière, l'une directement, l'autre par l'absurde.

Enfin, Bacon arrive à la troisième branche de la philosophie, qui est l'histoire civile ou de l'homme, qu'il considère dans son entier : 1° physiquement ou physiologiquement, d'où sort la base de son traité célèbre *Historia vitæ et mortis*, qui est un plan profond de physiologie ; traité de *Augmentis scientiarum*, où sont développées les idées de Bacon sur ce qu'il nomme l'*art traditif*, ou l'art de transmettre, d'exprimer et d'énoncer nos idées, nos jugements et les faits déposés dans notre mémoire, chap. I du liv. VI.

C'est dans ce traité qu'il arrive à considérer l'homme : 2° intellectuellement, d'où sort la logique, l'art de retenir et l'art de communiquer, ce qui embrasse les livres IV, V et VI.

3° Moralement (liv. VII), des exemples et de la culture de l'âme (*Georgica animi*), la morale.

4° Civilement et politiquement (liv. VIII), la doctrine civile qu'il envisage sous trois points : *la conservation*, à l'égard de ce qui est convenable ; *les affaires* et *l'empire* ; ce qui forme un traité solide de politique appuyé sur *la révélation*.

5° Religieusement (liv. IX), c'est-à-dire, dans ses rapports avec Dieu suivant la religion chrétienne, d'où *la théologie sacrée. C'est là qu'il se repose, dans la révéla-*

tion, de toutes les contemplations humaines; c'est le *port de sûreté* où il arrive enfin, après avoir parcouru tout le champ des connaissances humaines (tel qu'il l'avait conçu), et après avoir reconnu que, malgré tous les secours que les hommes peuvent tirer de la nature pour s'élever aux causes dans l'univers, ils ne sauraient connaître son auteur, ce qu'il exige d'eux et ce qu'ils ont à attendre, que par ce qu'il leur a directement révélé. Aussi, dans un passage de l'un de ses ouvrages, demande-t-il à Dieu *de le seconder pour pénétrer jusqu'à un certain point l'apocalypse de la création par l'étude du livre du créateur.* »

Novum Organum. Après avoir exposé la conception de Bacon, nous avons à examiner par quel moyen il conduira l'esprit humain à la réaliser; c'est donc ici la création d'une méthode, et tel est l'objet qu'il se propose dans le *Novum Organum,* ou nouvel instrument. Le plan général de cet ouvrage montre que Bacon avait deux buts liés l'un à l'autre : le premier, de fournir à l'esprit humain des règles qui le conduisissent à bien connaître les choses; le second, d'arrêter enfin ses excursions superficielles, en lui faisant comprendre qu'elles demeureraient toujours aussi infructueuses qu'elles l'avaient été jusqu'alors, si l'on n'abandonnait l'adoration de l'entendement, et si l'on ne cessait de tourner et retourner les commentaires de l'esprit humain, pour revenir à la contemplation de la nature et à l'expérience.

Mais, dans cette voie, « on ne doit point permettre « à l'entendement de passer d'un saut, ou comme par « vol, des objets particuliers aux principes reculés les « plus généraux, qu'on nomme principes des arts et des « choses ; de sorte que, les regardant comme immuables,

« il les emploie à prouver et établir des principes in-« termédiaires ; ce qui a eu lieu jusqu'ici, par la disposi-« tion de l'esprit humain à des élans; disposition qu'ont « favorisée depuis longtemps la doctrine et l'habitude « des démonstrations par syllogisme. Mais on pourra « concevoir quelque espoir de l'avancement des sciences, « lorsque, par une vraie échelle, formée d'échelons con-« tinus et solides, on s'élèvera des objets particuliers à « des principes inférieurs, de ceux-ci à des principes « intermédiaires, ensuite à des principes plus élevés, et « enfin à des principes généraux. Car les principes infé-« rieurs diffèrent peu de l'expérience elle-même; tandis « que des principes rendus d'abord très-généraux, ne « sont que des notions abstraites sans aucun fondement. « Mais les principes intermédiaires sont les vrais prin-« cipes animés, sur lesquels reposent l'essence des « choses et les fortunes des hommes, et sur eux repo-« sent les principes les plus généraux, pourvu qu'ils ne « soient pas *abstraits*, mais toujours déterminés par des « principes antérieurs.

« Il ne faut donc pas attacher des plumes à l'enten-« dement humain, mais plutôt du plomb, des poids, « pour réprimer ses sauts et son vol. On ne l'a pas fait « encore; quand on le fera, on aura lieu de mieux es-« pérer de l'avancement des sciences[1]. »

Voilà en résumé toute la méthode de Bacon, voilà son effort nettement analysé par lui-même; combattre les voies suivies de son temps et établir son induction et son analyse ascendante, c'est là tout ce qu'il a fait pour arriver plus facilement à extirper ce qu'il appelait les erreurs anciennes, et à combattre ce qu'il croyait l'ancienne méthode. Il représente les notions fausses

[1] *Nouv. Organ.*, aphor. CIV.

qui obsèdent l'esprit humain, sous l'emblème d'*idoles*, qu'il enseigne à renverser. Après cela, il établit son induction, par laquelle seule l'entendement doit juger, et qui consiste, comme il vient de nous le dépeindre, en un procédé méthodique, au moyen duquel l'esprit s'élève du particulier au général, du connu à l'inconnu, des phénomènes à leurs lois, et enfin aux causes.

En traçant ainsi les routes qu'on devait prendre, sans prévoir encore ce qu'on y trouverait, ni comment elles viendraient à se réunir, il demandait que l'on commençât toujours avec un but précis, qu'on se fixât de grands objets, qui sont *communs*, précisément par les liaisons qu'ils ont avec beaucoup d'autres qui leur sont subordonnés dans la nature, et que là, on ne cessât point de travailler, jusqu'à ce qu'on fût parvenu à leurs viscères.

Une fois que l'on aurait une collection complète de faits bien déterminés, l'*induction* et l'*exclusion* étaient, suivant Bacon, la seule marche par laquelle on pouvait espérer de découvrir ce qui, dans la nature, échappait aux sens, *les causes reculées;* et pour arriver jusqu'aux causes profondes, il demande des dissections minutieuses des faits. Dans ce qu'il appelle le fil du labyrinthe, il expose une succession de titres, désignant les différentes faces sous lesquelles les phénomènes doivent être considérés, pour parvenir à en faire l'histoire inductive. Ce sont là comme des cases préparées pour recevoir les observations et les expériences soit déjà existantes, soit à faire, afin qu'elles ne demeurent pas éparses et sans rapport les unes aux autres. Bacon nomme ces groupes, ou des *cartes* sur lesquelles l'entendement doit commencer d'étudier sa route, ou des *grappes* (racemi) dont il devra extraire le suc; et c'est par cette dernière métaphore, qu'il cherche ici à faire sentir la différence de sa méthode d'avec celles qu'on avait suivies jusqu'alors; et il donne à ces diverses opérations de l'esprit les noms de *vendanges*, *vendemiatio prima*, *vendemiatio secunda*, etc.

Les caractères d'une histoire naturelle complète, l'usage qu'on doit en faire pour parvenir à l'interprétation de la nature, et les secours nécessaires à l'entendement dans cette opération, forment tout le sujet du *Novum Organum*. « Cependant, dit Bacon, nous devons « avertir que dans cet Organum nous traitons de logi- « que et non de philosophie; mais notre logique est « destinée à éclairer et instruire l'entendement, afin « qu'il ne s'amuse pas (comme par la logique ordinaire) « à essayer de petites clefs dans des choses abstraites, « mais plutôt qu'il dissèque, pour ainsi dire, la nature « elle-même, etc. »

C'est pour cela qu'après avoir donné l'instrument qui mène à l'acquisition de la science, il conclut par nous montrer ce qu'elle est pour l'homme, et où elle doit nous conduire dans l'état actuel. « Car, l'homme, « par sa chute, a perdu en même temps son innocence « et sa domination sur les créatures. L'une et l'autre « peuvent être réacquises à quelque degré dans cette « vie : la première, par la foi à la religion; la dernière, « par les arts et les sciences. La malédiction, suite de « cette chute, n'a pas rendu les créatures entièrement « rebelles à l'homme; mais, en vertu de ce décret : *Tu « mangeras ton pain à la sueur de ton visage*, il a be- « soin de diverses espèces de travaux (non certainement « de disputes et de vaines cérémonies magiques) pour « se procurer son pain, c'est-à-dire, pour satisfaire aux « divers besoins de son état actuel. »

Ainsi donc, pour Bacon, la science est donnée à l'homme pour remonter, aidé de la foi, à son état primitif, pour reprendre sur la nature l'empire qu'il tenait de sa création originelle; par là, se replaçant entre Dieu et les créatures, atteindre à la satisfaction de tous ses besoins physiques, moraux et intellectuels, et posséder ainsi le bonheur en tout genre.

Quand Bacon eut établi sa méthode, il voulut en faire l'application, et tel est l'objet de son *Historia ventorum*, dont nous ne pouvons faire l'analyse, qui n'irait pas à notre sujet, puisque ce n'est qu'un exemple.

VI. *Principes et faits laissés à la science par Bacon.*

Bacon n'avait pas eu le temps d'observer par lui-même; il avait envisagé la philosophie dans le dessein, disait-il, de combattre Aristote, sans s'être presque occupé d'histoire naturelle. Malgré cette prétention un peu présomptueuse, il a été forcé de mettre ses pieds dans les traces des pas de ce grand philosophe. Tel qu'il l'a embrassé, le cercle des connaissances humaines est exactement calqué, copié sur l'école d'Aristote; ce qui prouve que nous sommes dans la bonne voie, puisque des esprits qui prétendaient la combattre, y sont au contraire entrés.

Aristotélicien par la nécessité logique naturelle à l'esprit humain, la science, dans la conception de Bacon, est aussi l'ensemble des connaissances divines et humaines. Il donne pour objet à la philosophie, Dieu, la nature et l'homme ; Aristote lui avait donné la nature, l'homme et Dieu.

Complétement méconnu, ou faussement déguisé par

les encyclopédistes, ils ont, par d'Alembert, un de leurs chefs, formulé sur Bacon ce jugement trompeur : « 1° Il « a, disent-ils, fait connaître la nécessité de la physi- « que expérimentale, à laquelle on ne pensait point « encore. Bacon, ennemi des systèmes, n'envisagea la « philosophie que comme cette partie de nos connais- « sances qui doit contribuer à nous rendre meilleurs et « plus heureux; il semble la borner à la science des « choses utiles, et recommande partout l'étude de la na- « ture. » — « 2° Il invite les savants à perfectionner les « arts, qu'il regarde comme la partie la plus relevée et « la plus essentielle de la science humaine. » — « 3° Il « avoue.... que l'esprit humain doit sacrifier l'étude « des êtres généraux à celle des objets particuliers. » (Élog. de Bacon, par d'Alembert.) Voilà le fondement de la conduite des encyclopédistes et de tous les matérialistes modernes, appuyé sur l'autorité prétendue de Bacon.

Cependant, en approfondissant sa philosophie, on ne tarde pas à s'assurer qu'elle n'est réellement que celle d'Aristote, réduite d'un côté à la simple application aux corps inanimés, et à l'homme seulement parmi les corps animés; et, de l'autre côté, étendue et développée d'une manière convenable, sous le rapport de la méthode.

En effet, comme Aristote, il a eu pour but de généraliser les faits par leur observation, et de remonter aux causes; mais, au lieu de se borner à l'expérience naturelle et à l'observation, il a insisté sur l'expérience artificielle raisonnée, suivant en cela même Aristote, et surtout Galien avec les organologistes qui avaient déjà ouvert cette voie.

Comme Aristote, il a commencé par bien établir les

instruments, les procédés à l'aide desquels l'esprit humain devait marcher, et ces procédés sont :

La logique appliquée, modifiée, suivant lui, par l'emploi d'une sorte d'induction particulière, consistant en exclusions et rejections. C'est donc de la logique, appliquée, il est vrai, à l'étude des faits; ce qui a conduit Bacon à croire qu'il en avait inventé une nouvelle, tandis qu'il n'y a et ne peut y avoir qu'une seule logique au monde. Il a bien pu arracher Aristote aux arguties de la scolastique, mais il ne l'a ni réformé, ni remplacé.

Il a, en effet, encore emprunté à Aristote la conception et l'exposition d'un plan de travail qui comprît l'ensemble des connaissances humaines et chacune d'elles en particulier, ce dont il a donné quelques exemples.

L'exécution de ce plan devait arriver par la création d'une réunion d'hommes qui se succéderaient inévitablement dans une sorte d'académie des sciences, ce qu'a été réellement l'école d'Aristote ou des péripatéticiens, comme nous l'avons vu dans Théophraste et même Galien. La conception du plan de Bacon est donc au fond celle d'Aristote; il limite son étendue aux corps tangibles, comme Aristote l'avait fait aux corps périssables.

Malheureusement, nous l'avons fait remarquer, parmi ces corps tangibles, Bacon, au contraire d'Aristote, bien plus avancé que lui, passe sous silence ceux dont l'étude est la plus difficile, et qui entraîne les considérations de classification, de rapports naturels et de nomenclature. Cette omission des corps organisés, animaux et végétaux, coupable dans un philosophe, l'a conduit à faire des causes finales les parallèles des causes physiques, tandis qu'elles sont infiniment au-dessus.

Il a également négligé, mais peut-être avec plus de raison, les questions métaphysiques sur le temps, l'espace et la matière; ce que n'avait pas dû faire le Stagirite.

A part ces omissions, il envisage les êtres :

A. *Physiquement*, en proposant de traiter successivement, à peu de chose près, comme Aristote, 1° de l'origine des choses; 2° du monde dans son ensemble; 3° du monde dans ses particularités; ce qu'il nomme la physique des choses concrètes, ou l'histoire naturelle, comprenant celle

a. *Du ciel et des corps célestes.*

b. *Des météores.*

c. *Des terres et des mers.*

d. *Des éléments ou espèces majeures.* Ici il y a un véritable progrès, c'est le commencement de la chimie.

f. *Des* { *minéraux*, *végétaux*, *animaux*, } *ou espèces mineures.*

En embrassant pour chaque partie ou division l'*état normal*, l'*état anormal*, ou *écarts de la nature.*

L'application aux arts, qu'il a ajoutée.

B. *Métaphysiquement.* Puis, il est venu à la métaphysique, c'est-à-dire, encore à l'exemple d'Aristote, à rechercher les causes, qu'il a plus nettement, peut-être, que ce dernier, divisées en *causes formelles* et *causes finales.*

Il a insisté davantage sur les premières, contrairement à ce qu'avait fait le créateur des sciences d'observation; c'est évidemment parce que Bacon n'avait pas compris les corps organisés.

Enfin, comme Aristote, il a terminé son cercle encyclopédique des connaissances humaines par ce qui regarde l'homme, qu'il a envisagé :

a. *Physiquement* ou *physiologiquement.*

b. *Intellectuellement.*

c. *Moralement.*

d. *Civilement* et *politiquement.*

e. *Religieusement* ou *théologiquement*, ou dans ses rapports avec *Dieu*..., étude qui ne pouvait être dans Aristote; mais nous l'avons vue dans Albert le Grand, qui a clos le cercle aristotélicien.

Il est donc bien démontré, et nous pouvons conclure que Bacon était dans le plan d'Aristote; ce qui ne pouvait pas être autrement; car l'esprit humain n'a jamais eu et n'aura jamais que deux voies: ou bien il conçoit à priori les principes, ou bien il y remonte à posteriori par les faits. Or, dès que Bacon entrait dans la voie de l'à posteriori, il retombait dans l'aristotélisme; et sa plus grande gloire est d'avoir pu lire ou même deviner si l'on veut, la grande conception d'Aristote, perfectionnée par Albert le Grand; de l'avoir dégagée de l'exagération analytique et étiologique dans laquelle les scolastiques théologiens et médecins l'avaient, pour ainsi dire, étouffée; d'avoir montré, du moins pour la physique des corps bruts, combien l'expérience artificielle devenait importante pour rechercher les causes des phénomènes; d'avoir senti que les faits, ou ce qu'il nomme l'histoire narrative, n'a d'importance que parce qu'elle conduit à la cause, ce qu'il nomme l'histoire inductive; et, en effet, celle-ci seule conduit à la prévision d'une manière certaine, et la prévision est le terme d'une science. Aussi a-t-il accepté cet apophthegme d'Aristote : « *Pour savoir véritablement les choses, il faut en connaître les causes.* »

D'Alembert a donc jugé Bacon tout à fait à faux, lorsqu'il a dit : « Bacon est ennemi des systèmes. » Et sans doute d'Alembert a voulu dire des explications, des causes, des étiologies. Or il est certain que c'est à cela même que Bacon attachait le plus d'importance. En effet, c'est lui qui a créé l'hypothèse des deux esprits, l'un *mortel* et l'autre *vital;* et c'est au premier qu'il attribuait la cause de la dissolution, de la décomposition des corps. Aussi, dit-il [1], en philosophant uniquement d'après l'expérience, on tombe encore plus aisément dans des opinions irrégulières et contraires au cours de la nature, qu'en philosophant uniquement *à priori* et spéculativement. Et ailleurs : « Pour étendre le pouvoir « et les opérations de l'homme, il ne suffit pas de con- « naître de quoi les choses sont composées, si l'on « ignore les moyens et les voies des changements qu'elles « subissent. C'est cependant sur ces principes morts que « travaillent le plus souvent les spéculatifs; comme s'ils « ne se proposaient que de contempler le cadavre de « la nature, sans chercher les facultés qui constituent sa « vie. De sorte qu'on ne s'occupe des principes moteurs « que presque en passant et fort négligemment, quoi- « qu'ils soient la chose la plus considérable et la plus « utile de toutes [2]. »

Il semble, dit encore d'Alembert, borner sa philosophie à la science des choses utiles ; *il regarde les arts comme la partie la plus relevée, la plus essentielle, de la science humaine.* Or c'est justement ce à quoi Bacon n'a jamais pensé : « Car, dit-il lui-même, on se tromperait « du tout au tout sur mon intention, quand je recom- « mande aux physiciens de rassembler des expériences « concernant les arts, si l'on se figurait qu'il s'agit seu- « lement d'en venir à les mieux perfectionner. Car, quoi- « que dans plusieurs cas je ne méprise pas complétement

[1] *Nov. Organ.*, aphor. 64.

[2] *Cogit. de naturâ rerum*, pensée III.

« ce perfectionnement des arts, cependant mon but est « entièrement, que les ruisseaux de toutes les expé« riences mécaniques se rendent de toutes parts dans « l'océan de la philosophie. Je le répète donc, ce n'est « pas pour les faits eux-mêmes que je propose d'en faire « la collection; et il ne convient point d'en mesurer « l'importance d'après eux, mais d'après leurs consé« quences et leur influence sur la philosophie [1]. »

« La première conséquence qu'il faut tirer d'une « expérience quelconque, c'est la connaissance des « causes ou des propositions générales; et l'on doit s'at« tacher aux expériences *lucifères*, plutôt qu'à celles qui « sont *fructifères* [2]. »

« Il avoue, poursuit toujours d'Alembert, que l'esprit « humain doit sacrifier l'étude des êtres généraux à celle « des objets particuliers. » Ce qui est encore plus éloigné de la vériré, puisqu'il dit lui-même : « L'histoire na« turelle que je propose n'est pas celle qui amuserait « par la variété des objets, ou qui apporterait quelque « profit immédiat par des expériences avantageuses, « mais plutôt celle qui puisse éclairer la recherche des « causes, et allaiter l'enfance de la philosophie [3]. »

« Ce qui a perdu la philosophie expérimentale, c'est « que les hommes ont recherché principalement les « expériences fructifères, et même plus promptement « que les *lucifères;* et qu'ils se sont entièrement attachés « à produire quelque ouvrage éclatant, plutôt qu'à ma« nifester les oracles de la nature; ce qui cependant se« rait l'ouvrage des ouvrages, et renfermerait toutes les « puissances humaines..... Leur méprise et erreur à

[1] *Parasceve ad Hist. nat. et exper.*, aphor. V et VI.

[2] *Nov. Org.*, l. I, aphor. 70.

[3] *Instauratio magna.*

« cet égard, provient de ce qu'ils se sont figuré que « l'office de la physique consistait à plier et réduire les « faits qui arrivent rarement à ceux qui nous sont fa- « miliers; au lieu que cet office consiste plutôt à dé- « terrer les causes de ces choses familières mêmes, et « les *causes reculées* de ces causes [1]. »

On n'a pas été plus dans la vérité, lorsqu'on a dit que *Bacon avait fait naître la physique expérimentale qui n'existait pas avant lui*. En effet, Porta, et surtout Galilée, pour les corps bruts; Galien, Vésale, Harvey, pour les corps organisés, sont là pour démontrer le contraire.

Il serait plus juste de dire qu'il nous a conduits à la porte de la physique expérimentale, qu'il l'a ouverte, mais qu'il n'y est pas entré.

« Bacon, dit Hume, son compatriote, a montré de « loin la route de la vraie philosophie : Galilée l'a non- « seulement montrée, mais il y a marché lui-même à « grands pas. Le philosophe anglais n'avait aucune con- « naissance des mathématiques. Le philosophe de Flo- « rence y excellait, et il est le premier qui les ait appli- « quées aux expériences et à la philosophie naturelle. Le « premier a rejeté dédaigneusement le système de Co- « pernic; l'autre l'a fortifié de nouvelles preuves em- « pruntées de la raison et des sens. »

Au lieu d'admettre que Bacon est le père de la physique expérimentale, de celle qui se borne à constater les lois des phénomènes, on pourrait plus aisément démontrer que c'est lui qui a dû pousser à chercher la cause de la gravitation, de la condensation, de la raréfaction, etc.; et, en effet, c'est sur Bacon que s'ap-

[1] *Préf. de l'Hist. univers.*

puyaient le Sage, Deluc, de Lamarck, etc., pour l'admission de fluides subtils, et l'on ne peut nier que ce ne soit la méthode d'Aristote, et que ce ne soit la bonne, lorsque préalablement on ne néglige ni les faits ni les expériences. En effet, cette supposition de fluides subtils, ou, si l'on aime mieux, l'ontologie, est un procédé qui est dans la nature de l'esprit humain, et auquel il a toujours recours.

Pour Bacon, la recherche de la première « constitution « des atomes est si importante, qu'il doute si son utilité « n'est pas absolument la plus importante de toutes [1]. »

En résumé, l'œuvre de Bacon est un pas indiqué plutôt qu'exécuté dans la méthode à suivre pour perfectionner la philosophie d'Aristote, complétée par Galien, et surtout par Albert le Grand en devenant théologique. C'était l'opinion de ses compatriotes et de ses contemporains, que Bacon ne faisait que donner les pensées d'Aristote sous des mots nouveaux; les encyclopédistes et leurs adversaires l'ont mal jugé, fondés sur le double caractère de ses écrits, caractère qui prouve une conception empruntée.

Les circonstances dans lesquelles il a vécu, n'ont pu lui permettre d'être un grand naturaliste ni par suite un grand philosophe; aussi, n'a-t-il rien fait pour le progrès des sciences, si ce n'est de formuler la marche de son siècle et d'indiquer un progrès déjà en partie exécuté par ses prédécesseurs et ses contemporains. Et lors même qu'il a appuyé sur l'expérience, son but direct était de pénétrer plus avant dans la connaissance des causes.

Nous pouvons donc maintenant assurer positivement que Harvey n'a rien emprunté à Bacon. Le premier

[1] *Impet. phil.*, p. 1.

ouvrage de Harvey n'est que le développement d'une grande thèse commencée à Galien ; et plusieurs anatomistes avaient aperçu déjà un assez bon nombre de faits sur le mouvement du sang, éléments qui ont pu lui servir pour la démonstration de la grande circulation ; ce qu'il a fait, il est vrai, au moyen de l'expérience indiquée par Bacon, mais avant la publication des travaux de ce philosophe. Le petit ouvrage de Harvey *de Motu cordis et sanguinis* est un chef-d'œuvre de raisonnement, et il a porté cette étude dans toute la série animale, toutes choses que Bacon ne connaissait pas.

Pour son traité de la génération, il a reçu de Fabrice d'Aquapendente, à Padoue, et d'Eustache. C'est dans ce traité qu'il commence à employer la méthode baconienne, ou plutôt aristotélicienne ; il a donné, comme Bacon, l'histoire narrative, et puis l'histoire inductive. Cet ouvrage est d'ailleurs bien inférieur au premier ; mais aussi la question est bien autrement difficile : car s'il est facile de démontrer les organes de la génération, il s'en faut beaucoup qu'il le soit autant d'arriver à sa cause, et peut-être n'y arriverons-nous jamais.

§ 2. DESCARTES, — 1596—1650.

Lorsque le temps est venu, le progrès s'opère rarement par un seul effort. Aussi Bacon, comme nous l'avons déjà en partie démontré, n'est pas le créateur unique de la méthode expérimentale dans les sciences ; elle avait été essayée et mise à exécution avant lui. Mais peu de temps après lui, parut en France un homme qui a exercé sur la réforme de la scolastique et le progrès de la méthode, au moins autant, sinon plus d'influence que lui-même.

René Descartes naquit à la Haye, en Touraine, le 31 mars 1596, d'une famille noble, originaire de Bretagne; et il mourut en Suède, le 11 février 1650. Sans nous arrêter à sa biographie, ni aux autres chapitres, nous indiquerons seulement ce qu'il a fait; d'abord par sa méthode que l'on a jugée bien diversement. Ce qu'il y a surtout d'étonnant, c'est qu'on lui ait opposé la méthode de Bacon, tandis qu'au fond ils ont tous les deux entrepris la même chose, et tous deux l'ont exécutée à peu près de la même manière. Descartes, en sortant du collége, se trouva, dit-il lui-même, *embarrassé de tant de doutes et d'erreurs, qu'il lui semblait n'avoir fait autre profit, en tâchant de s'instruire, sinon qu'il avait découvert de plus en plus son ignorance;* aucune partie de l'enseignement ne lui paraissait solide. N'est-ce pas là l'état de Bacon, dégoûté de la philosophie de l'école? Le doute raisonné, qui porte Descartes à renoncer à tous ses livres, à travailler à effacer de son entendement tout ce qu'il avait appris d'incertain, pour n'y admettre désormais que ce qui lui semblerait démontré par le raisonnement et l'expérience, n'est-il pas la même chose que le principe de Bacon sur la nécessité de refaire l'entendement, principe présenté sous un autre point de vue? L'un et l'autre ont donc pris un point de départ commun, et déterminé pour tous deux par le défaut qu'ils aperçurent dans la méthode à leur époque. Tous deux ont prétendu à la création d'une nouvelle méthode, et au fond ils n'ont fait que la même chose, ce qui prouve encore mieux qu'ils n'ont pu que perfectionner Aristote et la scolastique que l'un et l'autre ont décriés. Voici, du reste, la méthode de Descartes résumée par lui-même en quelques règles de logique naturelle, dans son Discours sur la méthode, que l'on peut regarder comme l'analogue du *Novum Organum*. Descartes se prescrivit, 1° « de ne recevoir jamais aucune « chose pour vraie, qu'il ne la connût évidemment être « telle, c'est-à-dire, d'éviter soigneusement la précipi- « tation et la prévention, et de ne comprendre rien de « plus en ses jugements que ce qui se présenterait si « clairement et si distinctement à son esprit, qu'il n'eût « aucune occasion de le mettre en doute. » Telle est l'évidence de Descartes, qui n'est au fond que le principe de la dissection des faits et de l'expérience de Bacon. 2° La seconde règle de Descartes, c'est « de « diviser chacune des difficultés qu'il examinerait, en « autant de parcelles qu'il se pourrait, et qu'il serait re- « quis pour la mieux résoudre; » Bacon demandait *les dissections les plus minutieuses des faits* pour arriver jusqu'aux causes *reculées*.

3° La troisième règle est « de conduire par ordre ses « pensées, en commençant par les objets les plus sim- « ples et les plus aisés à connaître, pour monter peu « à peu, comme par degrés, jusqu'à la connaissance « des plus composés, et supposant même de l'ordre en « ceux qui ne se précèdent point naturellement les uns « les autres. » Voici la même loi dans Bacon : « Mais on « pourra, dit le baron de Vérulam, concevoir quelque « espoir de l'avancement des sciences, lorsque, par une « échelle, formée d'échelons continus et solides, on s'é- « lèvera des objets particuliers à des principes inférieurs, « de ceux-ci à des principes intermédiaires, ensuite à « des principes plus élevés, et enfin à des principes gé- « néraux [1]. »

4° La quatrième et dernière règle est « de faire par-

[1] Voir p. 269 de ce vol.

« tout des dénombrements si entiers et des revues si « générales, qu'il fût assuré de ne rien omettre. » Et c'est là encore la dissection des faits et les diverses vendanges que Bacon exige pour l'histoire inductive.

Le but de Bacon était d'abréger l'art, et, par là, d'allonger la vie ; c'est aussi celui de Descartes : « Car, dit-il, « au lieu de cette philosophie spéculative qu'on enseigne dans les écoles, on en peut trouver une pratique, « par laquelle, connaissant la force et les actions du « feu, de l'eau, de l'air, des astres, des cieux, et de tous « les autres corps qui nous environnent. . . . ., nous les « pourrions employer à tous les usages auxquels ils sont « propres, et ainsi nous rendre comme maîtres et pos« sesseurs de la nature. . . . . . ; mais principalement « aussi pour la conservation de la santé, laquelle est « sans doute le premier bien et le fondement de tous les « autres biens de cette vie. . . . Je m'assure que (*en con« naissant mieux la médecine*) on se pourrait exempter « d'une infinité de maladies, tant du corps que de l'es« prit, et même aussi peut-être de l'affaiblissement de la « vieillesse. . . . Or, ayant dessein d'employer toute ma « vie à la recherche d'une science si nécessaire, et ayant « rencontré un chemin qui me semble tel qu'on doit « infailliblement la trouver en le suivant, si ce n'est « qu'on en soit empêché par la briéveté de la vie ou par « le défaut des expériences, je jugeais qu'il n'y avait « point de meilleur remède contre ces deux empêche« ments, que de communiquer au public tout le peu « que j'aurais trouvé, et de convier les bons esprits à « tâcher de passer plus outre, en contribuant, chacun « selon son inclination et son pouvoir, aux expériences « qu'il faudrait faire, et communiquant aussi au public « toutes les choses qu'ils apprendraient, afin que les

« derniers, commençant où les précédents auraient « achevé, et ainsi joignant les vies et les travaux de plu« sieurs, nous allassions tous ensemble beaucoup plus « loin que chacun en particulier ne saurait faire. » Voilà donc aussi dans Descartes la nouvelle Atlantide de Bacon et l'académie d'Aristote.

Ainsi donc, les raisons déterminantes, le point de départ, la méthode tout entière, le but, les moyens d'exécution, sont absolument les mêmes pour Descartes et Bacon, et par conséquent pour Aristote. Une remarque importante, c'est que Descartes, comme Bacon, a écrit en langue vulgaire [1], et c'est sans doute un progrès qui n'a pas peu contribué, surtout en France, à perfectionner la méthode, en la débarrassant de tout ce qu'elle avait de superflu ; mais ce qui n'était que défaut d'études plus approfondies dans Bacon, était ici dans Descartes un moyen positif qu'il déclare prendre pour arriver plus sûrement à son but, en s'adressant à tout le monde. Nous verrons plus tard cet exemple imité, et la langue vulgaire, en s'introduisant dans la médecine et les sciences naturelles, en marquer le progrès.

Si maintenant nous suivons Descartes dans l'application aux diverses branches qu'il a étudiées, nous nous convaincrons qu'il avait conçu la science à priori, et qu'il a essayé d'en résoudre les points les plus difficiles. Ce que Bacon n'avait pas fait dans la section des sciences instrumentales, Descartes l'a exécuté ; son génie métaphysique le conduisit à de grandes découvertes dans les mathématiques, sciences où l'à priori est la loi souveraine. La géométrie lui doit plusieurs méthodes

[1] Cela n'est pas absolument vrai pour tous les ouvrages de Descartes ; mais la traduction de ceux qu'il écrivit en latin, avait lieu sous ses yeux, et était revue par lui.

importantes, que la postérité a peut-être plus estimées que lui-même; l'algèbre, embarrassée dans ses opérations par les entraves de son langage ou de ses formules, prit son essor aussitôt que Descartes eut remplacé les carrés et les cubes en perspectives par la forme si simple des exposants des puissances. Ses découvertes dans l'application de l'algèbre à la géométrie, ne furent pas moins fécondes. Il avait donc embrassé toutes les sciences instrumentales beaucoup mieux que Bacon; mais sa direction mathématique, opposée à la méthode expérimentale de Bacon, n'eut pas moins d'inconvénients que celle-ci; car, si l'une est devenue par l'abus la source du matérialisme, l'autre est devenue la source du *mathématisme* en France, et peut-être du radicalisme en Allemagne; deux voies trop exclusives pour ne pas conduire tôt ou tard à l'absurde, ce que nous verrons arriver en effet.

Descartes porta ses méditations sur tous les grands points de la philosophie, sur la métaphysique, sur l'étude du monde en général, dans son *Système du monde*, qu'il n'a malheureusement jamais publié; sur le monde en particulier, l'astronomie, la météorologie, la physique, la chimie, l'anatomie, la physiologie, la médecine, l'homme et la religion.

I. Son ouvrage des *Principes de philosophie*, publié en 1644, divisé en quatre parties, contient : 1° La Métaphysique, science par laquelle Aristote avait aussi commencé; il y expose les principes de toutes les connaissances humaines, suivant la méthode à priori; tout en renversant, croyait-il, le dogmatisme scolastique, il devient le père d'un dogmatisme philosophique beaucoup plus dangereux. 2° La seconde partie des *Principes de philosophie* explique la nature des corps, ce que c'est qu'espace, lieu, repos, mouvement, toutes choses qu'Aristote avait traitées dans sa métaphysique. 3° et 4° Les deux dernières parties des Principes renferment la théorie du système du monde; ce qui peut encore se rapporter aux traités de *Cœlo et Mundo* d'Aristote. C'est ici que Descartes expose sa théorie des tourbillons. Suivant lui, le soleil et chaque étoile fixe sont les centres d'autant de tourbillons de matière subtile, qui font circuler autour de ces centres d'autres corps plus petits. C'est à l'aide de ces hypothèses qu'il entreprend d'expliquer tous les phénomènes de la nature, mais sans avoir pu prouver sa théorie.

Sans doute que le Système du monde nous aurait révélé quelque chose de plus précis et de plus positif; il paraît que c'était une conception complète de toute la science.

II. Le monde en particulier. Physique. *Astronomie.* Sa direction mathématique devait le conduire à embrasser de préférence toutes les parties de la physique, qui appellent l'application des mathématiques. Les progrès qu'il introduisit dans ces dernières influèrent sur ceux de l'astronomie; et lui-même s'occupa de cette science avec succès. Dans son traité du monde, il parle de la formation du soleil et des étoiles fixes; de l'origine et du cours des planètes et des comètes en général, et en particulier des comètes; des planètes en général, et en particulier de la terre et de la lune; de la pesanteur; du flux et du reflux de la mer.

Météorologie. Son traité des météores, contenu dans l'ouvrage sur la méthode, quelque imparfait qu'il soit, renferme pourtant quelques découvertes importantes. Il y donne la véritable théorie de l'arc-en-ciel, autant qu'on pouvait le faire à une époque où la réfrangibilité inégale des rayons lumineux n'était pas connue. Le calcul mathématique le conduisit à l'établissement de sa théorie, qui est exacte et vérifiée par l'observation. Il mit ainsi sur la voie de découvrir l'inégale réfrangibilité de la lumière, et ramena la diversité de couleur dans l'arc-en-ciel à la décomposition de la lumière par le prisme.

Optique. Son traité de la lumière.

Dioptrique. L'ignorance des lois de la réfrangibilité était un obstacle aux progrès de cette partie de la physique; cependant le discours de Descartes sur la dioptrique renferme beaucoup d'applications géométriques ingénieuses, entre autres la découverte de la réfraction, qu'on lui a, il est vrai, contestée.

Dans son livre du monde, il a traité de la lumière et de ses propriétés; de la chaleur; de la dureté et de la liquidité. Dans sa retraite en Hollande, il s'était aussi livré à l'étude de la chimie.

Sciences de l'organisation. Descartes avait posé en principe que la philosophie était impossible sans la connaissance des sciences de l'organisation. Il voulait que l'homme fût connu anatomiquement, physiologiquement, à l'état de santé et de maladie, et comparé aux autres êtres organisés, avant d'entreprendre son étude psychologique, et de constituer la philosophie. Toute sa vie il travailla la science dans cette direction aristotélicienne; il avait sur ce point des travaux importants qui n'ont jamais été connus. Ses traités sur l'homme, la formation du fœtus, les passions de l'âme, son discours sur le mouvement local et sur la fièvre, sont tout ce qui nous reste de cette partie importante de la philosophie.

Anatomie et *physiologie.* On voit, par ses traités de

l'homme et de la formation du fœtus, qu'il avait fait de l'anatomie physiologique une étude assez profonde. Dans le premier traité, il parle de la digestion, de la formation du chyle, de l'absorption, de la circulation du sang; il s'arrête avec complaisance sur cette dernière fonction, la considère dans tous ses détails et dans ses effets physiologiques; il relève même quelques inexactitudes de Harvey. Il y parle de la mécanique animale, des sens spéciaux, des besoins, de la respiration, des esprits animaux; de la structure et des fonctions du système nerveux; de la formation des idées; de la différence qu'il y a entre sentir et imaginer, etc. Il revient sur les mouvements, et termine par la veille et le sommeil; et, enfin, il conclut que toutes les fonctions sont des suites de la disposition des organes, ce qui ramène aux causes finales.

Le traité sur la formation du fœtus revient sur les conclusions précédentes; la seconde partie est consacrée au mouvement du cœur et du sang; la troisième à la nutrition; et enfin la quatrième et la cinquième à la génération, à la formation du fœtus et à son développement.

Le traité des passions sert de complément à toute cette partie.

Si Descartes avait rencontré juste dans sa conception, s'il a même émis une foule d'aperçus lumineux, il faut bien dire que l'à priori l'a trop souvent dominé, et l'a conduit à créer, pour ainsi dire, les éléments de la science, au lieu de les recueillir par l'observation. C'est ainsi que sa mécanique animale et même humaine a certainement ouvert la voie au matérialisme de Broussais, et au mathématisme d'Auguste Comte; conséquences bien éloignées de l'esprit de Descartes.

Sciences terminales. *Méditations touchant la première philosophie, où l'on démontre l'existence de Dieu et l'immortalité de l'âme.* Cet ouvrage célèbre, publié en 1641, renferme six Méditations qui soulevèrent bien des attaques, auxquelles Descartes répondit. Il l'écrivit en latin, de peur de nuire aux esprits faibles. Le duc de Luynes le traduisit en français. Comme dans son discours sur la méthode et le livre des principes, il commence par faire table rase, et établit pour point de départ son doute universel. Ainsi réduit à cette seule proposition qui lui est évidente : « Je pense, donc je suis; » et, à l'aide de cet axiome logique qu'il transforme en principe : « L'esprit peut affirmer d'une chose tout ce qui est renfermé dans l'idée de cette chose, » il passe subitement à la certitude de l'existence de Dieu, qui devient ensuite pour lui la base et la garantie de la raison humaine, dans tous les actes qui forment le domaine spécial de l'intelligence.

Descartes avait donc conçu et exécuté à priori la philosophie comme Aristote; il fit beaucoup plus que Bacon. Mais après l'avoir suivi dans sa méthode, il abandonna trop ses principes, pour se livrer presque exclusivement aux méditations de son génie; et telle a été sans doute la cause des conséquences funestes de sa doctrine, et de celle de Bacon exagérée; les deux éléments combinés sagement, l'à priori et l'à posteriori, auraient guidé la science dans une marche plus assurée.

L'influence de Descartes fut rapide, et elle devint bientôt à peu près universelle, en France surtout, où il eut pour disciples en métaphysique les Bossuet, les Fénelon, les Malebranche, les Pascal, et toute la célèbre école de Port-Royal; il finit même par donner son nom à ce qu'on a appelé la philosophie moderne, le cartésianisme, qui domina dans l'école avant que Bacon devînt la divinité de l'Encyclopédie.

Or, dans sa transmission, la métaphysique de Descartes éprouva le sort de toute philosophie à priori; elle fut modifiée selon la tournure d'esprit de chacun de ses disciples, qui en tirèrent les systèmes les plus opposés. Malebranche y puisa son spiritualisme mystique; Berkeley son idéalisme pur; Spinosa y trouva le germe de son scepticisme universel. Tandis que de l'autre côté la méthode expérimentale, poussée à l'excès par Gassendi, Locke et son école, nous amenait au dix-huitième siècle, auquel la victoire devait demeurer pour un temps.

Mais pour approfondir ce mouvement, il faut jeter un coup d'œil rapide sur l'époque politique et scientifique à laquelle nous arrivons. Nous pouvons bien dire que Louis XIV en est le représentant, comme Alexandre le fut de celle d'Aristote.

Les sciences positives et d'observation, nées en Grèce, ont fixé leur foyer à Alexandrie, d'où elles se sont transportées en Perse, pour venir par l'Afrique et l'Espagne d'une part, et, de l'autre, par l'Italie, se fixer en Europe, et enfin en France, que l'on peut regarder comme le centre de l'Europe et la Grèce des temps modernes. La Grèce antique venait d'être envahie par les Turcs; ses sciences et ses arts, fuyant devant le cimeterre, viennent se réfugier en Italie et en France, où Léon X et François Ier les accueillent avec une bienveillante reconnaissance. Le moyen âge nous a montré la science grecque devenue chrétienne; nous allons la voir devenir romaine et française; et en même temps les beaux arts de la Grèce viendront, surtout dans l'architecture et la statuaire, arrêter la pure influence chrétienne, en remplaçant les originales et poétiques conceptions des enfants du Nord, qui exprimaient l'élan de la foi par l'énergie des formes. La bardiesse avec laquelle leur ciseau joignait la terre au ciel, ces dentelles de pierre qui lançaient, sans fléchir, la croix dans les nuages, vont faire place aux colonnes massives, aux proportions nivelées, aux dômes lourds rabaissés vers la terre, présageant que bientôt la science cherchera son Dieu dans la matière, et la société, son culte dans l'industrie qui en est la fille.

Aux mystères chrétiens, qui avaient amusé les loisirs et continué jusque sur le théâtre l'enseignement moral des peuples du moyen âge, vont succéder les dieux et les héros grecs et romains, habillés à la française, avec le caractère et les faits de leur origine. Malgré cet envahissement, la puissance chrétienne demeura victorieuse, elle revêtit ces figures inanimées de toute l'énergie de son sentiment et de sa sensibilité, comme elle ne se laissa pas non plus dominer par la plastique grecque, mais lui donna un caractère qu'elle n'avait pas et qu'elle ne perdra que dans notre siècle.

Pendant que les lettres, les arts et les sciences subissaient cette révolution, il s'en préparait une autre dans le monde politique. Les croisades, première source de l'une et de l'autre, furent merveilleusement secondées, dans leur effet, par l'émigration des Grecs en Occident, et, en même temps, par la secousse de la réforme, dont nous avons déjà vu l'influence assez triste, il est vrai, sur la marche de la science. Les règnes des rois français, qui suivirent ces événements, ne furent que la préparation aux merveilles et à l'élan général du règne de Louis le Grand. Les guerres de la ligue montrèrent ce que voulait la réforme, et maintinrent la France dans le centre de l'unité catholique. Richelieu dompta les rebelles, et apprit à Louis XIV ce que valait la France dans la balance européenne. Sous le règne de Louis, elle traça définitivement ses limites, devint elle-même, et se plaça à la tête de l'Europe et du monde. Du fond de l'Orient, l'empire de Siam envoyait des ambassadeurs au roi très-chrétien, et le doge de Venise, étonné de se voir à Versailles, venait, avec quatre de ses principaux sénateurs, se repentir d'avoir vendu quelques secours aux Algériens, que la flotte de Louis venait de châtier. Grand dans la guerre, sublime dans la paix, ce règne fut une merveille jusqu'alors inouïe.

L'Europe vit avec étonnement l'industrie française surpasser en naissant celle des Pays-Bas, des villes commerçantes de l'Italie et des villes anséatiques. L'intérêt de l'argent diminua, les capitaux s'accrurent, l'agriculture reçut des soulagements par la diminution des tailles. La marine française se développa sous la sagesse de Colbert, et notre commerce prit une extension qu'il a conservée. Les grands actes de la législation se multiplièrent; le commerce, la marine, les eaux et forêts, les colonies reçurent leur code.

Il y eut, sans doute, des fautes inévitables au milieu de tant de grandeur; elles appartiennent à l'histoire spéciale et ne tiennent point à notre thèse.

Cependant, la religion catholique, qui avait enfanté ce règne, grandit elle-même par la pompe extérieure sous son empire; sa puissance divine fit briller en France, ce que la Grèce, ce que Rome n'avaient jamais vu; un pauvre prêtre de Jésus-Christ, nourrissant plusieurs contrées de l'Europe dans des temps de famine, réparant les crimes de la corruption, en créant des mères aux tristes victimes que Sparte eût jetées dans l'Eurotas et Rome dans le Tibre. Sous l'heureuse impulsion donnée à son siècle, par le berger qui disait son chapelet en gardant ses moutons sur les collines de Paule, des établissements de charité s'étaient élevés de toutes parts, et préparaient dans les hôpitaux les progrès si rapides de la médecine moderne.

A sa voix, de nouveaux Pères de l'Église, dignes rivaux des plus fameux orateurs de l'antiquité, animaient le zèle religieux dans ce siècle poli. L'incrédulité naissante, déconcertée à la vue de ces puissants athlètes de la foi, se réfugia dans les plaisirs d'un indolent épicurisme ou dans les futilités du bel esprit. Les différentes sectes de la réforme furent émues de crainte et de respect : les Bossuet, les Fléchier, les Fénelon, les Bourdaloue, faisaient des conversions auxquelles aidait parfois la sagesse de Louis. Heureux ce monarque, s'il eût pris plus de confiance dans le zèle et les talents de ces redoutables adversaires de l'hérésie, et s'il n'eût voulu depuis avancer les œuvres de la foi par la force de son autorité! Et, par une contradiction qui n'étonne point dans un caractère difficilement justifiable d'ambition, s'il n'eût, par sa triste lutte contre la mère de toutes les Églises, préparé aux ennemis de la vérité les chaînes dont ils lieraient un jour l'Église de France.

Le principe religieux fut donc l'âme de ces grandes choses; il agit en même temps sur les sciences, les lettres et les arts. Descartes n'était plus; mais ce philosophe, qui appartenait à ce siècle, régnait après sa mort, par la clarté et la hardiesse de sa réforme dans la méthode, la noblesse sévère de son style, l'étendue de ses découvertes, l'ensemble et l'audace de ses hypothèses. Le premier des modernes, il avait paru remplacer Aristote dans une sorte de monarchie universelle sur le monde savant, et spécialement sur le monde penseur; tandis qu'il n'avait fait que s'ajouter au grand Stagirite, aussi bien que Bacon, pour satisfaire à la nécessité d'un nouveau progrès. Mais son influence n'en fut que plus forte.

Voilà donc la méthode d'Aristote, après avoir traversé le moyen âge en se faisant chrétienne, devenue française entre les mains de Descartes, et perfectionnée dans la seule langue qui convînt à sa logique. Mais ce moyen âge avait conservé et transmis autre chose encore; toutes les influences s'étaient réunies pour donner naissance à cette époque, qui va enrichir la France des dépouilles de la Grèce, dont elle fera une possession nationale. Si l'on en excepte peut-être Ovide, Horace et Virgile, Rome traduisit et copia; la France transfigura : elle remit la Grèce au moule et la transforma; la Grèce ne lui imposa point son joug, comme on a trop voulu le faire croire, mais elle subit le joug français et reçut un nouveau lustre de son génie.

Phèdre avait traduit Ésope en latin; la Fontaine, en surpassant ses deux modèles, donna aux apologues de la Grèce plus de finesse, de naïveté, de délicatesse et d'intérêt : c'était la gaieté française donnant à la finesse attique une perfection si sublime, qu'aucune autre langue ne peut plus la ressaisir.

Corneille surpasse Eschyle, fait mépriser Sénèque en se parant de leurs dépouilles.

Racine acheva la victoire; Sophocle et Euripide ne furent jamais si majestueux, ni si touchants sur les théâtres d'Athènes, qu'ils le seront sur ceux de Paris. Andromaque et Phèdre sont bien plus admirables en France qu'elles ne le furent sur le sol de la Grèce; combien ces femmes païennes, parlant la langue de France et ressentant les faiblesses humaines dans un cœur devenu chrétien, tirent des larmes plus touchantes! Racine seul réunit le naturel d'Homère, la majesté de Sophocle, le pathétique d'Euripide, la tendresse de Virgile; il n'est ni ces Grecs, ni ce Romain, mais il les crée Français; il ne s'avilit point à copier, il perfectionne et surpasse; la preuve, c'est qu'il s'élève bien au-dessus de leurs perfections, sans imiter un seul de leurs défauts.

Que dirons-nous de Molière? Faut-il le comparer à Aristophane, dont il a su s'approprier les rires? Autant l'immoralité de l'Athénien est cynique, autant ses moqueries sont grossières; autant plaisent la réserve et la finesse du génie observateur de Molière; et pourtant son influence a exagéré, tant il est vrai qu'on ne maîtrise pas le ridicule.

Après les grands modèles de la Grèce apparut Aristote, qui formula, d'après eux, les lois du bon goût; sa législation devint romaine sous la plume du buveur de Falerne. Par son talent sévère Boileau fut l'Aristote du bon goût, comme Descartes et Bacon furent celui de la méthode; comme eux, il perfectionna le Stagirite, mais ne le remplaça pas; car il y a aussi une logique du goût, la même dans tous les temps et chez tous les peuples; partout elle enfante les génies et leur donne un air de parenté.

La gloire des beaux-arts est la compagne de la gloire des lettres; le règne de Louis le Grand évoqua toutes les gloires. La colonnade du Louvre, l'arc de triomphe de Saint-Denis, le dôme des Invalides, les beaux ouvrages sortis du ciseau de Girardon et de Puget, les tableaux de Lebrun et de Lesueur, les jardins de le Nôtre, ne laissaient plus rien à envier à la Grèce. Mais avec quelle puissance elle fut surpassée dans cette accablante merveille du château de Versailles! A sa vue, on contemple, en oubliant l'univers; l'âme est opprimée dans ce monde inconnu à l'imagination. Que la Grèce et Rome sont petites en présence de ces défis splendides portés à la nature par un génie qui veut la forcer à lui obéir! Là, le monde grec et le monde romain sont réunis; et l'on se croirait transporté au milieu des grandes ombres de leurs héros et de leurs dieux, dans les délicieux séjours de l'Élysée, qu'ils ne purent jamais se représenter qu'en idée. Là, pourtant, le vrai Dieu seul a un temple; il domine tout le reste, et en lui seul on respire, parce qu'il est digne de la majesté qu'il honore, et qu'il ne peut être trop grand pour en être rempli.

Riquet venait d'achever le canal des deux mers, qui eût suffi pour immortaliser un règne. La navigation intérieure tirait un nouveau secours du canal de Briare. Toutes les villes principales étaient enrichies de monuments dont l'énumération serait immense. Enfin, le grand cœur de Louis XIV respirait dans le magnifique établissement des Invalides, où sont empreints tous les beaux sentiments de l'homme, la piété, la reconnaissance, le respect pour la vieillesse, pour le malheur, la bravoure et le courage.

Les sciences doivent aussi leur tribut d'hommage à un tel règne. Louis XIV donna un nouveau lustre à l'Académie française par des distinctions honorables. Il fonda, en peu d'années, l'académie de peinture et de sculpture, celle des inscriptions et belles-lettres, celle des sciences, l'académie des élèves de Rome; fit construire l'Observatoire de Paris, et s'intéressa au Jardin de botanique; magnifiques et solides établissements, qui ont porté si loin la gloire du nom français. Il donna des pensions à plusieurs savants étrangers, et en appela d'autres en France ; il commanda les beaux voyages de Tournefort, et fit mesurer la méridienne de Paris, fondement du plus beau travail géographique connu dans l'histoire.

Les sciences naturelles prenaient part à un si bel élan ; la botanique devenait une science positive entre les mains de Tournefort, et les progrès de l'anatomie physiologique seraient constatés par le seul ouvrage dans lequel le génie de Bossuet enseignait à l'homme, par l'anatomie, à se connaître soi-même et à connaître Dieu, devinant ainsi, à l'avance, combien serait puissant l'argument que les autres vérités tireraient de la science de l'organisme approfondie.

Ainsi donc, cette époque si merveilleuse ne fut que le développement logique en tous sens de l'esprit humain. Et par là est démontrée la thèse que Bacon et Descartes ne sont qu'Aristote et la scolastique perfectionnés, comme cette brillante époque est elle-même le résultat de la Grèce et du moyen âge, préparé par les croisades et l'émigration en Occident, devant le cimeterre des Turcs, du génie de la Grèce, fécondé par le christianisme.

Mais, comme abus de tant de gloire, comme exagération d'un si puissant effort, comme fruit de l'esprit outré de la réforme, une déplorable direction va surgir ; elle se fera surtout sentir sur la marche de la science et sur le monde politique. L'Encyclopédie la représentera : c'est la lutte entre l'idée et les faits, entre la conception intellectuelle et l'expérience, entre le principe et l'observation ; elle a été préparée par Bacon et Descartes, et par un homme plus puissant qu'eux encore, bien que dans une autre voie. Cet homme, qui a exercé tant d'influence sur nos mœurs, et qui a presque autant influé sur la marche de la science, c'est Molière. Chose incroyable, inaperçue jusqu'ici, et pourtant si facile à constater : Bacon et Descartes avaient cru renverser Aristote et la scolastique, et ils n'avaient fait que les perfectionner. Leur effort n'avait eu d'effet que sur le monde savant ; mais Molière va inciser jusqu'au fond ; en bafouant les formes scolastiques de la médecine et de la philosophie, il les fera disparaître sans retour. Qu'on se rappelle le pédant Métaphraste du Dépit amoureux qu'Albert ne peut faire taire qu'en sonnant à ses oreilles une campanne de mulet, et l'on comprendra l'immense force de cette thèse si nouvelle contre le jargon étymologique et l'érudition outrée où était tombé l'abus de la scolastique. Avec quelle puissance de ridicule Aristote et la scolastique sont terrassés dans la scène VIe du Mariage forcé ! Les arguties y sont bafouées, les disputes de mots ridiculisées, et par suite Aristote et la scolastique livrés à la risée publique, chez le peuple de la terre sur lequel le ridicule a le plus d'empire. C'en est fait d'eux aussi bien que de tout ce que Molière a touché de son rire.

Bientôt après, et dans la même scène, les langues anciennes sont bannies de la science pour faire place à la langue vulgaire, et toujours par les mêmes armes, toujours victorieuses, de la légèreté ; il en est de même de toutes les distinctions et des termes en usage dans l'école.

Les médecins devaient avoir leur tour, car eux aussi s'étaient embarrassés dans les entraves de la scolastique ; et chacun sait comment le Médecin malgré lui, les Diafoirus, les Purgon et les Fleurant du Malade imaginaire, brisent ces entraves, sous l'explosion répétée des applaudissements d'un public qui veut rire avant tout.

Ces pièces ne furent pas seulement lues, elles étaient

mises en action, non pas une fois, mais souvent, et en présence de la foule qui s'en allait charmée et riant encore des philosophes et des médecins, de l'école et de ses formes. Comment, sans craindre de devenir ridicule, pouvait-on se dire encore le disciple d'Aristote, et représenter dans sa science les scènes de la comédie? Cette influence de Molière a été si grande, que c'est depuis lui qu'il est méséant dans la bonne société française, de parler latin devant les dames, ou de science devant les personnes qui n'y connaissent rien.

Cependant l'influence de Molière, si terrible et si triste sur la morale sociale, fut aussi exagérée dans ses résultats sur la science, et cela devait être; car avec de telles armes il est impossible de mesurer son coup. La table rase semblait faite, les esprits étaient tous préparés; l'Encyclopédie vint avec les faiblesses du règne de Louis XV. Descartes donna aux encyclopédistes la méthode mathématique, et ils la développèrent à l'excès; bientôt elle envahit et domina tout; d'autre part, ils travestirent Bacon pour s'en faire une divinité complaisante; ils voulurent s'élever sur les ruines de la scolastique; tout d'ailleurs les poussait dans cette direction. Car si nous avons été obligés de conclure que l'œuvre de Bacon n'était que l'agrandissement d'Aristote déjà perfectionné par Galien, et surtout par Albert le Grand; si nous nous sommes convaincus que le degré d'avancement que nous devons au philosophe anglais porte sur l'expérience, et encore uniquement pour la physique et la chimie, et nullement pour les sciences naturelles, il n'en résulte pas moins qu'il a eu, par l'interprétation vicieuse de ses adeptes, une grande influence sur l'acceptation de la méthode à posteriori, et sur l'abandon de la recherche des causes, quoique lui-même ait adopté cette recherche. Il a accru le nombre des naturalistes; « il ne prévoyait pas que son *Histoire narrative*, décorant le vestibule de la science par les tableaux des phénomènes, la plupart des hommes s'y arrêteraient trop; et que, faute d'étudier l'ensemble du plan, qui exige de l'attention, ils se contenteraient d'augmenter la décoration de cette entrée, en y plaçant sans ordre les nouveaux phénomènes. C'est ce qui a eu lieu; et de là résulte qu'avec une grande augmentation de matériaux, l'édifice de la philosophie, qui était l'unique objet de Bacon, a plutôt rétrogradé qu'avancé dans l'esprit de bien des hommes [1]. » De là sortirent le matérialisme en théorie et l'égoïsme en pratique; et bientôt les liens politiques, trop tendus sous le grand règne, ne furent plus assez forts pour soutenir l'édifice; la puissance de la science changea la face du monde, mais en anéantissant elle-même tous ses principes dans le sang, pour se transformer dans l'art qui procure à chacun une fortune plus prompte. C'est le même état que nous avons déjà constaté en Grèce, à l'époque où les principes furent livrés au lucre; et toujours lutte terrible et sanglante du bien et de la vérité contre le mal et l'erreur; les martyrs, égorgés par le philosophisme en France, mouraient pour la même cause, dans le même combat de principes sociaux, que ceux qui anéantirent le paganisme dans leur sang, lors de la grande victoire chrétienne.

Nous remarquerons plus tard les résultats de la lutte moderne et son influence sur la science; mais nous devons revenir au développement logique du progrès dans les sciences dont nous écrivons l'histoire.

[1] Deluc, *Philos. de Bacon*, p. 260-261.

SECTION III. — JEAN RAY.

1628—1705.

Bacon a étendu l'application de la logique à l'art d'expérimenter; la méthode aidant à la reconnaissance des êtres manquait encore. Cependant les faits se multipliaient et s'accroissaient tous les jours; ils appelaient un homme qui vînt y mettre de l'ordre. Le premier perfectionnement devra donc embrasser la classification, c'est-à-dire la méthode ou la logique appliquée à la disposition des corps naturels, pour parvenir à leur reconnaissance plutôt qu'à leurs rapports naturels, qui ne viendront que plus tard. La conséquence conduira néanmoins à apercevoir la série des êtres et l'harmonie de la création. Ray va représenter ce nouvel effort dans la seconde moitié du dix-septième siècle. La distinction des êtres naturels a été représentée par Gesner, dans la dernière moitié du seizième siècle; l'anatomie de la mesure, par Vésale; les fonctions et l'usage des parties, par Harvey; le plan, la méthode de recherche, par Bacon et par Descartes, à priori; et enfin Ray va représenter la méthode de classification.

I. *Éléments de sa biographie.*

Les éléments de la biographie de Jean Ray se trouvent :

1° Dans ses lettres et ses itinéraires de voyages;

2° Dans sa vie, par W. Derham, son contemporain, publiée cinquante et quelques années après la mort de Ray;

3° Dans une autre biographie beaucoup plus étendue, par J. Smith, président de la Société Linnéenne, insérée dans le Cyclopedia de Rèes;

4° Dans la Biographie universelle de Michaud, où l'article *Ray*, par MM. Cuvier et Dupetit-Thouars, est fort remarquable.

II. *Biographie*.

Jean Ray a eu une vie extrêmement pleine; il est mort à soixante-dix-sept ou soixante-dix-huit ans, quoiqu'il eût une santé assez délicate. Il naquit le 29 novembre 1628, à Black-Notley, près de Braintree, dans le comté d'Essex.

Ses parents étaient dans une position de fortune très-médiocre; son père était forgeron. Sa mère, femme extrêmement pieuse, aimait à soulager les pauvres et les malades, et avait même certaines connaissances chirurgicales. Il étudia d'abord à l'école de Braintree, et ensuite à celle de Sainte-Catherine, et au collége de la Trinité de Cambridge, où il obtint une bourse, en même temps que le célèbre mathématicien Isaac Barrow, le maître de Newton. Cette position le mit dans les circonstances les plus favorables pour se livrer à l'étude; car ces places, que les Anglais nomment fallowship, ne se quittent point à la fin des études; on les conserve aussi longtemps que l'on ne se marie point, ou que l'on n'obtient pas un bénéfice à résidence, et l'on peut, selon ses goûts, s'y occuper de l'enseignement ou de tout autre travail littéraire. On suppose que l'établissement de Sainte-Catherine étant plus dirigé vers la controverse, Ray avait préféré le second, où l'on cultivait davantage les arts et les sciences.

Dans ce nouveau collége, il eut le bonheur d'avoir

pour tuteur le docteur Dupon, savant fort distingué et surtout excellent helléniste. Il s'y attacha d'abord à connaître bien le grec, le latin et même l'hébreu, ainsi que le français et l'italien.

Sa bonne conduite, son savoir et son éloquence, ou sa facilité à s'exprimer, le firent choisir, la troisième année de son séjour au collége de la Trinité, minor fallow, le 16 septembre 1649, avec son ami Isaac Barrow. Son tuteur, le docteur Dupon, en avait une si bonne idée, qu'il proclama, dans une circonstance, les deux amis comme ses premiers élèves.

Ray devint bientôt major fallow, et, le 1er octobre 1651, professeur de grec; le 1er octobre 1653, lecteur en mathématiques; et, enfin, le 2 octobre 1655, professeur d'humanités.

Il passa successivement par plusieurs charges du collége, et fut pendant son séjour à l'Université tuteur de plusieurs jeunes gens de grand mérite, entre autres de Willoughby, héritier d'une assez grande fortune et gentilhomme d'une ancienne maison anglaise, dont plusieurs branches sont décorées de la pairie.

Éloquent et ayant du goût pour la prédication, Ray prononça plusieurs discours, soit dans son collége, soit à l'Université; l'un de ces discours a été conservé, il y traite *de la sagesse de Dieu dans la création*. Il en prêcha un autre sur ce sujet : *Mundus non senescit*, qui fut fort applaudi. En général, il s'éloignait beaucoup de la mode de ce temps, où les prédicateurs anglais se livraient à un enthousiasme religieux puritain, à l'emphase et à la déclamation.

Il fit encore plusieurs discours *sur le chaos, le déluge, la dissolution du globe;* il en prononça aussi quelques-uns à l'occasion de la mort de deux de ses collègues, dont l'un l'avait aidé dans la publication de son premier ouvrage, le catalogue des plantes de Cambridge. Presque tous ses discours roulèrent sur les sciences naturelles dans la direction théologique.

Le succès qu'eut son petit ouvrage des Plantes des environs de Cambridge, encouragea Ray à entrer dans l'étude des sciences, et surtout de la botanique, pour laquelle il avait montré de très-bonne heure un goût prononcé. Après cela, il commença à voyager en Angleterre, en compagnie de camarades, entre autres de Willoughby, qui n'était que de sept ans moins âgé que lui.

Aussitôt la tranquillité rendue à son pays, par le retour de Charles II et de la famille royale, il songea à entrer dans l'état ecclésiastique, et fut ordonné prêtre le 23 décembre 1660, à Londres, par le savant évêque Sanderson. Ses nouveaux devoirs ne l'empêchèrent pas de continuer ses recherches de botanique ni ses voyages. En effet, il en fit un second avec Willoughby et d'autres compagnons, dans diverses provinces d'Angleterre, de 1661 à 1662.

N'ayant pas voulu prêter le *serment du convenant*, prescrit par l'acte d'uniformité, rendu par le parlement en 1662, et ordonnant à tous les ecclésiastiques de souscrire à certaines propositions qui avaient pour but d'écarter les presbytériens, il perdit, avec sa place de fallow du collége, ses espérances dans la carrière des dignités ecclésiastiques. Dès lors il fut libre de voyager sur le continent, ce qu'il fit avec plusieurs de ses camarades et élèves, et toujours avec Willoughby. Après avoir parcouru la Suisse, l'Italie, la France, ils revinrent en Angleterre en 1666, dans le dessein de mettre en ordre les collections de toutes sortes qu'ils avaient rapportées.

Willoughby s'était attaché particulièrement aux animaux, et Ray aux végétaux. Une année après leur retour, Ray fut nommé membre de la Société royale. Le célèbre Wilkins, évêque de Chester, l'un des fondateurs de cette grande institution, travaillait alors à ce langage universel et philosophique, dont il a donné le plan sous le titre de caractère réel. Il engagea Ray à s'occuper d'une distribution méthodique du règne végétal, qui pût concourir à compléter son projet. Mais, contrarié par le cadre étroit que lui avait prescrit Wilkins, il voulut donner un plus libre cours aux idées qu'il avait déjà recueillies sur la classification des plantes; de là son ouvrage intitulé : *Methodus plantarum nova.*

Le printemps suivant, il entreprit ses expériences sur la nutrition des végétaux, et sur l'ascension de la séve dans les arbres.

C'est en 1670 qu'il changea son nom de Wray en celui de Ray. L'année suivante, il fut atteint de la jaunisse, ce qui ne l'empêcha pas, après sa guérison, de continuer ses expériences sur le mouvement de la séve. Cette même année (1671), il perdit son illustre ami Willoughby, mort dans la trente-septième année de son âge, aux grands regrets de tous ses amis et de tout le monde savant. Il se trouva au nombre de ses exécuteurs testamentaires, et Willoughby lui laissa une pension viagère de soixante louis, avec le soin de l'éducation de ses deux fils, et celui de disposer en corps d'ouvrages les matériaux qu'il avait rassemblés sur les animaux, pour les travaux que, dès leur première connaissance, ils avaient projetés en commun. Ray s'étant consacré avec ardeur à ce double emploi, composa son *Nomenclator classicus*, pour ses élèves, dont l'aîné mourut jeune, et dont le second devint dans la suite pair de la Grande-Bretagne, sous le titre de lord Middleton. Cet ouvrage avait pour but de remédier aux nombreuses erreurs que les dictionnaires renferment sur les sciences naturelles. Le docteur Lister le pria en vain d'aller vivre avec lui à York; il crut devoir se consacrer à l'éducation des fils de son ami. Il perdit bientôt après un autre de ses intimes, l'évêque Wilkins; et se maria le 5 juin 1673. Il publia à cette époque une collection des mots usuels, inusités et locaux anglais; et, à la suite, un catalogue des oiseaux et des poissons d'Angleterre.

A cette époque, Oldembourg, secrétaire de la Société royale de Londres, ayant commencé à publier les Transactions philosophiques, Ray lui fournit un grand nombre d'observations sur toutes sortes de sujets; il fit, en outre, à sa prière, un ou deux discours, pour lesquels il reçut les remercîments du président.

Dès qu'il put mettre au jour quelque chose de ses grands ouvrages, il commença par les observations de Willoughby sur les oiseaux. Bien que ces matériaux fussent encore en désordre et incomplets quand Ray en devint dépositaire, qu'il les ait beaucoup perfectionnés, et qu'il y ait ajouté de nombreuses notes, il regarda comme une obligation d'en élever un monument à la mémoire de son ami, et de les mettre entièrement sous son nom. Il les publia d'abord en latin, comme Willoughby avait laissé ses notes, puis, en 1678, en anglais, avec de nombreuses additions et des figures, aux frais de la veuve de Willoughby.

La mort de sa mère l'ayant rappelé à Black-Notley, lieu de sa naissance, dès lors, moins errant, il put se livrer à perfectionner et à terminer ses ouvrages. Il publia en effet son *Methodus plantarum nova*, en 1682; et de 1686 à 1687, le premier et le deuxième volume de son

Histoire générale des Plantes, pour lesquels il fut puissamment aidé par Sloane, et en 1687, le dernier volume de cette même Histoire générale, pour lequel il fut secouru par le même Hans Sloane, et par Tancrède Robinson.

Dans ce même temps, ne négligeant pas la gloire de son ami, il s'occupa de revoir les notes de Willoughby sur les poissons, d'y suppléer pour la méthode, et au mois d'avril 1688 l'Ichthyologie était publiée.

Ces travaux nombreux, la vie sédentaire qu'il menait, surtout depuis qu'il était retiré à Black-Notley, commencèrent à influer défavorablement sur sa santé; il n'en continua pas moins ce qu'il avait entrepris. Il édita, en 1688, le premier fascicule des plantes britanniques, d'après son catalogue des plantes. Par suite de difficultés qu'il eut avec les libraires et imprimeurs, pour la troisième édition de ce catalogue, il se résolut à lui donner une nouvelle forme, et le fit paraître sous le titre de *Synopsis Methodica stirpium Britannicarum*, en 1690.

C'est en 1691 que, regrettant d'avoir fait tant d'ouvrages qui n'étaient pas de sa profession d'ecclésiastique, il mit au jour son célèbre Traité sur la sagesse de Dieu, manifestée dans les œuvres de la création, ou *Démonstration de l'existence et des attributs de Dieu*, dont les éléments avaient été lus dans les discours prononcés dans la chapelle du collége de la Trinité de Cambridge. Cet ouvrage eut un tel succès, qu'on fut obligé d'en donner de nouvelles éditions, avec de nombreuses augmentations, en 1692, 1701, 1704, 1709 et 1714.

Ce grand succès encouragea Ray à publier ses trois discours physico-théologiques, sur le chaos, le déluge et la dissolution du globe; sujets sur lesquels il avait également parlé à Sainte-Marie de l'Université.

Le talent de coordination que Ray avait montré dans son *Synopsis plantarum*, détermina ses amis, et entre autres Tancrède Robinson, à le pousser à en faire autant pour tous les animaux, et même pour les fossiles.

Il donna donc son *Synopsis methodica animalium quadrupedum et serpentium*. Il envoya de même, en 1694, le *Synopsis avium et piscium;* mais, par incurie ou paresse des libraires, il ne fut publié qu'après la mort de l'auteur, en 1713.

La même année, il ajouta, à la traduction anglaise du Voyage de Rauwolf, un catalogue des plantes de Grèce, de Syrie, d'Égypte, etc. Il donna une seconde édition de son *Catalogus stirpium in exteris regionibus*, sous le titre de *Sylloge stirpium Europæarum extra Britanniam*, dans lequel il comprend les plantes étrangères, sauf celles de l'Inde et de l'Amérique. C'est dans la préface de cet ouvrage qu'il commence ses discussions avec Rivin et Tournefort. Rivin avait fait usage d'une autre méthode phytologique que la sienne; Ray prit occasion, dans sa préface, d'examiner cette méthode et d'en montrer les défauts. Rivin répliqua; et, dès lors, Ray entreprit la publication d'une lettre imprimée en 1678, où il fait une dissertation sur les méthodes, dans laquelle il examine aussi bien celle de Tournefort, qui repose sur la forme des corolles, que celle de Rivin, qui repose sur le nombre des pétales et le nombre des loges du fruit, et il montre la supériorité de la sienne.

Ces discussions si désagréables, si amères même pour les habitudes de Ray, quoiqu'elles se fissent dans de très-bons termes entre ces trois savants, eurent le bon effet de l'obliger à revoir de nouveau sa méthode, publiée en 1682, et elles firent jaillir des étincelles utiles à la science.

Cette révision fut terminée en 1698, et ne put cependant être finie d'imprimer que plusieurs années après, et même ce ne put être qu'à Amsterdam, quoique le titre porte qu'elle a été imprimée à Londres.

Ç'a été son dernier ouvrage, du moins à ce qu'il paraît; la maladie dont il était affecté depuis longtemps, une diarrhée chronique et des ulcères aux jambes, qui ne lui permettaient plus d'aller même à Londres, l'enleva le 17 janvier 1704 ou 1705, dans une maison qu'il avait construite à Black-Notley.

L'évêque Compton et ses amis lui firent ériger, dans le cimetière de Black-Notley, un monument, qui a été depuis transporté dans l'église, et sur lequel on lit une longue et élégante épitaphe latine, de la composition de Guillaume Coyte, qui y apprécie dignement ses qualités, sa conduite et ses travaux.

Nous apprenons cependant, par des lettres écrites à Derham, en 1703, qu'il était fort occupé d'une histoire des insectes, pour laquelle il avait rassemblé beaucoup de matériaux. Derham s'acquitta envers lui du même devoir qu'il avait si bien rempli envers Willoughby, et publia, après sa mort, son *Historia insectorum*, et son *Methodus insectorum*, aux frais de la Société royale. Martin Lister y joignit un traité sur les araignées, que Ray n'avait pas étudiées, parce qu'elles lui faisaient horreur, par préjugé; et un autre traité sur les scarabées d'Angleterre.

Plumier a consacré à la mémoire de Ray une plante qu'il appelle jan raja, et que Linné a corrigée en rajana, type des smilacées.

III. *Énumération méthodique des œuvres de Ray.*

En envisageant les ouvrages de Ray, on voit bientôt qu'ils sont de trois sortes : 1° Étude des langues, 2° préparatoires, et 3° d'application ; mais toujours il dirige son étude vers les sciences naturelles.

I. *Étude des langues.* 1° Son premier ouvrage sur les langues est son *Nomenclator classicus* ou *Dictionarium trilingue*, dans lequel il eut pour but de suppléer à l'insuffisance des dictionnaires alors existants, surtout pour les noms des corps naturels.

2° Collection des mots anglais inusités (en anglais). Dans la première édition, en 1673, il y avait joint un catalogue des oiseaux et des poissons d'Angleterre, et ensuite quelque chose sur les métaux et les minéraux ; dans la seconde, en 1691, il supprima ces catalogues comme incomplets.

3° Son troisième ouvrage sur l'étude des langues, est une collection des proverbes anglais (en anglais) : *Collection of english and other Proverbs*, Cantorbéry, 1678. C'est le plus populaire de ses ouvrages en Angleterre, où il a eu une foule d'éditions.

II. La seconde classe de ses ouvrages, ceux qui ont trait à la méthode appliquée aux corps naturels, consiste :

1° En un Catalogue des plantes des environs de Cambridge, in-8°, Cantorbéry, 1660 ; ouvrage peu important, si ce n'est par sa préface, où il rend compte des obstacles qu'il avait à vaincre, n'ayant aucun guide devant lui ; il y expose aussi les germes de sa méthode.

2° *Catalogue des plantes d'Angleterre et des îles adjacentes, Synopsis Methodica plantarum Britannicarum*, in-8°, 1670-1677. Cet ouvrage fut d'abord donné en anglais et par ordre alphabétique. Il publia ensuite le *Fasciculus stirpium Britannicarum, post editum Catalogum plantarum*, 1688. Dans la nouvelle édition qu'il fit des plantes de la Grande-Bretagne, il les rangea d'après sa méthode, et changea le titre en celui de *Synopsis Methodica stirpium Britannicarum*. Cet ouvrage, qui a été la base de la plupart des flores d'Angleterre, fut enrichi des synonymes des autres botanistes, qui y sont rapportés à leurs espèces avec une rare sagacité; et d'un grand nombre de plantes que l'auteur devait à plusieurs botanistes de ses amis, tels que Dale, Sloane, Petiver, etc. Il en donna une troisième édition fort augmentée, avec l'histoire et la méthode des mousses, des champignons et des fucus.

Après les plantes de son pays, il passe à celles des autres régions, et il donne son *Catalogus stirpium in exteris regionibus à nobis observatarum;* catalogue des plantes européennes, autres que celles d'Angleterre; et, en 1674, il le publia de nouveau sous le titre de *Stirpium europæarum extra Britannias crescentium sylloge.* Il réunit d'abord toutes ces plantes dans un premier catalogue, par ordre alphabétique; ensuite, il reproduisit, dans des catalogues particuliers, toutes celles qui appartiennent à des cantons déterminés, d'après les auteurs qui les avaient observées. De là résulte une esquisse très-curieuse de la géographie botanique de l'Europe. Une synonymie exacte, des notes souvent curieuses, quoique courtes, distinguent ce livre des simples catalogues. La préface en est très-remarquable, parce que c'est là que Ray reconnaît pleinement le sexe des plantes; c'est là aussi qu'il entre en discussion avec Rivin.

Enfin, son dernier ouvrage de méthode fut *le Cata-*

logue des plantes du Levant, joint à la traduction du Voyage de Rauwolf.

III. La dernière classe des travaux de Ray embrasse, 1° une Dissertation sur l'ascension de la séve, publiée d'abord dans les Transactions philosophiques, puis dans son grand ouvrage. Ensuite *Methodus plantarum nova ;* suivi de son *Historia plantarum generalis*, dont le premier volume, en 1686, est dédié à Charles Hatton. Le deuxième parut en 1687, et le troisième en 1704 ; il fut fortement aidé dans cet ouvrage par Hans Sloane, Tancrède Robinson et par les travaux de ses prédécesseurs.

Ses discussions avec Rivin produisirent sa lettre intitulée : *de Methodo plantarum epistola ad Rivinum in qua elementa botanica Di Tourneforii tanguntur*, 1696 ; puis *Dissertatio de Variis plantarum Methodis*, 1696. Mais la meilleure preuve que les objections de ses adversaires étaient réelles, c'est qu'il refondit sa méthode, et la réédita sous le titre de *Methodus plantarum emendata et aucta*, 1703.

Ses travaux botaniques nous conduisent à ses travaux sur la zoologie; et d'abord son *Synopsis methodica animalium quadrupedum et serpentini generis, vulgarium notas characteristicas, rariorum descriptiones integras exhibens : cum historicis et observationibus anatomicis perquam curiosis. Præmittuntur nonnulla de animalium in genere, sensu, generatione, divisione*, etc.

2° *Synopsis methodica avium et piscium*, qui ne fut publié qu'après sa mort en 1713. Il y a beaucoup d'améliorations qui n'étaient pas dans l'ornithologie de Willoughby. Il y a joint un appendice et des gravures.

3° *Ornithologia Franciscii Willughbii ;* d'abord en latin, puis en anglais, traduit par lui, avec de grandes additions et de nombreuses figures gravées aux frais de la veuve de Willoughby.

4° Vient ensuite l'histoire des poissons, dont les matériaux furent préparés par Willoughby ; Ray les revit, les mit en ordre, et les compléta. Elle a pour titre : *Francisci Willughbyi historia piscium cum figuris, recognovit, digessit, implevit Joan. Raius*, Oxon. 1686.

5° Il termine par son *Methodus* et son *Historia insectorum*.

Dirigeant enfin tous ses travaux vers le grand but philosophique, la démonstration de Dieu par ses œuvres, il publie à la fin de sa vie : *de la Sagesse de Dieu dans les œuvres de la création*, en anglais : Démonstration de l'existence et des attributs de Dieu.

Discours théologiques en anglais sur le *chaos*, *le déluge* et *la fin du monde* ; lesquels présentent un système de géologie aussi plausible qu'aucun de ceux qui ont paru à cette époque et longtemps après.

Conseils pour une vie sainte, ouvrage persuasif adressé à Holy Life. 1700.

Voilà donc toujours ce même cercle de vraie philosophie remontant en définitive à Dieu.

Plusieurs des ouvrages de Ray, qui sembleraient au premier abord pleins d'aridité, deviennent intéressants par l'art avec lequel il a su y remédier dans des notes curieuses, non-seulement sur les plantes et leur anatomie, mais à leur occasion sur les autres parties de l'histoire naturelle, en particulier sur les insectes, qu'il avait étudiés en même temps que les végétaux ; il avait aussi reconnu l'hermaphrodisme du limaçon.

Les distributions qu'il a introduites dans les classes des quadrupèdes et des oiseaux, ont été suivies par les naturalistes anglais, presque jusqu'à nos jours ; et l'on trouve des traces sensibles de celle des oiseaux dans Linné, dont il est le précurseur, dans Brisson, dans

Buffon et dans tous les auteurs qui se sont occupés de cette classe d'animaux. L'Ornithologie de Salerne n'est guère qu'une traduction du Synopsis; et Buffon a extrait de Willoughby presque toute la partie anatomique de son histoire des oiseaux. C'est aussi en grande partie, en traduisant ses articles sur les poissons, que Daubenton et Hauy ont composé le Dictionnaire d'ichthyologie de l'Encyclopédie méthodique.

IV. *Éléments des ouvrages de Ray.*

Nous ne reviendrons point sur les observations de Ray, nous les avons fait connaître suffisamment; mais nous devons tracer rapidement l'histoire des principaux travaux de ses prédécesseurs et de ses contemporains.

Gélée, de Dieppe, élève de Montpellier, publia les travaux d'André Dulaurens, son maître, et un abrégé d'anatomie, l'un des premiers écrits en français, tiré de Riolan et de Dulaurens.

Cæcilio Folli, de Modène, né en 1615, professeur d'anatomie à Venise, a travaillé sur la circulation ; il a démontré les vaisseaux lactés sur le cadavre humain, s'est assuré que le chyle se dirigeait, à l'aide des valvules, vers le trou ovale et le canal artériel chez l'adulte; ses ouvrages renferment des idées ingénieuses, et même des découvertes réelles ; c'est à lui qu'est due l'anatomie complète de l'oreille, la découverte des canaux demi-circulaires, du limaçon, des quatre osselets de l'ouïe et de leurs muscles.

Pendant que la somme des faits s'agrandissait, la direction de Bacon se développait. Pierre Gassendi, né à Chantersier, près de Digne, en Provence, le 22 janvier 1592, est l'un des hommes les plus remarquables de son époque; antiquaire, historien, biographe, physicien, naturaliste, astronome, géomètre, anatomiste, prédicateur, métaphysicien, helléniste, dialecticien, écrivain élégant, érudit guidé par une sage critique, il a parcouru le cercle presque entier des sciences et des arts; il a porté partout un bon esprit, de laborieuses et d'ingénieuses recherches. Il fut en France le premier disciple de Bacon, le digne ami de Galilée et de Képler, le précurseur de Newton et de Locke. Ses liaisons avec un grand nombre de savants ne contribuèrent pas peu au progrès de ses idées; il occupa plusieurs chaires en différents endroits, mais la plus importante fut celle de lecteur de mathématiques au collége royal de France, à Paris; il y eut un concours nombreux d'auditeurs, y mit en honneur l'étude de l'astronomie, trop négligée jusqu'alors. Mais l'enseignement fatigua sa poitrine, et après avoir langui quelque temps, il mourut le 14 octobre 1655. Ses principaux ouvrages qui nous intéressent, sont 1° *Exercitationes paradoxicæ adversus Aristotelem*, etc. Dans cet ouvrage, il entreprend de combattre l'enseignement péripatéticien alors existant; c'était la direction de Bacon : mais moins modéré que le baron de Vérulam, et d'ailleurs, attaquant de front tout l'enseignement régnant, il dut soulever, et souleva en effet, beaucoup d'opposition [1]. Il combattit Descartes, et travailla à réhabiliter Épicure et sa philosophie mieux comprise. Ayant profondément médité Bacon, il l'a analysé et jugé dans son *Syntagma philosophicum*, d'une manière vraiment supérieure, et qui ne contribua pas peu à la fortune de Bacon en France. A l'exemple de

[1] Il publia aussi un petit traité, intitulé : *de Septo cordis pervio.*

Galilée, et suivant les préceptes du philosophe anglais, il s'est dirigé par l'interprétation de la nature, et a par là fait plusieurs découvertes dans les sciences physiques et anatomiques, et préparé la voie à un grand nombre d'autres.

Gassendi saisit avec une grande habileté le côté faible des systèmes physiques et mathématiques que Descartes élevait avec tant de hardiesse et d'assurance. Il découvrit surtout le vice de l'opinion sur les idées innées, de l'emploi du doute méthodique, de la preuve de l'existence de Dieu par son idée. Mais dans une telle controverse, qui ne laissa pas que d'être animée, Descartes eut tout l'avantage en apparence; il se tint dans une région supérieure, et il écrivait en français; ses créations étaient neuves et offraient un ensemble imposant. Gassendi s'attachait à des critiques de détails, élevait des doutes et raisonnait. Ses écrits, quoique moins lus, préparaient cependant la suite des causes qui devaient amener la chute du cartésianisme.

Le plus grand, le plus remarquable des travaux de Gassendi, c'est d'avoir essayé d'introduire la philosophie d'Épicure, mieux appréciée, mieux comprise, dans le christianisme. Cette tentative se joignait chez lui aux attaques contre la philosophie péripatéticienne des écoles; ce qui, au fond, n'était pas autre chose que ramener à l'étude de la nature par l'observation; mais les esprits n'étaient pas encore disposés; la mémoire d'Épicure était encore chargée des anathèmes que les stoïciens avaient accumulés contre lui. Vainement, depuis le quinzième siècle, plusieurs auteurs remarquables avaient successivement tenté de rappeler sur ce philosophe une attention plus impartiale; ils avaient eu à lutter contre de trop fortes préventions. Avant de justifier Épicure, il fallait le faire connaître; c'est ce qu'entreprit Gassendi par des travaux immenses; il essaya de le rétablir dans son intégrité, en recueillant de toutes parts, et discutant tout ce qu'il trouva de relatif à sa vie et à ses maximes; loin de dissimuler ses erreurs, il les combattit au contraire, surtout celles que l'enseignement de l'Église condamnait; il s'efforça de rétablir les preuves de la simplicité et de l'immortalité de l'âme : il fit voir combien la morale d'Épicure avait été dénaturée, avec quelle injustice on avait calomnié ses mœurs et sa conduite privée. Il montra que cette volupté, recommandée par Épicure, et dont ses disciples abusèrent, n'avait été réellement, dans sa doctrine, comme dans ses exemples, que la paix intérieure et le bien-être obtenus par la modération des désirs et la pratique de la vertu. En systématisant tous les fragments qui nous sont restés d'Épicure, il vit essentiellement, dans ce philosophe, le fidèle observateur de la nature et le plus grand physicien de l'antiquité, cherchant, dans l'expérience, l'explication des phénomènes et la connaissance des lois générales; fondant la morale sur les facultés et la destination de l'homme, la logique sur la bonne conduite de l'esprit. Enfin, le *Syntagma philosophicum*, qui renferme l'ensemble de la doctrine propre à Gassendi, n'est qu'une combinaison des doctrines d'Aristote et de celles d'Épicure, avec les modifications réclamées par les principes du christianisme; il y admet, avec les anciens, une âme matérielle du monde, et suppose, dans l'homme, deux âmes, l'une simple et raisonnable, l'autre matérielle et animale.

L'influence de Gassendi a été immense; faisant suite à Bacon, ils ont tous les deux poussé à l'expérience, et ont appris à la créer à volonté; tandis que Descartes, après s'être, dans sa méthode, rencontré avec Bacon, abandonna la route qu'il avait tracée lui-même, pour se livrer aux enfantements de son génie. Mais dans Bacon, et Gassendi surtout, se trouvent, la méthode pure d'Aristote, et puis peut-être aussi le premier germe de l'exagération vers l'expérience, que nous avons dû remarquer dans l'école d'Épicure en Grèce.

Revenons aux collecteurs de faits. Jean Desmoulins, médecin de Lyon, traduisit les Commentaires de Mathiole sur Dioscoride, et rédigea l'Histoire des plantes, dite de Lyon, avec les matériaux rassemblés par Daléchamps. Ses ouvrages ont eu peu de portée.

Fabius Columna, né à Naples en 1567, publia, dès l'âge de vingt-cinq ans, un ouvrage qui le plaça au rang des plus grands botanistes de son siècle. Il se proposa de déterminer, dans cet ouvrage, toutes les plantes dont avaient parlé les anciens. Ses observations sur les poissons et d'autres animaux peu connus des bords de la Méditerranée, celles sur les plantes de la principauté d'Équicoli, de Cirinola et de Campollari, lui fournirent les matériaux d'un autre ouvrage, dans lequel il posa les vrais principes de la botanique, en indiquant la marche à suivre, et en établissant des genres naturels. Il développa ses principes dans ses notes à l'histoire naturelle du Mexique, entreprise par l'Académie des Lyncées, sur l'ordre du prince Cési. C'est là que, pour éviter toute équivoque, il proposa de se servir du mot pétale pour désigner la partie brillante de la fleur que l'on nommait feuille. Il paraît être le seul philosophe de son siècle qui ait compris l'importance des principes lumineux établis par Césalpin en botanique. Tournefort lui a rendu hommage, en déclarant qu'il avait ouvert la route à la formation des genres; on doit à ses recherches la connaissance de plus de quatre-vingts plantes très-rares. C'est aussi lui qui le premier a reconnu les dents de squales fossiles.

King, savant anglais, avait écrit sur la fourmi; et Guédart, naturaliste et peintre hollandais, s'était spécialement adonné à l'étude des insectes; il est le premier qui ait bien observé et décrit leurs métamorphoses; et son ouvrage est enrichi de dessins coloriés très-exacts.

Lister, médecin et naturaliste anglais, ami de Ray, et voyageur observateur de la nature, a été proclamé par Linné, qui le cite souvent, le plus riche des conchyliologistes de son temps : ses travaux d'histoire naturelle et d'anatomie des mollusques sont pleins d'observations exactes et curieuses; ils indiquent souvent avec précision les rapports naturels des animaux qu'il décrit. Lister était en correspondance avec Ray, qui le consultait sur les petits animaux. Il fit entrer dans ses études les pierres ayant la forme de coquilles, ou les fossiles.

Bauhin, Jean et Gaspard, tous deux frères, sont remarquables par des goûts et des travaux semblables sur la botanique. Leur père était un médecin français, né à Amiens, mais eux naquirent à Bâle. Jean Bauhin publia, en 1650, une Histoire universelle des plantes, en 3 volumes in-fol., dans laquelle on trouve les figures assez mal exécutées de trois mille quatre cent vingt-huit espèces de plantes, et la description de cinq mille deux cent soixante-six; elles y sont distribuées en quarante livres, d'après quelques-unes de leurs parties, d'après leur durée, leur grandeur respective et leurs qualités. Gaspard, après avoir parcouru les plaines, les forêts, les montagnes, et avoir recueilli tout ce que ses prédécesseurs, tant anciens que modernes, avaient écrit sur les végétaux, signala six mille plantes, de la manière la plus avantageuse aux progrès de la botanique. Cet ouvrage, fruit d'un travail assidu de quarante années, est utile par son exactitude. L'auteur a su distinguer un assez grand nombre de familles naturelles; ses deux premiers livres contiennent, presque sans mélange, les plantes monocotylédones comme on les distingue maintenant; mais son grand mérite est d'avoir établi comparativement l'identité des plantes mentionnées par ses prédécesseurs, et d'avoir déterminé leur espèce par un nom et une phrase très-courte, qui en donne la définition et la différence, en rapportant à chacune le nom des auteurs qui en avaient parlé. Ses travaux en anatomie ne furent pas moins remarquables; le premier il a aperçu la valvule qui porte son nom, et qui est située entre l'iléon et le colon. Les deux frères Bauhin ont publié sur la botanique un assez grand nombre d'ouvrages; il est à regretter pour la science qu'ils n'aient pas réuni leurs efforts et leurs lumières.

Nous ne reviendrons point sur Césalpin, qui fut aussi excellent botaniste qu'anatomiste distingué; nous en avons parlé à la suite de Harvey.

Lobel, né à Lille en 1538, a beaucoup écrit sur la botanique, pour l'étude de laquelle il fit un assez grand nombre de voyages. Son plus grand mérite est d'embrasser les rapports des plantes, comme leurs formes, leurs vertus médicales, leurs différents usages; s'il n'a fait qu'imiter en partie ses prédécesseurs, aucun d'eux cependant n'avait encore séparé, d'une manière si tranchée, les monocotylédones d'avec les dicotylédones. Ses différentes sections sont précédées d'un tableau synoptique, tel qu'il n'en avait point encore paru. Il a fait connaître un assez grand nombre de plantes. Ray lui reproche de s'être quelquefois laissé tromper par sa mémoire.

Robert Hooke, plus célèbre mécanicien et métaphysicien que grand naturaliste, avait cependant dirigé ses études vers les sciences physiques et naturelles. Il a publié un ouvrage intitulé : Mycrographie, ou Description physique des plus petits corps. La physique et surtout la mécanique lui doivent beaucoup; mais l'originalité de son esprit l'empêcha de faire tout ce qu'il aurait pu, et il se trouva en concurrence avec Huyghens, auquel les mathématiques et l'astronomie doivent tant de découvertes remarquables, aussi bien que les sciences physiques, et qui mérita d'être appelé en France par la généreuse protection du grand roi. Huyghens travailla spécialement sur l'optique et les instruments propres à perfectionner cette science. Il n'est pas de notre sujet d'entrer dans le détail de ses immenses travaux.

Guillaume Pison, naturaliste hollandais du commencement du dix-septième siècle, nous intéresse davantage. Il accompagna le prince de Nassau dans son voyage au Brésil, et emmena avec lui deux jeunes savants allemands, Marggraw et Kranitz, pour l'aider dans ses recherches d'histoire naturelle. Les découvertes de Pison et de Marggraw furent publiées par Laet, sous le titre d'*Historia naturalis Brasiliæ*, Leyde, 1648. Pison revit lui-même son ouvrage, et en donna une seconde édition. Il est encore cité par ceux qui écrivent sur les végétaux d'Amérique; il a fait connaître plus de cent plantes nouvelles, et il est un des auteurs qui aient donné les premiers détails un peu étendus sur la canne à sucre et la fabrication du sucre. C'est encore à lui qu'on doit l'importation en Europe et la description de l'ipécacuanha, qui fut dès lors adopté en médecine.

La botanique prend donc un nouvel essor. Les descriptions et les figures de Dodonée et de Lobel, surtout celles de l'Écluse, éclairaient et facilitaient la science. Mathiole et Dalechamps avaient ouvert la route à Bauhin ; Gesner avait fait sentir la nécessité de tirer de la fleur et du fruit les caractères distinctifs des plantes; Césalpin avait donné le premier modèle d'une méthode plus approchante de la nature. L'Écluse ne parut pas avoir compris le mérite d'un aussi important progrès ; du moins, il n'a réuni en familles que les plantes qu'il est impossible de séparer, et nulle part il ne fait mention de rapports naturels; mais il se montra vraiment supérieur dans ses descriptions, qui n'ont point encore été surpassées, excepté pour quelques détails de la fleur et du fruit, auxquels on n'attachait pas encore assez d'importance. Il a introduit dans la science les plantes de l'Espagne et de plusieurs autres pays où il avait voyagé, un assez grand nombre de plantes exotiques, qu'il avait connues par ses relations avec plusieurs navigateurs anglais, et par la lecture et la traduction de plusieurs auteurs portugais et espagnols. Son principal ouvrage, partagé en dix livres, contient les dessins de mille trois cent quatre-vingt-cinq plantes.

François Hernandez, naturaliste espagnol, envoyé par Philippe II dans ses possessions de l'Amérique septentrionale, pour y faire des observations et en décrire les productions, n'a pas publié lui-même ses travaux. Ses papiers furent achetés par Cési, fondateur et président perpétuel de l'Académie lyncéenne, qui en fit un ouvrage [1]. C'est Hernandez qui a ouvert aux naturalistes européens les trésors des trois règnes dans le nou-

[1] *Nova plantarum, animalium et mineralium historia, etc.*

veau monde. Ses descriptions, trop succinctes pour la botanique, s'étendent davantage sur les vertus des plantes, en donnant leurs noms mexicains. Les huit premiers livres sont consacrés aux plantes; les autres à l'histoire naturelle des animaux et des minéraux, dont Recchi n'a publié qu'un extrait traduit en latin. Les collaborateurs de Recchi ont enrichi l'ouvrage de notes, pour classer les plantes et les rapprocher de leurs analogues connues en Europe.

Jean de Laet, directeur de la Compagnie des Indes occidentales, doit trouver place ici pour son *Histoire du nouveau monde, ou Description des Indes occidentales;* ouvrage dont le père Charlevoix dit, qu'il est rempli « d'excellentes recherches, tant par rapport aux établissements des Européens dans l'Amérique, que pour l'histoire naturelle, le caractère et les mœurs des Américains. » Il était difficile de mieux faire à l'époque où il écrivait; son livre offre un résumé judicieux de tout ce qui avait été écrit sur l'Amérique [1].

Jean-Eusèbe Nieremberg, célèbre jésuite espagnol, envoyé par ses supérieurs dans les montagnes de l'Algarie, pour porter aux pauvres habitants de ces contrées les lumières et les secours dont ils étaient privés, s'y appliqua en même temps à l'étude des plantes et des minéraux. Il acquit des connaissances si étendues en histoire naturelle, qu'il fut appelé à Madrid pour y professer cette science, et, pendant quatorze ans, il en donna des leçons, qui ne furent interrompues que par les voyages qu'il fit dans les Pyrénées, en France, en Italie, etc., afin d'examiner les phénomènes les plus curieux. L'ouvrage qu'il a publié est un traité assez intéres-

[1] *De gemmis et lapidibus libri duo.*

sant de l'histoire naturelle des Indes; il y a parfois des choses peu exactes, mais il y a aussi des détails que l'on ne trouve pas ailleurs. Naturaliste chrétien, et par conséquent philosophe, il admit la série animale et même la série des êtres, en la formulant à priori d'une manière complète.

Aldrovande, né en 1527, professeur à Bologne, consacra sa vie et sa fortune à faire *sa grande Histoire naturelle*, qu'il ne mit lui-même au jour qu'en partie, et que sa veuve acheva de publier après sa mort, avec le secours de plusieurs auteurs. Ce n'est qu'une compilation et une copie tirée en grande partie de Gesner, dont il suit le plan. Buffon dit qu'on réduirait son ouvrage au dixième, si l'on en retranchait toutes les inutilités.

Morison, que sa vanité a peut-être fait juger trop sévèrement par ses compatriotes, naquit en Écosse en 1620. Botaniste des plus distingués de son temps, il avait particulièrement étudié les fruits, dont il avait recueilli 1,500 espèces différentes; il fut aussi conduit à signaler l'importance des affinités naturelles des autres parties de la plante, en insistant sur la nécessité de fixer des caractères génériques; telles sont les idées fondamentales de ses ouvrages et de ses cours. En exposant aussi des vues générales sur la méthode, il les appliqua d'abord à la famille des ombellifères, qu'il divise en neuf chapitres, accompagnés de huit tableaux synoptiques, indiquant les affinités et les différences des genres. Il tire son principal caractère du fruit, en faisant pour la première fois valoir les stries, ou côtes relevées sur la graine, dont on a depuis tiré un grand parti. Il a repris plusieurs autres familles déjà formulées; mais il en a donné les motifs. En un mot, il avait très-puissamment avancé le travail de Ray, qui pourtant semble lui avoir peu emprunté, à cause de la manière peu avantageuse dont Morison avait parlé de ses prédécesseurs.

Junge, philosophe de l'école de Bacon, au milieu d'une vie traversée par les amertumes que lui suscitèrent les partisans fanatiques d'Aristote, laissa des travaux sur les sciences physiques et naturelles, qui sont loin de manquer d'intérêt; la plupart ont été publiés après sa mort.

Grew, médecin anglais, né en 1628, porta particulièrement son attention sur l'anatomie et la physiologie des plantes. Son anatomie des plantes, en trois volumes, est le plus important de ses ouvrages, dont le dernier caractérise la belle direction théologique, qui ne fut jamais interrompue en Angleterre; il a pour titre : *Cosmographie sacrée*, ou *Traité de l'Univers*, l'ouvrage et le royaume de Dieu. Observateur infatigable, il amassa de nombreux faits pour les philosophes généralisateurs, et, si ses idées ne sont pas demeurées dans la science, ses découvertes et ses observations sont toujours intéressantes. On l'a regardé comme ayant le premier découvert l'universalité des sexes dans le règne végétal.

Malpighi, né à Crevalcuore, près de Bologne, le 10 mars 1628, a laissé un grand nom dans les sciences naturelles et la médecine; il s'occupa surtout d'anatomie délicate, tant de l'homme que des animaux et des plantes. Employant avec beaucoup de succès le microscope, il a éclairé plusieurs points d'anatomie transcendante. La physiologie botanique lui doit également beaucoup [1]. Il mourut médecin du pape Innocent XII.

[1] Malpighi a publié, I. *Observationes anatomicæ de pulmonibus.* Bologne, 1661, in-fol.; *de Pulmonum substantiâ et motu.* Leyde, 1672. II. *Epistolæ anatomicæ de linguâ, de cerebro, de externo*

Le tableau rapide que nous venons de tracer des travaux scientifiques de cette époque et des éléments fournis à J. Ray, nous prouve qu'au milieu de l'abondance des faits recueillis de toutes parts, un besoin de la plus haute importance se faisait sentir : sans une méthode, la science ne pouvait plus marcher; les nombreux essais que nous avons vu faire ne laissent aucun doute sur les désideranda de la science à ce sujet. Tous ces essais étaient partiels; la méthode, embrassée enfin dans tout son entier, va être appliquée à tous les corps de la nature, dans les ouvrages de Ray qu'il nous reste à analyser. Chez lui, elle est de celles qu'on appelle, et qui sont artificielles. Il devait en être ainsi; la méthode naturelle ne pouvait venir qu'après de nouvelles observations, et une connaissance plus approfondie de la nature et de ses lois: or ces mêmes études ne pouvaient se réaliser sans une méthode qui vînt aider et diriger l'esprit, et qui devait donc être d'abord artificielle, et essayée ainsi à plusieurs reprises avant de pouvoir atteindre à une systématisation plus conforme à la nature mieux connue.

V. *Analyse des ouvrages de Ray.*

Bien que Ray ait été chargé de la publication des

tactus organo, de omento, de pinguedine et adiposis ductibus. Bologne, 1661-65. C'est dans cet ouvrage qu'il traite du réseau vasculaire, ou *corps muqueux* de la peau qui porte son nom. III. *De Viscerum structura exercitationes anatomicæ; accedit dissertatio de polypo cordis.* Bologne, 1666. IV. *Dissertatio epistolica de formatione pulli in ovo.* Londres, 1666-73. V. *Dissertatio epistolica de Bombyce.* Londres, 1669. VI. *Anatome plantarum cum appendice de ovo incubato.* Londres, 1675. 2 vol. in-fol., av. fig. VII. *Epistola de glandulis conglobatis.* Londres, 1689. VIII. *Consultationum medicinalium centuria prima.* Padoue, 1713; par les soins de J. Gaspari, médecin de Vérone.

œuvres de son ami Willoughby, ses travaux les plus considérables portent sur la botanique; mais la méthode appliquée à toutes les parties de la science est son ouvrage.

Son plus grand travail sur la botanique a pour titre: « *Historia plantarum,* Histoire des plantes, embrassant « les espèces publiées jusqu'ici, et un grand nombre « d'autres nouvellement connues et décrites; traitant « d'abord des plantes en général, et de leurs parties, « accidents et différences; ensuite tous les genres, tant « principaux que subalternes, jusqu'aux plus petites es- « pèces, y sont définis par leurs notes et caractères cer- « tains, et disposés dans une Méthode qui suit les ves- « tiges de la nature.

« En troisième lieu, toutes les espèces sont décrites, « les choses obscures sont élucidées, celles omises sup- « pléées, les superflues retranchées, les synonymes « nécessaires ajoutés; enfin, les propriétés et les usages « reçus sont donnés en abrégé. » Tel est le titre de cet ouvrage, qui en est à la fois le plan et l'analyse. Il est dédié à Charles Hatton.

Dans sa préface, après avoir rendu compte de la manière dont il a été amené à l'étude des plantes, il fait connaître son premier but, qui est, dit-il : « d'abord la manifestation de la gloire divine; puisque, en effet, l'inexplicable variété des plantes, leur magnifique beauté, leur immense utilité, sont les plus riches preuves et les arguments les plus puissants de la bonté, de la sagesse et de la puissance infinie du Créateur suprême. Qui traitera dignement cette matière, proposera en même temps à tous, ces divins attributs à connaître, à admettre et à adorer. »

Sa seconde raison déterminante, c'est le besoin de

la science. Il voyait qu'un tel ouvrage était désiré depuis que ceux qu'il l'ont précédé, et qu'il cite, ont écrit sur les végétaux.

Il donne une table explicative des mots abrégés, passe en revue les ouvrages publiés par ses prédécesseurs anciens et modernes, explique dans un petit dictionnaire les termes les plus généraux de la science, et finit par une table générale des plantes par ordre alphabétique.

Le livre premier traite des plantes en général; il renferme huit chapitres. Chap. I. Ray définit la plante, avec Junge, *un corps vivant, non sentant, fixé dans un lieu ou à un siége déterminé, qui peut se nourrir, s'accroître, et enfin se propager;* et il développe chacun des termes de sa définition.

Chap. II. Il y traite des parties des plantes, d'abord en général, et secondement en particulier : 1° de leurs racines; 2° de leurs tiges; 3° des bourgeons; 4° des feuilles; 5° des fleurs; 6° des fruits et des semences; 7° des parties auxiliaires, et, sous ce titre, il comprend les vrilles, les épines, etc.

Son texte est élucidé par des tableaux synoptiques, propres à faire sentir l'ensemble et la substance de sa doctrine. Ainsi, il en donne un des feuilles simples, qu'il divise et dénomme à peu près comme on le fait encore aujourd'hui. Son tableau synoptique des fleurs est très-remarquable.

Chap. III. Des actions des plantes, qui sont la nutrition, l'accroissement et la propagation.

Chap. IV. Des accidents des plantes, eu égard à la quantité, 1° permanente, leur stature, leur grandeur; 2° variable : l'âge et la durée des plantes.

Chap. V. Des qualités des plantes, et 1° de la fraîcheur, de la chaleur, de l'humidité, de la sécheresse;

2° des odeurs et des saveurs; 3° de leurs facultés médicales.

Chap. VI. 1° Du lieu des plantes; 2° des usages que les hommes en retirent pour la nourriture, la médecine, les édifices et les mécaniques; 3° des opérations touchant les plantes, ce qui comprend tout ce qui tient à leur culture, leur collection, leur desséchement et leur conservation; 4° de l'analyse chimique des plantes.

Chap. VII. Des maladies des plantes et de leurs remèdes.

Chap. VIII. Des différences génériques et spécifiques des plantes.

Là il donne une division des plantes dans plusieurs tableaux synoptiques.

Ce premier livre est le tout le plus complet qu'on ait encore sur l'ensemble de la végétation; Ray y a réuni les principales découvertes faites par Césalpin, Columna, Grew, Malpighi, Junge, et les siennes propres. Quoique ce traité n'ait pas été souvent cité, c'est par lui que les doctrines de ces auteurs se sont répandues, et sont devenues, pour ainsi dire, populaires dans la science.

Les autres livres sont consacrés à la description des genres et des espèces, suivant l'ordre de ses divisions. Cet ouvrage contient la substance de tout ce qui avait été écrit avant lui sur les plantes, tant européennes qu'exotiques.

Il faut suivre sa division et sa méthode dans le *Methodus plantarum nova*, édition de 1703, *Methodus plantarum emendata et aucta;* c'est le fruit de ses discussions avec Rivin et Tournefort, et comme un abrégé de son *Histoire des plantes*. Il y consacra les vingt dernières années de sa vie. Résumé de la science de ses prédécesseurs, cet ouvrage a été longtemps le traité le plus complet sur la botanique.

Dans sa préface, il discute les méthodes de Rivin, de Tournefort et d'Hermann.

Elle est suivie d'une dissertation sur les méthodes en général, dans laquelle il pose plusieurs principes adoptés depuis lui. Il réduit à six les règles à observer pour établir une méthode des plantes.

La première est de n'innover que le moins possible, et de ne point changer les noms reçus par l'usage, afin d'éviter la confusion et l'obscurité.

La seconde, de prendre soin de donner aux genres principaux et subalternes des caractères et des notes clairs, distincts, exactement définis, qui ne soient ni obscurs, ni indéterminés, et d'une signification incertaine dans son étendue.

La troisième, que les notes soient visibles, manifestes et faciles à observer pour tout le monde.

La quatrième, que les genres reçus et approuvés par presque tous les botanistes soient conservés.

La cinquième, prendre garde à ne pas séparer les plantes parentes et congénères, et à ne pas associer celles qui sont dissemblables et de genre différent.

La sixième, enfin, de ne pas multiplier les notes caractéristiques des genres sans nécessité; de ne pas en accumuler plus qu'il n'est besoin pour déterminer certainement un genre, de peur de charger la mémoire et de paraître donner, au lieu de notes caractéristiques, une description de la plante.

Ray partage les plantes en ligneuses et en herbacées, distinguant les plantes ligneuses des herbes, par la présence des bourgeons, qu'il n'admet pas dans les dernières, et qu'il définit de nouvelles plantes annuelles qui recouvrent les anciennes. Il repousse sur ce point les idées de Rivin, qui ne faisait pas cette distinction des herbes et des arbres, laquelle a duré jusqu'à Linné.

Ses familles naturelles sont et plus nombreuses et mieux circonscrites ; la distinction des espèces est plus précise et plus complète que chez aucun de ses prédécesseurs. Ses discussions avec Rivin et Tournefort sont très-instructives et pleines d'intérêt. Il a accepté d'une manière positive l'existence des sexes dans les végétaux, mise hors de doute en 1686; il donne à l'organe mâle le nom de mire.

Après avoir exposé dans un tableau général les grands genres de ses deux classes, qu'il termine par les arbres anomaux, il entre dans la description de ces mêmes genres. Il en présente les subdivisions en forme de tableaux synoptiques, renfermant tous les caractères qui servent à déterminer l'espèce, et il y fait entrer toutes les parties de la plante.

Comprenant les coraux parmi les plantes submarines, il en fait deux genres, les lithophytes et les cornalines.

Cette grande méthode est suivie d'une méthode spéciale des graminées, des joncées et des cypéracées.

Les ouvrages botaniques de Ray sont à consulter pour ceux qui veulent approfondir la science.

Zoologie. *Synopsis methodica animalium quadrupedum et serpentini generis*, etc., 1693. Ray traite, dans cet ouvrage, d'abord des animaux en général; il définit l'animal, avec Aristote, *un corps qui jouit de la faculté de sentir et de se mouvoir, bien qu'il ne change pas de lieu.* Il adopte l'existence de l'âme des bêtes, et repousse l'automatisme machinal de Descartes. Traitant ensuite de la reproduction, il combat les générations spontanées ou équivoques; il se demande si tous les animaux, qui ont été ou qui doivent être, ont été créés individuellement, ou bien s'ils sont produits tous les jours par une nouvelle génération; et, après une discussion des opinions diverses, il penche pour le dernier sentiment; pénétrant toujours plus avant, il examine si les animalcules, qui s'accroissent et se perfectionnent par la génération, sont dans l'œuf de la femelle ou dans la semence du mâle. Il discute l'opinion de Lewenhock, et pense que les rudiments de l'animal sont renfermés dans l'œuf de la femelle.

Après ces questions préliminaires, il adopte le sentiment de Gesner sur la distinction en ovipares et vivipares, et arrive à la division méthodique des animaux. Employant toujours la méthode dichotomique, il admet d'abord, et expose, dans un tableau général, la grande division d'Aristote en animaux à sang et en animaux exsangues. Sa critique de la classification ancienne des animaux en vivipares et ovipares est nettement exposée, et fondée sur de bonnes raisons; il en est de même de celle qui repose sur le séjour : elle ne répond, dit-il, nullement à la nature; elle rompt les affinités naturelles, et réunit des genres disparates. Poursuivant toujours la même critique raisonnée, il applique les mêmes principes à chaque grande division de la classification, qu'il résume sous forme de tableaux synoptiques. Cependant il n'a pas toujours suivi rigoureusement ses principes, dans la crainte, dit-il, d'être accusé d'innovation affectée. C'est ainsi qu'ayant accepté la grande division des quadrupèdes vivipares et des quadrupèdes ovipares, il n'a pas osé ranger, parmi les premiers, les cétacés qui leur appartiennent, et qu'il les a laissés parmi les poissons.

Sa première classe est celle des animaux quadrupèdes,

ou plutôt, dit-il, des animaux vivipares à poil, qu'il définit anatomiquement par le poumon et un cœur à deux ventricules ; il les sous-divise, en suivant Aristote, par la forme des ongles, en ongulés et en onguiculés. Ses divisions ultérieures sont fondées sur la forme des pieds, sur les cornes, sur les dents, ce qui le conduit aux genres *bovinum*, *ovinum*, *caprinum*, *caninum*, etc., qu'il prend l'un après l'autre dans un chapitre spécial pour chacun, en décrivant toutes les espèces qui se rapportent à ce genre. Il a une sous-classe d'animaux, comprenant le hérisson, le tatou, la taupe, la musaraigne, le tamandua, la chauve-souris et l'aï. Il est remarquable qu'il a le premier rejeté tous les animaux fabuleux de Pline, tels que la monocérote, la leucrocote, etc.

Quoiqu'il comprenne les amphibiens, les tortues et les autres reptiles à membres sous le titre d'animaux quadrupèdes, cela ne l'a pas empêché de les réunir dans une même classe avec les serpents.

La méthode a donc fait un grand pas. Les distributions de Ray sont nettes et aussi bonnes qu'elles pouvaient l'être. En établissant ses divisions des quadrupèdes vivipares ou animaux à poil sur la considération des ongles, il préparait la voie à Linné, qui n'aura plus à prendre dans les genres *bovinum*, *ovinum*, *cervinum*, que les noms *bos*, *ovis*, *cervus*, etc., pour en former les genres. Ray a encore très-bien distingué les singes par leurs ongles plats comme dans l'homme ; enfin il a admis des *incertæ sedis*.

Il n'est pas aussi heureux pour les quadrupèdes ovipares, parce que, dit-il, il n'osait toucher les reptiles, par un préjugé que partagera avec lui le grand Linné.

Pour les oiseaux, nous avons d'abord l'Ornithologie de Willoughby, ouvrage très-remarquable, rédigé par Ray.

Il se divise en trois livres, dont le premier renferme les généralités, l'anatomie externe et interne, la physiologie [1], les mœurs et l'habitation. Il traite ensuite de la division des oiseaux en terrestres et en aquatiques, sous-divisés par la forme du bec, des pieds et des ongles. Le dernier chapitre contient le catalogue des oiseaux permanents et des oiseaux de passage de la Grande-Bretagne, classés suivant sa méthode, avec le nom anglais à côté du nom latin.

Le livre second est consacré aux oiseaux terrestres, dont il parle dans l'ordre de sa classification. La première partie embrasse les oiseaux à bec et ongles crochus : Ire section, *rapaces diurnes* ; IIe section, *rapaces nocturnes* ; IIIe section, *oiseaux à ongles crochus*, *frugivores* ou *perroquets*.

Deuxième partie : oiseaux à bec et ongles droits. Ire section des plus grands oiseaux, tels que *corvus*, *pica*, *picus*, *gallina*, etc. IIe section, des oiseaux plus petits, tels que *alauda*, *hirundo*, *regulus*, etc.

Troisième partie. Second membre des petits oiseaux à bec, grand, épais et fort; les genres *passer*, *fringilla*, etc.

Troisième livre. Oiseaux aquatiques. Ire partie, oiseaux aquatiques fissipèdes, qui vivent aux environs des eaux. Ire section, oiseaux aquatiques fissipèdes très-grands, *grus*, *jabiru*, etc. IIe section, fissipèdes piscivores, *ardea*, *ciconia*, *ibis*, *platea*. IIIe section, ceux qui fouillent la vase, à bec ténu, très-long et droit, *scolopax*, *gallinago*, etc. IVe section, ceux qui fouillent la vase, à bec ténu, très-long et courbé. V^e^ section, oiseaux aquatiques non piscivores, à bec ténu, de

[1] Tout ce qui tient à la génération est analyse de Harvey.

moyenne longueur. VIe section, oiseaux aquatiques à bec court, *insectivores*.

2e partie. Elle comprend les oiseaux qui tiennent le milieu entre les nageurs et ceux qui habitent près des eaux. Ire section, *fissipèdes nageurs*. IIe section, *palmipèdes*.

3e partie. Des oiseaux palmipèdes à jambes plus courtes. Ire section, *palmipèdes tridactyles*. IIe section, *palmipèdes tétradactyles*.

Il ajoute un appendice des oiseaux suspects ou moins bien décrits, c'est un *incertæ sedis*.

Dans cet ouvrage chaque genre a ses généralités, puis viennent les spécialités.

Il faut y joindre le *Synopsis methodica avium et piscium*, ouvrage posthume de Ray; c'est un abrégé du précédent, augmenté d'espèces nouvelles, et dans lequel la méthode des poissons a été beaucoup réformée.

Comme nous venons de le voir, la classification des oiseaux porte d'abord sur l'habitation, bien qu'il eût rejeté ces sortes de considérations par ses principes; mais ensuite il a égard au bec, à sa forme, aux doigts, à leur forme, leur nombre, leur palmature. Le peu de progrès qu'avait fait l'étude de la structure chez les oiseaux lui a rendu cette partie plus difficile que celle des mammifères.

Il adopte pour les poissons une disposition artificielle, mais en ayant cependant égard à des caractères que l'on acceptera plus tard; il donne même la différence qui sépare les cétacés des poissons, et divise ces derniers en cartilagineux et en osseux; sa caractéristique absolue et différentielle est bonne.

Les mollusques ne sont que subdivisés; il a mieux traité des insectes, qu'il divise d'après les métamorphoses.

Swammerdam avait déjà écrit là-dessus. La classification de Ray sur les insectes est, à peu de chose près, aussi bien que la nôtre.

Ray est donc le créateur de la méthode artificielle ; les résultats auxquels il est arrivé sont plutôt d'instinct que de principes; il n'a point de nomenclature un peu sentie et avancée ; toutefois, avec sa grande sagacité, il a fait un pas immense dans la distribution méthodique des corps naturels. S'il n'a pas compris ce que c'est qu'une méthode naturelle, il a pourtant mis sur la voie qui y conduit, et après quelques pas nécessaires encore, nous la verrons naître.

SECTION IV. — LINNÉ.

1707—1778.

I.

Jean Ray fut le précurseur de Linné; sans lui, le Suédois n'aurait probablement jamais accompli toute son œuvre. Ray ne pouvait prétendre à la recherche d'une méthode naturelle; le premier pas de la méthode, appliquée aux corps naturels, devait être artificiel; cependant, dans ses mains, toutes les parties des sciences naturelles auxquelles il a touché, ont été perfectionnées. Arrive maintenant un homme qui, dans la même voie, a marché beaucoup plus loin, en ajoutant à la méthode la nomenclature, qui en est la conséquence rigoureuse et la traduction scientifique.

C'est ainsi que tous les efforts que nous étudions, étaient chacun dans les besoins de la science à l'époque où ils sont venus, et déterminés par les progrès mêmes de cette science; Linné continue Ray presque exactement, puisqu'il est né en 1707, et que Ray est mort en 1705.

II. *Éléments et extrait de la biographie de Linné.*

Les éléments de la biographie de Linné sont très-nombreux; mais les plus importants nous paraissent avoir été fournis par Richard Pulteney, dans la Vie de Linné qu'il a publiée en 1781, à Londres.

Gilibert, naturaliste de Lyon, qui a beaucoup travaillé sur les œuvres de Linné, a donné sa Vie en 1787. Condorcet a fait son éloge comme secrétaire de l'Académie des siences. George Cuvier a écrit l'article *Linné* dans la Biographie universelle de Michaud.

Biographie. Charles von Linné, de tous les naturalistes du dix-huitième siècle, celui dont l'influence a été la plus universelle, naquit à Roeshult, village de Smolande, en Suède, de Nils ou Nicolas Linnæus, curé de ce lieu, le 24 mai 1707. Son père, dont la fortune était médiocre, avait un certain goût pour l'histoire naturelle, particulièrement pour la botanique. Il cultivait des plantes médicinales dans son jardin. Quoique destiné, comme cadet d'un frère aîné voué au presbytère, à une profession mécanique, Charles Linné n'en fut pas moins envoyé à l'école de Wexioe, dès l'âge de dix ans. Cette école était tenue par un ouvrier en laine. Dès lors se manifesta un goût prononcé pour l'histoire naturelle, et généralement pour les plantes et les insectes; il négligeait les classes fort peu poétiques du cardeur de laine, leur préférant les champs et les aventures des excursions botaniques. Ses biographes nous donnent peu de détails sur ces premières années de sa vie; ils nous apprennent seulement une histoire, peut-être moins rare qu'on ne pourrait le croire, qui lui arriva, vers sa dix-septième année (en 1724). Son maître, faiblesse trop commune pour n'être pas pardonnable, mesurant tout esprit à ses leçons, méconnut le génie du botaniste naissant, ce déserteur des B, A, BA; il décida son père à le mettre en apprentissage chez un cordonnier, pensant qu'il n'avait aucune aptitude pour l'étude.

Par bonheur, un médecin voisin, nommé Rothmann, frappé du goût que Linné montrait pour l'histoire naturelle, déclara qu'il fallait le soutenir et en faire un médecin. Il le réconcilia avec son père, prédit son avenir, s'occupa de l'instruire, lui fournit des livres, et fut bientôt étonné de la rapidité de ses succès. Il lui donna l'ouvrage de Tournefort, et le plaça à l'université de Lund, en Scanie, chez Kilian Stobœus, professeur d'histoire naturelle, qui, pendant quelque temps, en fit un copiste, sans se douter de son mérite; mais, l'ayant surpris à étudier pendant la nuit, il lui accorda plus d'attention, favorisa son penchant, lui permit de faire usage de ses livres et de ses collections, et l'aida même à en former. Commune destinée de la plupart des hommes d'avenir: les esprits vulgaires les devinent et les aident rarement; trop supérieurs pour se laisser apercevoir, ils doivent arriver seuls au terme. C'est ainsi que Linné développa sa vocation, malgré l'ignorante direction de ses maîtres.

Après une année de séjour à Lund, il passa à l'université d'Upsal, la plus célèbre de la Suède, à l'âge de vingt et un ans; mais il s'y trouva d'abord dans un grand état de pauvreté. Tout a son influence dans la vie d'un homme; le génie se fortifie dans la lutte. Au milieu de son dénûment, Linné fut peut-être heureux de se rappeler les souvenirs de son premier apprentissage.

Ses biographes assurent que, pour avoir des souliers dont il pût se servir, il était obligé de recourir à ceux que ses camarades laissaient, et d'en solidifier la semelle avec des thèses. Il est assez probable qu'il rendit avec usure à la science la perte que sa chaussure lui occasionnait ainsi! Obligé, pour subsister, de donner des leçons de grammaire latine à des enfants, il fut assez heureux pour se rencontrer le précepteur des enfants d'Olaus Celsius.

A Upsal, il se lia d'une amitié intime avec Artédi, un de ses condisciples, qui avait le même penchant que lui vers les sciences naturelles. Cette association, qui dura jusqu'à la mort de celui-ci, eut, comme celle entre Ray et Willoughby, les effets les plus heureux sur les études de chacun d'eux, par l'émulation et les conseils mutuels qu'ils se donnaient. Linné fut bientôt fortement encouragé dans ses études, et surtout en botanique, par Olaus Celsius, qui, en sa qualité de professeur de théologie, avait entrepris, à l'imitation du Hierozoicon de Bochart, un Hierobotanicon. Sentant combien Linné pouvait lui être utile dans son entreprise, il chercha à l'employer. Bientôt il conçut pour lui une telle amitié, qu'il le prit dans sa maison et à sa table, mettant à sa disposition les livres de sa bibliothèque et les plantes de son jardin. Plus tard, Linné, parvenu à un haut point de gloire et à un état de fortune satisfaisant, se plaisait à nommer Olaus Celsius son Mécène.

Ces facilités, jointes à sa grande assiduité au travail, le mirent, au bout de deux ans, en état de suppléer quelquefois le professeur de botanique Rudbeck dans sa chaire, et de commencer à y développer ses principes de philosophie botanique. Dès ce moment il conçut les premières idées de la grande réforme qu'il opéra dans la suite; on voit même, dans un catalogue du jardin d'Upsal, qu'il donna, en 1731, les premières indications de la méthode sexuelle. Il se fit assez connaître, dès lors, pour être envoyé, aux frais de la Société royale des sciences d'Upsal, en Laponie, pour en recueillir et en décrire les plantes. Faisant ce voyage à pied, exposé à toutes les intempéries du climat, il descendit jusqu'au bord de la mer, dans la Laponie norvégienne, et, après avoir fait le tour du golfe de Bothnie, il revint à Upsal par la Finlande et les îles d'Aland. A son retour, il voulut donner des leçons de botanique; mais il en fut empêché par la jalousie d'un médecin nommé Rosen. Ces désagréments l'engagèrent à se retirer à Fahlun, ville de Dalécarlie, célèbre par ses mines. Il chercha à y vivre chétivement, par quelque pratique de la médecine et par des leçons de minéralogie; il y serait demeuré, si une jeune personne, dont il désirait la main, n'eût exigé qu'il remît leur mariage à trois ou quatre ans. Alors il voyagea dans le Danemark, une partie de l'Allemagne, et vint en Hollande, où il se fixa jusqu'en 1739. Par la protection de Boërhaave, il fut reçu docteur en médecine à Leyde; sa thèse avait pour titre : *de febrium interiorum causâ*. A vingt-huit ans, il publia la première édition du *Systema naturæ*, sous forme de tables, douze pages in-folio. La protection de Boërhaave lui procura encore la connaissance de George Clifford, riche propriétaire, qui avait la passion des sciences naturelles, et possédait un jardin, un cabinet et une bibliothèque magnifiques. Linné jouit pendant trois ans, chez cet excellent homme, de tous les secours qui pouvaient étendre ses connaissances, et favoriser le développement de ses idées : aussi n'a-t-il manqué aucune occasion de publier tout ce qu'il devait à Clifford; et l'on peut dire qu'il a immortalisé ce bienfaiteur par les ouvrages qu'il a publiés chez lui, l'*Hortus Cliffortianus* surtout, Leyde, 1736, in-4°, ouvrage considérable, orné de trente-deux planches. C'est vers ce temps qu'il se rendit en Angleterre, où, malgré sa réputation et les recommandations de Boërhaave, il fut assez mal reçu par Sloane et Dillenius, alors les plus fameux naturalistes anglais. Il éprouva à Paris un accueil plus aimable, et se lia pour la vie d'une amitié tendre avec Bernard de Jussieu. De retour en Hollande, il s'occupa, de 1736 à 1737, de la publication de ses *Fundamenta botanica*, et de son *Genera plantarum*. Il publia après ses *Classes plantarum*; puis l'Ichthyologie d'Artédi, qui venait de mourir. Ne pouvant obtenir de l'emploi à Leyde, parce qu'on l'attachait à une condition qui répugnait à son cœur reconnaissant envers Boërhaave, dont on voulait remplacer la méthode par le système sexuel dans le jardin botanique, il retourna en Suède, où il ne fut pas d'abord reçu comme il semblait le mériter. Cependant, par la protection du baron de Geer, à qui nous devons sept volumes d'excellents mémoires sur les insectes, et aussi par celle du comte de Tessin, sénateur du royaume et gouverneur du prince royal, il fut recommandé au roi et à la reine, nommé à une place de médecin de la flotte, et chargé de faire des leçons publiques de botanique dans Stockholm, la capitale; en 1739, il joignit à ces emplois le titre de médecin du roi, et celui de président de l'académie des sciences, qui venait de se fonder à Stockholm. En 1740, il se maria avec cette jeune personne de Falhun, qui lui avait promis d'attendre qu'il eût assez de fortune, lors de son séjour en ce pays, trois ou quatre ans auparavant.

Enfin, en 1741, par la retraite de Robeck, qui avait

succédé à Rudbeck dans la chaire d'histoire naturelle d'Upsal, Linné devint professeur de botanique dans cette université. C'était là le dernier terme de ses désirs. Les chaires d'Upsal, aussi honorables que bien rentées, sont les places les plus considérables auxquelles un homme de lettres puisse prétendre en Suède. Linné occupa cette chaire pendant trente-sept ans; il y fut entouré d'élèves nombreux, dont il se fit autant d'amis zélés.

Dès lors, chaque année, il publia un ou deux ouvrages importants sur quelques points de la botanique. Il fit aussi, par ordre des états du royaume, des voyages en diverses provinces de Suède, afin d'en recueillir les productions naturelles; et il en a publié des relations en suédois.

En 1748, il publia la sixième édition de son *Systema naturæ*; en 1751, la *Philosophia botanica*, deuxième édition, refondue et augmentée de ses *Fundamenta;* en 1753, le premier volume du *Species plantarum*. Sa grande réputation, son influence, attirèrent un grand nombre d'élèves à Upsal, et portèrent beaucoup de gens riches de Stockholm à faire des collections. C'est vers ce temps qu'il fut anobli et fait chevalier de l'Étoile polaire, reçu membre de l'Académie des sciences de Paris, de la Société royale de Londres, et de toutes les Sociétés savantes de l'Europe. Il refusa des offres extrêmement brillantes de la part du roi d'Espagne, de l'empereur de Russie, et de Goettingue. En 1758, il publia la dixième édition de son *Systema naturæ*, avec de nombreuses augmentations; la partie zoologique est portée à huit cent vingt et une pages. Pendant les trente-sept ans qu'il fut professeur à Upsal, outre les leçons publiques, il en faisait de particulières sur l'histoire naturelle. Depuis 1762, sa mémoire avait tellement faibli, qu'il ne se rappelait plus le nom de ses plus chers amis. En 1771, il publia son dernier ouvrage, le *Mantissa altera.* En 1774, il fut atteint au milieu d'une leçon publique d'une première attaque d'apoplexie, suivie de paralysie; il en éprouva une seconde en 1776, languit encore jusqu'au 18 janvier 1778, jour où il mourut, à soixante-onze ans huit mois, pleuré et regretté de toute la Suède. Le roi, Gustave III, en ouvrant la première séance des états, fit mention dans son discours de la perte que la nation venait de faire; et, plus tard, il voulut lui-même prononcer son oraison funèbre.

Gronowius lui dédia un genre de plantes de la famille des chèvrefeuilles, la *linnæa.*

Linné a eu quatre enfants, un fils qui mourut jeune et trois filles. Il était d'une petite taille, mais il avait l'œil vif et perçant; sa mémoire était excellente. Il joignait une grande sensibilité à un caractère très-agréable; il se mettait aisément en colère et s'apaisait aussi facilement. Il était profondément pieux, généreux et bienfaisant; se souvenant des obstacles qu'il avait rencontrés, il aplanit la voie des sciences à une foule de jeunes gens, en leur procurant des places favorables à l'étude. Son âme ferme et courageuse lui fit surmonter toutes les longues et pénibles épreuves qu'il eut à soutenir. Il était né pour la science, et il remplit sa vocation.

III. *Énumération méthodique des travaux de Linné.*

Lorsqu'on jette un coup d'œil sur l'ensemble des travaux de Linné, en les envisageant comme le résultat d'une conception de son génie, on voit qu'ils constituent réellement ce grand titre : *Système de la nature*, que de très-bonne heure il avait en tête, puisque le plan en fut jeté par lui dès 1735, qu'il avait dû être conçu avant l'âge de vingt-cinq ans, et que c'est en réalité son premier ouvrage. Mais son exécution définitive doit être reculée au moins jusqu'à la publication de la dixième édition du *Systema naturæ*, terminée seulement en 1767, et à celle du *Genera plantarum*, en 1753. Cette exécution devait être précédée de modifications dans l'art d'acquérir les faits, dans celui de les exposer, de les systématiser; et comme ces faits sont tous les corps naturels, il les a considérés sous tous leurs rapports. La force systématique était en lui, il ne lui manquait que les matériaux. Pour les recueillir, il entreprit ses voyages, fit et décrivit un grand nombre de collections; il établit ensuite des principes de description, de définition, de comparaison, de disposition et de classification. Vinrent alors ses *Fundamenta,* qu'il a établis essentiellement sur la considération des plantes, comme plus faciles à recueillir et à comparer. A l'aide de ces Fundamenta, il put déterminer son *Genera plantarum*, qui fit une explosion dans le monde savant.

Ses travaux sont toujours de trois sortes : 1° préparatoires, 2° d'application, et 3° de perfectionnement.

1° *Travaux préparatoires*. Parmi ces travaux, il faut placer au premier rang ses voyages, qui commencent dès son bas âge par ses excursions dans la campagne; il en étendit ensuite et le nombre et l'espace, et en publia la plupart.

1° *Oratio de peregrinationum intrà patriam necessitate*, *Upsal*, 1742; 2° *Oratio de telluris habitabilis incremento*, *Lugd.*, 1744; 3° *Iter OElandum et Gotlandicum*, 1745; 4° *Iter Westrogothicum*, 1747; 5° *Iter Scanicum*, 1751. Il publia aussi un voyage en Palestine et un en Espagne, mais qui n'avaient pas été faits par lui.

Comme conséquence et résultat des travaux précédents, il publia *Flora laponica*, en 1737; *Flora suecica*, en 1745; *Fauna suecica*, en 1746; et *Flora zeylanica*, en 1747, quoiqu'il n'eût jamais été à Ceylan; mais il en avait acheté l'herbier de Jean Burmann.

A ses voyages et à leurs résultats, il faut joindre ses publications sur les diverses collections scientifiques qu'il eut sous la main, et d'abord les ouvrages qu'il publia chez Cliffort : *Musæ Cliffortianæ*, en 1736; *Viridarium Cliffortianum*, 1737; *Hortus Cliffortianus*, 1737; *Oratio de memorabilibus in Insectis*, 1739; *Hortus Upsaliensis*, 1748; *Museum Tessinianum*, 1753; *Museum regis Adolphi*, 1754; *Museum reginæ Ulricæ; et Musei regis Adolphi*, 1764.

2° *Travaux d'application.* Tels sont les travaux préparatoires de Linné, uniquement d'observation, de description et de collections; tous matériaux qu'il a appliqués dans ses *Fundamenta botanica*, 1736; ouvrage de théorie, qui était le résultat de sept années d'études et de l'examen de huit mille plantes. Il contient, en trois cent soixante-cinq aphorismes, toutes les règles qui devaient conduire à une botanique plus régulière qu'il n'en avait existé jusque-là. L'esprit éminemment méthodique de Linné s'y applique à classer les auteurs qui ont traité avant lui de la botanique, leurs systèmes, toutes les parties des plantes, et surtout celles de leur fructification; à y faire connaître leurs sexes et le mode de fécondation; à tracer les règles à suivre dans la détermination de leurs caractères, l'imposition de leurs noms, l'examen de leurs différences, le rappel des variétés à leurs espèces primitives, le choix de leurs synonymes, la manière de les décrire, et la recherche de leurs vertus. Il étendit ensuite la première partie de cette espèce de programme dans sa *Bibliotheca Botanica recens libros plus mille de plantis huc usque editos secundum systema auctoris naturale*, *Amsterdam*, 1736. Tout ce qui a rapport aux règles à suivre dans le choix et la création des noms, fut expliqué en détail dans la *Critica Botanica in quâ nomina plantarum generica, specifica et variatia examini subjiciuntur*, Leyde, 1737, in-8°. Ces trois ouvrages commencèrent toute la réforme de la botanique, et il les résuma quinze ans plus tard dans sa *Philosophia Botanica, in quâ explicantur fundamenta botanica*, Stockholm, 1751, in-8°. A travers les difficultés d'un langage fort différent du latin ordinaire, quelquefois obscur par son extrême concision, autant que par les allusions et les métaphores dont il est rempli, l'on trouve à chaque page de cet ouvrage, des preuves de la finesse d'esprit la plus rare, et de la profondeur d'observation la plus étonnante. Il a joui d'un succès dont on peut dire qu'il n'y avait point eu d'exemple auparavant. Il a servi d'autorité, d'exemple et de source à presque tous ceux qui sont venus après lui, et il y en a eu un grand nombre d'éditions. Un autre travail assez important, parce qu'il est la base de tout le système de Linné, est son *Disquisitio de sexu plantarum*, publié en 1760.

Ses *Amœnitates academicæ* sont, pour l'histoire naturelle en général, ce que sont plus spécialement pour la botanique ses *Fundamenta botanica*. Cet ouvrage, qui est le recueil des thèses que soutenaient ses élèves, à l'exemple de l'école de Boërhaave, est le résultat des recherches dont il leur traçait le plan, et il en a rédigé lui-même un grand nombre; elles roulent sur la botanique, sur la médecine, sur la zoologie, d'abord sur les spécialités et ensuite sur les généralités. Il y en a trois en zoologie qui sont assez remarquables; l'une a pour titre : *Fundamenta ornithologiæ* ; l'autre : *Funda-*

menta entomologiæ ; et la troisième : *Mundus invisibilis*, traité des animalcules microscopiques.

Outre ces divers travaux d'application à la science en général, Linné avait porté son génie dans la médecine, et, par ses travaux, préparé les voies au grand effort de Pinel, comme il les avait préparées à Jussieu en botanique. En effet, ses travaux médicaux portent presque exclusivement sur la recherche d'une méthode appliquée à la classification et à la connaissance des maladies, et tendent, par conséquent, à faire entrer ces maladies, considérées comme êtres naturels, dans la grande systématisation de la nature. Son premier ouvrage en ce genre, remarquable par le choix du sujet, que nous verrons reparaître à tous les efforts faits dans la même direction, est sa thèse de doctorat, intitulée : *Hypothesis nova de febrium intermittentium causâ* ; il faut y joindre un autre travail, *Clavis medicinæ*, publié en 1766 ; et puis, sa *Materia medica de plantis*, en 1749.

3° *Travaux de perfectionnement*. Dans la troisième section de ses travaux, ceux de perfectionnement, il faut ranger son *Genera plantarum secundum numerum, figuram, situm et proportionem omnium partium*, Leyde, 1737, in-8°, qui a été réimprimé jusqu'à cinq fois de son vivant, et qui fit une grand sensation. Comme résumé de cet ouvrage, il publia, en 1749, son *Corollarium generum et methodus sexualis*. Ensuite il en donna le développement dans ses *Classes plantarum*, en 1738, et dans ses *Species plantarum*, en 1753, qui est l'énumération des espèces, avec la synonymie. Il ne l'a imprimé qu'une fois ; mais il lui a donné deux suppléments, l'un intitulé : *Mantissa plantarum, generum editionis sextæ et specierum editionis secundæ*, 1767 ; et l'autre : *Mantissa altera, cum appendice regni animalis*.

Enfin, vint son grand ouvrage, connu avant tous les autres, mais dont tous les autres n'étaient que la préparation et l'exécution progressive. Il en est la synthèse et la systématisation ; aussi ne fut-il imprimé, dans toute sa perfection, par l'auteur, qu'en 1774. Le *Systema naturæ sive regna tria naturæ systematice proposita per classes, ordines, genera et species*, a eu treize éditions ; mais sept seulement ont éprouvé des améliorations.

1° La première édition, qui est aussi la première publication de Linné, a eu lieu à Leyde, en 1735, in-fol., grand papier, 12 pages; c'est le plan d'un plus grand ouvrage.

2° A Stockholm, en 1740, in-8°, 80 pag., revue par l'auteur, augmentée des caractères et de la nomenclature des animaux.

3° A Stockholm, 1748, in-8°, 232 pag., tab. 8, augmentée par l'auteur des caractères essentiels des genres des végétaux, et des espèces des animaux et des pierres.

4° A Leyde, 1756, in-8°, 232 pag., par Gronowius, avec quelques additions sur les oiseaux et les poissons.

5° A Stockholm, 1758, très-augmentée par l'auteur.

6° A Stockholm, 1766, 4 vol. in-8°, absolument réformée.

7° A Leipsick, de 1788 à 1793, in-8°, 10 vol., par J. Fréd. Gmelin, augmentée de plus de la moitié; le nombre des espèces au moins doublé. L'auteur, dans cet ouvrage, propose toutes les espèces d'animaux qu'il a connues, avec leurs différences, leurs synonymies, leur lieu natal, leurs noms triviaux. La méthode a été réformée d'après les nouvelles observations ; surtout celle des poissons est nouvelle; on y trouve le nombre des rayons des nageoires.

Les caractères des végétaux ont été corrigés; plusieurs de leurs différences spécifiques réformées, d'après de nouvelles observations. Il a ajouté plusieurs espèces de minéraux, et de nouvelles observations sur quelques-uns, les noms triviaux de tous.

Plusieurs vues générales sur les trois règnes de la nature, avec une introduction générale.

Enfin, vient son *Genera morborum* qui peut être regardé comme une partie du *Systema*, et le perfectionnement appliqué à la médecine, qui par là devient partie essentielle, comme elle l'est en effet, des sciences naturelles.

IV. *Éléments de ses ouvrages.*

Linné a eu à sa disposition tous les travaux de ses prédécesseurs; mais ce n'a pas été la source principale de ses ouvrages, bien qu'ils lui aient servi, et surtout les méthodistes.

La seconde et la principale source sont ses voyages et ses observations : peu d'hommes avaient autant voyagé et autant observé que lui. Nous avons assez fait connaître cette partie, nous n'y reviendrons pas.

Mais, outre ses recherches et ses voyages propres, les disciples de Linné lui ont communiqué toutes leurs observations, tant celles faites dans leurs voyages en Asie, en Amérique, en Afrique, que celles qu'ils faisaient en Europe, sur les lieux et dans les cabinets les plus célèbres. Il trouva moyen de faire placer un grand nombre de ses élèves, comme aumôniers ou comme chirurgiens, sur des vaisseaux, ou même de leur faire donner des missions, comme naturalistes, pour des pays lointains. On peut dire que c'est en grande partie à leur maître qu'on doit les nombreux matériaux dont leurs voyages ont enrichi la science; et Linné a eu soin de consigner leurs noms dans ses ouvrages.

Mais il n'a point énoncé dans l'historique de son ouvrage tous les secours qu'il s'est procurés. Ses voyages en France, en Angleterre, en Allemagne, son long séjour en Hollande chez le riche Cliffort, ses correspondances avec tous les savants, Jussieu, Sauvages, Haller, Ludvig, Pennant, etc., qui lui communiquèrent sans réserve leurs observations, lui ont fourni peut-être plus de faits, de vues neuves que ses disciples. Buffon le censura très-amèrement et méconnut son mérite.

De toutes parts, les princes même, car Louis XV lui envoyait des graines cueillies de sa main, on expédiait des matériaux à Linné. C'est avec tant de secours que son génie a pu arriver à l'exécution de sa grande conception du *Systema naturæ*, qu'il nous reste maintenant à analyser.

V. *Analyse de ses principaux ouvrages.*

Systema naturæ. Le *Systema naturæ* renferme tous les autres ouvrages de Linné: c'est l'œuvre de toute sa vie; c'est l'application de tous ses principes à la connaissance des êtres. Il y distribue, d'après les mêmes principes, les trois règnes de la nature, par classes, ordres, genres et espèces; il les décrit et fait connaître toutes leurs qualités, et enfin il les dénomme de manière à aider la mémoire en analysant par le nom les qualités principales.

Commençant par le règne minéral, comme le fondement qui supporte les deux autres, il le divise en trois classes: les pierres, les minéraux et les fossiles.

Les pierres sont partagées dans ce système d'après

leur manière de se comporter au feu, seule considération chimique employée alors, avec la dissolution dans quelques acides, ou l'effervescence. C'est à Linné que la minéralogie est redevable de la première distribution méthodique des minéraux, dans laquelle la considération de la forme des cristaux soit entrée; il est aussi le premier qui en ait figuré un certain nombre. Mais il n'a envisagé que d'une manière secondaire les formes cristallines, et n'a pas senti l'influence qu'elles devaient avoir sur l'espèce elle-même, qui est établie dans son système en partie sur des propriétés chimiques, et en partie sur des caractères extérieurs.

Botanique. CLEF DU SYSTÈME SEXUEL. *La fleur est la joie des plantes. — C'est ainsi que la plante propage!*

La florescence est ou visible ou clandestine. *F. visible.* Toutes les fleurs sont hermaphrodites: les étamines avec les pistils dans la même fleur, c'est la MONOCLINIE; les étamines et les pistils dans des fleurs différentes, c'est la DICLINIE.

Monoclinie. Les étamines ne sont unies par aucune de leurs parties, la DIFFINITÉ. Les étamines sont unies entre elles ou avec le pistil par quelques-unes de leurs parties, l'AFFINITÉ.

Diffinité très-indifférente. Les étamines n'ont aucune proportion marquée de longueur entre elles; le nom et le caractère des classes sont tirés du nombre des étamines; et on a: I. la *monandrie*, 1 étamine; II. *diandrie*, 2 étamines; III. *triandrie*, 3 étamines; IV. *tétrandrie*, 4 étamines; V. *pentandrie*, 5 étamines; VI. *hexandrie*, 6 étamines; VII. *heptandrie*, 7 étamines; VIII. *octandrie*, 8 étamines; IX. *ennéandrie*, 9 étamines; X. *décandrie*, 10 étamines; XI. *dodécandrie*, 12 étamines ou plus; XII. *icosandrie*, 20 étamines, et souvent plus, rarement moins; XIII. *polyandrie*, de 15 à 100 étamines.

Diffinité en *subordination*. Il y a toujours deux étamines plus courtes que les autres, et on a les classes : XIV. *didynamie*, 4 étamines, dont deux plus longues; XV. *tetradynamie*, 6 étamines, 4 plus longues.

L'Affinité renferme les classes : XVI. *monadelphie*, étamines réunies dans un seul corps par les filets; XVII. *diadelphie*, étamines réunies en deux corps; XVIII. *polyadelphie*, étamines réunies en plusieurs corps; XIX. *syngénésie*, étamines réunies par les anthères en forme de cylindre; XX. *gynandrie*, étamines attachées au pistil.

Diclinie. Cette division des phanérogames renferme les classes : XXI. *monœcie*, les fleurs mâles et femelles sont sur la même plante; XXII. *diœcie*, les fleurs mâles et femelles naissent sur deux plantes diverses; XXIII. *polygamie*, les fleurs mâles et les fleurs femelles sur le même pied, ou sur des pieds différents avec des fleurs hermaphrodites.

La floresence est clandestine; les fleurs sont à peine perceptibles aux yeux nus : XXIV. *cryptogamie*, fleurs ordinairement cachées dans le fruit, ou échappant aux yeux par leur petitesse.

Dans chacune de ces classes, les ordres sont établis, dans les treize premières, sur le nombre des pistils, et on a la monogynie; μόνος, unique; γυνὴ, femme; la digynie, deux femelles; trigynie, trois femelles; tétragynie, quatre femelles; pentagynie, cinq femelles; hexagynie, six femelles; décagynie, dix femelles; dodécagynie, douze femelles; polygynie, plusieurs femelles. Ce qui donne neuf ordres; mais ils ne se trouvent pas tous dans chaque classe, cela varie suivant le nombre des pistils que les fleurs de chaque classe renferment.

Dans la XIVe classe il y a deux ordres : la gymnospermie quand la semence est nue; et l'angiospermie quand elle est en forme de vase.

Dans la XVe classe, il y a aussi deux ordres : graines siliculeuses et siliqueuses.

Dans les XVIe, XVIIe et XVIIIe classes, qui tirent leurs noms de la réunion des étamines en un seul ou plusieurs filets, les ordres tirent leurs noms du nombre des étamines, et alors on a les ordres : pentandrie, hexandrie, décandrie, polyandrie.

Dans la XIXe classe, les ordres sont : la monogamie; polygamie superflue; polygamie frustranée.

La XXe classe, la gynandrie, a sept ordres fondés sur le nombre des étamines : diandrie, triandrie, tétrandrie, hexandrie, décandrie, polyandrie.

La XXIe, la monœcie, en a cinq, fondés sur le nombre des étamines : la monandrie, la triandrie, la tétrandrie, la pentandrie, la polyandrie; et deux sur leur réunion : la monadelphie et la syngénésie.

La XXIIe, la diœcie, en a neuf, fondés sur le nombre des étamines, et deux sur leur réunion.

La XXIIIe, la polygamie, en a trois, fondés sur le nombre des pieds, qui portent les fleurs mâles et femelles.

La XXIVe, la cryptogamie, se divise en arbres, fougères, mousses, algues, champignons; les lithophytes, qui renferment les éponges, les millépores, les madrépores et les coraux.

Les genres sont trop nombreux pour entrer dans le détail.

Zoologie. Nous avons maintenant à faire connaître son système zoologique, qui a peut-être eu plus de succès que son système botanique, auquel il y aurait bien des reproches à faire; mais ils sont tous une conséquence d'un système artificiel qui doit nécessairement briser plus ou moins les rapports naturels.

Dans les principes de Linné, la division naturelle des animaux est indiquée par leur structure interne.

Le cœur a deux ventricules et deux oreillettes, et reçoit du sang froid et chaud, dans les vivipares, quadrupèdes à mamelles, et dans les ovipares, les oiseaux.

Il a un ventricule et une oreillette; sang rouge et froid, dans les amphibies, et les poissons respirant par des ouïes.

Il a un ventricule sans oreillette, recevant une sanie froide, blanche, dans les vers, animaux à tentacules ou à point d'appui.

La première classe des animaux renferme les mammifères, dont voici les grandes subdivisions.

Ire Classe. *Quadrupedia.* Ils ont : 1° un cœur à deux ventricules, à deux oreillettes; leur sang est chaud et rouge; 2° leur poumon se dilate et se resserre alternativement; 3° leurs mâchoires recouvertes s'ouvrent horizontalement; dans le plus grand nombre, les dents sont recouvertes par les lèvres; 4° l'organe mâle pénètre l'organe femelle; les femelles allaitent leurs petits; 5° ils ont les cinq sens : le toucher, le goût, l'odorat, la vue et l'ouïe; 6° leurs téguments sont garnis de poils, peu abondants dans les pays chauds, très-peu nombreux dans les aquatiques; 7° ils ont quatre pieds ou membres, excepté les aquatiques, dans lesquels les pieds postérieurs, réunis et confondus, forment la queue; le plus grand nombre des mammifères ont une queue.

Ordres. I. Primates. Quatre dents incisives aux deux mâchoires, ou aucunes; deux mains; les deux pieds sont des mains. — *Genres :* 1 homo sapiens; 2 simia, cinq doigts; 3 lemur; 4 vespertilio, cinq doigts, deux mamelles pectorales.

II. Bruta. Nulles dents antérieures, supérieurement et inférieurement; ongles forts aux pieds, marche difficile, nourriture végétale. — *Genres :* 5 elephas, cinq doigts, deux mamelles pectorales; 6 trichecus, 7 bradypus, 8 myrmecophaga, 9 manis, 10 dasypus.

III. Feræ. Le plus souvent six dents antérieures coniniques; les canines plus longues; les molaires coniques, armées de pointes en alcine; nourriture de proie animale vivante ou de cadavres. — *Genres :* 11 phoca, 12 canis, lupus, vulpes, etc.; 13 felis, leo, tigris, panthera, catus, lynx, 14 viverra, 15 mustela, 16 ursus, 17 didelphis, 18 talpa, 19 sorex, 20 erinaceus.

IV. Glires. Deux dents antérieures, incisives supérieurement et inférieurement, sans canines; les doigts des pieds armés de petits ongles; ils sautent en courant; ils rongent les fruits, les semences, etc. — *Genres :* 21 hystrix, 22 lepus, 23 castor, 24 mus, 25 sciurus, 26 noctilio.

V. Pecora. Plusieurs dents incisives à la mâchoire inférieure, la supérieure sans dents; les pieds garnis de deux gros ongles ou bisulques; ils paissent l'herbe et ruminent. — *Genres :* 27 camelus, 28 moschus, 29 cervus, 30 capra, 31 ovis, 32 bos.

VI. Belluæ. Les dents antérieures obtuses, les pieds garnis d'un gros ongle, ou ongulés; nourriture végétale. — *Genres :* 33 equus, 34 hippopotamus, 35 sus, 36 rhinoceros.

VII. Cete. Des nageoires pectorales pour pieds antéreurs, queue aplatie horizontalement; ils sont dénués de poils et d'ongles. Les uns ont des dents cartilagineuses et d'autres osseuses. Un tuyau placé à la partie supérieure de la tête leur tient lieu de nez. Ils se nourrissent de poissons et de coquillages. — *Genres :* 37 monodon, 38 balæna, 39 physeter, 40 delphinus.

Le caractère des ordres se tire, comme on le voit, des ongles. C'est la première fois que les cétacés sont réunis aux mammifères. Ray avait senti la justesse de cette réunion sans oser l'effectuer; Brisson l'avait démontrée avant que Linné l'exécutât.

IIe Classe. *Aves*. Ils ont : 1° un cœur à deux ventricules et deux oreillettes, le sang chaud et rouge; 2° des poumons par mouvements alternatifs; 3° des mâchoires horizontales, saillantes, sans dents; 4° l'organe mâle, sans scrotum, affleurant l'organe femelle; ovipares; les œufs sont enveloppés par une croûte dure, de substance calcaire; 5° les organes des sens sont : la langue pour le goût, les narines pour l'odorat, les yeux pour la vue, les oreilles sans conque pour l'ouïe; 6° leurs appuis : deux pieds, deux ailes; le croupion, qui soutient la queue, formé en cœur; 7° leur couverture : des plumes imbriquées ou couchées les unes sur les autres, comme les tuiles sur un toit, ou en recouvrement.

Ordres. I. Accipitres. Bec un peu recourbé en bas, mandibule supérieure dilatée de chaque côté ou armée d'une dent; pieds courts, robustes; doigts verruqueux sous les jointures; ongles arqués et très-pointus. — *Diurnes. Genres :* 41 vultur, 42 falco. — *Nocturnes. Genres :* 43 strix, 44 lanius.

II. Picæ. Bec convexe ou arrondi en dessus, aminci en tranchant sur sa partie inférieure; pieds courts, robustes, à doigts lisses. — *Genres :* 45 trochilus, 46 certhia, 47 upupa, 48 buphaga, 49 sitta, 50 oriolus, 51 coracias, 52 gracula, 53 corvus, 54 paradisæa, 55 rhumphastos, 56 trogon, 57 psittacus[1], 58 crotophaga, 59 picus, 60 yunx, 61 cuculus, 62 bucco, 63, buceros, 64 alcedo, 65 merops, 66 todos.

III. Anseres. Bec lisse, couvert d'un épiderme épaissi à sa pointe; pieds propres à nager, à doigts palmés ou réunis par une membrane. — *Genres* : 67 anas, 68 mergus, 69 phaeton, 70 plotus, 71 rhyncops, 72 diomedea, 73 alca, 74 procellaria, 75 pelecanus, 76 larus, 77 sterna, 78 colymbus.

IV. Grallæ. Bec presque cylindrique; pieds propres à passer à gué; jambes demi-nues. — *Genres* : 79 phœnicopterus, 80 platalea, 81 palamedea, 82 mycteria, 83 tentalus, 84 ardea, 85 recurvirostra, 86 scolopax, 87 tringa, 88 fulica, 89 parra, 90 rallus, 91 psophia, 92 cancroma, 93 hœmatopus, 94 charadrius, 95 otis, 96 struthio.

V. Gallinæ. Bec convexe, à mandibule supérieure voûtée sur l'inférieure; pieds propres à la course; doigts rudes en dessous. — *Genres* : 97 didus, 98 pavo, 99 meleagris, 100 crax, 101 phasianus, 102 tetrao, 103 numidia.

VI. Passeres. Bec en cône, acuminé; pieds propres à sauter, grèles, à doigts séparés. — *Genres* : 104 loxia, 105 fringilla, 106 emberiza, 107 caprimulgus, 108 hirundo, 109 pipra, 110 turdus, 111 ampelis, 112 tanagra, 113 muscicapa, 114 parus, 115 motacilla, 116 alauda, 117 sturnus, 118 columba.

IIIe Classe. *Amphibia*. Ils ont : 1° un cœur à un ventricule et une oreillette; sang rouge et froid; 2° des poumons qui respirent d'une manière différente dans les

[1] Le genre *Psittacus* était placé le premier des accipitres dans la première édition du *Systema*.

différents genres : 3° les mâchoires horizontales; 4° les mâles ont deux verges; la plupart des femelles ont des œufs couverts par une membrane; 5° les organes de leurs sens sont : la langue pour le goût, les narines pour l'odorat, les yeux pour la vue; les uns ont des oreilles, d'autres en sont privés; 6° leur couverture : la peau ou nue ou couverte d'écailles; 7° leurs appuis sont différents suivant les genres : les uns ont des pieds, d'autres sont apodes ou sans pieds. — *Ordres*. I. REPTILES. *Genres :* 119 testudo, 120 draco, 121 lacerta, 122 rana. — II. SERPENTES. *Genres :* 123 crotalus, 124 boa, 125 coluber, 126 anguis, 127 amphisbæna, 128 cæcilia. — III. MEANTES. *Genre :* 129 siren. — IV. NANTES (poissons cartilagineux). *Genres :* 130 petromyzon, 131 raia, 132 squalus, 133 chimæra, 134 lophius, 135 accipenser, 136 cyclopterus, 137 balistes, 138 ostracion, 139 tetrodon, 140 diodon, 141 centriscus, 142 syngnatus, 143 pégasus.

IVe CLASSE. PISCES. Ils ont : 1° un cœur à un ventricule et une oreillette; sang rouge et froid; 2° leurs poumons sont couverts par deux opercules latéraux qui les compriment à volonté, les branchies, *branchiæ ;* 3° leurs mâchoires sont horizontales; 4° les mâles n'ont point de verge; les femelles ont des œufs sans blanc; 5° les organes de leurs sens sont : la langue pour le goût, les yeux pour la vue; l'ouïe et l'odorat sont douteux; 6° leur couverture : des écailles imbriquées ou en recouvrement; leurs appuis : des nageoires. — *Ordres.* I. APODES, privés de nageoires ventrales. *Genres :* 144 muræna, 145 gymnotus, 146 trichiurus, 147 ammodites, 148 anarrhicas, 149 ophidium, 150 stromateus, 151 xiphias. — II. JUGULARES, ont les nageoires ventrales placées devant les pectorales. *Genres :* 152 callionymus,

153 uranoscopus, 154 trachinus, 155 gadus, 156 blennius. — III. Thoracici, ont des nageoires ventrales placées sous les pectorales. *Genres :* 157 cepola, 158 echeneis, 159 coryphœna, 160 gobius, 161 cottus, 162 scorpœna, 163 zeus, 164 pleuronectes, 165 chœtodon, 166 sparus, 167 labrus, 168 sciœna, 169 perca, 170 gasterosteus, 171 scomber, 172 mullus, 173 trigla. — IV. Abdominales, ont les nageoires ventrales placées en arrière des pectorales. *Genres :* 174 cobitis, 175 amia, 176 silurus, 177 teutmis, 178 loricaria, 179 salmo, 180 fistularia, 181 esox, 182 elops, 183 argentina, 184 atherina, 185 mugil, 186 exocetus, 187 polynemus, 188 mormyrus, 189 clupea, 190 cyprinus.

Ve Classe. Insecta. Ils ont : 1° un cœur à un ventricule, sans oreillette, renfermant une sanie froide ; 2° la respiration s'exécute par des pores latéraux ou placés sur les deux côtés du corps ; 3° les mâchoires sont perpendiculaires, s'ouvrant latéralement ; 4° les mâles ont une verge qui pénètre dans la vulve des femelles ; 5° les organes des sens sont : la langue pour le goût, les yeux pour la vue ; des anthènes sur la tête, sans cerveau ; on ne leur reconnaît ni l'organe de l'odorat, ni celui de l'ouïe ; 6° leur couverture : une peau cornée les enveloppe sans os intérieurs ; 7° leurs appuis : des pieds ; le plus grand nombre ont des pieds et des ailes. — *Ordres :* I. Coleoptera, 30 genres, 900 espèces ; II. Hemiptera, 12 genres, 350 espèces ; III. Lepidoptera, 460 espèces ; IV. Neuroptera, 7 genres, 80 espèces ; V. Hymenoptera, 10 genres, 320 espèces ; VI. Diptera, 10 genres, 27 espèces ; VII. Aptera, 14 genres, 290 espèces.

VIe Classe. Vermes. Ils ont : 1° un cœur sans oreillette, à sanie froide ; 2° les organes de la respiration sont très-obscurs; 3° les mâchoires différentes suivant les genres; 4° les mâles ont des verges différentes, suivant qu'ils sont hermaphrodites ou androgynes; 5° les organes de leurs sens sont très-obscurs; ils ont des espèces de sonde sans tête; ont-ils des yeux? Ils n'ont point d'oreilles, ni de narines; 6° leur couverture: les uns sont nidulés dans une coquille calcaire; les autres nus; d'autres ont la peau hérissée d'épines; 7° leurs appuis: les uns ont des pieds, d'autres n'en ont pas.—*Ordres*: I. INTESTINA. 7 genres, 24 espèces; II. MOLUSCA, 18 genres, 110 espèces; III. TESTACEA, 36 genres, 800 espèces; IV. LITHOPHYTA, tubipora, madrepora, millepora, cellepora; V. ZOOPHYTA, 14 genres, 156 espèces.

Ainsi les viviers de la nature nourrissent six séries d'animaux de forme diverse: 1° les mammifères à poils, marchent sur la terre; ils parlent, se font entendre par des cris modifiés, suivant les espèces, *loquentia*; 2° les oiseaux couverts de plumes, volent dans l'air; ils chantent, *cantantes*; 3° les amphibies, enveloppés d'une tunique rase, rampent dans les lieux chauds; ils sibilent, *sibilantia*; 4° les poissons, couverts d'écailles, nagent dans l'eau; ils popisent, *popysantes*; 5° les insectes cuirassés sautillent dans les lieux secs; ils tinnitent, *tinnitantia*; 6° les vers, qui paraissent comme écorchés, s'étendent dans les lieux humides; ils sont muets, *obmutescentes*.

Quand on étudie à fond la méthode de Linné, on s'aperçoit bientôt que, pour le règne animal, son génie avait deviné un grand nombre des groupes de la nature; toutes les méthodes qui sont venues ensuite, n'ont fait que tailler dans la sienne; et si quelquefois elles ont amélioré, plus souvent elles sont demeurées au-dessous; cela est surtout remarquable pour l'ichthyologie, si l'on en excepte les poissons cartilagineux qu'il avait à tort rangés dans les reptiles.

Les animaux inférieurs y sont partout très-peu avancés ; les matériaux lui manquaient.

VI. *Faits et principes laissés à la science par Linné.*

La direction de Linné était encore théologique, mais non plus directement; aussi allons-nous voir finir ici cette belle marche de la philosophie naturelle. Cependant Linné avait conçu la science dans un point de vue très-élevé, comme nous allons nous en convaincre avec le bon Gilibert, le Français qui a pénétré le plus avant dans les travaux du Suédois, dont il a réédité un assez bon nombre.

Pour Linné, la création est un hymne au créateur. « Je me suis éveillé, et j'ai cru voir passer l'Être éternel, immense, tout-puissant, connaissant tout; j'ai osé suivre ses traces en contemplant ses ouvrages... J'ai vu que les animaux reposaient sur les végétaux, les végétaux sur les minéraux; que la terre était entraînée autour du soleil par un mouvement immuable; qu'elle en puisait sa vie; que le soleil, roulant sur son axe, entraînait dans sa sphère d'activité toutes les planètes. J'ai osé méditer le système du monde, suivre par la pensée la série des soleils innombrables suspendus dans le vide et soumis aux lois éternelles que leur a imprimées le premier des moteurs, l'être des êtres, la cause première de tous les effets, celui qui régit, anime et conserve son grand œuvre, le maître et le grand artisan du monde. »

Il jette un coup d'œil sur les astres, puis il continue: « Les éléments sont des corps très-simples, qui constituent l'atmosphère des planètes. Peut-être remplissent-ils le vide qui sépare les astres. Ces éléments sont :

« 1° Le feu, qui est lumineux, rejaillissant, chaud, volatilisant, vivifiant;

« 2° L'air, qui est transparent, élastique, sec, évaporant, générateur;

« 3° L'eau, qui est diaphane, fluide, humide, entraînante, concevante;

« 4° La terre, qui est opaque, fixe, froide, stable, stérile.

« Ainsi l'harmonie du monde résulte de principes discordants.

« La terre est une planète, ... son écorce nourrit, entretient, une quantité de productions organisées. Ce sont ces productions que nous devons connaître. . . .

« La nature est la loi immuable de Dieu par laquelle les choses sont ce qu'il a voulu qu'elles fussent.

« La nature ne produit que ce qu'il lui a ordonné de produire; elle exécute ses desseins primitifs; . . . . . elle fournit à tous les êtres tout ce qui leur est nécessaire; elle est soumise à l'habitude, ne changeant jamais ses formes; les éléments sont et ses instruments et les matériaux qu'elle emploie constamment pour la régénération de tous les corps. »

« Les substances naturelles sont tous les corps observables sur la surface de la terre. Modelés sur les dessins primitifs du Créateur, ils forment trois règnes, dont les limites semblent se confondre dans les zoophytes.

« 1° Les minéraux, qui sont des agrégations sans vie et sans sentiment ;

« 2° Les végétaux, qui sont des corps organisés, vivants, mais sans sentiment ;

« 3° Les animaux, qui sont des corps organisés, vivants, sentant et pouvant se mouvoir spontanément.

. . . .

« L'homme, doué d'intelligence et de la parole, la plus parfaite, comme telle, des créatures, l'homme qui porte l'empreinte de la divinité, qui seul sur la terre peut s'élever à elle, en contemplant ses œuvres, qui seul peut en adorer l'auteur ; l'homme reconnaît son créateur ; en remontant de génération en génération, en méditant sur la conservation des êtres, il trouve toujours cet être agissant, *mens agitat molem* ; tout l'invite à l'adoration, le mécanisme des corps qui l'environnent, leurs rapports, leur fin, leur utilité sur le globe. »

« L'action de Dieu change les terres en végétaux, transmue ceux-ci en animaux, et tous en corps humain, qui, doué d'intelligence, fait réfléchir les rayons de la sagesse vers la majesté divine, qui la renvoie à ses adorateurs en faisceaux resplendissants. Ainsi, le monde est plein de la gloire de Dieu, puisque toutes les créatures glorifient Dieu par l'intermède de l'homme, qui, formé de la poussière, mais vivifié par la main divine, contemple la majesté de son auteur en saisissant les causes finales. C'est un hôte reconnaissant qui prêche le nom de son auteur.

« En étudiant la nature dans cette vue sublime, on jouit par anticipation de la volupté céleste; celui qui la goûte ne marche pas dans les ténèbres. On ne peut être vraiment pieux, c'est-à-dire, connaître ce que nous devons à notre créateur, sans étudier les productions naturelles, sans en connaître l'harmonie; car l'homme raisonnable est né pour connaître l'auteur de son être, et l'étude de la nature conduit nécessairement à l'admiration des œuvres de l'Être suprême.

. . . .

« Le premier degré de la sagesse est donc de connaître les formes des objets; leur connaissance réelle se réduit à en concevoir des idées nettes, d'après lesquelles nous distinguons les semblables et ceux qui diffèrent, à les désigner par les caractères qui sont inhérents à chacun d'eux. » Voilà donc l'art de la description intrinsèque et comparative des objets posé, et voici celui de la nomenclature : En effet, « pour pouvoir communiquer ces idées, nous devons les exprimer par des noms propres; car, si les mots ne sont pas définis et arrêtés, les choses sont bientôt oubliées et perdues. Ces caractères distinctifs, exprimés en termes convenables, deviennent comme des lettres avec lesquelles nous pouvons faire connaître évidemment toutes les productions naturelles. Si nous ignorons ces principes, si nous ne savons pas isoler des genres, on ne peut faire aucune description vraiment utile.

« La méthode, qui est l'âme de la science, indique d'un coup d'œil les caractères distinctifs de chaque substance créée; ces caractères entraînent le nom, qui fait bientôt connaître tout ce que l'on connaît du sujet à déterminer. Par la méthode, l'ordre naît dans le plan de la nature; sans elle tout paraît confus, vu la faiblesse de l'esprit humain.

« Tout système, toute méthode, peut se réduire à cinq membres : 1° la classe, 2° l'ordre, 3° le genre, 4° l'espèce, 5° la variété. La classe répond au genre suprême, l'ordre au genre intermédiaire, le genre au genre prochain, l'espèce à l'espèce, la variété à l'individu.

« Que les noms répondent à la méthode systématique. On doit donner un nom à la classe, à l'ordre, aux genres, aux espèces, aux variétés.

« On doit donc déduire les caractères de la classe, de l'ordre, du genre, de l'espece et des variétés.

« Les caractères doivent porter sur des attributs distinctifs; car ils constituent seuls la vraie science. Sans ces caractères, énoncés par des termes bien définis, tout sera en confusion.

« La vraie science en histoire naturelle est basée sur l'ordre méthodique et sur la nomenclature systématique.

« Dans les méthodes, la classe et l'ordre sont les fruits de l'entendement humain ; mais les genres et les espèces sont formés, constitués par la nature [1]. »

Ainsi donc, quand on envisage l'ensemble des travaux de Linné, on voit évidemment qu'il a possédé à un suprême degré l'art de la méthode appliquée à la connaissance et à la distinction des objets, l'art de la description intrinsèque et comparative de ces objets, l'art de la systématisation, qui est une suite de la méthode, l'art de la définition, qui résulte de la description des corps; avant lui, il y avait bien des descriptions, mais il a créé la définition; l'art enfin de la dénomination et de la nomenclature, qui consiste à rendre, de la manière la plus nette, la plus convenable, ce que la description, la définition, la méthode, demandent pour pouvoir être formulées.

Aucun naturaliste n'a étendu aussi loin ces parties préliminaires, ces parties sans lesquelles la conception et la comparaison, et, par conséquent, la déduction, ne peuvent être atteintes.

Aussi personne jusqu'alors, et personne depuis lui,

[1] Extraits du *Systema naturæ*, traduits par Gilibert; *Abrégé du Système de la nature*, p. 7 et suiv., in-8°, Lyon, 1802.

n'a-t-il osé, n'a-t-il essayé cet effort, le plus puissant peut-être de l'esprit humain, d'un *systema naturæ*.

C'est à lui que les sciences naturelles doivent leurs progrès si rapides; et c'est surtout à sa nomenclature binaire, à la clarté, et à la simplicité de ses méthodes, que cette immense influence est due. Cependant sa méthode était artificielle, et il en convenait lui-même; mais elle fut dans ce genre portée aussi près que possible de la méthode naturelle; elle la montrait, pour ainsi dire, et ne pouvait être remplacée que par elle.

La botanique surtout reçut une puissante impulsion du poétique système sexuel; et la zoologie, à son tour, fut tirée de l'espèce d'oubli où elle était à cette époque; et il est malheureux que Buffon, avec son génie, n'ait pas senti l'importance d'un tel effort, ses harmonies n'en auraient sans doute été que plus belles.

Linné n'a pas seulement établi les principes généraux de la science, elle lui doit encore, en botanique, d'avoir été enrichie de la flore d'un grand nombre de pays; elle lui doit la thèse du sexe des plantes définitivement établie. Nous avions vu Théophaste enseigner cette vérité; reprise dans les temps modernes par Millington, professesseur d'Oxford, elle fut prouvée, d'après l'expérience, par Robart, en 1681; soutenue en 1682 par Grew; en 1686 par Ray; et Vaillant en fit, en 1718, l'objet d'une dissertation particulière. Dès 1702, Burckhard, médecin de Wolfenbuttel, avait montré, dans une lettre à Leibnitz, qu'il serait possible de fonder une méthode botanique sur les organes sexuels, et il avait indiqué, dès lors, presque toutes les considérations dont Linné a fait usage. Mais c'est Linné qui en a fait une partie si remarquable de la science.

En zoologie, on lui doit d'avoir mieux limité les

genres, placé les cétacés à leur véritable rang, introduit dans la science la faune de plusieurs pays, etc.

On lui doit, en minéralogie, d'avoir le premier donné une classification méthodique, porté l'attention sur la forme des cristaux, commencé à classer d'une manière positive les restes fossiles des êtres organisés.

Enfin, on lui doit, dans toutes les parties, d'avoir fait connaître un nombre immense d'espèces.

SECTION V. — BUFFON.

1707 — 1788.

I. *Préliminaires.*

L'étude de Linné nous a fait connaître les ouvrages les plus importants, considérés philosophiquement, sans même les appliquer à la botanique. Ainsi envisagé, Linné est un des hommes les plus remarquables que puisse réclamer l'esprit humain. Il est pour nous une nouvelle preuve de la manière dont naît le génie. Son *Systema naturæ* est la pensée de ses premiers ans, et sa vie tout entière n'a été qu'une lutte pénible pour la développer.

A côté de Linné s'élève un autre génie, qui sembla, dans sa puissance, vouloir égaler la nature. Buffon, dans ce qui fait sa gloire, n'a point encore eu d'égal. Les êtres créés avaient été étudiés en eux-mêmes, on les avait mesurés dans l'intention préméditée d'en apercevoir l'ordre et l'enchaînement; mais ce n'était point encore là la nature. Isolés de leur séjour et de leur habitation, les animaux semblaient n'être pour la science qu'une abstraction presque inanimée, un squelette sans vie. Buffon arrive, il contemple la création tout entière, et l'on dirait, à l'entendre, qu'il en a découvert les secrets et les lois. Son souffle va donner la vie à la science. Ce ne sont plus des êtres morts et isolés qu'il étudie, c'est la nature même, telle qu'elle apparaît à son imagination. Son génie, embrassant tout l'univers dans sa conception, ose aspirer à la création de la terre; il l'orne ensuite, et la peuple d'êtres vivants, qu'il distribue harmonieusement à sa surface. S'il échoue par trop d'audace, lorsqu'il veut créer notre globe, il peint lorsqu'il expose les rapports des êtres avec la terre, leur séjour, et avec l'homme leur chef et leur dominateur. Après lui, la science n'a plus de mystères; son expression, toujours d'accord avec sa pensée, ne demande aucun travail. S'il décrit, il est précis et clair; on voit l'objet dont il parle; ses tableaux instruisent. « Il excella surtout dans l'art de généraliser ses idées, et d'enchaîner ses observations. Souvent, après avoir recueilli des faits jusqu'alors isolés et stériles, il s'élève, et il arrive aux résultats les plus inattendus. En le suivant, les rapports naissent de toutes parts; jamais on ne sut donner à des conjectures plus de vraisemblance, et à des doutes l'apparence d'une impartialité plus parfaite. Lorsqu'il établit une opinion, les probabilités les plus faibles sont avec un grand art placées les premières; à mesure qu'il avance, il en augmente si rapidement le nombre et la force, que le lecteur, subjugué, se refuse à toute réflexion qui porterait atteinte à son plaisir[1]. »

[1] *Éloge de Buffon par Vicq-d'Azir.*

Buffon a réellement embrassé toutes les sciences d'observation et une partie des sciences instrumentales. Les mathématiques influèrent sur la hardiesse de ses hypothèses; mais elles ne nuisirent point à son talent d'artiste; il a créé et porté à sa perfection l'éloquence des sciences naturelles; il les a rendues accessibles à tous, et à tous il a ménagé les plaisirs les plus purs, par les charmes de son style, qui entraîne à la plus douce contemplation des œuvres de Dieu.

Son génie, transporté par les harmonies du monde et voulant les peindre comme il les avait senties, dut, avant de parler de l'homme et des animaux, décrire la terre qu'ils habitent : mais la théorie de ce globe lui parut tenir au système entier de l'univers; différents phénomènes, tels que l'augmentation successive des glaces vers les pôles, la découverte d'ossements fossiles, soulevaient un problème dont Buffon chercha la solution dans la suite des faits connus, sans la trouver. « Libre alors, son imagination féconde osa suppléer à ce que les travaux des hommes n'avaient pu découvrir [1]. » Plein de confiance dans les lois que son imagination a dictées, il est réservé lorsqu'il juge les systèmes des autres, et la sévérité de ses principes contraste avec la hardiesse de ses hypothèses à lui-même. La satire de ses critiques le rend plus puissant à reprendre ses théories presque abandonnées; il les harmonise avec les nouvelles découvertes de la physique, et provoque ainsi de nouveaux applaudissements. «Plus calme ailleurs, il convient que ses hypothèses sont dénuées de preuves, et il semble se justifier plutôt que s'applaudir de les avoir imaginées [2].» Par là il tue l'exagération de ses plagiai-

[1] *Élog. de Buffon par Vicq-d'Azir.*

[2] *Id.*

res qui les ont données comme des démonstrations positives.

Ses admirables discours exposent et résolvent en partie les problèmes les plus intéressants. Recherchant quel fut le berceau du genre humain, il peint les premières familles descendant des hauteurs pour se répandre dans les plaines et peupler la terre de leur postérité. Il demande s'il y a eu plusieurs espèces humaines, et résout cette haute question philosophique et morale, en décrivant les admirables rapports des variétés humaines avec le sol, le climat et la nourriture, etc.

Les savants antiques avaient disserté sur les sens ; mais personne n'avait indiqué l'ordre de leur prééminence dans les divers animaux. Sans résoudre ce problème plutôt par ses méditations que par ses recherches, Buffon jette un grand jour sur cette matière, et l'enrichit d'idées neuves et ingénieuses.

L'éducation, considérée pour la première fois dans tous les animaux comme cause du développement de leurs facultés, le conduit à démontrer la haute supériorité de l'homme, basée sur sa faiblesse même.

S'il côtoie les rives du matérialisme, en appuyant trop peut-être les idées morales sur des vérités physiques, il en a pourtant fait jaillir d'heureux aperçus. Ses calculs sur les chances de la vie, sur les rapports de ses périodes, sur la multiplication de l'espèce humaine en proportion avec le sol, le climat et la nourriture, sont aussi vrais qu'ingénieux et utiles à l'administration des peuples.

En deux mots, Buffon a créé l'éloquence de la science et en a dicté les lois, jeté les fondements de la géologie, deviné les principes de la minéralogie, peint les harmonies des êtres et créé la géographie zoologique. Voilà le beau côté de son génie; mais il eut ses faiblesses inévitables.

A cette époque, cinq hommes jouissaient surtout d'une célébrité européenne, chacun dans une direction différente.

Voltaire séduisait le monde en profitant habilement des faiblesses du siècle; il brillait en littérature légère, et prétendait aussi être philosophe comme on l'entendait alors. J. J. Rousseau étonnait par la hardiesse et l'éloquence de sa philosophie paradoxale. Montesquieu semblait démêler les causes physiques et morales qui influent sur les institutions des hommes. Buffon, grand écrivain et grand naturaliste, brillait sous ce double rapport, et servait réellement la philosophie plus que tous les autres. Linné, grand naturaliste, et surtout le prince des botanistes, préparait les voies à la méthode, et par conséquent à la conception de la création, que Buffon peignait. Alors aussi s'élevaient lentement les Jussieu.

Le plus pernicieux de tous, le plus envieux était Voltaire. Il a vilipendé, écrasé de sarcasmes, de satires aussi injustes que dégoûtantes, le malheureux Rousseau. Jaloux de Buffon, il chercha également à le déprécier. Mais si les deux philosophes furent en guerre, il en fut à peu près de même des deux naturalistes. Buffon, par une faiblesse inconcevable, a toujours cherché à rabaisser le mérite de Linné : il ne voulait pas et peut-être ne pouvait pas l'apprécier ; par suite, il se montra l'ennemi de toute méthode, et Linné et la méthode s'identifièrent devant lui. Il les combattit ensemble.

C'est sous ces points de vue et ces influences diverses que nous devons essayer d'examiner la grande puissance de Buffon s'exerçant en même temps que l'effort de Linné. Nous le considérerons comme créant un nouveau point de vue, sous lequel la science des corps naturels devait être envisagée; l'harmonie des êtres, leurs rapports entre eux et avec la terre qui les supporte, ou ce qu'on nomme la géographie zoologique; comme jetant encore les bases de la géologie, et devinant les principes de la minéralogie. Par suite de ces premières vues, nous le verrons s'élever aux considérations les plus hautes sur l'état primitif, la dégénération et la disparition des êtres. Il a donc fait un des pas les plus vastes et les plus importants pour les progrès de la philosophie. Mais aussi, nous le verrons commencer cette suite de naturalistes antithéologiques, malgré les protestations qu'il pourra faire du contraire. Sous ce double rapport, son étude mérite d'être sérieusement approfondie.

II. *Éléments et extrait de la biographie de Buffon.*

Nous ne manquons pas d'éléments sur la biographie de Buffon, soit privés, littéraires ou scientifiques. Des hommes de lettres, aussi bien que des naturalistes, s'en sont occupés depuis sa mort jusqu'à nos jours.

Audé a publié une Vie privée de Buffon, en 1788, in-8°.

Condorcet, secrétaire de l'Académie des sciences, a prononcé un éloge de Buffon.

Broussonnet, secrétaire de la Société d'agriculture de Paris, y a lu un éloge de Buffon.

Vicq-d'Azir, son successeur à l'Académie française, en a fait l'éloge oratoire.

Lacépède, qui se supposait le continuateur de Buffon, lui a consacré, dans le premier volume des serpents, quelques pages, où il s'efforce de faire preuve d'une imagination et d'une éloquence qu'il ne possédait pas.

L'ouvrage le plus curieux sur la personnalité de Buffon, est celui de Hérault de Séchelles, imprimé d'abord dans le Mercure, reproduit dans le Magasin encyclopédique quelques années après, et enfin imprimé avec quelques autres opuscules du même auteur, sous le titre de *Voyage à Montbar;* il contient des détails très-intéressants sur le caractère, la personne et les écrits de Buffon, an IX (1801), in-8°. Il est fâcheux que ces détails soient en partie calomnieux, ou doivent, au moins, être considérés comme une violation manifeste des lois de l'hospitalité.

M. Cuvier, dans la Biographie de Michaud, et M. Geoffroy Saint-Hilaire, ont aussi écrit sur Buffon.

Biographie. George-Louis Leclerc, comte de Buffon, naquit le 7 septembre 1707, la même année que Linné, à Montbar, petite ville de Bourgogne. Son père, Benjamin Leclerc, conseiller au parlement de Dijon, avait d'abord été procureur. Sa mère, femme d'esprit, était fort instruite. Il fit sa première éducation, sans doute, à Dijon, sous les yeux de ses parents. Leur fortune lui permit d'acquérir une instruction assez étendue pour que son père pût lui laisser le libre choix de sa carrière, malgré le désir de le voir entrer dans la magistrature.

Il montra de bonne heure une grande ardeur pour l'étude, et y obtint des succès très-remarquables, à peu près dans tous les genres; mais comme son goût pour le plaisir n'était pas moins vif, il fit son premier voyage à Paris à 25 ans.

Une heureuse fortune lui avait fait connaître, à Dijon, le jeune duc de Kingston, et son gouverneur, homme fort instruit, qui inspira à Buffon le goût des sciences.

Ils voyagèrent ensemble en France, en Italie et en Angleterre.

Ce fut dans ce pays où Newton venait de cesser de vivre, que son goût pour les sciences se perfectionnant, le désir de s'y fortifier aussi bien que dans l'étude de la langue anglaise, le décida à traduire quelques ouvrages qui avaient alors un grand succès à Londres.

Le premier fut la Statique de Hales sur les végétaux, dont la traduction parut avec une préface en 1735. Le second, le Traité des fluxions de Newton ; et le troisième, les Principes d'agriculture de Thul. Ces premiers ouvrages le firent connaître du public ; et nous devons remarquer que sa direction scientifique commence par des études d'abord mathématiques, puis physiques, et enfin économiques.

Ses premiers travaux à l'Académie, dont il fut reçu membre dès 1733, portèrent sur plusieurs points : 1° des recherches sur la solidité des bois, sur la cause de l'excentricité des couches du bois ; observations des effets produits sur les végétaux par la gelée, 1737. — Moyen facile d'augmenter la solidité, la force et la dureté des bois, en les écorçant quelque temps avant de les abattre, 1738. — Mémoire sur la conservation et le rétablissement des forêts. Expériences sur la force des bois, 1740-1741 ; sur les couleurs accidentelles, 1743. 2° Formule sur les échelles arithmétiques, 1741. 3° Dissertation sur la cause du strabisme ou des yeux louches, 1745. 4° Des Expériences sur le miroir comburant d'Archimède, et invention de miroirs ardents pour brûler à une grande distance, 1747. 5° Découverte de la liqueur séminale dans les femelles vivipares, et du réservoir qui la contient, 1748.

Par suite, sans doute, de ses travaux à l'Académie et

de ses recherches sur les bois, il s'était lié avec Dufay, intendant du Jardin du roi ; celui-ci lui avait assuré sa survivance, et le désigna en mourant comme le seul capable de lui succéder.

En 1739, Buffon fut, en effet, nommé intendant du Jardin du roi ; dès lors sa vocation fut écoutée et fixée. Il conçut le plan d'un grand ouvrage qui devait embrasser, développer et peindre le sujet du *systema naturæ*, c'est-à-dire, la nature entière. Pour le remplir, il appela à Paris et associa à ses travaux un de ses compatriotes de Montbar, qui possédait justement les qualités qui manquaient à Buffon ; ce que lui-même avait sans doute aperçu. C'était Daubenton.

Tous les deux travaillèrent ainsi dix ans à préparer leurs matériaux, et même à exécuter les trois premiers volumes de l'Histoire naturelle générale et particulière, dont l'année 1749 vit paraître le premier, le deuxième et le troisième volume. Ils eurent un succès si prodigieux, qu'une seconde édition eut lieu à l'Imprimerie royale, comme la première, dès 1750. Ce succès ne fit que s'accroître par la publication des volumes suivants.

La vie entière de Buffon fut consacrée à l'administration, à l'amélioration du Jardin du roi, qui, de jardin de botanique, de matière médicale et de pharmacie, prit sous sa direction le caractère scientifique et la dénomination de Cabinet d'histoire naturelle du roi. Aussi s'empressa-t-il de donner, en 1746, la place de garde et de démonstrateur du Cabinet, qui n'était alors qu'une sinécure assez inutile, à Daubenton, qu'il avait fait venir, en 1742, à Paris.

En 1762, à l'âge de 55 ans, Buffon se maria à une demoiselle de Saint-Belin, bien plus jeune que lui et sans fortune ; elle devint l'admiratrice de Buffon et l'épouse la plus affectionnée.

De 1749 à 1767, il publia les quinze premiers volumes de son grand ouvrage sur les quadrupèdes, et, en 1753, il fut nommé membre de l'Académie française. Son discours de réception est demeuré un modèle et un chef-d'œuvre en ce genre. C'est dans ce discours, où il traite du style, que l'on peut prendre une idée de sa manière de travailler.

Il commença la publication de son Histoire naturelle des oiseaux en 1770, mais sans la collaboration de Daubenton, qui s'était brouillé avec lui, depuis plusieurs années, parce que Buffon avait accordé au libraire Panckoucke la permission de publier une édition de l'Histoire des quadrupèdes, sans les descriptions de son collaborateur.

En 1771, Louis XV, auquel Buffon et Daubenton avaient dédié leur ouvrage, et qui l'avait fait imprimer à grands frais à l'Imprimerie royale, en leur en abandonnant généreusement l'édition, érigea la terre de Buffon en comté, et accorda à son titulaire l'honneur des petites entrées à la cour, faveur uniquement réservée jusqu'alors à la naissance et à la dignité. Le roi voulut en outre lui confier la haute intendance sur les forêts, place de la plus grande importance alors ; mais Buffon sentant qu'il sortait par là de sa vocation, refusa cet honneur.

Aidé par Gueneau de Montbelliard, et ensuite par l'abbé Bexon, il publia successivement, de 1770 à 1783, les neufs volumes qui constituent l'histoire naturelle des oiseaux ; puis il fit paraître, de 1783 à 1788, les cinq volumes de l'histoire des minéraux; et en 1788, les sept volumes de supplément, parmi lesquels se trouvent ses Époques de la nature, ouvrage de quarante ans de travaux, et qui fut l'apogée du génie de ce grand homme.

Le 16 avril de la même année 1788, Buffon succomba à la suite d'une maladie de vessie déterminée par la présence de la pierre, qui depuis longtemps lui causait des douleurs bien vives.

Buffon était chrétien du fond du cœur; il avait à Montbar, pour commensal et pour aumônier, un religieux de l'ordre de Saint-François. Il aimait la pratique de la charité chrétienne, et déguisait ses aumônes en faisant travailler les malheureux.

Sa mort fut la récompense de ces beaux sentiments. Il attendait le saint viatique : « Que le prêtre tarde à arriver; par grâce allez au-devant....; ils me laisseraient mourir sans sacrements.» En recevant l'extrême-onction, il tendait les pieds et disait très-intelligiblement : *Tenez, mettez là.* Il renouvela sa profession de foi, et la prononça publiquement en recevant ces derniers secours de l'Église. Il vit d'un œil tranquille la multitude que la cloche avait attirée; ce spectacle n'ébranla point son courage, il parla aux assistants et fit approcher son fils, qui recueillit, les larmes aux yeux, ces paroles touchantes : « Ne quittez jamais le chemin de l'honneur et de la vertu, c'est le seul moyen d'être heureux. » Il serra la main à ses amis, et ferma les yeux.

« Les athées, dit la Harpe, n'en revendiquent pas moins Buffon, à cause des résultats de sa mauvaise physique; et je ne sais pas trop ce qu'ils peuvent y gagner. C'est à Dieu seul de savoir et de juger ce que Buffon pensait. Ce qui est certain en fait, c'est qu'il a voulu recevoir à sa mort les sacrements de l'Église, que, par un scandale alors presque passé en usage, les philosophes se faisaient un devoir et une gloire d'éloigner; que, loin de faire cause commune avec eux, il était notoirement au nombre de leurs adversaires les plus déclarés, au point de ne plus venir à l'Académie depuis que la secte y dominait. »

Les encyclopédistes n'aimaient pas Buffon, parce qu'il refusa constamment d'entrer dans leurs attentats contre la société; qu'en élevant par les sciences naturelles la vraie base de la philosophie, il renversait leurs dangereuses théories mathématiques et antisociales, parce qu'encore ils enviaient, surtout Voltaire, les petites entrées à la cour dont il jouissait. On citait un jour devant Voltaire l'*Histoire naturelle* : « Pas si naturelle, dit-il. » Ce jugement pouvait être suspect de ressentiment. Pour avoir soutenu que les bancs de coquillages découverts au sommet des montagnes n'étaient autre chose que des coquilles détachées du chaperon des pèlerins qui allaient à Saint-Jacques de Compostelle, il s'était attiré des railleries fort piquantes de la part de Buffon; il les lui rendit, en se moquant de la terre qui n'était qu'une éclaboussure du soleil, des moules organiques intérieurs, et enfin du style de l'Histoire naturelle. On leur persuada facilement de se réconcilier, et Voltaire s'en tira avec son ton ordinaire, en disant : « Je ne veux pas rester brouillé avec M. de Buffon pour des coquilles. »

Cependant, malgré la religion de son cœur, malgré son amour pour l'ordre et l'humanité, on ne peut disconvenir que Buffon n'ait subi l'influence destructive qui pesait alors sur les esprits; ses principes conduisent directement à l'antithéologie et au matérialisme.

Buffon n'a laissé qu'un fils, le comte de Buffon, major en second au régiment d'Angoumois, et qui périt à Paris, à l'âge de trente ans, victime du tribunal révolutionnaire.

Ne fait-on pas l'éloge de son noble caractère, en reconnaissant qu'il est peut-être le seul grand homme qui n'ait pu dire, dans des temps si difficiles, *mes persécuteurs?* Et comment aurait-il pu en avoir? L'autel, le trône, le repos des hommes, tout lui fut sacré. Quel écrivain, quel philosophe a joui plus que lui de la considération publique, sans avoir fait un sacrifice à l'opinion? Dans sa jeunesse il avait commencé par n'être qu'un homme de plaisir; il y était naturellement porté par les avantages du corps et de l'esprit, dont il était doué; cependant, il fut de bonne heure attiré presque irrésistiblement vers les études sérieuses et scientifiques. Quoiqu'il eût la vue très-faible, personne n'a été plus que lui économe du temps; l'heure de son déjeuner, celle de sa promenade, étaient marquées comme celle de son travail. Il a pensé, il a écrit avec la constante inquiétude d'un homme de lettres qui s'observe sans cesse, qui veut voir tous les rapports de son sujet, qui ne connaît qu'un vêtement à la pensée, et qui cherche son style dans sa logique. Aussi chaque page de ses œuvres est-elle le résultat d'une foule d'idées, d'une merveilleuse combinaison de rapports et d'un travail opiniâtre. Il disait que le génie sans ordre perd les trois quarts de sa force; que le plan de l'ouvrage ne suffit pas à l'auteur qui l'a conçu, qu'il lui faut celui de tous les jours de l'année.

Buffon s'est trouvé dans les circonstances les plus heureuses; il a constamment joui d'une santé robuste, qui lui permit un travail sans interruption dès son entrée dans la carrière. Ses études et ses travaux ont suivi l'ordre logique : la méthode devenue mathématique, la mécanique, la physique, l'économie rurale, l'art d'écrire. L'observation lui devint facile par la nature même de sa fortune, provenant en grande partie de bois et de mines de fer. Il fut mis à la tête du seul établissement qui pouvait lui fournir les éléments de son grand ouvrage, et il eut le bonheur de trouver, dans un homme de son pays qu'il connaissait depuis son enfance, les qualités qui lui manquaient, c'est-à-dire la patience de l'observation, et le style descriptif proprement dit.

Il eut assez de sagesse pour ne pas sortir de la direction demandée par son génie, et par l'époque où la science était parvenue; il refusa toute participation aux plantations des forêts royales, et même leur suprême intendance que lui offrait Louis XV. Il crut plus à ce mouvement de rénovation qui agitait alors la France, et il l'aida. Aussi son ouvrage, malgré les oppositions de la secte encyclopédique, produisit-il un effet prodigieux, non-seulement de son temps, mais longtemps après. L'histoire naturelle, élevée et ennoblie, sortit enfin de l'officine des apothicaires. On s'aperçut, en lisant Buffon, qu'elle était toujours la base de la philosophie; qu'elle était même susceptible du style le plus digne, et une source féconde d'éloquence. De là la haine des géomètres, qui prétendaient aussi à la philosophie. On vit enfin que l'histoire naturelle, toute matérielle qu'elle était, pouvait élever l'esprit aux conceptions les plus hautes; et bien que Buffon fût nécessairement peu théologique, on ne put méconnaître en lui tous ces mérites.

S'il se crut assez puissant pour ne pas vouloir resserrer son génie dans les entraves d'une méthode artificielle, comme celle qui régnait de son temps, il servit pourtant la méthode naturelle; il établit pour elle les recherches et les considérations les plus importantes, en définissant l'espèce et les variations qu'elle est susceptible d'éprouver. Il créa la géographie zoologique et la géologie.

Sa plus grande erreur est d'avoir cru qu'il pouvait être continué, et d'avoir choisi pour son continuateur Lacépède, l'homme qui eut le moins les qualités nécessaires pour cela. Buffon, comme homme de génie d'abord, et plus que tout autre, à cause de la nature même de son effort scientifique, est aussi inimitable qu'incontinuable.

III. *Plan méthodique des œuvres de Buffon.*

Le plan logique et rationnel que suit nécessairement l'esprit humain, dominera comme toujours les travaux de Buffon. Ces travaux sont de trois sortes : d'instrument, de préparation et d'exécution perfectionnée et appliquée.

Il commença par l'étude des langues : le français, l'italien et l'anglais, pour les langues modernes ; le latin et sans doute le grec, qu'il avait dû apprendre dans le cours de ses premières études, pour les langues anciennes. Mais son goût particulier, et aussi sans doute l'influence de l'époque, l'entraînèrent vers l'étude des mathématiques ; ses premiers travaux roulèrent sur la méthode, devenue mathématique. Il publia, en 1735, la traduction de la Statique de Hales sur les végétaux, et peu après le Traité des Fluxions de Newton ; — en 1741, il donna sa Formule sur les échelles arithmétiques ; en 1745, ses Réflexions sur la loi de l'attraction. — Comme résultat de ces travaux mathématiques et physiques, il arrive à la découverte des miroirs ardents, pour brûler à une grande distance, en 1747 ; — et, en 1743, il avait publié un Mémoire sur les couleurs accidentelles. — On doit ranger encore, dans cette catégorie comme perfectionnement, son Discours sur le style, prononcé à l'Académie.

La seconde catégorie, qui n'a été publiée qu'après la troisième, lui est pourtant antérieure, puisqu'elle a fourni à l'auteur les éléments de ses ouvrages de perfectionnement. Elle comprend six volumes de ses suppléments, publiés de 1774 à 1778. Les deux premiers volumes contiennent diverses expériences sur les minéraux, et les Mémoires qu'il avait présentés à l'Académie des sciences sur le fer, le bois, etc., etc. C'est ici qu'il faut aussi placer ses Recherches sur la cause de l'excentricité des couches du bois; Observations des effets produits sur les végétaux par la gelée; Moyen facile d'augmenter la solidité, la force et la dureté du bois; Mémoire sur la conservation et le rétablissement des forêts; Expériences sur la force du bois; Mémoire sur la culture des forêts.

Le troisième, le sixième et le septième volume de ses suppléments regardent les quadrupèdes. Le quatrième donne beaucoup de détails sur l'histoire de l'homme. A cette partie se rapporte la Dissertation sur la cause du strabisme, ou des yeux louches, et la Découverte de la liqueur séminale dans les femelles vivipares, et du réservoir qui la contient.

Enfin, la dernière classe des ouvrages de Buffon, celle des travaux d'exécution et de perfectionnement, consiste dans son grand ouvrage d'histoire naturelle. Il y embrasse le règne minéral et le règne animal; il n'a rien fait ici sur la botanique. Les quinze premiers volumes traitent de la théorie de la terre, de la nature des animaux, de l'histoire de l'homme, et de celle des quadrupèdes vivipares; les neuf volumes suivants, de l'histoire des oiseaux; les cinq derniers volumes donnent l'histoire des minéraux.

Les quinze premiers parurent de 1749 à 1767; les neuf suivants de 1770 à 1783; les cinq derniers de 1783 à 1788.

Enfin, le cinquième volume de ses suppléments, qui parut en 1778, contient les Époques de la nature; résultat de quarante années de travaux. Si cet ouvrage n'est pas vrai, il n'en est pas moins admirable comme création de génie.

Il faut encore ranger dans cette classe son Discours sur l'étude de l'histoire naturelle; c'est là que sont tous ses principes, et comme le résumé de sa philosophie.

Parmi le grand nombre d'éditions de ses œuvres, plusieurs ont été exécutées aux frais de l'Imprimerie royale. Nous ne disons rien des prétendues continuations qu'on y a ajoutées; elles n'appartiennent point à ce grand homme, et ne peuvent compléter ce que lui seul pouvait achever.

IV. *Éléments des ouvrages de Buffon.*

Les prédécesseurs de Buffon, ses contemporains et ses propres observations, sont les sources où il a puisé.

I. Parmi ses prédécesseurs, deux hommes surtout attirèrent l'attention de Buffon. Il puisa dans l'étude sérieuse d'Aristote la précision et la profondeur des connaissances; il discuta les résultats que le créateur de la science n'avait osé qu'indiquer, et il apprit même de lui la méthode d'observation. Mais l'étude de Pline parut plus en rapport avec la tournure de son génie. Bien qu'il n'y ait point de comparaison possible entre eux,

Buffon n'a pas échappé à l'influence funeste du Romain; influence que son amour pour le style lui a souvent déguisée. C'est très-certainement à Pline qu'il doit les principes destructeurs de la science, adoptés par lui presque tels qu'ils sont dans le compilateur de Rome; entre autres, la négation des causes finales, et quelques teintes de mélancolie misanthropique, éparses çà et là; et, sans la profonde religion du cœur du grand Buffon, il se serait peut-être laissé entraîner à la suite de celui qu'on a voulu lui donner pour modèle, jusqu'à la négation de Dieu. Buffon a expié cette faute grave par le titre de Pline français, qu'on lui a jeté, bien que par son génie il soit mille fois au-dessus de Pline.

Outre Aristote et Pline, il avait lu tous les anciens, tous les naturalistes du moyen âge et ceux des temps modernes. Il cite Athénée, Albert le Grand, Gesner, Belon, Willoughby, Ray, etc.

II. Parmi ses contemporains, Buffon se servit des faits recueillis par les hommes de la science et par les voyageurs, pour les coordonner et en broyer les couleurs de ses tableaux.

Il sut, par la puissance de son génie, intéresser les princes à la science. Le prince Henri de Prusse, l'impératrice de Russie, se firent les collecteurs de Buffon; ils lui envoyaient les objets les plus remarquables de leurs royaumes. De toutes les parties du monde on lui expédiait tout ce que l'on jugeait digne de lui être offert. Pendant la guerre de l'Angleterre avec ses colonies, des corsaires retenaient les caisses du roi d'Espagne, tandis qu'ils faisaient parvenir celles à l'adresse de Buffon.

C'est surtout dans les observations de Pallas qu'il avoue lui-même avoir beaucoup puisé pour ses Époques de la nature, et pour les dernières éditions de sa Théorie de la terre.

Peut-être doit-on regretter que Linné et Buffon ne se soient pas compris; tous deux y auraient gagné; mais une espèce de jalousie de mérite sépara ces deux génies [1].

On ne sait si la méthode, dont Linné était le représentant, indisposa Buffon contre Linné, ou si le mérite de ce dernier fit repousser la méthode; toujours est-il que Buffon les combattit ensemble.

Nous ne reviendrons pas sur les secours immenses qu'il retira du concours de Daubenton, ni sur le malheur de leur séparation pour la science.

III. Les observations que Buffon fit lui-même ne contribuèrent pas peu au perfectionnement de ses ouvrages. Il les dirigea d'abord sur les bois et les forêts, puis sur les animaux. Il nourrissait à Montbar, dans des fosses creusées pour ce but, des lions et des ours. Il expérimenta aussi sur le croisement des races et sur la génération, pour arriver à la détermination de l'espèce; et, en ce point, ses principes restent et resteront à jamais inébranlables.

Mais il trouva surtout dans la direction du Jardin des plantes les moyens d'une observation plus facile. C'est sous le règne de Louis XIII que fut réalisée à Paris l'idée d'un jardin des plantes, d'abord médi-

[1] Buffon même montra une faiblesse telle qu'il ne consentit jamais à laisser entrer, dans le jardin de botanique, la méthode et la nomenclature de Linné; il permit seulement d'inscrire les noms donnés par Linné, mais à condition, chose incroyable, si le génie n'était humain, qu'ils seraient en dessous de la tablette qui sert à étiqueter les plantes. On dit que Linné s'en vengea en donnant à son genre crapaud le nom de *Bufonia*.

cales, d'après la proposition de Guy de la Brosse, premier médecin du roi. Il fut créé comme une dépendance du Collége de France; mais l'impossibilité de le placer à ce collége, comme l'avait demandé Ramus, à cause du grand resserrement de son emplacement, força de l'établir à l'extrémité du faubourg Saint-Victor, sur la rive gauche de la rivière de Bièvre et de la Seine. Il en est résulté une nouvelle institution, qui, marchant toujours parallèlement au Collége de France dans les sciences naturelles, en est devenue le complément indépendant.

La surintendance de cet établissement demeura, jusqu'à Dufay, confiée aux premiers médecins du roi, qui le négligèrent presque complétement. En 1732 cette surintendance fut supprimée, et la direction du Jardin fut confiée, sous le titre d'intendance, à Dufay, qui en fit, de l'aveu des étrangers, le plus beau jardin de l'Europe. En passant des mains de Dufay dans celles de Buffon, ce précieux établissement prit le caractère scientifique qu'il n'a fait que développer depuis, jusqu'au point si élevé où nous le voyons parvenu aujourd'hui. Ce Jardin, qui naquit et se peupla d'êtres vivants sous la main de Buffon, lui fournit à volonté les plus heureux éléments.

V. *Analyse des œuvres de Buffon.*

Buffon est peut-être l'homme de la science le plus difficile à analyser. Une lecture attentive et plusieurs fois répétée peut seule donner une connaissance satisfaisante de ses principes, qu'il pose et développe souvent là où l'on s'attend le moins à les rencontrer. Ces causes ont sans doute empêché qu'il n'ait été étudié et jugé d'une manière convenable. Nous devons donc essayer une analyse sérieuse de ses œuvres, en suivant l'ordre scientifique.

Histoire naturelle, générale et particulière. 1° *Premier Discours sur la manière d'étudier et de traiter l'histoire naturelle.* Tous ses principes consistent à suivre la marche d'un homme placé sur la terre avec l'usage entier de ses sens et de sa raison, sans connaître aucun des êtres. Dès lors sa distinction sera celle des animaux, des végétaux et des minéraux. De sorte que, dans chacun de ces groupes, l'ordre suivant lequel l'homme doit ranger ses connaissances, est celui suivant lequel il les a acquises, et celui suivant lequel il lui importe de les conserver. Peintre avant tout, Buffon a voulu comparer une méthode à un tableau, et mettre ensemble des êtres qui s'y trouvent, soit par la nature, soit par un artifice de l'esprit [1]. Il consacre une grande partie de ce discours à combattre les méthodes et Linné de la manière la plus singulière. Le point de vue sous lequel il l'envisage, prouve combien il sentait peu ce qu'est et ce que doit être une méthode en histoire naturelle, et par suite une nomenclature.

Mais aussitôt qu'il entre dans la manière dont l'histoire d'un animal doit être faite et écrite, il fait pressentir toute la supériorité à laquelle il s'est élevé dans les autres volumes.

2° *De la Nature. Première vue.* C'est ici la place de ses deux admirables discours sur la nature, qu'ils envisagent en général. A côté des plus belles vérités, nous y verrons apparaître les germes de ces hypothèses hardies, qu'il développera ailleurs. « La nature, dit-il, est

[1] La critique de ce système a été faite d'une manière élevée et remarquable, par L. de Malsherbes.

le système des lois établies par le Créateur, pour l'existence des choses et la succession des êtres. Elle n'est point une chose, elle n'est point un être. C'est une puissance; cette puissance est, de la puissance divine, la partie qui se manifeste. C'est en même temps la cause et l'effet, le mode et la substance, le dessein et l'ouvrage. Ouvrier essentiellement actif, le temps, l'espace et la matière sont ses moyens, l'univers son objet, le mouvement et la vie son but. L'attraction et l'impulsion sont ses deux principaux instruments. Avec ces moyens, la nature peut tout, si ce n'est anéantir et créer, deux extrêmes de pouvoir que Dieu s'est réservés. Mais la nature altère, change, détruit, développe, renouvelle, produit. Tout a donc été créé, et rien encore ne s'est anéanti. La nature balance entre ces deux limites, sans jamais approcher ni de l'une ni de l'autre. » — Il décrit ensuite le ciel, ses lois et ses mouvements, ses révolutions et ses grands événements. Puis il vient à la terre, « lieu de repos, séjour de délices, où l'homme, placé pour seconder la nature, préside à tous les êtres. Seul entre tous, capable de connaître et digne d'admirer, Dieu l'a fait spectateur de l'univers et témoin de ses merveilles. L'étincelle divine dont il est animé le rend participant aux mystères divins. C'est par cette lumière qu'il pense et réfléchit; c'est par elle qu'il voit et lit dans le livre du monde, comme dans un exemplaire de la Divinité.

« La nature est le trône extérieur de la magnificence divine. L'homme qui la contemple, qui l'étudie, s'élève par degré au trône intérieur de la toute-puissance ; fait pour adorer le Créateur, il commande à toutes les créatures ; vassal du ciel, roi de la terre, il l'ennoblit, la peuple et l'enrichit ; il établit l'ordre, la subordination, l'harmonie; il enrichit la nature même; il la cultive, l'étend et la polit, en élague le chardon et la ronce, y multiplie le raisin et la rose.» Buffon compare la nature déserte et brute à la nature cultivée et embellie par la main de l'homme, et termine par une admirable prière *au Dieu plein de bonté.*

Seconde vue. « Les espèces sont les seuls êtres de la nature, êtres perpétuels, aussi anciens, aussi permanents qu'elle. Ce sont les unités créées, dont l'espèce humaine est la première; toutes les autres ne viennent qu'en second et troisième ordre. L'espèce humaine seule, comme un individu, contemple toutes les harmonies et les magnificences de la nature, depuis son commencement jusqu'à sa fin, dans tous les temps et à tous les instants, par l'intelligence et la transmission des connaissances par l'éducation. Cette espèce humaine se résume dans l'homme instruit, qui réunit en lui toutes les connaissances du passé, transmises par ses aïeux. Ce n'est plus un individu simple, borné, comme les autres, aux sensations de l'instant présent, aux expériences du jour actuel; il s'est mis à la place de l'espèce entière: il lit dans le passé, voit le présent, juge l'avenir. »

Descendant dans le détail de ces vérités, Buffon montre la fixité de la nature dans son tout, et sa mobilité dans ses parties : et les espèces, étant un tout, sont permanentes. Il prétend qu'il existe sur la terre, dans l'air et dans l'eau, une quantité déterminée de matière organique, que rien ne peut détruire; qu'il existe en même temps un nombre déterminé de moules capables de se l'assimiler, qui se détruisent et se renouvellent à chaque instant. Il en conclut la fixité des espèces, qui ne sont sujettes qu'à des différences purement individuelles. De là il est conduit à exposer la formation de la terre, d'abord pénétrée par le feu, remuée par les eaux, et augmentée par les débris des corps organisés, animaux et végétaux. Puis il recherche les lois de la composition des corps bruts par l'attraction, explique cette attraction et l'impulsion qui en dépend, et, par elle, la mécanique rationnelle, et il en conclut : « Une seule force (l'attraction) est la cause de tous les phénomènes de la matière brute; et cette force, réunie avec celle de la chaleur, produit les molécules vivantes, desquelles dépendent tous les effets des substances organisées. »

3° *Second discours. Histoire et théorie de la terre*[1]. Son épigraphe, tirée d'Ovide, expose parfaitement la théorie de la terre, telle qu'elle a été donnée par Buffon, avant que l'on pensât encore à la reprise des études géologiques. On peut donc assurer qu'il est le véritable fondateur de la géologie moderne. Il a, en effet, posé toutes les questions, s'il ne les a pas résolues. On voit aussi, dans ce premier jet de sa conception, qu'il était encore retenu par l'état social de son époque.

Suivant son hypothèse, la première origine de la terre viendrait du soleil : une comète tombant sur la surface de cet astre l'aura déplacé; elle en aura séparé quelques parties, en leur communiquant un mouve-

[1] Il est à remarquer que ce discours est daté de Montbar, le 3 octobre 1744; il porte cette épigraphe tirée d'Ovide, l. XV des *Métamorph.*, v. 262 :

Vidi ego, quod fuerat quondam solidissima tellus,
Esse fretum, vidi fractas ex æquore terras;
Et procul a pelago conchæ jacuere marinæ,
Et vetus inventa est in montibus anchora summis;
Quodque fuit campus, vallem decursus aquarum,
Fecit, et eluvie mons est deductus in æquor.

ment d'impulsion dans le même sens et par un même choc; en sorte que les planètes auraient autrefois appartenu au corps du soleil; qu'elles en auraient été détachées par une force commune à toutes, et qu'elles conservent jusqu'à ce jour.

Immédiatement après cette séparation, la terre était dans un état de fluidité maintenue par l'incandescence qu'elle tirait de sa source. Dans cet état, par la rotation sur son axe et l'attraction combinées, la terre prit sa forme et commença à se solidifier par le refroidissement.

Ce refroidissement du noyau central, arrivé à un certain degré, l'eau s'est condensée, a reposé sur la terre, et a pu dès lors commencer la formation de l'écorce du globe.

C'est cette écorce dont Buffon va chercher à donner l'étiologie dans sa Théorie de la terre. Réfutant avec sévérité les hypothèses de ses prédécesseurs, il établit ensuite la sienne sur le noyau central, sans beaucoup plus de raisons que les autres. Il est mieux fondé dans l'exposition des faits que l'expérience de tous les temps et ses propres observations lui ont appris au sujet de l'écorce du globe. Admettant comme démontré que les terres aujourd'hui desséchées se sont formées sous les eaux, il recherche la manière dont elles ont pu être laissées à sec; il en remarque plusieurs causes, encore actuellement agissantes, et il entre dans le détail de leur exposition. Ce sont les mouvements des eaux des mers, les influences atmosphériques, les courants des fleuves et des rivières, etc., etc.; et il conclut : les eaux ont donc couvert et peuvent encore couvrir successivement toutes les parties des continents terrestres, et dès lors on doit cesser d'être étonné de trouver partout des productions marines et une composition qui ne peut être que l'ouvrage des eaux. Il arrive ensuite à la théorie des volcans, rejette le feu central comme n'en étant pas la cause, et cherche à démontrer qu'ils ne sont que le résultat de la combustion électrique de divers minéraux qui se trouvent en contact et en fermentation, soit par les eaux ou autrement.

La Théorie de la terre, qui plaçait pour la première fois la géologie dans une voie positive, bien que soutenable en plusieurs points, eut à essuyer un assez grand nombre de critiques. Voltaire la ridiculisa, parce qu'il n'avait pas assez de génie pour la comprendre, ou trop d'envie pour en reconnaître la puissance. Cependant, il faut l'avouer, on ne voit pas toujours la rigueur des conséquences que Buffon tire, ni la solidité des preuves qu'il donne. Mais il avait la sagesse de ne point perdre son temps à répondre aux attaques, et ici, il n'y répondit qu'en représentant son système modifié, et mieux lié dans ce chef-d'œuvre intitulé les *Époques de la nature*.

4° *Époques de la nature.* Comme il s'agit, dit-il, dans cet ouvrage de juger non-seulement le passé moderne, mais le passé le plus ancien par le seul présent, et que, pour nous élever jusqu'à ce point de vue, nous avons besoin de toutes nos forces réunies, nous emploierons trois grands moyens : 1° les faits qui peuvent nous rapprocher de l'origine de la nature ; 2° les monuments qu'on doit regarder comme les témoins de ses premiers âges ; 3° les traditions qui peuvent nous donner quelque idée des âges subséquents ; après quoi, nous tâcherons de lier le tout par des analogies, et de former une chaîne qui, du sommet de l'échelle du temps, descendra jusqu'à nous. Tel est, en quelques mots, tout le plan de ce magnifique ouvrage.

I. Les faits sont la forme de la terre, dépendante des lois de la pesanteur; la chaleur propre du globe, dépendante de son électricité, etc.; la chaleur du soleil; les matières qui composent le noyau central de la terre; les débris de corps organisés provenant de la mer, et qui prouvent sa présence sur les plus hautes montagnes; enfin, il expose le second moyen d'investigation, tous les monuments fossiles, les ossements d'animaux terrestres que l'on a trouvés dans le sein de la terre.

II. A l'aide de ces faits, il expose son système sur la formation de la terre primitive, et décrit, en sept époques, l'histoire de tous les états par où il suppose que la terre a dû passer avant d'arriver à l'état actuel.

Après cette gigantesque conception par laquelle Buffon a voulu créer le monde à sa manière, il faut en faire connaître les détails. La minéralogie se présente la première.

5° MONDE INORGANIQUE. *Histoire générale des minéraux.* Les premières études de Buffon s'étaient dirigées vers la physique; mais son génie, trop élevé pour s'arrêter dans la physique expérimentale, avait essayé de sonder les secrets de l'univers. On est stupéfié de la facilité avec laquelle il en ramène toutes les lois particulières à quelques lois générales, à l'aide desquelles il explique tout. Les barrières élevées par la chimie naissante, la multiplicité des nouveaux corps élémentaires qu'elle prétendait avoir découverts, les lois nouvelles que les chimistes créaient pour expliquer leurs analyses et leurs transformations, ne l'étonnent ni ne l'arrêtent : il les renverse et les brise. Il leur montre que, trompés par les effets secondaires de leurs opérations, ils n'ont pu saisir les lois générales qui produisent tous ces effets. Il ramène tous leurs corps élémentaires, toutes leurs lois, à leur simplicité première; par elle, il explique tout; et il serait difficile de dire qu'il s'est complétement trompé, surtout aujourd'hui que plus les sciences physiques et chimiques font de progrès, plus elles tendent à revenir à cette simplicité de principes et de lois. La physique de Buffon n'est point la physique moderne; elle n'est pas la physique ancienne; c'est quelque chose à part, qui tient de l'une et de l'autre. C'est une divination du génie qui domine les deux. Cette physique est surtout étonnante en ce qu'elle n'isole rien; elle embrasse tout, elle unit tout, elle veut tout expliquer, et on n'ose dire encore qu'elle ne l'ait pas fait. Cette unité seule, unité si simple, si harmonieuse, emporte avec elle une conviction de vérité. Il a pu se tromper dans les détails, mais l'ensemble n'a pas été assez médité par les hommes de la science, puisqu'ils le confirment tous les jours sous des dénominations plus étranges, plus multipliées, et par conséquent moins exactes. C'est dans son introduction à l'Histoire des minéraux qu'est contenue la physique générale de Buffon.

I. *Introduction à l'histoire des minéraux. Première partie.* Il y considère la lumière, la chaleur et le feu, comme des phénomènes appartenant à une même cause. L'attraction domine seule tous les effets de la matière brute; l'attraction et la chaleur, tous les phénomènes de la matière vive. Il cherche à expliquer l'action de cette grande loi sur tous les phénomènes généraux de la matière, dont il réduit les éléments à quatre: la terre, l'eau, l'air et le feu. Il détermine la nature et la simplicité de ces éléments, qu'il faut bien se garder de confondre chez lui avec ce que les anciens entendaient par là. Il en explique les combinaisons diverses et les substances qui en résultent dans les corps inorganiques et dans les corps organisés, et il termine par une classification des substances matérielles diverses, d'après leurs rapports avec le feu; classification qu'on peut comparer à celle des corps simples des chimistes actuels, d'après leur affinité pour l'oxygène.

Dans la deuxième partie, qui traite de l'air, de l'eau et de la terre, il divise les matières en celles qui sont le résultat des combinaisons primitives, et en celles qui proviennent des corps organisés; et à ce sujet, il établit d'une manière très-solide, que les végétaux et les animaux transforment l'eau et les autres substances en matière pierreuse, qui vient continuellement accroître la masse de la terre, et en modifier la surface.

II. *Partie expérimentale.* Elle contient ses expériences sur le progrès de la chaleur dans les corps, sur le platine, le fer, les effets de la chaleur obscure; sur la lumière, l'invention des miroirs ardents, etc.

III. *Partie hypothétique. Premier mémoire. Recherches sur le refroidissement de la terre et des planètes.* C'est le développement de sa théorie mathématique sur la formation des planètes et des satellites de notre système. Précisant l'époque où chaque planète s'est détachée du soleil, il calcule les périodes de son refroidissement, et l'époque où chacune est devenue habitable, et a cessé ou doit cesser de l'être. Système gigantesque, fruit d'une imagination audacieuse, qui ne se laisse arrêter par aucune entrave, par nulle objection. On regrette, en le lisant, qu'un tel système ne repose sur aucune donnée positive, sur rien de vraisemblable. La théorie de la terre n'en est qu'une partie plus développée.

Second mémoire. Fondement des recherches précédentes sur la température des planètes.

IV. *Histoire particulière des minéraux.* 1° *De la figu-*

ration des minéraux. Buffon cherche à établir que les molécules organiques provenant des détriments des animaux et des végétaux, donnent la figure aux minéraux. De là, les minéraux qui ont des figures sont les plus nobles; ceux qui ont des figures irrégulières viennent ensuite, comme contenant plus de parties organiques que les suivants. Enfin, les autres minéraux, qui ne sont pas figurés, sont une matière brute, qui fait le fond de toutes les autres matières; c'est celle-là qui est le résultat du feu primitif, et par laquelle il va commencer; puis il traitera des substances provenant des corps organisés, et enfin des alcalis et des sels, et il terminera par les métaux précieux et usuels.

2° *Distinction des minéraux*. Il admet six caractères distinctifs des minéraux : 1° celui de la fusibilité relative; 2° le caractère de la calcination ou non-calcination avant la fusion; 3° le caractère de l'effervescence avec les acides, qui accompagne ordinairement celui de la calcination; et ces deux caractères suffisent pour nous faire distinguer les matières brutes des substances calcaires ou gypseuses; 4° celui d'étinceler ou de faire feu contre l'acier trempé, et ce caractère indique plus qu'aucun autre la sécheresse et la dureté des corps; 5° la cassure vitreuse, spathique, terreuse ou grenue, qui présente à nos yeux la texture intérieure de chaque substance; 6° enfin, les couleurs qui démontrent la présence des parties métalliques dont les différentes matières sont imprégnées.

3° *Histoire des espèces minérales*. Dans l'histoire de chaque minéral, il s'appesantit surtout sur le gisement, le pays, le prix, la plus ou moins grande utilité, et les moyens d'accroître et d'augmenter cette utilité et la valeur des espèces dont il parle.

Mais son antipathie pour les méthodes le domina en

core ici, et l'empêcha de sentir la haute importance de la considération des formes cristallines, par laquelle l'abbé Haüy a fait faire un pas si remarquable à la minéralogie. Il nie que la forme cristalline puisse être considérée comme un caractère distinctif des espèces.

6° BOTANIQUE. Il entrait dans le plan de Buffon de faire l'histoire naturelle des végétaux comme celle des animaux et des minéraux, mais il ne l'a point exécutée, bien qu'il l'eût préparée par un grand nombre d'expériences.

7° ZOOLOGIE. *Histoire naturelle, générale et particulière des animaux.* Elle est comprise dans treize volumes, depuis le second jusqu'au quinzième de ses œuvres; ils furent publiés de 1749 à 1767. C'est ici surtout que le génie de Buffon échappe au scalpel de l'analyse même la plus laborieuse. Il n'a point décrit la nature; il l'a peinte dans autant de tableaux particuliers, finis et achevés, qu'il a envisagé d'êtres individuels. «Buffon, dit Vicq-d'Azir, qui, mieux que personne, peut nous l'apprendre, rappela les hommes à l'étude de leurs propres organes, et dédaignant toute méthode, ce fut à grands traits qu'il dessina ses tableaux. Autour de l'homme, à des distances que le savoir et le goût ont mesurées, il plaça les animaux dont l'homme a fait la conquête; ceux qui le servent près de ses foyers ou dans les travaux champêtres; ceux qui le suivent et le caressent sans l'aimer; ceux qu'il repousse par la ruse ou qu'il attaque à force ouverte; et les tribus nombreuses d'animaux qui, bondissant dans les taillis, sous les futaies, sur la cime des montagnes ou au sommet des rochers, se nourrissent de feuilles et d'herbes; et les tribus redoutables de ceux qui ne vivent que de meurtres et de carnage. A ces groupes de quadrupèdes, il opposa des groupes d'oiseaux. Chacun de ces êtres lui offrit une physionomie, et reçut de lui un caractère. Il avait peint le ciel, la terre, l'homme et ses âges, et ses jeux, et ses malheurs et ses plaisirs. Il avait assigné aux animaux toutes les nuances des passions. Il avait parlé de tout, et tout parlait de lui [1]. »

Toute la méthode de Buffon se réduit à parler d'abord de nos indigènes domestiques, puis de nos indigènes sauvages; ensuite des animaux étrangers dans le même ordre. Son but bien évident, but copié de Pline, mais moins dangereux, parce qu'il créait un rayon important de la science, est d'intéresser son lecteur par la variété des tableaux, et de lui montrer en même temps l'utilité matérielle qu'il peut tirer des animaux.

Toutes les généralités magnifiques auxquelles Buffon s'est élevé dans ses discours si justement célèbres, et dans ce qu'il a nommé ses vues, sont presque toutes limitées aux animaux mammifères et à l'homme; c'est par ces discours que nous commencerons l'étude du peintre de la nature.

I. Histoire naturelle des animaux en général. Ch. I. *Comparaison des animaux et des végétaux*. C'est par le plus grand nombre de rapports avec les choses qui les environnent, que les animaux sont au-dessus des végétaux, et ceux-ci au-dessus des minéraux. L'homme n'est au-dessus de l'animal que par quelques rapports de plus, tels que ceux que lui donnent la langue et la main : « L'animal est l'ouvrage le plus complet de la nature, l'homme en est le chef-d'œuvre. » Il cherche à reconnaître l'ordre général des rapports

[1] Vicq-d'Azir, *Éloge de Buffon*.

qui sont propres à l'animal, et à distinguer ensuite les rapports qui lui sont communs avec les végétaux et les minéraux.... La faculté de se mouvoir est la différence la plus apparente entre les végétaux et les animaux. Une différence plus essentielle pourrait se tirer de la faculté de sentir qu'on ne peut guère refuser aux animaux, et dont il semble que les végétaux soient privés; il définit ce que c'est que *sentir*.

En parcourant les autres différences, il établit « que la nature descend par degrés et par nuances imperceptibles d'un animal qui nous paraît le plus parfait à celui qui l'est moins, et de celui-ci au végétal. » Il définit l'espèce animale, « celle qui, au moyen de la copulation, se perpétue et conserve la similitude de cette espèce. . . . par une production continue, perpétuelle, invariable. »

La différence la plus générale et la plus sensible entre les animaux et les végétaux, est celle de la forme; enfin, il pense que les végétaux et les animaux ont beaucoup plus de propriétés communes que de différences réelles, et « que le vivant et l'animé, au lieu d'être un degré métaphysique des êtres, est une propriété physique de la matière. »

Ch. II. *De la reproduction en général.* Un animal et un végétal sont, suivant Buffon, composés de parties similaires qui sont autant de touts complets, dont chacun contient en germe l'animal, de même qu'un cristal est composé de petits cristaux semblables. De cette idée, qui a servi de précurseur au panthéisme allemand, sort l'hypothèse des molécules organiques vivantes répandues dans l'univers. L'assemblage de ces molécules forme des êtres organisés, dont les premiers ont, par conséquent, pu être formés par les seules forces de la nature ; théorie matérialiste qu'il a développée ailleurs. Il rejette l'emboîtement des germes, les causes finales, et cherche à expliquer la génération par des moules intérieurs.

Ch. III. *De la nutrition et du développement.* Le corps d'un animal est une espèce de moule intérieur, dans lequel la matière qui sert à son accroissement, se modèle et s'assimile au total, et donne lieu au développement, sans changer l'ordre ni la proportion des parties. Toutes les parties de l'animal sont autant de moules semblables, dans lesquels pénètrent, par une puissance intérieure propre, et analogue à la pesanteur, les molécules organiques de matière accessoire répandues dans le monde. C'est par cette même puissance, qui cause le développement et la reproduction, que le moule intérieur est reproduit. « Se nourrir, se développer et se reproduire, sont donc les effets d'une seule et même cause. »

Ch. IV. *De la génération des animaux.* A mesure que les molécules organiques de différentes espèces pénètrent dans toutes les parties de l'animal, elles y produisent la nutrition et le développement. Quand celui-ci est complet, le surplus des molécules organiques est renvoyé de chaque partie de l'individu, en la représentant, dans un ou plusieurs endroits de ce même individu, où, se trouvant toutes réunies, elles forment un ou plusieurs petits corps organisés, semblables au premier. Ainsi s'opère la génération dans les plantes, les polypes, les pucerons, et tous les animaux sans sexe apparent. Dans les animaux à deux sexes, c'est la même chose : la surabondance des molécules organiques du mâle se rassemble dans les testicules, et celle de la femelle dans une partie analogue, et, par le mélange de ces deux sortes de molécules, elles se trouvent toutes réunies, et les petits corps se forment.

Ch. V. *Exposition des systèmes sur la génération*, depuis Platon, Pythagore, Aristote, etc., jusqu'à Harvey et ses sucesseurs. En les combattant tous, il rejette l'existence des œufs dans les mammifères, etc.

Ch. VI. *Expériences au sujet de la génération.* Elles portent toutes sur la liqueur spermatique et les globules ou animalcules qu'elle contient dans les mâles et dans les femelles, chez lesquelles il a vu une liqueur séminale, et des animalcules absolument comme dans les mâles.

Ch. VII. *Comparaison de mes observations avec celles de Leuwenhoeck.* Il cherche à y prouver l'accord de ses expériences avec celles de Leuwenhoeck.

Ch. VIII. *Réflexions sur les expériences précédentes.* Elles tendent à la confirmation de sa thèse sur les molécules organiques et sur les moules intérieurs.

Ch. IX. *Variétés dans la génération des animaux.* Ces variétés sont tirées du nombre des fœtus, suivant les animaux divers, du mode de génération, de l'époque de la puberté, différente suivant les divers animaux.

Ch. X. *De la formation du fœtus.* — Ch. XI. *Du développement et de l'accroissement du fœtus, de l'accouchement,* etc. Toutes ces questions sont convenablement traitées, et toujours dans les idées de son système sur la génération.

Récapitulation. Il existe donc une matière organique répandue en molécules dans la nature; c'est par elle que s'opèrent la nutrition et l'accroissement, ainsi que la reproduction, au moyen des moules intérieurs. Cette matière donne naissance aux animalcules du fluide séminal, commun aux femelles et aux mâles; elle produit les vers intestinaux, les animalcules du pus, du virus des serpents et des chiens enragés, aussi bien que les animalcules microscopiques des végétaux et des animaux. En un mot, elle est la base de la nature organique vivante, et la cause de tous ses phénomènes.

II. HISTOIRE NATURELLE DE L'HOMME. 1° *De la nature de l'homme.* L'étude de l'homme est un des chefs-d'œuvre du génie de Buffon. Il commence par approfondir sa nature, démontre l'immatérialité de l'âme, et son immortalité, d'abord en soi, puis par une admirable comparaison de l'homme avec les animaux. Les animaux n'ont point d'âme, parce qu'ils n'ont point de pensées, parce qu'ils n'ont ni langage ni sciences, qu'ils n'inventent rien, ne perfectionnent rien, que chaque espèce fait toujours les mêmes choses et de la même manière.

Ils ont le sentiment et la sensibilité. L'homme, comme les animaux, a un principe animal, mais il possède de plus la raison, l'âme, la pensée. Buffon en donne la preuve par le langage, avec une force et une logique admirables.

Après avoir étudié l'homme intérieur, démontré la spiritualité de son âme, il va faire l'histoire de son corps. Il en a déjà donné l'origine dans les chapitres précédents, il l'a amené jusqu'au moment de la naissance où il va le reprendre.

Pline lui a inspiré ses premières lignes sur l'enfant, mais, moins amer que son modèle, il n'en tire pas des conséquences aussi affligeantes. Il peint le premier exercice des sensations du nouveau-né, et la naissance des premiers sentiments de son âme. Il le suit dans ses développements ultérieurs et dans les soins que sa faiblesse exige. Après avoir énuméré les signes de la puberté dans les deux sexes, il en fait l'histoire morale chez les divers peuples. Sa description de l'homme viril est une espèce d'anatomie physiologique extérieure, dans laquelle il peint les poses et les conformations des parties, les rapports des affections intérieures avec ces parties, surtout avec la face. Puis il décrit les physionomies diverses et les usages des peuples sur l'ornementation des diverses parties de leur corps.

La vieillesse et la mort le conduisent à traiter de la formation et de l'endurcissement des os, de la dureté, de la rigidité et de la sécheresse que l'âge amène dans toutes les parties du corps, et qui, en obstruant les voies, empêchent la nutrition, et conduisent peu à peu à la mort. Puis il conclut de ses observations que « la durée totale de la vie peut se mesurer en quelque façon par celle du temps de l'accroissement. » Le temps de l'accroissement étant à peu près le tiers de la durée totale, et la puberté en étant le septième. Cette durée totale est à peu près la même pour tous les peuples et toutes les conditions; il pense que la qualité de l'air peut seule y apporter quelque différence. Il tire de ces considérations la preuve de la longue durée de la vie des patriarches, dont la puberté était de cent trente ans, tandis qu'aujourd'hui elle est de quatorze ans. Il énumère les causes de destruction, raffermit contre la crainte de la mort, ranime les espérances par ses calculs ingénieux sur les chances de vie suivant les différents âges.

Des sens. — Du sens de la vue. Après avoir donné la description des différentes parties qui composent le corps humain, il examine les principaux organes, voit le développement et les fonctions des sens, et cherche à reconnaître leur usage dans toute son étendue. Les yeux sont formés de bonne heure dans le fœtus, ainsi que les osselets de l'ouïe, qui, au septième mois, « ont entièrement acquis la grandeur, la forme et la dureté qu'ils doivent avoir dans l'adulte. » Il recherche les premiers usages des yeux, les défauts qu'il croit devoir nuire aux jugements de l'enfant, et enfin il étudie le sens de la vue dans son action intellectuelle.

Du sens de l'ouïe. Comme le sens de la vue, l'ouïe perçoit les objets à distance, et doit être sujet aux mêmes erreurs. Il étudie le phénomène de la production du son, en donne une étiologie, et explique le ton des sons par la continuité du même son pendant un certain temps. Il cherche à expliquer les rapports des sons avec l'organe et le plaisir qu'il en reçoit, par les proportions des sons. Les sons se réfléchissent comme la lumière, et la cavité intérieure de l'oreille est un écho où le son se réfléchit avec la plus grande précision. Il explique ensuite la perception du son. Mais ce qu'il a surtout parfaitement observé, c'est le rapport de l'ouïe avec l'organe de la parole; rapport qui fait de ce sens une faculté active dans l'homme, tandis qu'elle n'est que passive dans les animaux.

Des sens en général. Tous les sens ont un sujet commun : ils ne sont tous que des membranes nerveuses, différemment disposées et placées; d'où il suit que les sensations ne sont pas aussi essentiellement différentes entre elles qu'elles le paraissent. L'œil, qui contient plus de substance nerveuse, nous donne la sensation des parties les plus délicates de la matière; l'oreille, qui contient moins de nerfs, nous fait encore apercevoir les objets à distance; l'odorat, moins fourni de nerfs, donnera le sentiment des parties de la matière plus grosses et moins éloignées; le goût ne donne plus la sensation que par le contact, et, enfin, le sens du toucher, répandu dans tout le corps, ne donne la sensation que par un contact immédiat. Le toucher le plus délicat, le plus intellectuel, réside dans la main, non pas uniquement parce qu'il y a dans les doigts une plus grande quantité de houppes nerveuses que dans les autres parties du corps, « mais parce que la main est divisée en plusieurs parties toutes mobiles, toutes flexibles, toutes agissantes en même temps et obéissantes à la volonté, qu'elle est le seul organe qui nous donne des idées distinctes de la forme des corps; le toucher n'est qu'un contact de superficie. Qu'on suppute la superficie de la main et des cinq doigts, on la trouvera plus grande à proportion que celle de toute autre partie du corps, parce qu'il n'y en a aucune qui soit autant divisée.....» « Les animaux qui ont des mains paraissent être les plus spirituels.....; » et les serpents, qui peuvent se replier sur les corps, sont moins stupides que les poissons.

Il termine enfin par créer l'homme, comme il avait créé le monde et les animaux, et là vient son roman philosophique du premier homme, s'étudiant lui-même à son arrivée dans le monde.

8° *Variétés dans l'espèce humaine.* L'espèce humaine étudiée en général, il faut l'étudier dans ses variétés. Ce travail, un des plus remarquables de Buffon, demeure vrai pour le fond et les principes, malgré les paradoxes nombreux qu'on a accumulés depuis lui sur cette importante question. L'espèce humaine est une; mais elle est soumise à des variations accidentelles qui dépendent des circonstances et des milieux où cette espèce est appelée à vivre. Elle varie, pour la couleur, du blanc au brun, et du brun au noir, dans des nuances presque les mêmes de l'équateur aux pôles. Les variétés de couleur, de forme, etc., sont le résultat de trois causes : le climat, la nourriture et les mœurs. La seconde cause dépend de la première, et la troisième des deux autres. Il n'y a de nègres, par exemple, que dans les pays où le climat est soumis à une température excessive et continuelle. Ce beau travail est le résultat d'une étude de tous les peuples du globe, depuis un pôle à l'autre, sous le point de vue des formes et de la couleur, du développement, des mœurs, des croyances; et toutes ces choses dans leurs rapports mutuels et avec le sol, le climat et les circonstances des milieux. C'est la géographie humaine, ou la science des rapports de l'espèce humaine avec le globe terrestre qu'elle habite, et avec les êtres qui en peuplent les diverses régions.

C'est dans cette histoire naturelle de l'homme, que nous venons d'analyser, en y joignant le Discours sur la nature des animaux, que, pour la première fois, Buffon a embrassé, dans un si bel ensemble, toutes les facultés intellectuelles, tous les besoins et les instincts de l'homme et des animaux, qu'il en a marqué les différences et les ressemblances, et qu'il a donné une nouvelle direction à l'étude de cette partie importante de la psychologie, en la faisant sortir de l'abstraction trop métaphysique, pour la faire entrer dans les voies de la réalité intellectuelle et physique de l'homme, unies dans un seul être. Nous verrons plus tard cette direction se développer par l'acquisition de nouveaux éléments scientifiques nécessaires.

III. Histoire naturelle des animaux. *Discours sur la nature des animaux.* Dans cette nouvelle étude, il avait encore pour but de mieux connaître l'homme, en le comparant avec les animaux. Il commence par limiter son sujet; il en retire tous les animaux dont l'organisation s'éloigne de celle de l'homme, pour ne considérer que ceux qui s'en rapprochent davantage. « Mais, comme l'homme n'est pas un simple animal, comme sa nature est supérieure à celle des animaux, nous devons nous attacher à démontrer la cause de cette supériorité...., afin de distinguer ce qui n'appartient qu'à l'homme, de ce qui lui appartient en commun avec l'animal. »

L'état de veille et celui de sommeil sont deux états nécessaires à l'animal; mais il est plus facile à étudier dans l'état de sommeil, qui, pourtant, n'est point un changement accidentel, mais un état naturel et nécessaire. L'action du cœur et des poumons, dans l'animal qui respire, est la seule qui agisse perpétuellement dans le sommeil comme dans la veille; cette partie, qui agit toujours, est la première et la plus fondamentale; elle est commune à tous les animaux, même aux êtres auxquels nous refusons le nom d'animal; — l'action des sens, et le mouvement du corps et des membres, semblent constituer la seconde partie de l'animal; et c'est par cette enveloppe que les animaux diffèrent entre eux. De plus, les plus grandes différences sont aux extrémités; c'est par ces extrémités que le corps de l'homme diffère le plus du corps de l'animal.—Mais, dans l'enveloppe même, il y a aussi des parties plus constantes les unes que les autres; les sens, surtout certains sens, ne manquent à aucun des animaux.... Le cerveau et les sens forment donc une seconde partie essentielle à l'économie animale; le cerveau est le centre de l'enveloppe, comme le cœur est le centre de la partie intérieure de l'animal..... « Les objets extérieurs exercent leur action sur les sens; les sens modifient cette action des objets, et en portent l'impression modifiée dans le cerveau, où cette impression devient ce que l'on appelle une *sensation;* le cerveau, en conséquence de cette impression, agit sur les nerfs et leur communique l'ébranlement qu'il vient de recevoir, et c'est cet ébranlement qui produit le mouvement progressif et toutes les autres actions extérieures du corps et des membres de l'animal. » Il s'efforce de prouver cette thèse par l'analyse du physique de nos actions, et là ses pages sont admirables. L'action des objets sur les sens fait naître le désir, et le désir produit le mouvement progressif. Qu'un homme pressé par le désir d'un objet soit tout à coup privé de ses jambes, il marchera sur ses genoux: « Otons-lui successivement les genoux, les cuisses et les mains, il rampera sur son tronc; et quand même nous réduirions son corps à un point physique, à un atome globuleux, si le désir subsiste, il emploiera toutes ses forces pour changer de situation. » Le mouvement progressif ne dépend donc point de l'organisation et de la figure du corps et des membres; mais c'est d'eux qu'en dépend la facilité. Les besoins naturels font naître le désir, l'appétit, et même la nécessité. Les objets extérieurs, exerçant leur action sur les sens, en produisent une analogue sur le cerveau, qui est le sens interne, général et commun, qui reçoit et conserve toutes les impressions, tous les ébranlements que produit l'action des objets; et comme le cerveau est d'une très-grande capacité et d'une très-grande sensibilité, il peut recevoir un très-grand nombre d'ébranlements successifs et contemporains et les conserver dans l'ordre où il les a reçus. — Il compare ensuite les sens des animaux, pour leur excellence, à ceux de l'homme. — L'animal nous paraîtra d'autant plus actif et plus intelligent, que ses sens seront meilleurs ou plus perfectionnés; l'homme, au contraire, n'en est pas plus raisonnable, pas plus spirituel, pour avoir beaucoup exercé son oreille et ses yeux; « preuve évidente qu'il y a dans l'homme quelque chose de plus qu'un sens intérieur animal, l'âme, substance spirituelle entièrement différente, par son essence et par son action, des sens extérieurs. » — Il y a pourtant aussi dans l'homme un sens intérieur matériel, mais il est subordonné à l'âme. Ce sens fait tout dans l'animal, et il ne fait dans l'homme que ce que l'âme n'empêche pas, ou ce qu'elle ordonne. — Quand nous aurons fixé l'action de ce sens matériel, l'âme fera tout ce qu'il ne peut faire.

L'animal en naissant est entraîné par les sens de l'appétit, qui sont plus développés en lui que dans l'enfant qui vient de naître; l'appétit est faible dans l'homme, et ne doit pas influer autant que la connaissance sur la détermination de ses mouvements. Tout se fait dans l'animal par l'appétit : Buffon le prouve par l'exemple d'un chien dressé, dont il analyse tous les mouvements, toutes les déterminations, de la manière la plus vraie et la plus juste..... Pour admettre une analogie complète entre les actes des animaux et ceux de l'homme, il faudrait que rien du moins ne pût la démentir; il serait nécessaire que les animaux pussent faire et fissent dans quelques occasions tout ce que nous faisons. Or, le contraire est évidemment démontré : ils n'inventent, ils ne perfectionnent rien; ils ne réfléchissent par conséquent sur rien; ils ne font jamais que les mêmes choses de la même façon..... Tout ce qu'on demande à un chien, on ne le demande pas à un chien simplement, mais à un chien battu, à un chien qui a un nez parfait..... Les animaux ont le sentiment, même plus exquis que l'homme; leurs plaisirs et leurs douleurs sont uniquement physiques et sensuels; mais les plus grandes jouissances, comme les plus grandes douleurs de l'homme, sont tout intellectuelles et morales; elles sont le fruit de son imagination et complétement indépendantes de ses sens. — Les animaux, avec le sentiment plus parfait que l'homme, ont la conscience de leur existence actuelle, mais ils n'ont pas celle de leur existence passée; ils ont des sensations, mais il leur manque la faculté de les comparer, c'est-à-dire la puissance qui produit les idées..... Il est donc certain qu'ils n'ont ni l'idée du temps, ni la connaissance du passé, ni la notion de l'avenir; leur conscience d'existence est simple, et dépend uniquement des sensations présentes. Il démontre que les animaux n'ont pas la mémoire, mais seulement la réminiscence sans idée de temps; qu'ils n'ont ni l'entendement ni l'imagination. Il compare ensuite l'homme et l'animal sous le rapport des passions; puis l'homme en société avec les animaux en troupes; et partout il montre que l'homme seul a une intelligence, une âme, qui le distingue de l'animal; et il conclut : « Dieu seul connaît le passé, le présent et l'avenir; il est de tous les temps, et voit dans tous les temps. L'homme, dont la durée est de si peu d'instants, ne voit que ces instants; mais une puissance vive, immortelle, compare ces instants, les distingue, les ordonne; c'est par elle qu'il connaît le présent, qu'il juge du passé, et qu'il prévoit l'avenir. Otez à l'homme cette lumière divine, vous effacez, vous obscurcissez son être, il ne restera que l'animal; il ignorera le passé, ne soupçonnera pas l'avenir, et ne saura même ce que c'est que le présent. »

Suivent la lettre de Messieurs les Députés et Syndic de la faculté de théologie à M. de Buffon; et les propositions extraites d'un ouvrage qui a pour titre: *Histoire naturelle*, et qui ont paru répréhensibles à Messieurs les Députés de la faculté de théologie de Paris. Puis la réponse de M. de Buffon à Messieurs les Députés et Syndic de la faculté de théologie, accompagnée de la déclaration par laquelle il se rétracte. — Seconde lettre de Messieurs les Députés et Syndic de la faculté de théologie à M. de Buffon, par laquelle ils acceptent sa déclaration.

Les animaux domestiques. Ce petit discours ne renferme que cinq pages, mais de ces pages immortelles, que tout homme qui pense et qui sent doit avoir gravées dans sa mémoire. Il y montre comment l'homme change l'état naturel des animaux en les forçant à lui obéir; que l'homme règne et commande par supériorité de nature; il pense, et dès lors il est maître des êtres qui ne pensent pas. Il est maître des corps bruts, des végétaux et des animaux. Il y a pourtant des animaux qui échappent à son empire, d'autres qui lui sont incommodes, nuisibles, « qui semblent n'exister que pour former la nuance entre le bien et le mal, et faire sentir à l'homme combien, depuis sa chute, il est peu respecté. » — Il ne peut rien que sur les individus; les espèces et l'ensemble lui échappent et ne reconnaissent que Dieu pour maître. L'homme lui-même ne peut rien sur sa propre durée, il est forcé de subir la loi commune; mais, par son intelligence, il domine la matière: c'est par elle qu'il a dompté les animaux, qu'il a fait reculer peu à peu les bêtes féroces, purgé la terre de ces animaux gigantesques, dont nous trouvons encore les ossements énormes; et qu'enfin il a étendu son empire sur toute la terre...... Tel est le contenu de ce discours.

Discours sur les animaux sauvages. Chaque partie de l'Histoire naturelle est précédée d'un Discours, où sont rassemblés, comme dans un miroir, tous les traits, toutes les couleurs des tableaux particuliers de chacun des animaux de la division qu'il va décrire ensuite. Ainsi, il y en a un en tête des animaux domestiques, un en tête des animaux sauvages, un avant les carnassiers, etc. Nous mettons ici celui des animaux sauvages qui précède l'histoire du cerf, les autres trouveront leur place à chaque animal. Dans le Discours sur les animaux domestiques, il a montré l'influence de l'homme modifiant les êtres qui lui sont soumis ; ici il va peindre la nature libre et simple, et les êtres uniquement soumis aux influences du climat, de la température et du sol ; il les montre constants dans leurs habitudes et leurs formes ; les compare les uns aux autres, en rapport chacun avec les circonstances qui les entourent, fuyant devant l'homme et lui cédant l'empire de la terre, accablés qu'ils sont par sa puissance, qui diminue leur nombre et même leurs facultés.

Histoire des animaux. On trouve dans les préliminaires de la description du cheval par Daubenton, l'ordre suivant lequel les animaux seront étudiés.

Les animaux quadrupèdes y sont considérés par rapport à leurs différences ou à leurs ressemblances avec le corps humain. Le cheval et les autres solipèdes étant ceux qui s'en éloignent le plus, et les singes et les autres animaux à cinq doigts ceux qui s'en rapprochent davantage, le cheval et le singe seront les deux extrêmes par lesquels il commencera et finira l'Histoire naturelle des animaux. Chacun d'eux sera comparé au cheval ou au singe, selon qu'il ressemblera davantage à l'un ou à l'autre; et, dans le premier cas, il emploiera les termes usités pour le cheval; dans le second, ceux en usage pour le corps humain.

Daubenton a donné, dans le tome IV de l'Histoire naturelle, publié en 1750, un discours intitulé : *Exposition des distributions méthodiques des animaux quadrupèdes*. C'est là qu'approuvant la marche suivie par Aristote, il critique fortement l'emploi des caractères négatifs ; puis, passant successivement en revue les méthodes proposées par Ray, Klein, Linné, sans en apercevoir bien évidemment le principe, il critique avec juste raison et convenablement Linné, pour avoir mis l'homme dans le même ordre que les singes et le paresseux. Il finit par dire qu'il suivra, dans la description et dans l'histoire des animaux quadrupèdes, l'ordre le plus simple et le plus éloigné de toute distribution méthodique, commençant par les animaux domestiques, suivant par les animaux sauvages, puis finissant par les animaux étrangers, ainsi que l'a proposé Buffon.

Dans l'impossibilité d'analyser toute l'histoire naturelle des animaux, comme elle a été donnée par Buffon, nous suivrons, par groupes naturels, les principales choses à recueillir pour prendre une idée de l'ensemble. Pour former ces groupes, nous prendrons dans les Suppléments, comme dans le corps de l'ouvrage, sans distinction.

I. Quadrumanes. Tout en rejetant avec mépris les méthodes, Buffon a été naturellement amené à rechercher celle de la nature dans les quadrumanes, et il y a réussi assez heureusement pour être demeuré jusqu'ici dans la science. Il nous apprend que toutes les espèces de singes de l'ancien continent ne se trouvent point dans le nouveau, et, réciproquement, que toutes celles du nouveau continent ne se trouvent point dans l'ancien.

Les singes sans queue appartiennent tous à l'ancien continent. Les singes, les babouins et les guenons sont séparés des sapajous et des sagouins par plusieurs caractères généraux et particuliers. Le premier est d'avoir les fesses pelées et d'avoir des callosités à ces parties; le second est d'avoir des abajoues, c'est-à-dire, des poches au bas des joues, où ils peuvent garder leurs aliments; le troisième est d'avoir la cloison des narines étroite, et le quatrième est d'avoir les narines ouvertes au-dessous du nez, comme celles de l'homme.

Quoique le singe soit ressemblant à l'homme, il a une si forte teinture d'animalité, qu'elle se reconnaît dès le moment de sa naissance. Il ne reçoit qu'une éducation purement individuelle et aussi stérile que celle des autres animaux. Il imite l'homme, non parce qu'il le veut, mais parce que, sans le vouloir, il le peut; il n'y a rien de libre, rien de volontaire dans cette espèce d'imitation. Le corps de l'homme et celui du singe sont deux machines organisées de même, qui, par nécessité de nature, se meuvent à très-peu près de la même façon; mais parité n'est pas imitation : l'une gît dans la matière, et l'autre n'existe que par l'esprit.

Il commence son histoire des quadrumanes par une discussion, remarquable de critique, sur leur nomenclature. Il reconnait comme vrais singes le pithèque, l'orang-outang et le gibbon. Après ces trois genres, il a fait l'histoire d'un assez grand nombre d'espèces des genres guenon et babouin. Il a montré que tous ces singes appartiennent à l'ancien continent. Il a entrevu la série de dégradation entre toutes ces espèces; il en a parfaitement décrit les formes, les nuances et les caractères, tirés de la tête, du nez et des narines, de la présence ou de l'absence de la queue, des fesses velues ou calleuses, et enfin du système dentaire. Il a fait l'histoire de leurs mœurs et de leurs habitudes, et assigné à chaque espèce le pays qu'elle habite. On peut dire qu'à quelques exagérations près, qui ont été rectifiées pour les premiers singes, on n'a guère ajouté à son beau travail que des subdivisions de genres et d'espèces, puis celles qui ont été connues depuis lui.

Son travail sur les singes du nouveau continent n'est pas moins remarquable. Il les a parfaitement distingués de ceux de l'ancien continent, par la présence continuelle de la queue, l'absence d'abajoues et de callosités, par la cloison des narines, fort large et fort épaisse, et l'ouverture de celles-ci sur le côté. Il a divisé tous les singes du nouveau continent en *sapajous*, qui ont la queue prenante, et s'en servent comme d'un doigt, et en *sagouins*, dont la queue est entièrement velue et jamais prenante. C'est à lui qu'est due, pour la première fois, la connaissance, la dénomination, la description des principales espèces de ces animaux. A lui revient encore la peinture de leurs mœurs, de leurs habitudes, et celle de leurs rapports avec les pays qu'ils habitent.

II. Les makis, de l'aveu de tous les naturalistes, doivent suivre les sagouins du nouveau continent dans l'ordre sérial de la création. Buffon parla pour la première fois d'un animal de cette famille, en 1765, dans son XIIe volume, d'après un individu desséché, dont on ne put lui dire ni le nom, ni la patrie. Il lui donna le nom de tarsier, à cause de ses longs tarses. Il le compare à tort avec la gerboise et avec les didelphes d'Amérique. Du reste, il en a fort bien signalé tous les caractères. Il fut plus heureux pour les makis proprement dits, dont il fait l'histoire dans le même volume. Il en a décrit et caractérisé exactement et différentiellement trois espèces, le mococo, le mongous et le vari ; il a peint leurs habitudes d'après un individu de l'espèce mongous, qu'il avait vivant chez lui en 1750. Il en a connu une autre espèce de la grosseur d'un loir, que Daubenton a décrite comme existant au cabinet. Buffon, en introduisant le premier les makis dans la science, reconnut qu'ils étaient tous confinés à Madagascar et à Mozambique. Il les regarde comme faisant la nuance entre les singes à longue queue, et les autres fissipèdes. Dans le même volume, page 210, il a décrit le lori, que l'on pourrait, dit-il, comprendre dans la liste des makis.

III. Carnassiers. La série animale est dans la nature; et Buffon, qui cherchait à peindre celle-ci, l'a rencontrée toutes les fois qu'il n'a pu s'asservir à son antipathie pour les méthodes; les quadrumanes nous l'ont prouvé, et les carnassiers nous offriront encore quelques exemples rares de ces rapprochements heureux.

Cheiroptères. Quoiqu'il ait regardé les chauves-souris comme des monstruosités intermédiaires aux mammifères et aux oiseaux, il les a pourtant rangées parmi les premiers. Il les a parfaitement décrites en assignant tous leurs caractères; il a même reconnu qu'à cause du vol, elles ont les muscles pectoraux beaucoup plus forts et plus charnus qu'aucun des mammifères. Avant lui, les naturalistes ne connaissaient que la chauve-souris commune et l'oreillard. Daubenton en a découvert cinq autres espèces naturelles à notre climat ; et Buffon en a fait connaître en tout douze espèces, tant de notre pays que de l'étranger.

Insectivores. La taupe commune a été décrite, ainsi que la musaraigne commune et la musaraigne d'eau, qui l'a été par Daubenton. Le hérisson, le tenrec et le tendrac de Madagascar ont aussi été décrits.

Plantigrades. Quoique Buffon ait nourri des ours, qu'il ait même parlé des ours blancs, il n'a guère connu que l'ours brun ; mais il avait eu vivant le coati, qu'il a bien décrit, ainsi que le raton, le glouton et le blaireau.

Digitigrades. Il a fait connaître le premier un certain nombre de mustela et de viverra, en a décrit un grand nombre d'autres déjà connues ; mais, malgré leurs rapports naturels évidents, il n'a jamais pensé à les réunir sous un nom commun.

Le genre chat est un de ceux qui peuvent être offerts à tous les antagonistes des méthodes zoologiques, puisqu'au moins quarante espèces peuvent être réunies sous la même formule caractéristique. C'est cependant un de ceux que Buffon a le plus critiqués; toutefois, il a été contraint, par la loi et la nécessité, à rapprocher les neuf espèces principales, surtout pour la taille, et il a employé près des deux tiers du IXe volume à l'histoire du lion, du tigre, de la panthère, de l'once, du léopard, du jaguar, du cougouar, du lynx et du caracal. Il a consacré au lion les vingt-cinq premières pages de ce volume, et Daubenton les vingt-trois suivantes. Comme au premier des carnassiers, Buffon a montré toute l'importance qu'il attachait à l'histoire du lion, et combien ce sujet plaisait à la nature de son talent. Il traite successivement, dans un admirable enchaînement, de la patrie du lion, de l'abondance qui en diminue chaque jour, du nombre des individus, de la dégradation de son naturel, qu'il peint des couleurs les plus vives, et dont la description est un modèle du style le plus vrai comme le plus élevé. Il dessine son extérieur en le pénétrant de vie, de majesté et de courage, de fureur et de clémence, en un mot, de toutes les qualités morales qu'il lui accorde. Il parle de ses variétés, de la différence des sexes, de sa reproduction, de la durée de la gestation, du nombre de ses petits, des rapports de la mère avec eux, de la recherche de sa proie, de sa nourriture solide et liquide, de sa voix, de ses passions, de sa démarche, sans oublier, en terminant, de dire la manière dont on le chasse et les usages que l'on peut en tirer, même en médecine. Ce bel article doit être considéré comme un modèle de l'art avec lequel toutes les parties de l'histoire naturelle d'un animal peuvent être agencées, liées entre elles par des transitions prises dans la nature du sujet. Sauf quelques anecdotes plus ou moins apocryphes, et une sorte d'anthropomorphisme moral, par lequel Buffon a semblé peindre dans le lion son noble caractère à lui-même et sa générosité, tout est vrai dans cette belle histoire du lion.

C'est à son occasion que Buffon a été conduit à exposer sa théorie touchant la limitation des animaux à des climats déterminés, touchant l'influence de ces climats sur le nombre des variétés, et même des espèces animales, par opposition à l'homme, qui, fait pour régner sur la terre, a le globe pour domaine, et paraît n'affecter aucun climat. Il y montre que les animaux terrestres sont plus grands et plus forts dans les climats chauds que dans les climats froids; qu'ils sont aussi plus hardis et plus féroces; que le nombre des lions a considérablement diminué, comparativement à ce qu'il était sous les Romains; que l'espèce humaine, au contraire, s'est accrue; que son nombre et son habileté ont produit leur effet, non-seulement sur le nombre, mais encore sur le courage du lion, qu'ils ont rendu plus doux.

A toutes ses qualités individuelles, le lion joint aussi la noblesse de l'espèce; Buffon entend par espèces nobles dans la nature, celles qui sont constantes, invariables, et qu'on ne peut soupçonner de s'être dégradées: ces espèces sont ordinairement isolées et seules de leur genre; elles sont distinguées par des caractères si tranchés, qu'on ne peut ni les méconnaître ni les confondre avec aucune des autres. L'homme est à la tête; le cheval est moins noble, à cause du voisinage de l'âne; le chien encore moins, à cause de celui du loup et du renard; et ainsi de suite, en descendant par degrés jusqu'aux espèces inférieures, comme à celles des lapins, des belettes, des rats, etc., qui ont un grand nombre de branches collatérales.

Enfin, viennent les insectes, les espèces les plus infimes et qu'on ne peut considérer qu'en bloc, ce qui forme un genre, d'où le besoin des méthodes, que l'on ne peut employer que pour eux et non pour les êtres du premier ordre. « Classer l'homme avec le singe, le lion avec le chat, dire que le lion est *un chat à crinière* et *à longue queue,* c'est dégrader, défigurer la nature, au lieu de la décrire ou de la dénommer. »

La discussion générique des tigres l'a conduit à rechercher, dans l'énumération comparée des animaux quadrupèdes, 1° ceux qui sont naturels et propres à l'ancien continent, c'est-à-dire, à l'Europe, l'Afrique et l'Asie, et qui ne se sont point trouvés en Amérique lorsqu'on en fit la découverte; 2° ceux qui sont naturels et propres au nouveau continent, et qui n'étaient point connus dans l'ancien; 3° ceux qui, se trouvant également dans les deux continents, sans avoir été transportés par les hommes, doivent être regardés comme communs à l'un et à l'autre. Il montre la correspondance de ces animaux divers, et comment les espèces et les parentés sont représentées mutuellement dans les différents pays.

Il revient ensuite aux animaux à peau tigrée, grandes espèces de chats; et, dans le treizième volume, il traite des petites espèces, dont il signale plusieurs pour la première fois.

Le genre chien est encore un genre très-naturel, que Buffon a parfaitement délimité. Son article du chien domestique est une des peintures qu'il a pris plaisir à perfectionner. Fondant la noblesse de cet animal sur la délicatesse du sentiment, il le montre digne d'entrer en société avec l'homme; indépendamment de la beauté de sa forme, de sa force, de sa vivacité, de sa légèreté, le chien possède par excellence toutes les qualités intérieures qui peuvent lui attirer les regards de l'homme: féroce et sanguinaire dans l'état sauvage, il est doux, attaché, fidèle, constant, courageux, désintéressé, obéissant, patient et dévoué dans la domesticité. Il prend le ton de la maison qu'il habite; il est dédaigneux chez les grands et rustre à la campagne. Sans lui, l'empire de l'homme sur l'univers vivant serait bien restreint et moins puissant. Il règne à la tête du troupeau, prévient le danger, chasse l'ennemi, garde la maison. Du moral, Buffon passe au physique, et expose, à cette occasion, combien la domesticité, la main de l'homme influe sur la variation des races, infiniment plus nombreuses dans les animaux domestiques que chez les animaux sauvages; d'où il est conduit à raconter la généalogie de toutes les variétés du chien, au nombre de plus de trente, dans ce tableau que tout le monde a admiré, et où l'on voit tous les chiens sortir du chien de berger, leur souche originelle. Il ne s'est pas arrêté là, il a discuté tout ce que les anciens racontaient du mélange des races avec d'autres espèces, et l'a réduit à sa juste valeur, en rapprochant du chien le loup, le renard, l'isatis, le chacal et l'adive, dont il paraît ne faire qu'une seule espèce. Il ne manque rien à cet article, si ce n'est une chose, dit l'auteur du Génie du Christianisme, la sensibilité ! « Tous les chiens y sont : le chien chasseur, le chien berger, le chien sauvage, le chien grand seigneur, le chien petit maître, etc. Qu'y manque-t-il enfin? le chien de l'aveugle, et c'est celui-là dont se fût d'abord souvenu un chrétien [1]. »

Buffon est le premier qui, par une saine critique, ait rapproché le chacal de l'adive; et, à l'occasion de l'isatis, qu'il regarde comme une nuance entre le renard et le chien, il jette à sa manière une de ces vues qui éclairent toujours les questions les plus hautes et les plus ardues. « Comme le loup, dit-il, le renard, le glouton et les autres animaux, habitent les parties du nord de l'Europe et de l'Asie, ont passé d'un continent à l'autre, et se retrouvent en Amérique; l'isatis doit s'y trouver aussi; et je présume que le renard gris argenté, de l'Amérique septentrionale, dont Catesby a donné la figure, pourrait bien être l'isatis, plutôt qu'une simple variété du renard. »

C'est par l'histoire du loup que Buffon commence celle des animaux carnassiers; et il l'ouvre par un discours sur ces aninaux.

Il y considère la nutrition dans les plantes, les animaux herbivores et les carnivores; il voit les rapports des organes digestifs avec l'espèce de nourriture, et les rapports de cette nourriture avec la vie et la nature de

[1] *Génie du Christianisme,* 3e p. l. IV, ch. V.

l'être, et en fait l'application à l'homme, avec quelques vues peu sûres sur la mortification religieuse.

L'hyène n'a été parfaitement connue dans la science qu'à dater de Buffon; il l'a très-bien caractérisée, et, sauf quelques exagérations de sa force et de sa férocité, il a rejeté toutes les fables qui roulaient sur son compte depuis les temps anciens.

L'histoire critique des phoques, telle que Buffon l'a faite, n'aurait plus dû permettre aux méthodistes de les séparer des carnassiers; mais, en même temps, il a fourni, en tête de cet article, aux antagonistes de la série animale, leur idée de la distribution des animaux en carte géographique. Il a réuni les lamantins, les morses et les dugongs aux phoques. Le manque de faits, et surtout d'études anatomiques, excuse cette erreur.

IV. Rongeurs. Il a décrit trente-cinq à quarante espèces de rongeurs, et cette famille lui a fourni une foule de tableaux aussi variés qu'intéressants, entre autres celui du Castor.

V. Gravigrades. S'il a exagéré les qualités morales de l'éléphant, il a pourtant su en faire l'histoire complète et intéressante; et Daubenton, qui l'a décrit anatomiquement, lui a restitué, dit Buffon, les os fossiles du mammouth. Il est à regretter, qu'entraîné par Pline, il se surprenne à dire, en parlant de l'éléphant : « La pudeur n'est-elle donc qu'une vertu physique qui se trouve aussi dans les bêtes? »

VI. Ongulogrades. Avec une savante et ingénieuse critique, qui va démêler jusque dans l'antiquité, toutes les erreurs et les fables pour les anéantir, Buffon a réuni, sur la famille des pachydermes, tout ce que l'on pouvait dire à son époque. Il semble que, dans chaque famille, il se soit attaché à un type de beauté et de proportions harmonieuses, pour exercer sur lui toute la puissance de son génie ; c'est le cheval qui vient ici rendre hommage à son choix. La majestueuse peinture qu'il en donne, est une paraphrase de la sublime description du cheval dans le livre de Job. Il fait l'histoire de cet animal d'une manière complète et achevée. Il en rapproche ensuite et lui compare l'âne; et, à son occasion, il fournit des armes malheureuses à la thèse matérialiste de l'unité de création, par la transformation du premier individu dans tous les autres, en rejetant tous les genres et les familles comme n'existant pas dans la nature, où il ne veut voir que des individus; et pourtant il démontre, dans ce même article, que l'espèce est une réalité de la nature, et il la définit : « *La succession des individus qui produisent ensemble des individus qui peuvent eux-mêmes en produire d'autres.* » Il conclut avec raison, de cette définition, qu'il n'y a qu'une seule espèce humaine, dont le nègre et le blanc sont des variétés extrêmes, et que l'âne n'est point de l'espèce du cheval. Il a aussi donné l'histoire du zèbre, en le rapprochant du cheval et de l'âne.

La famille des ruminants est encore une de celles qui ont forcé Buffon à peindre en fait la série animale, et à accepter la méthode; car, bien que fidèle à son premier plan des animaux domestiques, des animaux sauvages et des étrangers, il a pourtant réuni et groupé tous les ruminants, les uns à côté des autres, dans ces trois divisions ; il en a fait connaître un grand nombre d'espèces des trois continents. Son histoire du bœuf, complète sous tous les points, renferme encore quelques traits de mélancolie, dus à son admiration pour Pline; celle de la brebis le conduit à admettre que les animaux domestiques ont été créés avec l'homme et pour l'homme.

VII. Maldentés. Dans la famille des maldentés, les tatous sont connus en détail et dans leurs espèces, leurs formes, leurs habitudes, etc., pour la première fois. On peut en dire autant du fourmilier, du tamanoir, du tamandua, du pangolin et du phatagin, qui représentent, dans l'ancien continent, les fourmiliers du nouveau. Buffon a compris les rapports de ces animaux, quoiqu'il en ait traité en deux volumes différents.

VIII. Didelphes. L'histoire critique de la sarigue, de la marmose, du philander et du cayopollin, a introduit ces animaux dans la science. La sarigue est le type principal; Buffon l'a parfaitement décrite et en a très-bien distingué les caractères; il a comparé les philanders aux makis, et les a considérés comme leurs représentants dans le nouveau continent; c'était préparer la formation de cette sous-classe séparée des monodelphes.

Tel est le contenu de cette admirable histoire des quadrupèdes, où, pour la première fois, la terre entière révèle ses habitants de tous les pays, et en montre les analogies, les ressemblances et les correspondances, telles que le lama du nouveau continent, correspondant au chameau de l'ancien, la vigogne à la brebis, le pécari au cochon, etc., etc. L'harmonie des êtres est démontrée, la terre et la nature entière sont vivifiées; c'est là le magnifique et principal effort du grand Buffon.

Histoire naturelle des oiseaux. Quoique Buffon y soit toujours lui-même, son travail sur les oiseaux est cependant moins original; forcé d'être méthodique, il a pris dans le plan de son ouvrage et dans son Discours sur la nature des oiseaux, tous les soins imaginables pour justifier son adoption de la méthode, par des raisons qui auraient dû lui faire avouer ses torts. Du reste, son plan renferme d'excellentes vues pour arriver à compléter l'histoire des oiseaux. Le conseil qu'il a donné, de composer successivement l'ornithologie de chaque contrée, a produit, par son exécution même partielle, d'heureux résultats.

Son Discours sur la nature des oiseaux les considère sous le rapport de l'instinct et des sens. Il montre que le sens de la vue est supérieur dans les oiseaux, et mieux organisé que dans les quadrupèdes; il en déduit que les oiseaux sont de tous les animaux les plus propres au mouvement. Il décrit leurs troupes et leurs migrations. L'ouïe est le second sens de l'oiseau, et, à cause de la correspondance, il a aussi les organes de la voix plus souples et plus puissants. La force des muscles pectoraux, la conformation des ailes, l'arrangement des plumes et la légèreté des os, sont les causes physiques de l'effet du vol. Revenant sur la voix des oiseaux, il observe, le premier, que l'air plus dense de la nuit augmente l'intensité des sons.

Il compare l'influence de l'homme, qui a changé la face de la terre pour son utilité, sur les quadrupèdes et sur les oiseaux; ceux-ci y sont moins sujets que ceux-là. Il étudie la génération des oiseaux, les compare aux quadrupèdes pour le naturel, les mœurs et la nourriture, et trouve des rapports et des correspondances qui prouvent que le plan de la nature est un. Enfin, il classe les sens dans l'homme, les quadrupèdes et les oiseaux; il admet et cherche à prouver son sixième sens, le sens de l'amour; puis il termine par de plus longues considérations sur la génération des oiseaux.

Dans les histoires spéciales, il est moins original que pour les quadrupèdes; il a beaucoup emprunté à Aristote, à Athénée même, à Belon, Gesner, Ray, et surtout à Willoughby. Le premier encore, Buffon a porté, dans l'histoire des oiseaux, la critique la plus claire, la plus nette et la plus précise. A l'occasion de l'orfaie, il revient du jugement exagéré qu'il avait porté sur Pline, en le comparant à Aristote, dans son Discours sur la manière de traiter l'histoire naturelle; et il donne toute la préférence au grand Stagirite.

Le nombre immense des espèces d'oiseaux, leurs ressemblances et leurs affinités, l'ont forcé de se soumettre à la méthode reçue de son temps. Il traite d'abord des oiseaux de proie indigènes, qu'il divise en diurnes et en nocturnes; puis, des oiseaux de proie étrangers analogues. Il parle ensuite des autruches et des oiseaux qui ne volent pas; puis des gallinacés, des passereaux, des grimpeurs, des échassiers, et termine, comme tous les méthodistes, par les palmipèdes, commençant toujours dans toutes ces classes par les indigènes, pour finir par les étrangers.

Il a déclaré dans un avertissement, qu'à dater de l'autruche, il s'était associé M. de Montbelliard, qui a fait la plus grande partie de l'ouvrage; qu'il lui a remis tous ses papiers à ce sujet : nomenclature, extraits, observations, correspondances; « qu'il ne s'est réservé que quelques matières générales et un petit nombre d'articles particuliers déjà faits en entier ou fort avancés. » Toute la famille des perroquets appartient à Buffon, et c'est la première fois qu'elle est traitée d'une manière aussi étendue, renfermant ceux de l'ancien et du nouveau continent. Les septième, huitième et neuvième volumes sont de Buffon et de l'abbé Bexon, chanoine de la Sainte-Chapelle de Paris; M. de Montbelliard s'occupait alors des insectes.

Tous les oiseaux connus alors ont été réunis dans cet ouvrage, le premier qui soit complet et qui demeure encore un monument non surpassé. Buffon est entré avec une rare habileté dans la discussion des caractères des genres, des familles, des espèces et des variétés; il donne, toutes les fois qu'il le peut, une description exacte portant principalement sur la forme de la tête et du bec; sur la qualité des plumes, la forme et la dimension des pieds, le nombre des doigts; sur les différences qui se trouvent entre le mâle et la femelle, entre les poussins et les adultes; sur leur façon de marcher et de courir; sur leur génération, leur manière de se rappeler, de s'accoupler, de faire leur nid et de couver; sur le nombre, la forme, la couleur, le poids et le volume de leurs œufs; sur le temps de l'incubation, leur manière d'élever leurs petits; sur la façon dont ils se nourrissent eux-mêmes; enfin, sur la forme et les dimensions de leur estomac, de leurs intestins et de leurs parties sexuelles. Sous tous ces rapports, l'histoire naturelle des oiseaux a réellement rendu plus de services à la science que celle des quadrupèdes. Sa critique et la synonymie des noms des oiseaux chez tous les peuples connus, tant anciens que modernes, ajoutent une grande valeur à son travail. Il avait tout vu, tout étudié, et partout il a porté la lumière dans l'obscurité; on ne peut lui faire un crime de n'avoir pas toujours réussi à dissiper toutes les ténèbres.

Buffon n'a point eu le temps de traiter des autres classes du règne animal; il légua à Lacépède le soin d'achever son œuvre; et celui-ci même ne traita que des reptiles et des poissons; mais il n'y a plus rien de Buffon, pas même l'ombre de son génie.

Enfin, l'histoire naturelle des quadrupèdes est terminée, 1° par une table alphabétique qui donne la concordance des noms des animaux dans les différents pays, chez les anciens et les modernes, et qui renvoie au volume et à la page où il est question de cet animal;

2° Par une table des auteurs et des voyageurs cités dans l'ouvrage;

3° Par une table analytique des matières contenues dans tout l'ouvrage.

L'histoire des oiseaux est terminée de même par une table alphabétique et synonymique, et par une table des matières des deux derniers volumes seulement.

Quelque rapide qu'ait été notre analyse, elle suffit, nous semble-t-il, pour prouver que jamais personne, ni avant ni après Buffon, n'a envisagé la science des animaux d'un point de vue aussi élevé, d'une manière aussi digne, aussi complète et aussi noble. On a longtemps vécu de ses travaux; ses sublimes discours, ses grandes vues, ont été copiés et éparpillés dans tous les recueils, les dictionnaires et les ouvrages, jusqu'en 1820. Avant le siècle actuel, on a peu ajouté à ce qu'il a fait; on a seulement changé des noms et subdivisé des genres. Dans ce siècle, on l'a critiqué amèrement, pour faire croire sans doute qu'on ne mettait point ses pieds dans les traces de ses pas. Mais plus on l'étudiera, et plus on sera forcé de rendre hommage à son génie, et de reconnaître qu'il est le plus grand naturaliste qui ait encore paru.

VI. *Faits et principes légués à la science par Buffon. — Jugement.*

George-Louis Leclerc de Buffon, né le 7 septembre 1707, s'est trouvé dans toutes les circonstances les plus propres à favoriser son génie. Né de parents riches, de bonne heure à la tête d'une assez grande fortune, appelé à la direction du seul établissement qui devait décider de sa vocation, secondé par des hommes habiles, encouragé par le roi de France, admiré de tous les souverains d'Europe, connu dans toutes les parties du monde, qui lui envoyaient leurs productions, il jouit d'une santé robuste, d'une vie aisée et facile, prolongée jusqu'à la quatre-vingt-et-unième année. L'ordre de ses études fut logique, et le plan de ses ouvrages embrasse l'univers. Il avait lu tout ce qui avait été écrit avant lui; il porta partout le flambeau de la critique la plus sage; après lui, la science n'a plus rien à demander à l'antiquité. Ainsi préparé, son génie l'a élevée aussi haut qu'elle pouvait atteindre, en dehors du but théologique, et il l'a en même temps mise à la portée de toutes les intelligences. A dater de Buffon, l'étude des sciences naturelles devient populaire, et il est honorable de porter le titre de naturaliste.

Cependant, il y a des ombres au tableau : arrivant dans un siècle qui semblait s'être donné pour mission de saper les fondements de la société humaine, il ne put échapper entièrement à sa funeste épidémie. Les mathématiques dominaient la science et les esprits; elles allaient bientôt envahir jusqu'aux derniers éléments de l'ordre social. On tendait à tout refaire, à tout reconstruire avec cet instrument, d'autant plus dangereux, qu'il est moins applicable à toutes les parties de la science, et surtout de la pratique sociale. La société tout entière était pourtant à la veille d'être constituée et gouvernée par les rouages mécaniques et presque matériels de ce qu'on appellera administration : bagage de papiers numérotés, langage de chiffres, pierre tumulaire de l'intelligence et de la moralité d'un peuple, qui pèsera longtemps par son influence déplorable, effrayante et corruptrice, jusque sur la partie de la société qui relève immédiatement de Dieu. Buffon, dominé par cet aveuglement général, prêta, sans le savoir et surtout sans le vouloir, la puissance de son génie à la destruction des grands principes, qui devait consommer la ruine.

I. *But de la science méconnu.* Sous ce charme qui fascinait sa raison puissante, et imbu des idées du compilateur matérialiste de Rome, dont l'éloquence chagrine avait retenti dans la grande imagination de Buffon, nous le voyons briser avec le but théologique de la science, pour embrasser exclusivement celui de l'utilité matérielle et du plaisir de son lecteur. L'homme « étudiera les êtres à proportion de l'utilité qu'il en pourra tirer; il les considérera à mesure qu'ils se présenteront plus familièrement, et il les rangera dans sa tête relativement à cet ordre de ses connaissances, parce que c'est en effet l'ordre selon lequel il les a acquises, et selon lequel il lui importe de les conserver. » « Cet ordre, le plus naturel de tous, est celui que nous avons cru devoir suivre. » Tel est son but, but qui, en détruisant la méthode, sape la science par ses fondements. Cette erreur, cependant, n'a pas le même résultat que dans Pline : car Buffon traçait un rayon important du cercle de la philosophie, et la manière dont il a dirigé son pinceau n'a servi qu'à faire mieux ressortir la valeur de ses tableaux. Mais la séparation de la science de son grand et sublime terme, sera appelée et opérée. Il est remarquable cependant que la censure de la faculté de théologie produisit un heureux effet sur son génie, en le retenant sur les bords du précipice. Toutes ses grandes erreurs ont précédé cette censure, et depuis, la vérité religieuse plus attentivement respectée, plus profondément méditée, est venue plus d'une fois donner de la chaleur et de la vie à sa mâle éloquence. Sa prière au Dieu de bonté, ses pages brûlantes sur l'homme, son âme, ses passions, ses faiblesses et ses grandeurs; ces traits sublimes qui peignent la puissance de Dieu dans la nature, trône extérieur de sa magnificence, qui doit conduire l'homme par degrés jusqu'au trône intérieur de la toute-puissance, font un puissant contraste avec les principes qu'il a posés dans la science, principes qui en détruisent le véritable but, et la conduisent par la voie directe au matérialisme.

C'est ainsi qu'il détruit l'une après l'autre toutes les bases de la philosophie. « La vérité physique et mathématique, dit-il, est seule existante; la vérité physique est vraie absolument; la vérité mathématique l'est relativement. Mais les vérités morales ne sont que convenance et probabilité [1]. » — « La poésie, l'histoire et la philosophie ont toutes le même objet, et un très-grand objet, l'homme et la nature [2]. » — « L'histoire naturelle, prise dans toute son étendue, est une histoire immense; elle embrasse tous les objets que nous présente l'univers [3]. » Voilà la science de la nature et la philosophie conçues; Dieu en est exclu, et le cercle de la science est par conséquent brisé; dès lors vont arriver les conséquences absurdes. En effet, dans cette étude, « en général, plus on augmentera le nombre des divisions des productions naturelles, plus on approchera du vrai, puisqu'il n'existe réellement dans la nature que des in-

[1] *Disc. sur l'étude de l'Hist. nat.* Cette doctrine désastreuse fut censurée par la faculté de théologie.

[2] *Disc. de récept. à l'Académie.*

[3] *Disc. sur l'étude de l'Hist. nat.*

dividus, et que les genres, les ordres et les classes n'existent que dans notre imagination [1]; » par conséquent, le plan du Créateur est nul, la série animale indémontrable; la transformation des espèces et les créations spontanées sont des réalités, et c'est pour cela que « les molécules organiques vivantes ont existé dès que les éléments d'une douce chaleur ont pu s'incorporer avec les substances qui composent les corps organisés; elles ont produit sur les parties élevées du globe une infinité de végétaux, et dans les eaux un nombre immense de coquillages, de crustacés, de poissons, qui se sont bientôt multipliés par la voie de la génération [2]. » Nous le verrons plus dans le vrai, détruire ces fausses hypothèses et leurs funestes conséquences, en démontrant que les espèces sont des unités créées, fixes et seules existantes.

Néanmoins, Dieu exclu, la chaîne des êtres est brisée; où donc l'homme trouvera-t-il sa place? « La première vérité qui sort de cet examen sérieux de la nature, est une vérité peut-être humiliante pour l'homme; c'est qu'il doit se ranger lui-même dans la classe des animaux, auxquels il ressemble par tout ce qu'il a de matériel; et même leur instinct lui paraîtra peut-être plus sûr que sa raison, et leur industrie plus admirable que ses arts [3]. »

L'état de nature est une conséquence de l'homme animal, quoique Buffon l'ait combattu ailleurs; mais les contradictions disparaissent sous le coloris magnifique d'un habile pinceau. « L'âge d'or de la morale, ou plutôt de la fable, n'était que l'âge de fer de la physique et de la vérité. L'homme de ce temps, encore à demi

[1] *Discours sur l'Étude de l'hist. nat.*

[2] 3e *Époq. de la nat.*

[3] 3e *Idem.*

sauvage, dispersé, peu nombreux, ne sentait pas sa puissance, ne connaissait pas sa vraie richesse ; le trésor de ses lumières était enfoui ; il ignorait la force des volontés unies, et ne se doutait pas que, par la société et par des travaux suivis et concertés, il viendrait à bout d'imprimer ses idées sur la face entière de l'univers [1]. »

Ainsi le matérialisme déborde de toutes parts des malheureux principes admis par ce grand naturaliste. Mais l'antithéologie sera portée à son comble par la négation des causes finales et par l'abandon complet de la recherche des causes. Ce principe si fécond de la finalité, sans lequel il est impossible d'arriver à aucune démonstration dans la science, a été l'objet des attaques continuelles et souvent *ignorantes !* du grand Buffon ; c'est que les causes finales se lient intimement à la méthode, et il la repoussait. Par cette faute, que l'on a peine à pardonner à son génie, il servit les mauvaises dispositions de son siècle, et contribua à faire ridiculiser cette indestructible vérité, à tel point que les esprits sérieux qui l'admettaient encore, reçurent l'épithète ironique de *cause-finalier.*

Buffon n'a donc pas saisi la vraie conception de la philosophie, puisqu'il en a nié le but, ébranlé les bases et combattu les principes.

II. Sciences instrumentales. Cependant autant il montre de faiblesse dans ce combat des principes, autant il est grand quand son génie crée. Appelé à peindre plus encore qu'à décrire, il a perfectionné l'instrument pour ce but. La méthode logique, la méthode d'observation, la méthode appliquée à la classification, à la nomenclature, venaient d'être agrandies pour les nouveaux

1 *Époq. de la nat. Prélim.*

besoins du progrès. Mais personne encore n'avait tenté de soumettre la science au grand art de la parole; personne n'avait songé à lui donner la puissance de l'éloquence. Aristote est profond, mais il est obscur et difficile à suivre dans son néologisme créateur. Pline a bien pu déclamer en général, mais il n'a jamais su décrire un être. Ni Galien, entraîné par les faits, ni Albert le Grand, embarrassé par les vices des traductions, et la multitude d'objets qu'il avait à résumer dans une langue en décadence; ni Gesner, ni Vésale, ni Harvey, observateurs et expérimentateurs exclusifs; ni Bacon, ni Descartes, qui tous deux n'avaient abordé la nature que de loin; ni Ray, absorbé par l'observation et la méthode, n'avaient pu songer à l'instrument le plus puissant, comme le plus difficile à manier. Linné, dans son génie poétique, avait bien çà et là semé d'agréables fleurs dans ses généralités; mais il n'était pas Français, il était avant tout méthodiste. Il fallait donc la langue française avec sa souplesse, sa régularité, son harmonie et son naturel, pour se mouler sur la nature et en dessiner les contours. Il fallait qu'arrivée à sa perfection, elle fût saisie par Buffon, qui la rendit assez féconde pour égaler et souvent surpasser la nature. Il a créé l'éloquence de la science, l'art de dessiner et de peindre les êtres naturels par la parole; il en a dicté les lois et n'a jamais manqué d'y obéir [1]. Ce pompeux historien, ce poëte enchanteur de la nature, disait que les ouvrages bien écrits passeront seuls à la postérité, et il ajoutait: « Le style est l'homme même. »

Méthode. Il ne faut plus s'étonner qu'avec cette puis-

[1] *Dis. sur le style*; et *Disc. sur la manière de traiter l'hist. nat.*

sance de pinceau il ait repoussé les entraves de la méthode, qui auraient peut-être arrêté son élan. Mais s'il faut excuser l'artiste, on doit blâmer le philosophe d'avoir méconnu la valeur d'un principe. Il combattit la méthode et n'en voulut point d'autre que l'utilité et l'agrément [1]. Cette faute et l'exagération, compagne assez ordinaire du génie, sont la source de toutes ses erreurs. Dénué du secours de la méthode qui l'eût soumis aux grands principes théologiques de la science, il les repousse à leur tour pour leur substituer les brillantes créations de son imagination. Avec elle il veut tout expliquer; il n'aperçoit ni ses erreurs ni ses contradictions; il prend ses idées pour des faits, ses peintures imaginaires pour la réalité; le coloris et la vigueur du dessin le charment, et avec lui tout lecteur inattentif.

III. Principes généraux. C'est ainsi que, personnifiant la nature, il en fait une puissance qui a tout pouvoir en ce monde, à laquelle Dieu a tout livré, excepté le pouvoir de créer et d'anéantir. Dieu de l'épicurisme, il se repose dans les profondeurs de l'empirée, sans s'occuper de cet univers dont il a créé les éléments pour les abandonner à la nature qui les travaille et les modifie, les change et les altère, en forme les êtres divers et les détruit à son gré [2].

Dieu donc a créé deux choses, la nature et la matière. A l'aide de l'attraction et de la répulsion, deux lois qui n'en font qu'une, la nature produit tout sur la matière brute. Avec la chaleur et l'attraction, la nature opère tout encore sur la matière organique. La matière est

[1] *Disc. sur la man. d'étud. l'hist. nat.*

[2] *Première Vue de la nature.*

donc double : matière brute et matière organique. La somme totale de cette matière a été créée à l'origine, et la nature ne peut l'anéantir ; elle peut seulement la modifier, et l'employer sous toutes ses formes. Tel est son point de départ, faux, à la vérité, dans son principe, parce qu'il n'est appuyé sur rien.

IV. Physique et chimie. Mais dès qu'arrivant dans les lois secondaires, Buffon va chercher à tout harmoniser, son génie à l'aise va réduire les lois de la physique générale à leur simplicité la plus rigoureuse, et l'on ne peut encore prononcer qu'il se soit trompé [1].

Le premier, il a dit à la science, que la chaleur, la lumière, le feu, le magnétisme, et tout ce qu'on appelle aujourd'hui fluides impondérables, n'étaient que des effets d'une même cause variée dans ses résultats ; des propriétés d'une même substance, la matière générale. Faisant, avec la physique ancienne, de la substance du feu, un élément primitif de la matière, il lui donne pour dépendances la chaleur et la lumière ; il la soumet à l'attraction ; et de leur action combinée naît la force expansive et la loi de répulsion. A ces lois, il rapporte les lois d'affinité et de cohésion des chimistes ; qui ne sont que l'attraction et l'expansion combinées. Par celles-ci, il explique tous les phénomènes de composition et de décomposition, de combinaison et d'analyse ; et réduit, avec la physique ancienne, tous les corps élémentaires à quatre : la terre, l'eau, l'air et le feu. La combinaison de ces éléments en proportions diverses, produit toutes les autres substances, qui pourront toutes être volatilisées par un plus grand développement de la force expansive du feu ; dernière idée confirmée tous

[1] *Introduction à l'Hist. des minéraux.*

les jours par les progrès de la chimie, et Buffon la donne comme une preuve de sa doctrine.

Le feu est un élément de toute matière, mais il domine dans la matière organique végétale et animale; c'est pour cela que toutes les substances combustibles tirent leur origine des deux parties du règne organique. Tous les acides, par là même, sont des produits des êtres vivants; produits dans lesquels la substance du feu est diversement combinée. Les alcalis ne sont que la matière brute, unie à la substance du feu, à des éléments combustibles; les alcalis et les acides, en s'unissant, forment les sels. Tous les corps donc naissent de ces deux sources, la matière brute et la matière organique. Tous sont des combinaisons diverses des quatre éléments, et le feu se trouve en tous dans des proportions diverses. De là, tous les corps sont classés en trois catégories, suivant qu'ils augmentent ou diminuent de poids, ou qu'ils n'éprouvent aucun changement par l'action du feu. N'est-ce pas là au fond la classification des corps simples dans leurs rapports avec l'oxygène, dont les chimistes modernes ont changé les termes?

L'air est l'adminicule du feu; il l'accompagne toujours et lui est nécessaire; le feu et l'air dominent dans les substances vivantes, la terre et l'eau dans les substances brutes. De là, la division générale de toutes les matières en vitrescibles et non vitrescibles, bien que toutes puissent être vitrifiées par une plus grande force de chaleur.

En résumé, la substance de la terre est toute matière qui peut être réduite en *verre;* la substance de l'eau est analogue à l'air, et l'eau contient de l'air; la substance du feu et celle de l'air s'accompagnent toujours. Ne sont-ce pas là les quatre éléments que la chimie appelle *sili-*

cium, hydrogène, oxygène, et peut-être *azote?* Et qui pourrait dire que tous les autres corps simples ne seraient pas susceptibles d'être ramenés à ceux-ci; ce serait alors la théorie de Buffon. Cette théorie physique et chimique, paradoxale aujourd'hui, pourrait bien, si on voulait la méditer et chercher à y rattacher tous les phénomènes, les expliquer tout aussi bien que la théorie actuelle; et dès lors, on ne serait plus en droit de la traiter de *mauvaise physique*.

A l'aide de ces lois, Buffon va créer notre système astronomique [1]. Mais ici, n'étant plus dans les faits, son imagination seule le guide. La masse du soleil contenait toute matière brute et organique : une comète tombant sur le soleil en détache plusieurs masses de matière semblable, et leur imprime un mouvement commun et dans le même sens, qu'elles continueront. Ces masses, lancées à des distances diverses, donnent naissance aux planètes et à leurs satellites; elles se refroidissent et deviennent successivement habitables, pour cesser ensuite de l'être dans le même ordre. La terre était une de ces masses.

V. Géologie *générale et théorique* [2]. Immédiatement après cette séparation, la masse de matière brute et organique, qui devait devenir la terre, était dans un état de fluidité, maintenue par l'incandescence et la substance du feu qu'elle tirait de sa source originelle. Dans cet état, par la rotation sur son axe et l'attraction combinées, la terre prit sa forme et commença à se solidifier par le refroidissement. Toute la matière brute, la substance de verre, se déposa d'abord au centre avec les

[1] *Introd. à l'Hist. des minéraux*, partie hypoth.

[2] *Théorie de la terre ; Époques de la nature.*

masses métalliques. Dans cette sphère, les boursouflures formées par le refroidissement de la matière fluide, donnèrent naissance aux montagnes primitives. Plus tard, les filons métalliques se forment par la sublimation des métaux qui se sont refroidis en s'infiltrant dans des masses qui n'étaient déjà plus fluides. Ainsi donc, tout ce noyau primitif dans lequel il n'admet point le feu central, n'est composé que de pierres vitrifiables isolées ou unies à des métaux. La terre, alors assez attiédie, a pu recevoir les eaux auparavant volatilisées dans l'atmosphère; elles furent d'abord à une température élevée, et recouvrirent toute la terre, excepté peut-être les sommets des plus hautes montagnes primitives. Pendant cette période, les eaux ravinèrent la terre, transformèrent en argiles tous les débris, les détriments de matière vitrifiable, et les étendirent en couches sur les vallées du noyau primitif. Cependant, les premières molécules organiques purent se réunir et former des coquillages, des madrépores, et tous les animaux à transsudation calcaire, qui vivent dans les eaux. Ces animaux transformèrent la substance de l'eau en matière de pierre, en calcaire et en craie, etc.; et à l'aide de toutes ces matières transportées par les eaux, et des détriments des matières vitrescibles, il se forma dans la mer de nouvelles montagnes et de nouvelles vallées. Les molécules organiques avaient aussi formé des végétaux au fond des mers et sur les montagnes; leurs débris donnèrent naissance aux charbons de terre, contemporains des argiles. Par toutes ces causes et plusieurs autres, les eaux diminuèrent et baissèrent; elles arrivèrent à peu près au niveau où nous les voyons actuellement, et en se promenant par un mouvement successif et insensible, elles continuent leur travail sur toute la surface du globe. Après ces grands phénomènes, l'action des eaux, de la chaleur propre du globe, de l'électricité, des substances organiques sur les substances vitrescibles, donna naissance aux volcans, qui modifièrent à leur tour la surface de la terre, et formèrent de nouvelles combinaisons de matière.

C'est après cette époque que, dans les contrées septentrionales, les molécules organiques, répandues dans la matière, se sont, sous l'influence d'une chaleur suffisante, rassemblées pour former d'abord les plus grands animaux et les plus grands végétaux, qui ont émigré ensuite, à cause du refroidissement, vers les contrées méridionales, pendant qu'au nord se formaient de plus petits animaux et de plus petits végétaux, sous l'influence d'une chaleur diminuée et d'une matière organique appauvrie. Les débris de ces divers animaux et végétaux se sont successivement déposés dans les eaux des lieux qu'ils ont successivement habités, et on les retrouve aujourd'hui dans l'écorce du globe. Après que tous les animaux et tous les végétaux eurent ainsi apparu sur la terre, l'homme s'y est montré, et il a pu, en prenant des précautions, s'acclimater dans tous les lieux.... Voilà l'univers créé!

Ce n'est pas ici le lieu de discuter toute cette théorie, et de demander à son auteur compte des impossibilités et des contradictions flagrantes qu'elle renferme : impossibilité de la séparation de masses de matières du soleil par la queue d'une comète; impossibilité, dans ce cas, d'un mouvement régulier, mathématique, uniforme, et calculé pour harmoniser toutes les planètes et leurs satellites; impossibilité de la naissance spontanée des animaux et des végétaux sous la puissance de la nature agissant sur la matière, etc., etc.; contradiction dans l'apparition des plus petits animaux et des plus imparfaits d'abord, quand la matière était riche en molécules organiques et la chaleur active; puis, dans l'apparition des plus grands animaux et des plus grands végétaux, quand la matière organique est déjà appauvrie; ensuite, dans l'apparition d'animaux et de végétaux rabougris, quand la chaleur a diminué et que la matière organique est presque épuisée par les grands animaux; et enfin, contradiction dans l'apparition de l'homme, le plus parfait des animaux, quand il n'y a presque plus de matière organique, etc.

Mais en rectifiant par la réalité tout ce qui n'est qu'imagination, il reste de ce bel ensemble un enseignement positif dans la science : 1° comme questions posées, la formation du noyau central de la terre, qui, à la vérité, n'est pas résolue et ne le sera probablement jamais dans ce sens; la cause des volcans et leurs effets; 2° comme questions posées et à peu près résolues, la nécessité des montagnes primitives pour que la terre soit habitable; l'action des eaux sur les détriments de cette terre primitive; la formation des argiles, des couches de sable; la formation des calcaires et des charbons de terre, par la transformation des eaux en calcaires, etc., par les animaux et les tamis des tissus vivants; la formation des fossiles dans le pays qu'ils ont habité; l'action des eaux sur la surface du globe; les causes actuelles expliquant les effets anciens; la plus grande activité des causes anciennes; l'action des eaux, des volcans, de l'atmosphère, etc., sur la surface de la terre, etc., etc.; enfin, toutes les grandes questions de la géologie sont posées et à peu près résolues dans le sens où on les envisage encore aujourd'hui. — Et la fameuse question des époques indéterminées, tant de fois réchauffée depuis, est nettement posée pour la première fois, mais sans preuves plus satisfaisantes alors que depuis.

VI. Palæontologie. De plus, il a commencé la palæontologie théorique, et a donné à la palæontologie positive des faits discutés avec une grande sagacité. Il démontre que les dents du mammouth se rapportent à l'éléphant; que les dents du mastodonte prouvent un animal voisin de l'éléphant et de l'hippopotame. Il a aussi recueilli après Pallas tous les faits principaux relatifs aux ossements fossiles, et les a consignés dans ses notes des Époques de la nature.

VII. Minéralogie [1]. L'histoire de la terre était donc déjà bien avancée; mais il a aussi travaillé à celle des substances qui la composent et des êtres qui peuplent sa surface. En minéralogie, ses expériences sont précieuses; s'il a repoussé les formes cristallines par antipathie pour les méthodes, il a, d'un autre côté, fait connaître les substances diverses sous le point de vue de leur origine supposée; il a réduit à six principaux les caractères distinctifs des minéraux : la fusibilité relative, la calcination, l'effervescence avec les acides, la propriété d'étinceler au briquet, les cassures diverses et les couleurs. Il avait entrevu les caractères scientifiques que l'on tire aujourd'hui de l'action de la lumière sur les substances minéralogiques diverses. Enfin, sous le rapport du gisement, du pays, du prix, de l'emploi, de l'utilité et de la valeur des minéraux, son histoire est encore à consulter.

VIII. Botanique. Quoiqu'il n'ait rien exécuté en botanique, il a fait un grand nombre d'expériences sur les végétaux; il a vu que pour leur nourriture, ils tirent

[1] *Introd. à l'Hist. des minéraux;* et *l'Hist. des minéraux.*

beaucoup plus de substance de l'air et de l'eau qu'ils n'en puisent dans la terre; qu'ils rendent à celle-ci, en pourrissant, plus qu'ils n'en ont reçu; que par leur développement, leur figure, leur accroissement et leurs différentes parties, ils ont un plus grand nombre de rapports avec les objets extérieurs, que n'en ont les minéraux qui n'ont aucune sorte de vie ou de mouvement; qu'ils sont, par conséquent, au-dessus des minéraux et se rapprochent des animaux, auxquels il les a comparés; enfin, il a montré que les végétaux participent encore plus que les animaux à la nature du climat. Il entrait dans son plan de faire l'histoire des végétaux comme celle des minéraux et des animaux; il paraît même qu'il en avait préparé les éléments, mais il n'a pas eu le temps de l'exécuter.

IX. ZOOLOGIE [1]. 1° *Méthode*. En rejetant les causes finales et prononçant qu'il n'y avait que des individus dans la nature, Buffon préparait le renversement de la méthode; un peu de jalousie du mérite de Linné, qui en était le représentant, le conduisit à combattre cette belle et grande généralisation de la science, aussi bien que la nomenclature, qui en est la traduction. Cependant, comme il est impossible de traiter de rien sans une méthode, Buffon a dû s'en créer une en rapport avec son but : elle est toute basée sur l'utilité matérielle, sur le plaisir et la curiosité de connaître; elle est, par conséquent, la plus opposée à la philosophie et à la généralisation de la science, qui puisse être imaginée. Peintre, il a voulu comparer une méthode à un tableau, et par là, a fourni aux antiméthodistes leur idée de carte géographique pour la distribution des animaux et leur classification.

[1] *Hist. nat. génér. et part. des animaux.*

Toutefois, contraint par la réalité, il a adopté pour les oiseaux une méthode fondée sur des caractères artificiels, il est vrai, mais pourtant sériale; il a parfaitement discuté et décrit tous ceux de leurs caractères qui devraient servir plus tard à la méthode.

2° *La nomenclature* n'est pas rationnelle chez lui, mais elle a eu pour effet de vulgariser la science. Quoiqu'il en ait repoussé le principe scientifique, il l'a traitée de la manière la plus propre, la plus convenable et la plus utile : sa nomenclature et sa classification des singes ne laissent rien à désirer. Sa nomenclature des oiseaux est tout aussi parfaite et plus encore; ainsi, pour les mésanges comme pour plusieurs autres genres, il a accepté la nomenclature binaire linnéenne. Il a rendu à cette partie importante de la science un autre service plus grand, par ses beaux et longs travaux de recherches et de critique sur la synonymie des noms des quadrupèdes et des oiseaux dans les différents pays, chez les anciens et les modernes.

3° *Physiologie générale.* Buffon n'était pas anatomiste; l'anatomie des quadrupèdes est due au scalpel de Daubenton; celle des oiseaux est empruntée à Aristote, et surtout à Willoughby; on ne doit pas plus attendre de Buffon en physiologie proprement dite. Mais nous avons vu que la physiologie aristotélicienne, cette physiologie qui se propose d'expliquer tous les phénomènes de la nature par des lois générales, avait été élevée aussi haut qu'elle pouvait l'être par un tel génie. Il est plus admirable encore, parce qu'il est plus vrai, dans ce qu'on peut appeler physiologie générale et psychologique.

A. Principes. De ses grandes vues sur l'univers, la nature et la matière, il a conclu « que le vivant et l'animé, au lieu d'être un degré métaphysique des êtres, est une propriété physique de la matière. » Ce principe, mal entendu, conduirait au matérialisme; mais, compris dans sa vérité, il le renverse directement, et, avec lui, les créations élémentaires et spontanées de Buffon lui-même. En effet, si le vivant et l'animé sont une propriété physique de la matière, il s'ensuit qu'elle n'a pu exister sans des êtres vivants et animés; que, par conséquent, les végétaux et les animaux ont été créés ce qu'ils sont et spécifiquement, puisque la matière n'aurait pu exister avec toutes ses propriétés sans eux.

Les propriétés de la matière sont ce qui la constitue telle. Nous ne la connaissons et nous ne la concevons que par elles; elles lui sont essentielles. Or, Buffon admet la matière créée sous deux états : l'état brut et l'état vivant et animé. Elle n'est complète, et sa création n'est concevable qu'autant qu'elle existe simultanément sous ces deux états. Si la matière brute seule existait, il manquerait à la matière générale ce qu'elle a de plus magnifique, de plus élevé, les corps organisés, végétaux et animaux. La matière brute elle-même, qui est le degré le plus infime, serait incomplète, puisque Buffon a démontré qu'une grande partie de cette matière brute, les calcaires par exemple, est formée par les corps organisés et vivants. La matière ne peut donc être conçue complète qu'autant qu'elle existe tout à la fois à l'état brut et à l'état vivant et animé. Cette première partie de la question admise, et elle est incontestable, la matière organique a-t-elle été créée à l'état de molécules élémentaires, qui se seraient ensuite réunies et organisées d'elles-mêmes pour former des végétaux et des animaux, comme le prétend Buffon? Cette dernière thèse est radicalement insoutenable, et ne découle nullement du principe admis, tout au contraire. Les substances organiques en effet ne peuvent être produites que par des corps organisés vivants et fonctionnants. Les espèces peuvent seules se reproduire, et une espèce n'en produit pas une autre; chaque espèce est définie et organisée pour un but spécial et déterminé; si donc les espèces n'avaient pas été créées ce qu'elles sont, elles n'existeraient pas. Il suit de ces vérités, que la matière a été créée ce qu'elle est, et dans toute sa perfection; que rien ne s'est organisé de soi-même, ni par de prétendues lois de la nature, qui n'est point une puissance. Mais la matière organique, ne pouvant exister que par les végétaux et les animaux, a nécessairement été créée; car les végétaux et les animaux ont été créés, puisque tous naissent et meurent, et qu'ils ne se reproduisent que par eux-mêmes et selon leurs espèces.

En acceptant donc le principe de Buffon, que le vivant et l'animé sont des propriétés physiques de la matière, on arrive rigoureusement à la réfutation nette et précise du matérialisme, et des créations élémentaires et spontanées, qui n'en sont qu'une conséquence.

Il suit encore de ce principe, comme Buffon l'a montré, que les végétaux et les animaux sont deux grands degrés de la matière vivante, unis par des rapports nombreux, et formant une sorte d'échelle de gradation. De plus, il a parfaitement compris le vrai caractère de l'animalité, puisqu'il a admis que la sensibilité, la forme et la locomotion qui en dépendent, distinguent, plus qu'aucun autre caractère, l'animal du végétal.

Mais de son vice de méthode et de cette puissance d'imagination créatrice de ses tableaux, sont résultées des contradictions fâcheuses. Ainsi, après avoir avancé qu'il n'y a que des individus, et ouvert par là la porte au matérialisme de la science, il la ferme, et se réfute lui-même avec une irrésistible force, en démontrant que l'espèce est une réalité de la nature ; qu'elle est caractérisée par la reproduction, qui la perpétue et en conserve la similitude par une production continue, perpétuelle et invariable ; « que, par conséquent, les espèces sont les seuls êtres de la nature, êtres perpétuels, aussi anciens, aussi permanents qu'elle ; » qu'il y a des espèces nobles et des espèces moins nobles ; que les espèces nobles sont celles qui sont constantes, invariables, et qu'on ne peut soupçonner de s'être dégradées ; qu'elles sont ordinairement isolées et seules de leur genre ; tandis que les espèces moins nobles ne peuvent être considérées qu'en bloc, ayant un grand nombre de branches collatérales ; enfin, il a conclu de là que l'espèce humaine est à la tête, qu'elle est la plus noble, et faite pour dominer toutes les autres, qui ne viennent qu'en second et en troisième ordre. Fondé sur ce principe, il a pris l'espèce humaine pour mesure, pour terme de comparaison ; il a même exagéré sous ce rapport, par une sorte d'anthropomorphisme moral transporté continuellement aux animaux. Daubenton fut plus modéré, en prenant les deux extrêmes de sa comparaison dans l'homme et le cheval pour les quadrupèdes.

B. Sens. Généralisateur puissant, Buffon a cherché à systématiser les sens dans une vue générale qui les embrassât tous. D'abord, tous les sens ayant un sujet commun, le système nerveux différemment disposé, les sensations sont fondamentalement les mêmes. La différence entre les sens ne vient que de la position plus ou moins extérieure des nerfs, et de leur quantité plus ou moins grande dans les différentes parties qui constituent les organes. Tous les sens externes sont en rapport avec un sens interne et commun, qui, affecté par eux, produit et détermine les actes de l'animal. Le toucher est le sens général externe; mais le toucher le plus intellectuel réside dans la main. Buffon a parfaitement vu que les sens de la vue et de l'ouïe perçoivent les objets à distance, tandis que les trois autres sens les perçoivent par le contact immédiat.

Cherchant à indiquer l'ordre de prééminence des sens dans les diverses classes d'animaux, il est arrivé à voir que les degrés d'excellence des sens suivent, chez l'animal, un autre ordre que chez l'homme. Dans l'homme, le premier des sens pour l'excellence est le toucher, et l'odorat est le dernier; dans l'animal, au contraire, l'odorat est le premier des sens, et le toucher le dernier. L'homme a le toucher, l'œil et l'oreille plus parfaits, et l'odorat plus imparfait que l'animal. En général, les sens relatifs à la connaissance sont plus parfaits dans l'homme, et les sens relatifs à l'appétit plus parfaits dans l'animal; ces derniers même sont plus développés chez l'animal qui vient de naître, que chez l'enfant nouveau-né.

Considérant ensuite que les rapports des sensations dominantes doivent être les mêmes que ceux des organes qui en sont le foyer, il en a conclu que l'homme, instruit surtout par le toucher, qui est un sens profond, doit être attentif, sérieux, réfléchi; que le quadrupède, auquel l'odorat et le goût commandent, doit avoir des appétits véhéments et grossiers, tandis que l'oiseau, que l'œil et l'oreille conduisent, aura des sensations vives, légères, précipitées comme son vol, et étendues comme la sphère où il se meut en parcourant les airs. Mais il s'est trompé en admettant un sixième sens, le sens de l'amour, qui n'est qu'un [illegible] exagéré, dans la satisfaction d'un appétit pur[illegible] physique.

Enfin, il a distingué la sensation du sentiment : la sensation n'est qu'un ébranlement dans le sens, et le sentiment est cette même sensation devenue agréable ou désagréable par la propagation de cet ébranlement dans tout le système sensible.

Sens spéciaux. L'ouïe. Il a enseigné que, dès le cinquième mois après la conception, les osselets de l'oreille sont solides et durs; qu'au septième tous ces osselets ont acquis dans le fœtus la grandeur, la forme et la dureté qu'ils doivent avoir dans l'adulte; que ces mêmes osselets ne se trouvent pas dans les oiseaux; que l'ouïe est bien plus nécessaire à l'homme qu'aux animaux, parce que, dans l'homme, c'est non-seulement une propriété passive, mais une faculté qui devient active par la parole. Il a exposé les rapports de l'ouïe avec les organes de la parole; rapports qui rendent ce sens social pour l'homme. Enfin, il a expliqué la production du son, sa transmission, son harmonie avec l'organe de l'ouïe. Le premier il a constaté que l'air plus dense de la nuit augmente l'intensité du son.

La vue. Il a exposé les rapports de ce sens avec la lumière, et a fait connaître tous les défauts qui peuvent conduire à l'erreur des sensations par cet organe.

L'odorat. Ce sens est, dans les animaux, un organe universel de sentiment, par lequel ils sont plus sûrement avertis de tout ce qui leur convient ou leur est nuisible.

Buffon a très-peu fait pour l'étude particulière de chaque sens; mais, ce qui allait mieux à sa grande intelligence, il a embrassé dans leur ensemble les facultés intellectuelles, les besoins et les instincts de l'homme et des animaux, et a donné par là une nouvelle direction à l'étude de la psychologie, en la sortant de l'abstraction pour la faire entrer dans la réalité des faits, et arriver ainsi à une connaissance plus parfaite de l'homme, et à conclure, ainsi qu'il l'a prouvé, sa supériorité sur les animaux, par son intelligence et son âme.

C. Locomotion. Les autres fonctions animales doivent encore à Buffon des vues élevées. Il n'a jamais cherché à donner l'étiologie du mouvement dans les animaux; mais il a dit que le mouvement progressif était soumis aux sens; que la main, siége de la locomotion intellectuelle, devait sa grande perfection à l'extrême division de ses parties; que les muscles pectoraux des oiseaux et des chauves-souris avaient beaucoup plus de force et de développement que ceux des quadrupèdes, ce qui rend ces animaux propres au vol. Mais il a été induit en erreur pour la locomotion dans les singes, qu'il dit marcher aussi bien et plus souvent debout que sur les quatre membres, et dans les paresseux, dont il n'a pas compris le séjour nécessaire sur les arbres.

D. Nutrition. Ses considérations sur les rapports des organes digestifs dans les herbivores et les carnassiers, avec l'espèce de nourriture, sont vraies et demeurent acquises à la science. Sa théorie de la nutrition, s'opérant par les molécules organiques répandues dans la matière, n'a pas été admise jusqu'ici; mais s'il était vrai, comme il paraît et comme le pensent des chimistes célèbres, que les substances animales existent de toutes pièces dans les végétaux, elle pourrait bien recevoir une confirmation.

E. Génération. Quoiqu'il se soit très-sérieusement occupé de la grande question de la génération, ses vues préconçues sur la matière et la puissance de la nature, l'ont conduit à des théories qui n'ont point été acceptées. Ainsi, liant la faculté génératrice à son système sur la nutrition, il prétend que, quand le développement est achevé, la surabondance des molécules organiques les réunit dans un même lieu de toutes les parties, et donne, par leur union, naissance à un nouvel être; ce qui n'est qu'une sorte de génération spontanée dans l'animal, comme il s'en fait peut-être, dit-il, un plus grand nombre dans la matière générale, et comme il s'en fit surtout à l'origine. Ce système est sans doute insoutenable; mais tout ce qui tient au développement des sexes, à leur rapprochement, à l'âge de la reproduction, au mode, à la durée de la gestation, à la production et à la composition de l'œuf des oiseaux, à l'incubation, aux soins des parents pour leurs petits, etc., est et demeure vrai. Il a découvert l'existence et le réservoir du fluide séminal dans les femelles des vivipares.

Il a enrichi la science de ce fait remarquable, qu'il constate à chaque instant, savoir : que la durée totale de la vie est sept fois celle du développement de la puberté. Mais ici encore il eut le tort de combattre Harvey sur la génération, en prétendant contre lui qu'il n'y a pas d'œuf chez les mammifères.

Tels sont les principaux points de physiologie auxquels Buffon a touché, çà et là, dans son ouvrage et dans ses travaux spéciaux.

4° *Histoire naturelle.* L'histoire naturelle a pour but de faire connaître l'animal dans sa description, ses mœurs et ses habitudes. On peut dire que Buffon l'a créée tout entière; avant lui il n'y avait pas proprement d'histoire naturelle.

Il a perfectionné la description des êtres par l'exemple et la règle : il veut qu'on y fasse entrer la forme, la grandeur, le poids, les couleurs, la situation de repos et de mouvement, la position des parties, leurs rapports, leur figure, leur action, et toutes les fonctions extérieures. « Si l'on peut joindre à tout cela l'exposition des parties intérieures, la description n'en sera que plus complète; seulement on doit prendre garde de tomber dans de trop petits détails, ou de s'appesantir sur la description de quelques parties peu importantes, et de traiter trop légèrement les choses essentielles et principales. »

Personne, mieux que lui, n'a su donner la vie à ses tableaux, ni saisir toutes les nuances de mœurs et d'habitudes qui font le charme de l'histoire naturelle. Ses histoires du lion, du chien, du bœuf, du cheval, de l'éléphant, etc., sont des modèles achevés auxquels il n'y a rien à ajouter.

5º *Géographie zoologique.* Mais sa grande gloire est d'avoir introduit dans la science l'harmonie des êtres avec le sol qui les supporte, et d'avoir créé la géographie zoologique. C'est lui qui a appris que les animaux sont soumis aux influences des milieux, du climat et du sol, et des êtres qui les entourent; que les animaux domestiques, plus immédiatement sous l'influence de l'homme, sont sujets à plus de variations dans leurs espèces; que les animaux sauvages, plus libres dans leur vie, sont sujets à moins de variétés; mais que la domination de l'homme influe sur leur naturel et en diminue le nombre. Le premier encore il a montré la corrélation des genres entre les oiseaux et les quadrupèdes, les carnassiers répondant aux oiseaux de proie, les herbivores aux oiseaux qui vivent de graines, etc.

Embrassant tous les animaux du globe, pour la première fois, il a établi quels sont les animaux qui sont naturels et propres à l'ancien continent; ceux qui sont naturels et propres au nouveau continent; ceux communs aux deux; ceux qui vivent au nord, au midi ou dans les zones tempérées des deux continents; ceux qui ont dû passer de l'ancien dans le nouveau par le nord. Il a montré la correspondance de ces animaux divers, et comment les espèces propres à un continent sont représentées par d'autres espèces analogues, propres à l'autre continent. Il a donc créé la science de l'harmonie des êtres entre eux et avec le sol.

6° *Série animale.* Il était impossible que, placé à ce point de vue, le génie de Buffon n'entrevît pas la grande et belle thèse de la série animale, aussi en a-t-il été frappé; il en a démontré plusieurs principes; continuellement il expose l'ordre de dégradation; il l'a exposé dans ses Époques de la Nature, dans ses Vues de la Nature, dans ses Discours, et dans plusieurs histoires d'animaux particuliers : sans doute il ne l'a pas démontré, il n'en avait pas la loi; mais il a senti, outre la série animale, toute la série des êtres, depuis la matière élémentaire jusqu'à la matière unie à l'intelligence dans l'homme, qu'il a pris pour terme de comparaison. Il a préparé et facilité la démonstration de cette série, en introduisant dans la science tous les animaux des deux continents, en exposant leurs correspondances, leurs harmonies et leurs analogies; il en a même taillé quelques-unes des parties, les a délimitées, rangées dans l'ordre sérial, en marquant les passages et les nuances d'un genre à l'autre; de sorte qu'il n'a plus fallu que prendre son travail et le mettre à sa place. Ainsi il a donné :

1° La nomenclature, la méthode et la série des quadrumanes dans tous ses principes essentiels ; il a fait connaître les singes des deux continents, les makis, l'unau et l'aï, par conséquent toute la famille des quadrumanes.

2° Les cheiroptères des deux continents; sur douze espèces, dix sont introduites pour la première fois dans la science.

3° Les insectivores dans plusieurs de leurs genres importants.

4° L'ours brun a été bien décrit; il a parlé des ours noirs et des blancs. La famille des *subursus* lui doit quatre espèces bien déterminées et bien décrites.

5° Les digitigrades ont été bien décrits dans tous leurs grands genres, les martes, les mustela, les viverra, les felis, les chiens, les hyènes et les phoques. Le genre felis, qui a forcé Buffon d'être méthodiste, a été surtout enrichi d'une douzaine d'espèces inconnues du nouveau continent; outre son admirable article sur les variétés du chien domestique, tout le genre des chiens a été parfaitement délimité. Les phoques ont été rapprochés des carnassiers et connus.

6° La famille des rongeurs a été déterminée dans quarante et quelques de ses espèces.

7° Les gravigrades, les ongulogrades, pachydermes et ruminants ont été également étudiés dans toutes leurs principales espèces, et les ruminants ont forcé Buffon à peindre en fait la série animale.

8° C'est encore lui qui a fait connaître les tatous, les fourmiliers, et plusieurs autres espèces de la même famille.

9° Les didelphes apparaissent pour la première fois dans la science.

10° Tous les oiseaux, tant de l'ancien que du nouveau

continent, connus alors, ont été réunis et décrits méthodiquement. Il est entré avec une rare habileté dans la discussion des caractères des familles, des genres, des espèces et des variétés, et on a peu ajouté sous ce rapport depuis lui.

Ainsi donc, l'harmonie des êtres est démontrée; la terre et la nature entière sont vivifiées. C'est là le magnifique et principal effort du grand Buffon.

X. *L'homme.* Il n'est pas moins admirable dans son étude de l'homme, à part les idées fausses et contradictoires qu'il a émises çà et là. En effet, bien qu'il combatte dans plusieurs circonstances le prétendu état de nature, en d'autres endroits il suit les errements de Pline. Ainsi, après avoir rangé l'homme parmi les animaux, tout en donnant les plus fortes raisons du contraire, il dit: « C'est de la société que l'homme tient sa puissance; c'est par elle qu'il a perfectionné sa raison, exercé son esprit et réuni ses forces. Auparavant l'homme était peut-être le plus sauvage et le moins redoutable de tous : nu, sans armes, sans abri, la terre n'était pour lui qu'un vaste désert peuplé de monstres, dont souvent il devenait la proie. » Ailleurs il s'est appuyé sur les mêmes raisons pour démontrer l'impossibilité de l'état de nature. Et, en effet, puisque l'homme ne peut rien sans société, comment sans société a-t-il pu former la société, la plus belle comme la plus difficile de toutes les œuvres du Créateur? Mais, dès qu'il sort du paradoxe pour entrer dans la vérité, la puissance de son génie égale la grandeur de l'homme. Il l'a peint dans sa double nature, spirituelle et matérielle, le comparant avec les animaux pour le mieux connaître. Il a montré que les animaux ont le sentiment et la sensibilité, qu'ils n'ont point d'âme, qu'ils ne possèdent que les facultés organiques, la réminiscence organique, et la conscience de leur existence actuelle, mais non de leur existence passée; que tous leurs actes s'expliquent par l'instinct, qui est le résultat de l'accord de leurs organes et des facultés de ces organes; qu'il n'en est pas de même de l'homme; que, seul, il a une âme; que cette âme est immatérielle et immortelle. Avec quelle puissance de vérité il peint les grandeurs et les faiblesses de l'homme, ses joies et ses douleurs, ses passions et ses misères, sa force et son courage! Il est descendu de ces hauteurs à la nature physique de notre espèce, il en a fait l'histoire depuis la naissance jusqu'à la mort, de la manière la plus vraie et la plus admirable. Il l'a ensuite étudiée dans ses rapports avec les êtres qui l'entourent, et la terre, siége de son empire. L'espèce humaine est une; mais elle est soumise à des variations accidentelles qui dépendent du climat, de la nourriture et des mœurs. C'est la première fois que l'espèce humaine est étudiée sur tous les points du globe, depuis un pôle à l'autre, dans toutes ses variétés, comparées entre elles dans leurs rapports mutuels et avec le sol, le climat et les milieux. C'est la géographie naturelle de l'espèce humaine, ou la science des rapports de notre espèce avec le globe terrestre et les êtres qui le peuplent, créée et portée à sa perfection du premier coup.

Mais cette espèce unique est la première, elle a reçu de Dieu l'empire du monde; elle domine toutes les autres espèces : « L'empire de l'homme sur les animaux est un empire légitime qu'aucune révolution ne peut détruire ; c'est l'empire de l'esprit sur la matière. . . . Mais c'est encore un don de Dieu. . . .

« C'est par sa supériorité de nature que l'homme

règne et commande ; il pense, et dès lors il est maître des êtres qui ne pensent pas. . . . Voilà pourquoi il peut modifier les animaux et les végétaux, les améliorer, les restaurer, etc. Mais pourtant son empire ne s'étend que sur les individus, car à Dieu seul appartient l'empire sur l'ensemble et sur toute la nature.

« Soumis aux mêmes lois que tous les autres êtres, le rayon divin dont il est animé ennoblit et élève l'homme au-dessus de tous les êtres matériels. Dieu, source unique de toute lumière et de toute intelligence, régit l'univers et les espèces entières avec une puissance infinie. »

L'espèce humaine seule contemple toutes les harmonies et les magnificences de la nature, dans toute la suite des siècles, par la haute prérogative qui transmet les connaissances des aïeux à leurs descendants, et qui fait, par l'éducation, d'un individu le représentant de l'espèce. L'humanité est donc envisagée dans tout son ensemble et la science de l'homme élevée à son véritable rang.

XI. Vulgarisation de la science. De telles études, présentées sous une forme aussi séduisante pour l'imagination, étaient faites pour intéresser tout le monde. Aussi le succès du grand ouvrage de Buffon fut l'époque d'une révolution dans les esprits. On ne put le lire sans avoir envie de jeter au moins un coup d'œil sur la nature, et l'histoire naturelle devint une connaissance presque vulgaire; ce qui n'a pas laissé de contribuer beaucoup à ramener les esprits à cette base de la vraie philosophie. Buffon enflamma de nobles imaginations qui essayèrent de marcher sur ses traces; les Bonnet, les Bernardin de Saint-Pierre même firent passer dans les masses un goût au moins superficiel pour les harmonies de la nature; le savant Pluche, osant se mesurer avec Buffon, défendit contre lui les causes finales et toutes les vérités qui en découlent; s'il exagère parfois, souvent il égale, surpasse même pour la profondeur de la doctrine et des vues son adversaire, auquel il le cède pour la hardiesse de l'ensemble et le charme de l'éloquence.

XII. Jardin des plantes. On doit mettre au nombre des services que Buffon a rendus aux sciences, les développements que toutes les parties du jardin confié à ses soins prirent sous son administration. Il fonda le cabinet d'anatomie comparée, celui de zoologie, et commença ce monument scientifique que l'univers envie à la France; monument qui a tant contribué aux progrès que les siences naturelles ont faits en France depuis Buffon.

Ainsi donc Buffon, marchant dans la direction des harmonies de l'univers, voulant tracer la distribution géographique des êtres ou leurs rapports entre eux et avec le sol qui les supporte, est conduit à étudier ce sol et le mode de sa création. N'acceptant plus la création divine, il crée lui-même la terre, mais ne s'arrête pas là, il en fait autant pour les animaux et l'homme. Dès lors, livré à son imagination, il ne dessine plus, il peint, et quelquefois de manière à cacher le dessin sous la vivacité du coloris, mais aussi de sorte à laisser des traces ineffaçables dans l'histoire de l'esprit humain. Il a sondé les profondeurs du ciel pour demander aux astres leur origine et leurs lois; il a interrogé la terre sur son origine, sa structure et sa forme; s'il s'est trompé sur son noyau primitif, il l'a forcée à révéler l'origine et la formation de son écorce; il en a étudié les éléments pour arriver ensuite à mieux connaître les êtres qui peuplent sa surface ; la nature vivante répondant à sa voix, lui a révélé les secrets intimes de ses peuplades diverses; il a dévoilé leurs mœurs et leurs habitudes, assigné à chacune sa place sur le globe, et ses titres de parenté; il a mesuré leurs facultés et leur instinct, et comprenant que chacun avait son rang dans l'échelle générale des êtres, il a préparé les moyens de les y placer ; il établit l'homme roi de ce monde et des animaux, et après avoir tout vu, tout jugé, revenant vers la fin de sa brillante carrière sur l'audace de ses premiers ans, il admira dans les harmonies de ce monde le trône extérieur de la magnificence du Créateur; il s'était mesuré avec la nature, et son génie en égala la majesté ; il la surpassa même, car sentant que l'homme était plus grand que l'univers, puisqu'il le dominait, il appela de tous ses vœux le repos du chrétien, il mourut en Jésus-Christ avec courage et sans faiblesse, et sa grande âme, dont il avait chanté la nature spirituelle et l'immortalité, s'élança « des magnificences de ce monde au trône intérieur de la toute-puissance » et de l'éternelle miséricorde, qui lui pardonna sans doute ses erreurs et leurs funestes suites. Sa carrière fut pleine, sa vie fut celle d'un savant dévoué à la science, et sa mort celle d'un chrétien.

Après un si brillant effort, qui avait réuni tous les êtres de l'univers, les progrès ultérieurs de la philosophie appelaient les rapports naturels de ces êtres et leur dégradation sériale ; ils demandaient par conséquent que l'étude de l'organisation et de ses actes fût reprise dans une direction nouvelle et à la fois plus approfondie ; c'est là ce que fera Haller dans son immortelle physiologie.

APPENDICE A BUFFON.

IDÉE DES SYSTÈMES OU MÉTHODES EN HISTOIRE NATURELLE.

Notre étude sur Buffon serait incomplète, si nous n'envisagions au moins succinctement ce que c'est qu'un système ou une méthode en histoire naturelle, afin de montrer combien peu il avait compris cette grande question, et combien ses attaques contre la méthode étaient fausses et peu logiques.

Dans tout genre de connaissances, dans tout ensemble d'idées, dans toute collection d'êtres, il y a nécessairement un ordre, sans quoi il serait impossible de connaître, de penser et d'observer; car on ne connaît et on n'observe qu'en comparant, et pour comparer, il faut suivre un ordre.

Dans la création il y a nécessairement un ordre des êtres, sans quoi il n'y aurait pas de plan, il n'y aurait pas de conception, il n'y aurait pas d'harmonie, puisque tous les êtres seraient la même chose, et l'existence du monde serait impossible. Les sciences naturelles ayant pour but de connaître les êtres de la création, plus encore dans leur ensemble que dans leur individualité, ne peuvent évidemment y parvenir sans chercher à découvrir l'ordre suivant lequel ces êtres sont subordonnés les uns aux autres, et dans quels rapports ils sont les uns avec les autres. Partout, mais surtout ici, l'ordre doit être fondé sur des caractères tirés de la chose même, inhérents à cette chose même, et en représentant autant que possible l'essence et la nature.

La mécanique d'un système est la même au fond que celle d'un dictionnaire, seulement, au lieu des caractères graphiques, ce sont certains caractères, certaines propriétés de l'être qui servent à établir l'ordre. Sous ce point de vue même, on ne peut disconvenir de l'utilité et de la nécessité des méthodes. Elles sont cependant artificielles. Mais les naturalistes connaissent encore la méthode qu'ils nomment méthode naturelle.

Pour en démontrer le principe, il faut remarquer qu'il y a dans la nature des collections de genres, ou si l'on veut des classes, qui semblent séparées naturellement de toutes les autres. C'est ce qu'on nomme familles naturelles; telles sont, dans les animaux, la famille des oiseaux, celle des poissons.

Ce n'est pas la fantaisie d'un nomenclateur qui a réuni ces êtres, mais bien la nature qui les a rapprochés par une foule de ressemblances.

La somme de tous ces rapports est ce qu'on nomme le caractère naturel.

Parmi les espèces dont ces familles naturelles se composent, il s'en trouve encore qui se tiennent plus particulièrement que les autres; ainsi les mouches et les papillons sont des familles particulières dans la grande famille des insectes.

La nature marche ainsi en divisant et subdivisant presqu'à l'infini. Cette marche bien connue donnerait ce qu'on appelle la méthode naturelle. Elle n'est pas entièrement trouvée; mais il serait téméraire d'en nier la réalité. Les observations nouvelles permettent, en effet, de ranger les espèces prétendues anomales dans les familles dont elles paraissaient le plus éloignées. Si l'on entend par méthode parfaite celle qui ne soit pas fautive, où toute la nature soit comprise, où chaque espèce ait sa place marquée, il est très-possible de faire une méthode parfaite.

Pour cela il faut choisir des caractères fixes, constants et invariables.

Si par méthode parfaite on entend une méthode tellement conforme à la nature que toutes les divisions de cette méthode soient les mêmes que celles que la nature indique, et que chaque classe, chaque ordre de la méthode contienne des familles naturelles, on conviendra qu'elle n'est pas trouvée encore ; mais il est possible de la trouver un jour.

On peut soutenir qu'il y a dans la nature un ordre général, en argumentant de l'ordre particulier, qu'on a observé dans certaines classes. Un observateur trouve à chaque pas cet ordre admirable que le Créateur a imposé à son œuvre. Dans les familles naturelles on a observé un rapport singulier entre certaines parties et d'autres, de manière à pouvoir deviner les unes par les autres.

Les exemples cités ne prouvent pas seulement la réalité des rapports qu'on observe dans les familles naturelles connues, ils prouvent de plus que rien n'est plus intéressant pour le naturaliste que la connaissance de ces familles et de leurs rapports.

Les auteurs des méthodes artificielles n'examinent pas si la nature est soumise à des lois, et ne cherchent pas à les mesurer.

Il en est autrement de ceux qui tendent à la méthode naturelle, ils pèsent et mesurent la valeur de tous les caractères les uns par rapport aux autres; ils les subordonnent suivant leur importance relative, de manière à exprimer la vraie nature de l'être par la valeur de ses caractères les plus essentiels.

L'ordre établi dans la nature, ou l'existence des familles, a sûrement une cause, la volonté immédiate du Créateur, ou bien des causes secondes, qui en dépendent.

Or, nous ne pouvons connaître les desseins du Créateur que par ses œuvres ; l'étude de ses œuvres dans leurs rapports et leurs propriétés les plus essentielles et les plus naturelles, ce qui constitue la méthode naturelle, doit donc nous conduire à cette grande connaissance.

Tous les êtres se distinguent d'une manière nette et tranchée par leurs propriétés essentielles; c'est ainsi que les végétaux se distinguent en deux classes, suivant qu'en naissant la plante est accompagnée de deux feuilles séminales ou cotylédons, ou d'une seule.

Si l'on peut, comme on l'a prétendu, descendre par des nuances insensibles de la créature la plus parfaite jusqu'à la nature la plus informe, il n'y a ni classes ni genres naturels, ni même d'espèces.

Cependant, pour Buffon, rien n'est plus certain dans la nature que l'immutabilité des espèces; elles ne sont pas de convention, on ne prend pour caractères spécifiques que ceux qui se perpétuent constamment de père en fils.

La distinction entre les espèces est établie par la nature même, et elles ne sont pas sujettes à dégénérer. Les variétés sont les individus qui ne diffèrent que par un caractère susceptible de dégénérer.

Les productions de la nature sont partagées en espèces, et les bornes de chaque espèce sont certaines, constantes.

Les collections d'espèces rapprochées par la nature constituent les familles naturelles.

Et la réunion de ces familles dans un ordre logique fondé sur la valeur des caractères de chaque famille, de chaque genre, de chaque espèce, est la méthode naturelle, dont Buffon n'a jamais bien compris l'importance ni la nécessité philosophique.

SECTION VI. — HALLER.

1708—1777.

CONTEMPORAIN DE LINNÉ, 1707—1778;
DE BUFFON, 1707—1788.

I.

Avant de passer à nos temps, nous avons encore à étudier deux puissants efforts ; l'un, zoologique et géologique, dû à Pallas : l'autre, dû à Haller, est venu compléter l'étude de l'homme, considéré comme mesure, et exercer sur l'anatomie physiologique, la médecine et la chirurgie pratique, une influence qui nous domine encore.

Haller, successeur et élève de Boerhaave, comme il se plaît à le reconnaître dans tous ses écrits, l'appelant son maître et *summus præceptor*, doit être considéré comme le zoologiste qui a réellement créé la science de la physiologie humaine et celle des corps organisés en général. Bien éloigné en effet de cette anomalie inconcevable qui sépare l'enseignement de l'anatomie de celui de la physiologie, deux termes d'une même science, essentiels l'un à l'autre, il a parfaitement démontré leur union, *anatomen animatum*, anatomie animée ; il a heureusement compris qu'il fallait faire marcher de front l'étude approfondie de l'organisation dans toutes ses parties, fluides et solides, et celle des fonctions générales et spéciales dont elles sont chargées dans l'économie animale ; il a constamment appelé à son aide l'expérience, sagement et convenablement instituée, dans un plus grand nombre de cas qu'on ne l'avait fait avant lui, en refrénant cependant la tendance de l'école d'où il sortait, à tout expliquer par les lois générales de la physique et de la mécanique.

Tous les physiologistes de bonne foi, et suffisamment instruits de l'histoire de la science, s'accordent à voir en lui le naturaliste qui a le plus développé la branche qu'il avait adoptée, et qui a mis l'investigation dans la seule direction convenable pour ses successeurs. Nous devions donc le choisir pour représenter ce progrès.

II. *Éléments et extrait de la biographie de Haller.*

Comme il est peu éloigné de nous, nous n'éprouvons aucune difficulté pour trouver les matériaux certains de sa biographie; ils se rencontrent d'abord dans les préfaces ou avertissements de ses nombreux ouvrages.

La connaissance des premières années de sa vie nous est fournie en allemand par J.-C. Zimmermann; Zurich, 1755, in-8°. Sa science lui a mérité un grand nombre d'éloges, parmi lesquels les plus remarquables sont: celui de Tcharner, en allemand, Berne, 1778, in-8°, où Tissot a inséré un exposé remarquable des services rendus par Haller à la médecine; — celui de Baldinger, en latin, Gœttingue, 1778, in-4°; — de Heyne, en latin, dans les *Novi commentarii* de Gœttingue, t. VIII.

En français, ceux de Condorcet, dans les Mémoires de l'Académie des sciences, 1777; de Vicq-d'Azir, dans les Mémoires de la Société royale de médecine, tom. I; et enfin, dans la Biographie universelle de Michaud, l'art. HALLER, par G. Cuvier.

En italien, par Targioni Tozzetti, dans la *Raccolta d'opuscoli*, *etc.*, tom. XXII.

Biographie. Albert de Haller naquit le 18 octobre 1708, à Berne en Suisse. Sa famille possédait une fortune médiocre; mais, ancienne et patricienne, elle était distinguée par de profonds sentiments religieux, ce qui a influé sur sa haute moralité, si nécessaire dans les expériences de physiologie surtout.

Nicolas Haller, son père, était avocat et chancelier du comté de Baden; et Anne-Marie Engel, sa mère, était fille d'un membre du conseil souverain de Berne.

Élevé et instruit dans la maison paternelle, Albert de Haller tomba entre les mains d'un précepteur particulier, malheureusement plutôt pédant qu'instituteur, mais qui était linguiste. Comme son élève était destiné à l'état ecclésiastique, il lui fit étudier les langues sacrées; et, dès l'âge de quatre ans, le jeune Haller faisait des exhortations pieuses aux domestiques.

Il montra une telle facilité et une telle assiduité au travail, surtout au travail de compilation, qu'à l'âge de neuf ans, devant écrire une pièce en latin pour passer dans une classe supérieure, il la fit en grec. A cette époque même, il avait déjà composé pour son usage une grammaire chaldaïque et une autre hébraïque, un dictionnaire hébreu et un autre grec, un dictionnaire historique contenant deux mille noms extraits des Dictionnaires de Bayle et de Moréri.

Ayant perdu son père en 1721, à l'âge de treize ans, il vit disparaître sa fortune, qui n'était qu'éventuelle et dépendante de l'existence de son père; mais il se trouva libre du choix de sa vocation suivant ses goûts.

A quatorze ans, il alla passer quelque temps à Bienne, chez un médecin, père de l'un de ses condisciples, pour y faire sa philosophie; il y prit le goût de l'étude de la nature, plus attrayant pour lui que celui de la philosophie.

Il commença cependant par cultiver la poésie allemande, et même la poésie satirique, avec assez de succès pour écrire plusieurs satires, qu'un sentiment de piété lui fit bientôt détruire. Ses biographes assurent même qu'à l'âge de quinze ans il avait déjà fait des tragédies, des comédies, et même un poëme épique de quatre mille vers, dans lequel il se proposait d'imiter Virgile.

Détourné de cette fausse direction, il dirigea toutes ses études, tous ses efforts vers la nature, et par conséquent vers la médecine.

Il fit ses premières études médicales à Tubinge, sous Camérarius, que M. Cuvier dit grand philosophe, pour la botanique, et sous Duvernoy, autre que le Français, pour l'anatomie. C'est là qu'il fit son premier acte public, dans une réfutation du prétendu canal salivaire découvert par un médecin de Berlin nommé Coschwitz, et que niait son maître Duvernoy.

Il alla ensuite continuer ses études à Leyde, en 1725, sous Boerhaave, qu'il nomme toujours *præceptor summus*, et dont il obtint l'amitié, et sous Albinus, dont au contraire il nous semble avoir assez peu parlé.

A seize ans, il commença à voyager dans le but de perfectionner ses études : c'était encore l'usage d'aller dans les diverses facultés du monde pour y connaître les savants. Ses voyages durèrent cinq ans; il se rendit d'abord en Hollande, où il eut la satisfaction de voir le célèbre Ruisch, alors âgé de quatre-vingt-dix ans, et d'étudier en même temps ses préparations anatomiques.

Les idées théoriques particulières à Boerhaave, les préparations de Ruisch et d'Albinus, donnèrent au jeune Haller un goût très-vif et très-suivi pour l'étude de l'organisation animale, en même temps que le jardin académique de Leyde, alors l'un des plus riches de l'Europe, lui inspira la passion de la botanique.

De Hollande, il se rendit à Londres, où il établit des relations scientifiques et amicales avec Sloane, Cheselden, Douglas, et surtout avec Pringel, l'un des plus célèbres médecins anglais.

A Paris, il eut pour maîtres Winslow, le célèbre anatomiste, Ledrand, Louis Petit, et il contracta l'amitié la plus intime avec Antoine et Bernard de Jussieu. Il était venu à Paris pour disséquer avec plus de facilité des cadavres humains; un de ses voisins, peu inquiet des progrès de la science, et se trouvant incommodé de ses dissections, le menaça de le dénoncer à la police, et Haller fut obligé de partir.

Il se rendit à Bâle, pour étudier les mathématiques sous le célèbre Bernouilli. Ainsi, on voit comment, à vingt-deux ans, il put se faire recevoir docteur médecin à Leyde, où il soutint sa thèse en faveur de son premier maître, Duvernoy, sur le prétendu canal salivaire de Coschwitz, en 1728.

Enfin, à l'âge de vingt-neuf ans, après cinq ans d'absence, il revint à Berne, sa patrie, et se maria à Marianne Wyss. Il commença par se livrer à la pratique de la médecine; mais il y obtint peu de succès, à cause de sa trop grande sensibilité, ce qui le fit s'adonner avec plus d'ardeur à des travaux d'anatomie sur les muscles du diaphragme, et à l'étude de l'histoire naturelle, en particulier de la botanique. Il faisait chaque année un voyage dans les Alpes pour y recueillir des plantes, et il se délassait par la culture de la poésie. C'est en effet à cette époque que parut la première édition de ses poésies.

Sa grande réputation et sa persévérante assiduité au travail, le firent nommer professeur d'anatomie à l'amphithéâtre créé pour lui par la ville de Berne. Il y joignit la charge de médecin de l'hôpital, de conservateur de la bibliothèque de la ville et de son cabinet de médailles.

Deux ans après, en 1736, il fut appelé par le roi d'Angleterre, électeur de Hanovre, à Gœttingue, pour professer dans l'université de cette ville, qu'il venait de créer, l'*anatomie*, la *chirurgie* et la *botanique*, ou pour occuper la seconde chaire. On voit là l'usage qui existe encore en Allemagne, d'appeler, en offrant des avantages, les professeurs fameux d'une université dans une autre. C'est pendant les dix-sept ans qu'il resta fixé à Gœttingue, qu'il a fait ses principaux travaux, publié ses principaux ouvrages, et exercé sur la science de l'organisation la haute, la puissante influence qui a porté la physiologie dans la direction expérimentale et rationnelle.

En 1739, il fit ériger le théâtre anatomique et planter le jardin de botanique.

Dans l'intervalle de son séjour à Gœttingue, il a publié ses Commentaires sur les institutions de Boerhaave, de 1739 à 1744; son premier travail sur l'*irritabilité*, ses expériences sur le mécanisme de la respiration, pour démontrer les erreurs d'Amburger, homme extrêmement irascible, qui engagea vivement la discussion; mais Haller lui répondit par les faits de l'expérience, et en inventant une machine qui exécutait les phénomènes mécaniques de la respiration. Il y publia encore ses *Primæ lineæ physiologicæ;* ses *Icones anatomicarum partium.*

C'est alors aussi qu'il fit recueillir par ses élèves des faits d'érudition et d'expérience; et il proposait à soutenir à ceux qui se présentaient pour le doctorat, des thèses scientifiques sur un grand nombre de points de la science anatomique, physiologique et chirurgicale. Il avait fait mettre dans les registres de la bibliothèque les questions importantes, et quand l'élève se présentait, il lui indiquait les ouvrages à analyser, et s'il lui en paraissait digne, lui confiait ses observations à vérifier. De là est résulté cet ensemble de thèses si remarquables, qui ont tant contribué à l'établissement de ses doctrines et au progrès de la science.

Il fit encore établir par le souverain une société royale des sciences, qui publia alors un grand nombre de mémoires intéressants; une école de chirurgie et la première clinique d'accouchement. Il créa de même un cabinet d'anatomie, auquel il légua toutes les préparations qui avaient servi de base à ses travaux et à ceux de ses élèves; puis une école d'iconographie, où des jeunes gens étaient élevés dans le but de traduire par le dessin ce qui avait besoin d'être représenté pour la science. Voilà comme un seul homme, doué de l'amour et de l'intelligence de la science, a pu, avec de petits moyens, créer un si bel ensemble. Aussi, sa réputation s'agrandit; toutes les sociétés savantes de cette époque tinrent à honneur de le posséder comme un de leurs membres. Il fut nommé président perpétuel de la société royale des sciences de Goettingue, membre associé des académies royales des sciences de Paris, de Berlin, de Stockholm, d'Upsal, de la société royale de Londres, premier médecin et conseiller d'État de l'électeur de Hanovre. Il fut anobli par l'empereur, et nommé membre du conseil souverain de Berne, même en son absence. Honoré des souverains mêmes, au point qu'il eut l'honneur de recevoir la visite de Joseph II pendant les voyages de ce prince, tandis que Voltaire en fut privé par ordre de Marie-Thérèse, qui avait fait cette distinction à cause des principes religieux de Haller, qui étaient profonds.

Au comble des honneurs scientifiques et jouissant de la réputation la mieux méritée et la plus étendue, l'état de sa santé, considérablement affaibli par ses travaux continuels et par des accès de goutte, le força d'abandonner la position élevée dans laquelle il se trouvait, et qu'il pouvait encore augmenter en acceptant les offres qui lui étaient faites par les universités d'Allemagne et par le roi de Prusse, Frédéric II, qui laissait les conditions à son choix. Il quitta Gœttingue et retourna dans sa patrie jouir d'une sorte de repos que venaient de lui offrir ses concitoyens. Déjà nommé pendant son absence membre du conseil souverain de la république, depuis l'année 1745, il ne fut pas plutôt arrivé à Berne, qu'il fut obligé d'entrer activement dans l'administration.

On lui confia celle des salines de Roche, le gouvernement de l'hôtel du sénat, la préfecture du bailliage d'Aigle. Il fut successivement membre de différents tribunaux, chargé d'organiser l'université de Lausanne, de terminer les contestations entre Berne et le Valais. Enfin, il entra dans les affaires d'État comme membre du conseil secret; contribua à l'établissement d'un hospice pour les orphelins, d'une institution pour les fils de patriciens, et apporta de notables améliorations dans toutes les parties de l'administration dont il fut chargé.

En vain, plusieurs universités, et surtout l'électeur de Hanovre, George III d'Angleterre, essayèrent-ils, par des offres séduisantes, de le ravir à ses nouvelles occupations; le sénat de Berne ne répondit à la lettre que l'électeur lui écrivit pour lui demander Haller, qu'en portant un décret qui le mettait en réquisition pour le service de la république, et en créant une charge qui devait être supprimée après lui.

Cependant, ses travaux scientifiques ne furent jamais

interrompus, et surtout depuis ce moment; seulement il les réduisit, comme il le dit lui-même, à ceux qu'il pouvait exécuter seul, sans aides et sans de grandes dépenses; s'abstenant, comme il le dit encore, d'expériences qu'un certain décorum de la magistrature paraissait lui interdire.

C'est en effet depuis sa retraite qu'il a fait ses expériences sur la formation du poulet dans l'œuf; sur le cal et la formation des os, contrairement à Duhamel de l'Académie; qu'il a soutenu une polémique animée sur l'irritabilité et la sensibilité, et qu'il publia sa grande Physiologie de 1757 à 1763; ses différents recueils de thèses sur sa grande Histoire des plantes de Suisse. C'est en 1764, que pour répondre aux accusations de n'être qu'un compilateur, il publia la liste de ses découvertes, à l'imitation d'Albinus; liste qu'il réimprima à la fin de la préface de son livre *de Partium structura*.

Enfin, il termina sa carrière scientifique par faire connaître ses principes sur le gouvernement des hommes, dans des espèces de fictions analogues à la Cyropédie et au Télémaque. Dans l'une, intitulée Usong, nom sous lequel il paraît se désigner, il expose les règles d'un gouvernement despotique sous un prince vertueux; dans un autre (Alfred), il donne celles d'une monarchie; enfin, dans un dialogue entre Fabius et Caton, il compare les gouvernements aristocratique et démocratique, en donnant, comme de raison pour un sénateur de Berne, la préférence au premier. Accablé de longues souffrances, déterminées par des accès de goutte plus rapprochés, et qu'il ne pouvait combattre qu'avec l'opium, moyen dont il connaissait lui-même l'inconvénient, il fut encore atteint d'une maladie qui est la triste prérogative des gens de lettres, la pierre, et après une durée assez peu longue, il cessa de vivre le 21 septembre 1777, avec une résignation si admirable, qu'il put suivre les phases de la suppression de son pouls. Il mourut au commencement d'une époque de huit mois pendant laquelle disparurent de la scène du monde Jussieu, Linné, Voltaire et Rousseau.

Ses travaux scientifiques, littéraires et politiques, nous montrent que Haller avait embrassé l'encyclopédie des connaissances humaines. Il mourut comme un religieux et un physiologiste, et envoya la description des phases de sa maladie à Gœttingue.

Il y a donc là une vie extrêmement pleine, puisqu'à quatre ans il faisait des exhortations aux domestiques, et des observations physiologiques en mourant.

Haller était né avec un tempérament assez faible, et une orgie de laquelle il fut témoin et acteur dans son jeune âge, pendant son séjour à Tubinge, contribua à le rendre encore plus retenu dans sa conduite et dans son régime.

Sa stature était cependant élevée, et sa physionomie grave et imposante.

Parmi les qualités de son esprit, celle qu'il posséda toute sa vie à un degré remarquable, fut la mémoire des choses et des mots; aussi, la philologie et la bibliographie furent-elles toujours ses goûts dominants; sa mémoire portait encore non-seulement sur la botanique et l'anatomie, mais sur l'antiquité, l'histoire, la géographie, les constitutions et les lois des peuples. Un jour, il nomma devant des personnes étrangères, les dynasties orientales, dont de Guines a fait l'histoire, en indiquant les dates et les événements des principaux règnes.

Nous avons vu que de très-bonne heure, il avait appris non-seulement le grec et le latin, mais aussi l'hébreu et le syriaque, et de plus, parmi les langues modernes, le français, l'italien, l'anglais et même le suédois, qu'il apprit, dit-on, à plus de quarante ans, en parlant d'anatomie avec un de ses élèves de cette nation. Sa mémoire pour les noms était si prodigieuse, qu'après une chute qu'il fit en 1766, il ne fut rassuré sur l'état de sa santé que lorsqu'il eut répété le nom de tous les fleuves dont l'embouchure arrive à l'Océan.

Le travail était pour lui une sorte de besoin impérieux, et l'on peut ajouter foi à l'anecdote qui rapporte que s'étant cassé le bras droit, le chirurgien le trouva dès le lendemain de la réduction, en train d'écrire de la main gauche après s'y être exercé une partie de la nuit. Aussi a-t-il passé la plus grande partie de sa vie dans sa bibliothèque, entouré de sa femme, de ses enfants, de ses élèves, y recevant la visite de ses concitoyens et des étrangers.

N'ayant eu longtemps sans doute pour fortune que les émoluments de ses places, sa famille et ses élèves étaient employés sous ses yeux à faire des extraits de livres ou à copier des figures. Il avait cependant formé une bibliothèque considérable de plus de deux mille volumes.

Ses mœurs étaient pures et même austères; il était éminemment religieux, lisait tous les jours la Bible, dont il donna une édition [1]. Il écrivit même contre la Mettrie et Voltaire.

Marié de bonne heure, et ayant perdu sa femme, Ma-

[1] En lisant le touchant journal de sa vie, écrit par lui-même, on est attendri de cette élévation continuelle de son âme à Dieu, qui faisait de toute sa vie une admirable prière; on voit qu'il manquait une chose à sa consolation, et l'on regrette qu'elle ne lui ait point été donnée : c'est la foi orthodoxe.

rianne Wyss, par accident, en faisant sa première entrée à Gœttingue, il en prit une seconde, Élisabeth Buher, en 1738; puis une troisième, Sophie-Amélie Teichmeyer, en 1741. Il eut de cette dernière onze enfants, dont quatre fils, et de son vivant, il se vit entouré de vingt petits-enfants et de deux arrière-petits-enfants. Le seul fils qu'il eut de sa première femme, après avoir commencé la carrière de la médecine, se livra à l'étude de l'histoire de sa patrie.

Ses relations d'amitié n'eurent jamais lieu qu'avec des personnes qui professaient comme lui les principes de la religion chrétienne, bien qu'il fût protestant.

C'est autour de Haller que se groupèrent ensuite Trembley, Bonnet, Lyonnet, Morgani, Spallanzani, en Italie; Meckel, Zinn, etc., en Allemagne.

Ses relations scientifiques étaient si nombreuses, si étendues, que sur la fin de sa vie, il put fournir à six volumes in-8° des lettres qui lui avaient été adressées, sous le titre de : *Epistolæ ab eruditis viris ad Hallerum scriptæ.*

Appartenant à l'aristocratie de Berne, il s'en montra toujours jaloux, aussi bien de conviction que d'habitude; mais il tempérait la rigueur de ses principes à ce sujet par une équité rigoureuse, une grande affabilité de manières, une véritable charité chrétienne et une libéralité généreuse.

III. *Éléments de ses ouvrages.*

Les éléments de ses ouvrages sont d'abord les objets recueillis et observés dans sa patrie, dans le jardin botanique de Gœttingue; les préparations anatomiques faites par lui et ses élèves, qu'il a léguées au théâtre anatomique de Gœttingue, et qui sont restées dans celui de Berne.

Une bibliothèque de plus de deux mille volumes, achetée après sa mort par l'empereur Joseph II, et donnée à l'université de Pavie; de sorte qu'il puisa là d'autres éléments dans les auteurs vérifiés par lui, et souvent confirmés ou redressés par des expériences. C'est à tort qu'on l'a accusé de compilation, car les faits vérifiés sont quelquefois plus importants que les ouvrages mêmes qui les énoncent. Nous n'avons point à parler de tous ces auteurs où il a puisé; les principaux nous sont déjà suffisamment connus, et les autres nous entraîneraient dans des détails inutiles : il nous suffira d'emprunter le résumé historique que lui-même donne à l'occasion de plusieurs de ses importantes découvertes.

Il puisa les autres éléments dans l'enseignement de ses maîtres, surtout du grand Boerhaave, qui a été son moteur, et qui mériterait une place plus grande que celle que nous pouvons lui accorder.

Herman Boerhaave, un des plus fameux médecins du dix-huitième siècle, destiné d'abord à l'état ecclésiastique, s'adonna dès sa jeunesse à l'étude des sciences mathématiques, et de là sortit sa tendance à introduire la mécanique dans les sciences médicales, pour rendre compte de tous les phénomènes. Il étudia la médecine à Leyde, dont il devint l'illustration en y professant ensuite. Ses études anatomiques furent peu profondes, et ce défaut influa sur tout le reste de sa doctrine. Cependant, en faisant prédominer dans la physiologie et la médecine les explications mécaniques, il contraignit les anatomistes à se livrer à une étude plus approfondie des formes et des rapports des organes. Il joignit à l'étude de la médecine la connaissance de presque toutes les sciences, mais particulièrement de la botanique et de la chimie, aux progrès desquelles il contribua puissamment. Il fut dès l'origine et pendant toute sa vie le grand admirateur d'Hippocrate et de ses doctrines; mais il y fut pourtant opposé dans les dogmes de son enseignement. La secte des mécaniciens obtint plus d'empire sur sa doctrine à cause de ses premières études. Alors, dans un petit coin de l'Allemagne seulement, Stahl travaillait à ramener les esprits à la conception hippocratique. Il attribuait tous les mouvements et les phénomènes de l'économie animale à une puissance inhérente à elle-même et différente des forces générales de la matière; mais le défaut de précision apparente nuisit peut-être à l'influence de ses efforts. Boerhaave, oubliant au contraire que les corps organisés, au lieu d'être soumis impérieusement aux lois générales de la matière inerte, tendent à les contrebalancer par une activité qui leur est propre; méconnaissant en outre que ceux même des mouvements de la vie qui se prêtent le plus à une application des lois physico-mécaniques, ont cependant pour mobile principal l'activité de la vie, voulut fondre dans une même théorie, et la philosophie vitale de Stahl et d'Hippocrate, et les principes chimiques de Sylvius, et le mécanisme de Bellini, en accordant cependant la prédominance à la mécanique. Il embrassa, et chercha à expliquer dans ce plan vaste, toutes les parties de la médecine, et la poussa dans une voie qui n'était pas la vraie, mais qui servit néanmoins le progrès.

Ses principaux ouvrages, et les seuls dont nous puissions parler, sont ses *Institutiones medicæ in usus annuæ exercitationis domesticos;* et ses *Aphorismi de cognoscendis et curandis morbis, in usum doctrinæ medicinæ.* Ils étaient comme le texte de ses leçons et composés en faveur de ses élèves. Dans le premier, il trace le plan d'étude que doit suivre un médecin. Il y donne un abrégé de l'histoire de l'art, un détail des connaissances préliminaires nécessaires; puis, dans cinq chapitres successifs, il traite de la description des parties de l'homme et de leurs fonctions, de leurs altérations, des signes de la santé et de la maladie, de l'hygiène et de l'art de prolonger la vie; enfin, des secours de l'art dans la médecine; c'est là qu'était exposé son système mécanico-médical. Cet ouvrage était le plus vaste et le plus précis qu'on eût encore vu dans les sciences, un modèle d'érudition et de méthode, déparé seulement par les prétendues acrimonies du sang, leur neutralisation, et les autres hypothèses mécaniques et hydrauliques. La partie anatomique était la plus faible.

Dans les aphorismes, Boerhaave présente une classification des maladies, expose leur cause, leur nature et leur traitement. C'est un sommaire laconique et précis de toute la médecine ancienne et moderne. Nous ne parlerons ni de ses travaux en botanique, ni de ses autres ouvrages. Il eut un grand nombre d'élèves. Nous devons à sa protection plusieurs hommes éminents, entre autres Linné et son ami Artédi.

Haller fut l'un de ses élèves; il aperçut le défaut du système de son maître, et ses découvertes même en minèrent la base.

IV. *Plan et analyse des ouvrages de Haller, et comment ils nous sont parvenus.*

Il serait impossible de formuler un plan des ouvrages de Haller, par la raison qu'il n'a point eu de conception générale, et qu'il ne pouvait même pas en avoir, avec la tournure et la direction de son esprit.

Ses ouvrages nous sont parvenus par des éditions successives, des traductions faites sous ses yeux, à

Gœttingue, à Lausanne, à Paris. Il a lui-même écrit en latin, en français, en allemand. Chacun de ses ouvrages a été imprimé tout à la fois, et à part dans les Mémoires de la Société royale de Gœttingue, et ensuite dans des récits qu'il a faits sur la fin de sa vie. Il publia, comme plusieurs à cette époque, ses Icones par fascicules, et, par volumes, sa grande Anatomie physiologique.

Les écrits de Haller montent à plus de deux cents, d'après un catalogue qu'il a donné lui-même à la fin de ses *Epistolæ ab eruditis viris ad Hallerum scriptæ*; 6 vol. in-8°, Berne, 1773-1775.

Les premières études de Haller portèrent sur les langues et les mathématiques; mais il n'a laissé là-dessus aucun ouvrage. Il s'adonna ensuite à la poésie, et plusieurs de ses productions ont obtenu la plus grande faveur du public, et ont été traduites en anglais, en français, en italien et en latin; ses Poésies, publiées à l'âge de vingt ans, ont eu jusqu'à vingt-deux éditions en allemand.

En histoire naturelle, il a donné d'excellents travaux sur la phytologie; mais c'est en zoologie qu'il a travaillé d'une manière plus remarquable; ses ouvrages portent sur l'anatomie, la physiologie, la chirurgie et la médecine.

Enfin, il s'est élevé jusqu'au gouvernement de l'homme, dans ses trois romans politiques; et aux rapports de l'homme avec Dieu, dans son édition de la Bible.

On dit qu'il a inséré plus de 1,500 articles, sur des ouvrages de tous genres, dans le Journal littéraire qu'il créa à Gœttingue.

Ses collections anatomiques ont été laissées par lui à l'académie de Gœttingue; une partie cependant est restée à Berne.

Entrons dans quelques détails sommaires :

1. *Phytologie*. Ses travaux en botanique sont les plus importants qui aient été faits au milieu du dix-huitième siècle, après ceux de Linné. Ils consistent dans des catalogues, des descriptions de diverses espèces et de différents genres de plantes, des monographies, des dissertations, des voyages; le tout compris dans sa bibliothèque botanique.

Sa méthode de botanique repose, 1° sur la visibilité ou l'invisibilité des étamines et des fleurs; 2° sur la présence ou l'absence des pétales; 3° sur le nombre des cotylédons; 4° sur le nombre des étamines, comparées aux divisions de la corolle; ce qui lui donne quinze classes. Cette méthode n'est pas très-commode, mais elle rompt assez peu l'ordre naturel.

Son Histoire des plantes de l'Helvétie comprend la description complète de quatre cent quatre-vingt-six espèces, dont plus de cent nouvelles dans la famille des orchidées, avec une synonymie d'une érudition sans égale, mais disposées dans un système qui lui est propre et qui n'est pas facile, sans langage uniforme et technique, n'ayant pas voulu admettre la réforme de Linné dans la nomenclature. Exemple remarquable des progrès de la science, malgré les oppositions des plus grands génies. L'esprit humain est logique dans sa marche, et lorsque le temps est venu et qu'une innovation, un perfectionnement est dans les progrès naturels de la science, il est nécessairement adopté malgré les plus fortes oppositions; car Linné a triomphé malgré Buffon, malgré Haller.

Il paraît à peu près certain qu'il se mêla un peu de jalousie contre Linné, dans la recherche que fit Haller d'un autre système en botanique, bien qu'il rejette le système sexuel comme rompant les affinités naturelles, et qu'il en cherche un qui les fasse concorder. Il blâma surtout les changements apportés à la nomenclature par le réformateur suédois; aussi accuse-t-on Haller d'avoir fait écrire des diatribes contre Linné, par son fils, alors âgé de seize ans, sous le titre de *Dubia*, de 1751 à 1755, qu'on a cru dirigés contre le système sexuel.

Linné, dans sa célèbre *Philosophia botanica* (1750), en plaçant le système botanique de Haller parmi ceux qui ont cherché la méthode naturelle *in cotyledonibus, sexu, calice, aliisque*, cite Haller comme l'ayant cherchée *erudite*.

II. *Observations et ouvrages spéciaux d'anatomie anormale.* On voit, par ses ouvrages à ce sujet, que Haller avait embrassé l'étude de l'anatomie d'une manière complète. Ses recherches sur les monstres, commencées dès 1735, ont été recueillies à Gœttingue en 1751.

III. *Observations et ouvrages spéciaux d'anatomie comparée de développement.* Ce sont des études sur le développement du vitellus et du poulet dans l'œuf; sur le développement du fœtus des mammifères; la formation du cœur dans le poulet; sur l'œuf, la structure du jaune; et sur plusieurs phénomènes de la respiration.

IV. *Ouvrages spéciaux d'anatomie normale.* C'est réellement la partie la plus importante peut-être, mais certainement la moins incontestable des travaux de Haller; celle par laquelle il a commencé, pour laquelle il a toujours eu le plus de goût, ainsi que le prouve son discours de *Amœnitate anatomes*, dans lequel il donne l'histoire de l'anatomie, son programme, soutenant qu'Hippocrate a disséqué des cadavres humains; et avant tout la partie anatomique de son *Methodus discendi medicinam,* qui contient un très-grand nombre de pages, mais dans un ordre assez peu méthodique.

En jetant un coup d'œil sur l'ensemble de ses travaux, tous locaux, on reconnaît qu'ils ont porté essentiellement sur l'homme, et sur les animaux, d'abord adultes, mais aussi sur le premier âge; — sur toutes les parties de l'organisation; mais plus spécialement sur les organes de la circulation, le cœur et les artères; aussi est-ce dans cette partie qu'il réclame le plus de découvertes; — sur le canal digestif; depuis le canal accessoire à celui de Sténon; les anneaux des glandes sublinguales; la vraie structure de l'estomac dans ses couches musculaires celluleuses; la disposition de la valvule du colon, et le mécanisme de ses changements; sur les organes de la génération, et, entre autres, sur le testicule.

Ses travaux spéciaux d'anatomie comparée portent sur le cerveau et l'œil des oiseaux et des poissons; la zone ciliaire des oiseaux; les vaisseaux du corps vitré dans les poissons.

V. *Observations et ouvrages particuliers de physiologie.* Les principaux points traités et considérablement éclaircis par Haller, en physiologie, sont : la sensibilité en général, l'irritabilité en général, c'est-à-dire les deux facultés les plus importantes de l'organisation animale; puis les fonctions mécaniques de la respiration; les fonctions organiques de la circulation et de la génération, dans la succession des développements par lesquels passe le poulet; la nutrition des os, ou mieux leur solidification. Mais, de plus, on peut dire qu'il n'y a pas un point, une partie de la science, qu'il n'ait avancée par une critique raisonnée des opinions émises avant lui, et dont il n'ait préparé les progrès, en indiquant, par des questions bien précises, les points à résoudre.

Il publia, à l'appui de sa manière de voir sur la sensibilité et l'irritabilité, les expériences de Zinn, Zimmermann, Oeder, Castell, Tozzetti, Housset, Caldani, Fontana, Cigna; et il fut combattu par Bianchi, Laghi, de Haens.

Son principal ouvrage de physiologie a pour titre : *Éléments de physiologie du corps humain;* c'est le développement d'un plus petit ouvrage intitulé : *Primæ lineæ.* Il n'a cependant éprouvé que de faibles changements depuis la seconde édition des *Primæ lineæ* jusqu'au grand ouvrage.

On peut toutefois y voir que les sept premiers chapitres traitent essentiellement de ce que nous nommons aujourd'hui les organes de la vie organique. Il commence par les éléments anatomiques; les vaisseaux, le cœur et le sang qu'ils contiennent, ses mouvements, et les produits du sang, ou sécrétion.

Dans le livre suivant, vient l'appareil respiratoire et sa fonction, envisagée plutôt mécaniquement qu'autrement.

Puis, comme introduction à la vie organique, la vie animale. Le livre suivant traite en effet de la voix; et il continue sur les organes et les fonctions de la vie animale, depuis le neuvième livre jusqu'au dix-septième, mais dans un ordre assez peu rationnel, du moins en apparence; cependant il parle d'abord du cerveau et des nerfs.

Depuis le dix-huitième jusqu'au vingt-huitième livre, il revient à la vie organique; d'abord les fonctions de la digestion, puis les fonctions et les organes de dépuration et de génération, et enfin les phénomènes d'accroissement et de décroissement, qui ne viennent qu'à la fin.

Ainsi, aucun ordre réel que l'on puisse rapporter à une pensée, à une idée dominatrice. C'était le premier pas, un pas important en physiologie humaine, et par suite, en physiologie générale. Il portait, comme cela devait être, plutôt sur les faits en particulier, sur chaque appareil, sur chaque fonction, que sur l'ensemble des fonctions, sur leur résultat général, ou la vie.

Mais, sur chaque appareil, chaque fonction, pris à part, il serait difficile de nier que Haller n'ait apporté, à ce qui avait été fait avant lui, beaucoup de faits entièrement nouveaux, un grand nombre mieux étudiés et approfondis, d'autres redressés ou détruits comme faux. Il rend partout justice à ses prédécesseurs, tout en les corrigeant au besoin par des expériences.

VI. Son ouvrage intitulé *Propria autoris* résume toutes ses découvertes.

VI. *Des faits et des principes importants introduits dans la science par Haller, et acceptés par elle.*

L'aperçu des travaux de Haller nous montre qu'il fut un homme complet. Nous n'avons cependant donné l'analyse que des travaux qui ont trait aux corps organisés, végétaux et animaux. Il nous reste maintenant à exposer les faits et les principes qu'il a introduits dans la science, et par conséquent à juger l'intensité de l'effort qu'il a produit, la direction qu'il a donnée au progrès. Il est certain que nous sommes encore sous son influence pour la manière de faire les expériences, soit anatomiques, soit physiologiques.

Nous avons donc à considérer ce qu'il a fait, 1° en

anatomie statique normale; 2° en anatomie anormale, monstrueuse et pathologique; 3° en anatomie de développement, ou dynamique; 4° en physiologie; 5° en pathologie.

Il ne s'est occupé que des détails, sans s'élever aux vues de physiologie générale, d'histoire naturelle, de zoologie, de classification; à ce défaut est dû le manque de plan et de méthode.

I. Botanique. Nous avons analysé son ouvrage de phytologie, et nous avons donné les principes de sa classification, qui tendait vers la méthode naturelle, et cela, parce qu'il se refusait à l'acceptation de la classification sexuelle de Linné.

II. Anatomie. A. *Anatomie statique.* Il a montré qu'elle était certainement la base de la physiologie, beaucoup plus avancé en cela que notre Bichat, auquel pourtant nous devons tant. Il a vu que la physiologie n'était que l'anatomie animée : *physiologia est animata anatome;* que quiconque séparerait l'anatomie de la physiologie, serait un mathématicien qui voudrait établir les lois d'une machine sans en connaître les rouages et les dimensions, ou ressemblerait aux architectes aériens de la fable d'Ésope. Il énumère les progrès de la science de son temps, et il montre que la direction à donner aux études devait porter sur le système nerveux. C'est dans ses élèves et dans les thèses de Gœttingue qu'a commencé cette marche dans laquelle nous sommes maintenant. Cependant, il n'en est pas résulté autant d'avantages que de l'hypothèse de Gall, qui, en supposant une structure différente pour les nerfs des divers sens, et en admettant la possibilité de classer nos facultés, a plus fait pour la science de la physiologie psychologique que tous ses prédécesseurs.

Haller a parfaitement vu l'état où était la connaissance du système vasculaire, et l'a poussée dans tous ses détails. Mais comme il est difficile qu'un seul homme puisse faire l'anatomie de toutes les parties de l'homme et des animaux, il montre combien il est important d'avoir recours à la littérature ou aux recherches, afin de connaître où sont arrivés nos prédécesseurs. Il insiste sur ce que l'espèce humaine ne fournissant pas tous les organes dans tous les états, il est nécessaire d'avoir recours à l'anatomie des animaux pour aider celle de l'homme, et même à l'anatomie des animaux vivants; et son caractère de douceur le porte à justifier cette espèce de cruauté, par l'influence qu'en reçoit le progrès de la science, en particulier l'art opératoire, la chirurgie; mais cette anatomie animale n'était point de l'anatomie comparée. Il insiste ensuite sur la direction à donner à l'anatomie pathologique, qui devait sortir des travaux d'un de ses amis, Morgani. Il montre, en analysant tout, combien il est important d'étudier le cadavre mort de telle ou telle maladie.

Enfin, il indique bien positivement qu'il ne faut pas se contenter des instruments ordinaires; qu'il faut employer le microscope, afin de pénétrer plus avant dans la structure des parties. Il exige tous les procédés les plus délicats : les injections, les dessiccations, les macérations, l'insufflation. Il veut qu'on envisage et qu'on étudie les organes d'abord en place et dans leurs connexions les plus minutieuses, puis séparément.

Il faut répéter plusieurs fois la même recherche, pour s'assurer de la constance et de la vérité du fait. Le premier aussi, il a considéré la chimie comme une espèce d'anatomie.

Il est impossible de trouver des règles plus sages pour faire de bonne anatomie. Ses principes d'anatomie statique sont les mêmes que nous suivons encore aujourd'hui, et les procédés aussi, sauf peut-être que nous disséquons un peu plus sous l'eau. Il est donc la tête de la direction actuelle de la science.

C'est à l'aide de ces soins et par l'observation de ces principes, qu'il a fait connaître et introduit dans la science un grand nombre de faits reçus de tout le monde.

1° Il a démontré que le tissu cellulaire est la trame de la fabrique du corps humain et même de tous les corps organisés, et qu'il est comme la matière première dont sont composés tous les autres tissus. Par des procédés physiologiques, il est arrivé à démontrer l'existence de deux autres tissus organiques : le tissu nerveux sensible et le tissu musculaire irritable.

2° *Sensibilité et parties du corps qui sont sensibles.* Lorsque Haller parut, les phénomènes de la sensibilité étaient presque complétement inconnus. « Quand Boerhaave, dit Haller lui-même, eut établi que les nerfs étaient la base de tous nos solides, il en vint bientôt à assurer qu'il n'y avait aucune partie dans le corps humain qui ne fût sensible et capable d'un mouvement propre, et ce système, dont j'ai fait voir ailleurs l'inexactitude, a été admis presque généralement.

« Les auteurs les plus modernes, ajoute-t-il, la Faye, Heister, Garengeot, regardent les plaies des tendons comme très-dangereuses et très-difficiles à guérir. Boerhaave, son digne élève Van Swieten, Acrel, Quesnay, ont adopté la même idée.

« La vérité que je propose avait cependant déjà été connue. Job Van Mekren, chirurgien très-expert, dit que les tendons sont très-peu sensibles, et il cite pour exemple celui de la rotule. Bryan Robinson témoigne que dans un chien vivant, l'irritation des tendons ne parut pas fort douloureuse, et que celle des muscles l'était beaucoup plus. Georges Thomson a remarqué que la lésion du tendon ne produisait aucun mouvement, et M. Schlichting a vu la même chose dans l'homme et dans le chien. Mais ces auteurs ne sont qu'en petit nombre, et ils n'ont fait que peu d'expériences. »

Les choses en étaient là quand, par de nombreuses expériences, Haller montra : que le cerveau et les nerfs, la moelle épinière, en un mot, tout le système nerveux était sensible par lui-même; que par la communication et l'implantation des divers ramuscules des nerfs, la peau, les muscles, l'estomac, les intestins, la vessie, les urètres, l'utérus, le pénis, le vagin, la langue, la rétine, étaient aussi sensibles; que le cœur l'est aussi, mais moins que les autres muscles; que les viscères et les glandes n'ont que très-peu de nerfs, et par conséquent, très-peu de sensibilité.

Il démontra par là même et par des expériences directes, que l'épiderme, le tissu cellulaire, la graisse, les tendons, les membranes, tant celles qui enveloppent les viscères que celles des articulations; la dure et la pie-mère, les ligaments, le périoste et le péricrâne, les os, la moelle, la cornée, l'iris, ne sont nullement sensibles; que les artères et les veines ne sont sensibles que dans quelques endroits, où elles reçoivent des nerfs.

Mais qu'est-ce que cette sensibilité? « J'appelle, dit-il, fibre sensible dans l'homme, celle qui, étant touchée, transmet à l'âme l'impression de ce contact : dans les animaux, sur l'âme desquels nous n'avons point de certitude, l'on appellera fibre sensible celle dont l'irritation occasionne chez eux des signes évidents de douleur et d'incommodité. J'appelle insensible, au contraire, celle qui, étant brûlée, coupée, piquée, meurtrie jusqu'à une entière destruction, n'occasionne aucune marque de douleur, aucun changement dans la situation du corps. Cette définition est fondée sur ce que nous savons qu'un animal qui souffre, cherche à soustraire la partie lésée à la cause offensante; il retire la jambe blessée, il secoue la peau si on la pique, et donne d'autres marques qui nous prouvent qu'il souffre [1]. »

3° *Irritabilité et parties irritables.* La seconde découverte n'est pas moins importante que la première. « J'appelle partie irritable du corps humain celle qui devient plus courte quand quelque corps étranger la touche un peu fortement. En supposant le tact externe égal, l'irritabilité de la fibre est d'autant plus grande, qu'elle se raccourcit davantage. Celle qui se raccourcit beaucoup par un léger contact est très-irritable; celle sur laquelle un contact violent ne produit qu'un léger changement l'est très-peu [2]. »

« L'irritabilité n'est pas ce penchant naturel à se raccourcir, qui est commun à la fibre animale et à la fibre végétale, qui survit à la plante et à l'animal... L'irritabilité ne subsiste qu'avec la vie, et peu de temps après que l'animal a perdu connaissance. Son effet est infiniment plus fort que celui de l'élasticité, qu'on a confondue avec elle; il surpasse sa cause, et un léger souffle anime le cœur, d'une manière à lui faire surmonter un grand poids. »

Il a ensuite démontré que les parties qui jouissent de l'irritabilité sont le cœur, les muscles, le diaphragme,

[1] *Diss. sur la Sensibilité.*

[2] *Id. id.*

l'estomac et les intestins, les vaisseaux lactés, le canal thoracique, la vessie, le sinus muqueux, l'utérus, les parties génitales, dont l'irritabilité « a quelque chose de singulier. »

Il a démontré en outre que les nerfs, l'épiderme et la peau, les membranes, les artères, les veines, le tissu cellulaire, les viscères, ne sont point irritables; que les conduits excrétoires n'ont qu'une irritabilité extrêmement faible, et qui exige une irritation très-forte.

Que toutes les parties où l'on trouve des nerfs et des fibres musculaires, comme les muscles, le cœur, tout le canal alimentaire, le diaphragme, la vessie, l'utérus, le vagin, les parties génitales, sont tout à la fois sensibles et irritables.

L'irritabilité est une propriété organique, inhérente aux parties qui la possèdent; elle est indépendante de la sensibilité, mais pourtant la sensibilité en est le moteur véritable, et c'est un point sur lequel Haller n'a peut-être pas assez appuyé.

Examinant ensuite si l'irritabilité est une propriété de tous les autres corps, et considérant que l'élasticité appartient aux fibres sèches, tandis qu'elles n'ont plus d'irritabilité; que l'élasticité est une propriété des corps les plus durs, et l'irritabilité, au contraire, des corps les plus souples; que le polype est si irritable, que la lumière l'affecte sensiblement, quoiqu'il n'ait point d'yeux; que les animaux gélatineux, bien éloignés de toute élasticité, sont très-irritables; que l'irritabilité est plus petite dans les vieux sujets que dans les jeunes, quoique les fibres des vieillards soient plus élastiques que celles des enfants; que les fibres musculaires étant composées d'éléments terrestres et d'une mucosité gélatineuse, dans laquelle seule peut se trouver l'irritabilité, puisqu'elle se raccourcit quand on l'étend, tandis que les parties terrestres demeurent sèches et friables, et que dans les enfants, qui sont beaucoup plus irritables que les adultes, la gélatinosité domine, etc.; il en conclut que l'irritabilité gît dans ce gluten gélatineux des fibres irritables.

Recherchant ensuite comment ce gluten, formé d'une lymphe insensible, peut devenir irritable, il rejette l'opinion des Sthaliens, qui prétendent qu'il acquiert cette propriété en recevant des parcelles de l'âme, qui étant sensibles au tact, contractent et retirent la fibre pour l'éviter. Il démontre la fausseté de cette opinion, parce que l'irritabilité diffère totalement de la sensibilité, et que les parties les plus irritables sont celles qui ne sont point soumises à l'empire de l'âme, comme le cœur, l'estomac et les intestins; parce qu'en second lieu, l'irritabilité persiste après la mort. Il conclut que l'irritabilité est une propriété du gluten animal, tout comme on reconnaît l'attraction et la gravité pour propriétés de la matière en général, sans pouvoir en déterminer les causes. « Les expériences nous ont, dit-il, appris cette propriété : elle a une cause physique sans doute, qui dépend de l'arrangement des dernières parties, mais que nous ne pouvons pas connaître, parce qu'il ne peut pas être saisi par les expériences aussi grossières que celles auxquelles nous sommes bornés. »

Par les observations de Haller et de tous ses élèves et amis, « l'expérience, dit le Père Vincent Petrini, nous montre que l'irritabilité est fort grande dans la jeunesse, et qu'elle diminue à mesure que les années augmentent. Elle est plus grande dans les animaux que nous appelons froids, et elle est moindre dans les animaux à sang chaud. On pourra donc en former une loi universelle, en disant que l'irritabilité est en raison réciproque de l'âge des animaux de la même espèce ; et pour ceux de différentes espèces, elle sera en raison inverse du degré de chaleur qu'ils ont. Enfin, pour ceux dont l'âge et l'espèce sont différents, elle sera en raison composée et réciproque de l'âge et de la chaleur. »

Nous devons parler ici d'une opposition philosophique à la doctrine de Haller, parce qu'il en ressort pour notre thèse une conséquence de la plus haute importance, et que Haller n'a pas pu et n'a pas dû tirer de ses beaux travaux. On voulut conclure le matérialisme de ces belles découvertes. Un auteur, connu par la beauté de ses talents et par l'abus qu'il en a fait, la Mettrie avait mêlé dans le même ouvrage quelques idées d'irritabilité et quelques idées de matérialisme, il avait cherché à expliquer les sensations par cette propriété. Haller a prouvé à la fin de son mémoire la futilité de son système. Cependant nous devons examiner cette doctrine.

La sensibilité et l'irritabilité paraissent être évidemment des propriétés organiques, inhérentes à l'organisme vivant; la preuve, c'est que les animaux, qui n'ont pas d'âme, sont pourtant sensibles et irritables. Si cela est difficile à démontrer pour les animaux supérieurs, cela devient de la plus grande facilité pour les animaux inférieurs : dira-t-on, en effet, qu'un polype, qu'une actinie, qu'une hydre verte, etc., ont une âme? Cela serait sans fondement, puisqu'ils n'en donnent aucune preuve, et pourtant ils sont singulièrement irritables, ils sont sensibles. Nous pourrions en dire autant de tous les rayonnés et même des mollusques ; mais les actes d'où l'on veut inférer l'existence du principe immatériel des animaux, se compliquant déjà dans les articulés et à plus forte raison dans les animaux supérieurs, la question paraît se compliquer aussi. Cependant, au fond, elle est la même, car tous les actes de tous les animaux possibles peuvent nettement s'expliquer par la sensibilité et l'irritabilité ; or, ces deux facultés étant dans les animaux inférieurs des propriétés évidentes de la matière organisée, pourquoi, parce qu'elles sont supérieures dans des animaux plus élevés, cesseraient-elles d'appartenir à l'organisme qui, lui aussi, est devenu plus parfait ?

L'irritabilité et la sensibilité sont par conséquent tout aussi bien inhérentes à l'organisme humain. Mais ici la question se complique de toute l'existence de l'âme. La preuve bien certaine que ces deux facultés sont indépendantes de l'âme, c'est qu'elles agissent très-fortement dans des parties qui sont hors de son empire; ainsi dans tout le canal intestinal, dans toutes les fonctions de la vie organique, ces facultés s'exercent à l'insu de l'âme.

Maintenant, 1° d'un aveu général les nerfs sont l'organe, le cerveau est le réceptacle de toutes nos sensations, et les nerfs et le cerveau ne sont point irritables; l'irritabilité n'a donc rien de commun avec nos sensations ; 2° quand on affirmerait qu'elle en est le principe, comme elle paraît être celui des autres mouvements, quelle conclusion dangereuse pourrait-on en déduire ? Que ce soit l'irritabilité ou quelque autre propriété de la matière, qu'importe aux vérités qui dépendent de la nature de l'âme ? L'analogie entre l'homme et les animaux nous prouve que le principe des sensations pures est le même dans l'un que dans les autres, et ce principe n'étant pas l'âme dans les animaux, n'est pas l'âme non plus dans l'homme. La sensation se fait chez les uns comme chez les autres. Dans les animaux, le résultat de la sensation se borne à une détermination, pour ainsi dire, mécanique, conséquente; dans l'homme, l'âme aperçoit la sensation, elle la juge, elle en abstrait l'idée, et ce passage incompréhensible de la sensation à l'idée est le caractère essentiel qui différencie l'homme de la brute. Cette différence qu'on a tant niée, pour avoir le plaisir mortifiant de rabaisser l'homme au-dessous des animaux, et de lui trouver moins de raison, de sagesse, de conduite qu'à eux; cette différence est mise dans tout son jour par les conséquences qui ressortent des beaux travaux de Haller, et par là le principe sur lequel le matérialisme fondait un de ses plus forts arguments, est sapé. Si des êtres purement corporels font leurs travaux avec plus d'ordre que l'homme, c'est que la matière, conduite par le Créateur, est mieux régie que celle qui l'est par la créature. Les animaux sont astreints à des lois sages, qui, chez eux, s'exécutent invariablement, au lieu que l'âme les bouleverse souvent dans son animal; elle a un empire certain sur les sensations et sur l'irritabilité.

De tous ces faits, il résulte ce syllogisme si opposé à celui du matérialisme. Une propriété commune à deux êtres n'est pas la cause de leur différence; l'irritabilité et la sensibilité sont communes à l'homme et aux animaux; elles ne sont donc pas la cause de la pensée qui différencie l'homme de l'animal.

L'irritabilité opère les mouvements vitaux, elle opère les mouvements naturels; on pourrait encore accorder qu'elle opère les sensations, et tous les mouvements animaux qui en dépendent, puisqu'il est sûr que la cause du sentiment est indépendante de la pensée.

Peut-être l'âme ne prête-t-elle aucune attention à ce qui se passe dans le corps, sans que la vie de l'homme en soit troublée ; quel emploi peut-elle avoir dans le fœtus, cette masse organisée, mais privée de tout sens, et plongée dans un sommeil continuel ? Donne-t-elle quelque signe de présence dans un enfant qui vient de naître ? et pourtant la sensibilité et l'irritabilité s'exercent avec tout leur empire. Cela même ne prouverait-il pas que l'union de l'âme et du corps, sur laquelle on a posé tant de questions chimériques, ne produit tous ses effets que quand l'intuition de l'âme sur le corps peut s'exercer ; et que cette intuition a peut-être pendant toute la vie, ses interruptions, qui sont vraisemblablement la cause de ces contrariétés dont jusqu'à présent on n'a pas rendu raison ?

Cependant les deux grandes découvertes de Haller devaient avoir la plus grande influence sur toutes les parties de la science de l'organisme, comme nous le verrons en son lieu.

4° *Système nerveux.* Par suite de ses expériences, il est arrivé à démontrer la distinction des nerfs de la vie organique et de la vie animale : non pas sans doute dans les mêmes termes que nous le concevons depuis ; mais il a vu que les nerfs de la vie animale étaient beaucoup plus irritables que les nerfs de la vie organique. Comme conséquence de cette grande découverte des parties sensibles et irritables, il est arrivé à la connaissance des tissus divers ; et quoiqu'il n'ait pu y introduire de classification, ces découvertes ne lui en appartiennent pas moins.

Dans l'anatomie spéciale, il avait porté son attention sur les divers points qu'il trouvait peu éclaircis dans les auteurs ; il avait, comme mesure entre les mains, les ouvrages de Winslowe.

Ses découvertes sur les sens sont peu importantes, sauf celle de l'insensibilité du cristallin, et celle de la continuation des vaisseaux poussée au-delà du sang.

5° *Locomotion.* Pour la locomotion, il n'a guère de remarquable que la thèse par laquelle il soutient que la simple géométrie suffit à la mécanique animale, et par laquelle il rejette toutes les théories physico-mécaniques de Boerhaave et de son école.

6° *Digestion.* Pour la digestion, il a beaucoup plus fait ; il a démontré la terminaison des glandes sublinguales ; traité avec le plus grand soin de la structure de l'estomac, à laquelle on n'a peut-être pas fait assez d'attention ; cela porte surtout sur la disposition des fibres de l'estomac, leur direction vers le pylore. C'est encore Haller qui a distingué la couche sous-muqueuse, et qui a employé le premier peut-être le mot épithélium pour désigner dans la peau rentrée l'analogue de l'épiderme. La connaissance de l'épiploon est due à Haller et non à Bichat. Il a montré la manière dont l'intestin grêle vient se joindre au gros intestin par une double valvule iléo-cœcale. Nous ne prenons qu'un certain nombre de points, car il serait impossible d'entrer dans le détail.

7° *Respiration.* Si nous considérons la respiration, nous verrons comment il a parfaitement décrit la disposition des muscles inter et surcostaux, celle des côtes, et le mécanisme de leurs mouvements, la longueur des cartilages sterno-costaux, qui va en diminuant de bas en haut ; il a démontré qu'il n'y a pas d'air entre les poumons et la plèvre ; que tous les muscles intercostaux sont élévateurs des côtes ; que les côtes ont un mouvement de rotation ; et qu'enfin la respiration détermine les mouvements du cerveau mis à découvert.

Il a également démontré la binarité du diaphragme, et tout ce qui tient à ses fonctions.

8° *Circulation.* C'est spécialement pour la circulation qu'il a fait le plus grand nombre d'observations neuves. Il a démontré que le cœur ne pâlit pas pendant sa contraction; que les parties gauches du cœur survivent aux parties droites, lorsque celles-ci sont vides de sang veineux; que la circulation du sang est très-peu ralentie dans les petits vaisseaux; que les petits vaisseaux n'ont pas de contractilité; que la pesanteur agit sur le sang veineux; que la pulsation des veines du poumon est indépendante de la respiration.

9° *Génération.* Dans la structure du testicule, c'est à Haller qu'on doit la découverte de la manière dont les canaux séminifères viennent se réunir au canal déférent pour former l'épididyme; c'est à lui qu'est due la direction suivie sur ce point, et M. Muller, professeur à Berlin, a copié ses *Icones.* Maintenant que nous connaissons mieux l'ovaire avant, pendant et après l'imprégnation, Haller paraîtrait un peu reculé; cependant il a parfaitement traité le développement des *corpora lutea*, en rapport avec l'acte de la génération. Ainsi, en anatomie spéciale même, Haller a rempli de grandes lacunes.

B. *Anatomie anormale.* Il avait établi une anatomie des monstruosités; ses observations ne pourraient pas aujourd'hui répondre aux théories de la thèse de Mecken, que la monstruosité est un arrêt de développement; thèse que M. Geoffroi Saint-Hilaire a agrandie chez nous.

Dans l'anatomie pathologique, il étudiait ce qui se présentait; mais Morgani commençait alors, et Haller y renvoie.

C. *Anatomie dynamique.* C'est lui qui a commencé l'anatomie dynamique, l'anatomie de développement. Jusqu'ici il avait fallu étudier l'homme complet, l'homme parfait et stable ; car une mesure qui change n'est plus une mesure ; l'anatomie a dû suivre et a suivi cette marche. Maintenant il faut étudier l'organisme dans ses développements : or l'homme ne peut évidemment être choisi à cause de la difficulté, et alors on a eu recours à l'œuf de la poule. Il avait déjà été pris par Hippocrate, Aristote et ses successeurs. Haller l'a également choisi, et a pu en montrer le développement, heure par heure, jour par jour, avec la plus grande bonne foi. Il crut avoir démontré la préexistence du germe. Dans ses *Primæ lineæ*, il avait admis l'épigénèse de Boerhaave, et il voulait combattre Buffon. Dans son étude de l'œuf, il s'occupa de la formation du cœur, et il le trouva dans le *punctum saliens* qu'on aperçoit d'abord. Quoi qu'il en soit, sa théorie renversait l'épigénèse. On accepta la théorie des développements ; et alors arriva Bonnet avec sa théorie de l'emboîtement des germes.

L'épigénèse est difficile à soutenir ; le reste ne l'est pas moins, et l'on doit peut-être s'en tenir à l'histoire des développements, sans tenter vainement d'aller outre.

Toujours est-il que Haller fut conduit à une foule de petites découvertes, qui vinrent augmenter la somme de nos connaissances sur l'iris dans le fœtus, l'allantoïde, etc. Il démontra pour le poulet le canal et la vésicule ombilicale. Il ne démontra pas que la poche du jaune était l'analogue du chorion dans le mammifère ; cela va venir plus tard.

III. Physiologie. Il définit nettement et complétement, et explique les mouvements et les lois des mouvements qui s'accomplissent dans l'organisme. Il démontre comment on doit rejeter l'abus des explications physico-mécaniques de ses contemporains; il n'était pas encore arrivé à l'endosmose et à l'exosmose. Cependant, dit-il, il ne faut pas croire que les lois qui régissent les corps bruts n'agissent pas sur les corps organisés; mais il ne veut que de la pure et simple géométrie, et il cite, comme exemple, les expériences de Helse en Angleterre. Il dit que le seul moyen d'introduire des vérités dans la science, c'est l'expérience, mais l'expérience bien *instituée* (le mot est de lui). L'expérience pour être bonne ne peut pas être unique, il faut qu'elle soit répétée, confirmée par celle d'autrui; celui qui ne lit pas est *stultus;* il compare la lecture aux voyages des naturalistes : *Librorum lectio facit quod peregrinationes.* Il lui paraît honteux et indigne d'un honnête homme de taire le nom de l'inventeur, et de s'attribuer ce que les autres ont découvert avant nous. Il recommande d'écrire à plusieurs fois et correctement les ouvrages que l'on veut publier; méthode de son compatriote Rousseau et de Buffon.

Lorsqu'il a donné ces observations générales, il expose les précautions à prendre pour l'anatomie des animaux vivants; et c'est à l'aide de ces procédés qu'il est arrivé à établir ses grandes expériences sur la respiration, l'irritabilité et la sensibilité.

1° *Respiration.* Il avait entrepris des expériences sur la respiration contre Emburger d'Iéna, qui prétendait qu'il y avait de l'air entre les poumons et les côtes, ce qu'on ne conçoit pas. Haller a imaginé un instrument pour démontrer cette fausseté, et aussi toute la théorie des mouvements de l'inspiration et de l'expiration.

2° *Sensibilité et irritabilité.* L'autre thèse a été beaucoup plus importante et beaucoup plus difficile à établir : il s'agissait de l'insensibilité des tendons. A cette époque, Boerhaave, son maître, et tous les chirurgiens le contredisaient ; il a été combattu là-dessus pendant vingt-quatre ans ; et pourtant il avait raison. Nous avons exposé ces deux grands faits.

Toutes ces vérités, qui sont aujourd'hui si bien démontrées, si simples, il a combattu toute sa vie pour les établir, malgré les nombreuses expériences répétées par ses élèves, et partout, en Italie, en Allemagne, en France. Il est mort avec la certitude de l'admission de ses idées ; et il y attachait tant d'importance, qu'il dédie le premier volume de sa grande Physiologie à Caldani, qui avait le premier en Italie soutenu sa théorie.

IV. Pathologie. Les conséquences des deux grandes découvertes de Haller pour la pathologie sont immenses ; elles ont changé, pour ainsi dire, la face de la médecine. Ainsi, la façon d'agir de l'opium, qui avait enfanté tant de systèmes opposés et chimériques, est déterminée par la connaissance de l'irritabilité. C'est en diminuant cette faculté dans toutes les parties, excepté dans le cœur, qu'il porte au sommeil. Toute action des muscles cesse ; les sens se trouvent enchaînés dans un sommeil tranquille ; le cœur seul et le poumon continuent leur mouvement ; l'un, parce que son irritabilité n'est point altérée ; l'autre, parce que son action est indépendante de l'irritabilité. Les viscères qui sont dans le cas du poumon continuent leurs fonctions ; celles de l'estomac et des intestins diminuent, et on deduit de là dans quel cas l'opium convient pour arrêter les évacuations trop abondantes : c'est quand elles dépendent de la trop grande irritabilité des intestins ;

est-elle trop faible, les narcotiques nuisent. Ce principe sert de base à toute la pratique de ce remède, et la façon dont il agit rend raison de tous les symptômes qu'il occasionne.

Une foule de maladies qui tiennent à l'irritabilité se trouvent par là beaucoup mieux connues: ainsi les maladies des premières voies, les anévrismes, les palpitations.

La théorie des tempéraments a été également éclaircie, et la cause des apoplexies mieux connue. Si le cœur et les autres organes de la circulation continuent leurs mouvements, quand tous les mouvements animaux restent suspendus, c'est par la même raison qui explique l'action de l'opium, parce qu'il y a un stimulus qui détermine le mouvement du cœur, indépendamment de tout sentiment et de tout autre mouvement. L'apoplexie est un sommeil profond; elle dépend des mêmes causes que le sommeil; elle s'explique de la même façon (*Primæ lineæ physiologiæ*).

La théorie des fièvres, celle des inflammations, en un mot, toutes les maladies qui dépendent d'une augmentation de circulation furent fixées, puisque la cause de la circulation connue conduisait à la connaissance des causes qui peuvent l'augmenter ou l'affaiblir; et là même commence ce beau progrès que nous verrons se développer en France, par Pinel, Bichat et Broussais.

L'art opératoire de la chirurgie a également reçu des travaux de Haller les plus utiles améliorations. Connaissant mieux la cause, on a mieux appliqué le remède; et puis, par des expériences même directes, on a démontré, dans son école, qu'il valait beaucoup mieux, dans une foule de cas, abandonner les blessures, soit des tendons, soit des muscles, etc., à la nature seule, que de venir contrarier ses opérations par des remèdes intempestifs et toujours nuisibles. Il en est résulté encore plus de hardiesse à entreprendre des opérations que l'on regardait comme dangereuses, et qui, négligées pour cela, occasionnaient la mort. Mais les expériences de Haller, en constatant l'insensibilité de ces parties, rassurent sur la sécurité de ces opérations.

Terminons enfin, avec l'Anglais John Barclay, par dire que, quoique Haller possédât tout le savoir des anciens et des modernes; quoiqu'il n'ignorât rien de ce qui regarde l'anatomie; quoiqu'il ait ajouté plusieurs découvertes qui lui sont propres; quoiqu'il ne puisse jamais être surpassé dans la collection des faits et dans leurs descriptions détaillées, il s'entendait fort peu dans leur classification et leur arrangement général. Et, pourvu comme il l'était, il pouvait énumérer tout ce qui était connu; mais il était peu disposé à estimer les différences entre les apparences régulières ou irrégulières, ou entre les choses de grande ou de petite valeur [1].

SECTION VII. — PIERRE-SIMON PALLAS.

1741 — 1811.

I.

Pendant que Haller créait la physiologie anatomique, et nous fournissait les moyens d'arriver à une anatomie comparée et à une physiologie positive, Pallas com-

[1] John Barclay (N. *Anat. nom.*, p. 29).

mençait à étudier l'organisation dans le but de lire les rapports naturels des corps organisés entre eux ; il établissait par l'anatomie des animaux les principes de la zoologie, fournissait le dernier élément nécessaire à la démonstration de la série, par la création de la palæontologie et de la géologie positive.

Dans le même temps, les Jussieu appliquaient à la phytologie les mêmes principes, qui plus tard, appliqués beaucoup plus facilement et plus sûrement à la zoologie, feront toute la démonstration de la conception divine.

En même temps aussi, Vicq d'Azir créait l'anatomie comparée, et par suite, démontrait la série par la dégradation organique. Cette partie de la science est venue encore dans le moment où elle était nécessaire.

Ceci seul suffirait pour nous permettre de voir comment l'antithéologie a pu, dans Lamarck, démontrer la création par l'absurde, en envisageant les modifications de l'organisme comme un résultat de la fonction. Mais nous aurons besoin de considérer encore trois hommes, qui intermédiairement, sont venus, par l'étude des maladies, démontrer que la série de développement était en rapport avec la série animale. Et dès lors, comme conséquence de Pinel et de Bichat, vient Broussais, qui nécessairement lié à Gall et à Lamarck, va diriger ses efforts vers le matérialisme envisagé sous un autre point de vue.

Pallas, que nous devons donc considérer comme créateur de l'anatomie zoologique et palæontologique, de la géologie positive, et comme produisant le premier pas à faire vers la démonstration de la série animale, de la conception divine, s'est trouvé constamment voyageant, et n'a jamais eu l'idée de composer un ensemble.

II. *Éléments et extrait de sa biographie.*

Les éléments de sa biographie se trouvent dans ses nombreux ouvrages et ses préfaces ; l'élément le plus important est 1° l'*Essai biographique* lu à l'académie de Berlin, le 30 janvier 1812, par M. Rudolphi.

2° L'*Éloge historique de P. S. Pallas*, lu le 5 janvier 1813 par M. G. Cuvier, dans la séance publique de l'Académie des sciences. Cet éloge est composé en partie d'après Rudolphi ; mais Cuvier était bien plus en état de juger Pallas.

3° L'article *Pallas* de la Biographie universelle de Michaud, par M. Eyriès. Cet article, en grande partie copié de G. Cuvier dans les points essentiels et de jugement, est un peu plus détaillé pour les particularités géographiques et bibliographiques.

Biographie. Pierre-Simon Pallas est arrivé à l'époque où les sciences naturelles sortaient des mains de Linné classificateur, méthodiste et nomenclateur, et de celles de Buffon, peintre de la nature.

Il naquit le 22 septembre 1741 à Berlin. Son père, Simon Pallas, était chirurgien et professeur dans l'université de Berlin. Sa mère, Suzanne Léonard, était d'origine française; elle appartenait à l'émigration du règne de Louis XIV. Destiné à la médecine, Pallas dut faire ses premières études à Berlin, sous la direction de son père, qui sentit le besoin de lui faire apprendre un grand nombre de langues. Il se livra à cette étude avec tant de facilité, qu'en peu de temps, il posséda assez le latin, le français, l'anglais et l'allemand, pour écrire correctement dans ces quatre langues, et cependant il lui fut possible d'y mêler l'étude de l'histoire naturelle.

Il commença à Berlin l'étude de la médecine, sous Gleditsch pour la botanique, Meckel pour l'anatomie, et Roloff pour la médecine. Il poursuivit à Gœttingue, sous Rœderer pour les accouchements, et Vogel pour la chimie, et il alla terminer à Leyde, sous Albinus, pour l'anatomie, Gaubius pour la pathologie, et Muschenbroeck pour la physiologie. Protégé puissamment par Gaubius, il fut reçu docteur en médecine à dix-neuf ans, et soutint une thèse inaugurale fort remarquable sur l'origine et la classification des vers intestinaux, le 21 décembre 1760.

Immédiatement après, il commença ses voyages. Il alla d'abord en Hollande, puis en Angleterre, où il fut reçu membre de la Société royale; il s'établit ensuite à la Haye, et y commença ses publications. Il fit paraître d'abord son *Elenchus zoophytorum*, en 1766, qu'il dédia à Gaubius, son premier patron. Il donna dans la même année son premier cahier de Dissertations et de Descriptions, sous le titre de *Miscellanea*, à l'imitation de J. de l'Écluse ; mais il ajouta un grand perfectionnement à ce genre de publication par fascicules.

Malgré les avantages nombreux dont il jouissait en Hollande, où l'histoire naturelle était puissamment protégée par le stathouder Guillaume, et avant lui par sa mère; malgré les liaisons qu'il avait avec le conservateur des collections scientifiques de la Haye, liaisons qui, comme il le dit lui-même, lui facilitaient l'étude, il retourna à Berlin. Mais il n'y trouva pas les mêmes encouragements, et dégoûté sans doute du peu de protection que les sciences naturelles obtenaient à cette époque dans son pays, il s'expatria de nouveau pour faire servir son génie ailleurs.

Sa réputation était déjà répandue en Europe, et Catherine II lui offrit une place à l'académie de Saint-Pétersbourg. Cette princesse le chargea d'une mission de naturaliste dans l'expédition scientifique qu'elle avait ordonnée pour aller observer le passage de Vénus sur le soleil.

Pallas resta quelque temps à Saint-Pétersbourg, pour se préparer à son voyage et recevoir ses instructions. Elles portaient sur toutes les parties de l'histoire naturelle, sur la géographie, les observations astronomiques, les observations météorologiques, les différentes parties de l'agriculture, les animaux domestiques, la nature du sol et des eaux, sur ce qui concerne les mœurs, les usages, les langues et la religion des peuples.

Dans cet intervalle qui précéda son départ, il continua à publier ses *Spicilegia*. Au rapport d'Eyriès, ce fut alors aussi qu'il donna à l'Académie ce fameux mémoire sur les os des grands quadrupèdes, si abondants en Sibérie, où il fit voir qu'il s'y en trouve d'éléphants, de rhinocéros, de buffles et de beaucoup d'autres genres d'animaux du Midi, dont la quantité est presque innombrable.

Pallas se mit en marche le 21 juin 1768, avec sept astronomes et géomètres, et cinq naturalistes, accompagnés de quelques élèves : Lepeckin, Guldenstadt, Gmélin neveu. Après avoir parcouru les plaines de la Russie d'Europe, il passa l'hiver de 1769 à Simbirsk, sur le Volga, s'arrêta ensuite à Orenbourg, sur le Jaïk. Descendant le Jaïk, il séjourna à Gourief, sur la mer Caspienne, et observa avec soin la nature de ce grand lac. En 1770, il visita les monts Ourals et leurs nombreuses mines de fer. Après avoir vu Tobolsk, il vint hiverner à Tchiliabinsk, au centre des plus importantes de ces mines. Au printemps de 1772, il partit pour les mines de Kolivan, sur la pente septentrionale des monts Altaï; il explora toute cette partie, et en 1773, il traversa le lac Baïkal, parcourut la Daourie, et atteignit les frontières de la Chine. Il revint ensuite vers la mer Caspienne, se rapprocha du Caucase, passa encore un hiver dans la contrée qui sépare le Volga du Tanaïs, et fut enfin de retour à Saint-Pétersbourg le 30 juillet 1774, après six années de voyages difficiles, fatigants, dans des pays inconnus, parmi des peuples durs et sauvages. Aussi, quand il arriva, était-il exténué par les souffrances et les maladies : à trente-trois ans, ses cheveux étaient blanchis. Ses compagnons avaient encore été plus maltraités que lui; presque aucun d'eux ne vécut assez pour donner lui-même sa relation, et ce fut Pallas qui redoubla d'activité pour rendre ce soin à leur mémoire. Cependant, durant ces six années de voyages, il employa ses matinées d'hiver à rédiger son journal, qu'il envoyait à Saint-Pétersbourg, où on le publiait successivement. Le premier volume parut en 1772, le second en 1773, et le troisième fut publié après son retour, en 1776.

A son arrivée, jouissant de la faveur impériale, il fut comblé de biens et d'honneurs; il fut nommé membre de l'Académie des sciences de Saint-Pétersbourg, conseiller d'État de l'empereur de Russie, chevalier de l'ordre de Saint-Wladimir, historiographe de l'amirauté, professeur d'histoire naturelle et de physique des grands ducs Alexandre et Constantin. Pendant les vingt ans qu'il demeura à Saint-Pétersbourg, il publia successivement tous ses travaux importants, soit d'ethnographie, de zoologie, de phytologie, de géologie.

Ennuyé de la vie sédentaire, il saisit l'occasion que lui offrit l'envahissement de la Crimée par les armes russes, pour visiter à ses frais les provinces méridionales de l'empire russe. Il revit Astrakhan, et suivit les frontières de la Circassie. Il se rendit en Crimée, dont il traça un tableau enchanteur; son enthousiasme alla si loin, qu'il désira même s'y fixer. Ce repos, qu'il avait fui si longtemps, lui était devenu nécessaire. Dans son dernier voyage, en voulant examiner les bords d'une rivière dont la surface était gelée, la glace se cassa sous lui, et il tomba dans l'eau jusqu'à mi-corps : loin de tout secours, par un très-grand froid, il fut obligé de se faire traîner à plusieurs lieues, enveloppé dans une couverture. Cet accident lui causa des douleurs qu'il espéra voir se calmer dans un climat plus doux que Saint-Pétersbourg. Mais il trouva dans la Crimée des chagrins et des soucis de tout genre. L'impératrice, avertie du désir qu'il avait d'habiter la Tauride, lui donna deux villages situés dans le plus riche canton de la presqu'île, et une grande maison dans la ville d'Achmetchet, nommée par les Russes Syphéropol, et une somme considérable pour son établissement. Mais il ne tarda pas à éprouver l'inconstance du climat de Crimée; de plus, les biens qu'on lui avait donnés un peu légèrement, parce qu'on les croyait entièrement dépendants de l'ancien domaine des khans de Crimée, se trouvèrent en partie litigieux, et attirèrent au nouveau titulaire des procès interminables. Il passa pourtant quinze années en Tauride, occupé de la culture de la vigne, de la publication de ses ouvrages, et de ses procès. Enfin, las de sa position isolée, sans relation de quelque sorte que ce fût, il vendit ses biens à vil prix, quitta la Crimée et même la Russie, et revint à Berlin, sa ville natale, au sein de sa famille. Il fut nommé de l'académie des sciences de Berlin, de Stockholm, de Paris. Il s'occupa de se mettre au courant des sciences naturelles, et il se proposait de voyager pour cela en France et en Italie; mais après de longues dyssenteries qu'il avait si souvent éprouvées, il tomba malade, et mourut le 8 septembre 1811, à l'âge de soixante-dix ans. Pallas fut marié deux fois, et n'eut qu'une fille de son premier mariage. Il unissait à un haut degré la sagacité à l'ardeur pour le travail, et la paix qu'il entretint avec ses émules annonce la douceur de son caractère.

III. *Éléments et histoire de ses ouvrages.*

Jusqu'ici, nous l'avons vu, il avait été impossible d'asseoir la méthode naturelle sur des bases solides, et on avait même pu la ridiculiser. Il était donc besoin que l'anatomie des animaux par groupes et par comparaison fût étudiée, pour atteindre à une classification naturelle, et appliquer ainsi à la zoologie les principes qui s'élaboraient en même temps en phytologie. Mais il ne suffisait pas de se borner aux animaux actuellement existants à la surface de la terre, il fallait encore appeler au secours ceux qui avaient disparu, pour arriver par là à la démonstration de la série créée. Pallas fut donc conduit à introduire l'anatomie zooclassique et palæontologique, ce qui l'obligea en même temps à étudier la géologie, pour ainsi dire, *anatomiquement;* et il le fit sur la plus vaste échelle, puisqu'il parcourut tout le nord de l'Europe et la plus grande partie de l'Asie. Ces voyages le forcèrent à étudier les langues et à créer l'ethnographie, ou la science de l'histoire du genre humain par les traces de son langage. De là encore les éléments de ses ouvrages furent recueillis par lui-même, non pas à l'état de peau, mais à l'état naturel, sur les lieux de leur origine. En outre, les collections du stathouder de Hollande, celles de Leyde, de Russie, etc., lui furent ouvertes. Placé dans les circonstances les plus favorables pour accomplir sa tâche dans la science, il eut donc des faits suffisants à sa disposition.

Ses ouvrages furent tous, ou pour la plupart, publiés par lui-même. Nous les avons reçus, par conséquent, dans leur intégrité. Ses grands ouvrages pour l'empire de Russie seuls n'ont point été publiés, ils n'ont même pas été terminés; la cour de Russie les possède, et en fait cadeau à qui lui plaît.

Le nombre des ouvrages de Pallas est trop considérable pour que nous puissions entrer dans le détail de leur énumération, et nous passons immédiatement à l'analyse des principaux.

IV. *Énumération et analyse des principaux ouvrages de Pallas.*

I. *En géologie.* Nous avons vu dans Aristote les premiers germes de la géologie positive; il expliquait la formation des terrains par toutes les causes encore actuellement agissantes à la surface de la terre; il admettait le séjour et le retrait de la mer sur les terrains habités, et il expliquait en partie par là leur structure.

Pline parle de squelettes extraordinaires découverts dans les montagnes, mais, suivant sa coutume, sans aucune idée de principe et d'étiologie scientifique. Nous trouvons plus sous ce rapport dans Ovide et dans Lucrèce. Ce dernier paraît avoir voulu rendre compte de ces ossements qui ont attiré l'attention et étonné dans tous les temps, en expliquant la production primitive des êtres par la fécondité de la terre. « Il y eut, dit-il, dans ces premiers temps des animaux monstrueux qui périrent, ne pouvant subsister ni se propager, à cause du vice de leur conformation. Il y eut des races entières qui s'éteignirent aussi, parce qu'elles n'avaient pas les qualités nécessaires pour vivre indépendantes, ni pour mériter notre protection. » Les ossements des géants ont eu du retentissement : saint Augustin lui-même témoigne dans la Cité de Dieu avoir vu la dent d'un géant, laquelle était si grosse, qu'elle pouvait en contenir cent des nôtres; c'était sans doute une dent d'éléphant ou de mastodonte.

La géologie en était demeurée là jusqu'aux premières années du dix-septième siècle, où l'on commença, en Italie et en Allemagne, à lui accorder plus d'attention. Il y eut dans cet espace de temps jusqu'à Pallas, une foule de travaux, tant sur la géologie que sur la palæontologie. Les théories de Burnet, de Whiston, de Wodward, manquaient malheureusement de base; l'Encyclopédie vint avec son esprit haineux pour tout ce qui tenait à la révélation, attaquer tous ces systèmes qui prétendaient démontrer scientifiquement le récit de Moïse. Nous avons cité le lazzi de Voltaire, à l'occasion des coquilles fossiles, qu'il prétendait être tombées du chaperon des pèlerins de Saint-Jacques en Galice.

Buffon vint, dans la Théorie de la terre, jeter un certain nombre de principes et de faits plus positifs que tout ce qui avait précédé, quoiqu'il se mêlât encore à ses théories bien des points hypothétiques et inadmissibles. Le mémoire de Pallas sur la théorie des montagnes, modifia ce premier travail, et en fit disparaître plusieurs hypothèses, lorsqu'il fut ensuite reproduit dans les Époques de la nature.

Un autre homme en France, ignoré parce que ses ouvrages n'ont pas été achevés, avait fait des travaux plus positifs et d'une grande valeur, sur la géologie et la palæontologie; cet homme est Guettard, de l'Académie des sciences. En palæontologie, il s'était surtout occupé des animaux sans vertèbres, des coquilles et des zoophytes fossiles. C'est lui encore qui a donné les premières recherches d'analyse sur les terrains de Paris. Tous ces travaux sont dans les Mémoires de l'Académie. Pallas lui rend justice.

Les choses en étaient là quand Pallas entreprit ses voyages, qui changèrent la face de la géologie. Ses innombrables observations géologiques sont répandues dans une foule de voyages, dans ses observations sur la formation des montagnes et les changements arrivés à notre globe, sur la continuation des montagnes de Suède; dans ses Essais sur le Nord, etc, etc.

Mais de tous ces ouvrages le plus important pour la géologie, est d'abord *la Description physique de la contrée* de la Tauride, relativement aux trois règnes de la nature, publiée en 1779, à Berne et à la Haye.

Dans la partie minéralogique, il a recueilli des observations géologiques de la plus haute importance. La plus grande partie du sol et des montagnes de la Crimée sont calcaires, quelquefois argileuses et schisteuses; on y trouve beaucoup de coquillages marins fossiles ; la craie de diverses sortes ; des sables et aussi des terrains volcaniques. Pallas y observa même des abîmes volcaniques en activité. Toute cette partie de son ouvrage est de la plus haute importance pour la géologie positive.

Son second ouvrage, plus important encore que le premier, parce qu'il est comme le fruit de tous les autres, et qu'il contient les principes de la science telle que l'entendait Pallas, sont les *Observations sur la formation des montagnes et les changements arrivés à notre globe*. Gobet, qui n'aimait pas Buffon, a ajouté à ce titre ces mots : *pour servir à l'Histoire naturelle de M. le comte de Buffon*.

Dans ce mémoire, lu en 1777, dans l'académie des sciences de Saint-Pétersbourg, en présence du roi de Suède, Gustave III, Pallas, au rapport de Cuvier, dont nous adoptons le jugement décisif en pareille matière, « a vraiment changé la face de la théorie de la terre. Une considération attentive de deux grandes chaînes de montagnes de Sibérie, lui fit apercevoir cette règle générale, qui s'est ensuite vérifiée partout, de la succession des trois ordres primitifs de montagnes, les granitiques au milieu, les schisteuses à leurs côtés, et les calcaires en dehors.

« On peut dire, continue Cuvier, que ce grand fait, nettement exprimé en 1777, dans un mémoire lu à l'Académie, a donné naissance à toute la nouvelle géologie : les Saussure, les Deluc, les Werner, sont partis de là pour arriver à la véritable connaissance de la structure de la terre, si différente des idées fantastiques des écrivains précédents. »

Pallas commence par rejeter toutes les hypothèses des théories qui l'ont précédé, telles que celles de Buffon, Woodward et Délius, parce qu'elles ne sont fondées que sur quelques observations locales, et que ces auteurs ont voulu former la terre à l'image de leur pays ; mais des observations plus étendues l'ont conduit à un autre résultat, aussi bien dans la partie *anatomique* ou statique (géognosie) que dans la partie étiologique ou géologie, et même dans la partie démonstrative ou palæontologie.

Par suite d'observations suivies pied à pied pendant plus de 25 ans, en parcourant toute la longueur de l'Asie et en étudiant les deux plus grandes chaînes de montagnes de l'ancien monde, les monts Ourals, limites de l'Europe et de l'Asie, dans la direction du nord au sud ; les monts Altaï, dans la direction de l'ouest à l'est, et qui séparent la Sibérie du reste de l'Asie centrale; d'après les observations faites sur les Alpes suédoises, suisses et tyroloises, sur l'Apennin, sur les montagnes qui environnent la Bohême, sur le Caucase, sur les montagnes de la Sibérie, sur les Andes même, Pallas a formulé la structure positive du globe et la théorie de la formation des terrains.

II. *Palæontologie*, ou de l'emploi de ces médailles restées dans le sein de la terre pour en constater l'état à telle ou telle époque.

Il a écrit sur ce sujet deux mémoires. Le premier, avant ses voyages, était le résultat des études qu'il avait faites sur les ossements apportés de toutes les parties de la Russie, et surtout de la Sibérie, au musée de Saint-Pétersbourg. Il a pour titre : *Observations sur les ossements fossiles de la Sibérie, surtout sur les crânes de rhinocéros, de buffles, et les ossements d'éléphant.* (Novi Commentarii acad. Petropolitani, t. XIII, Mem., p. 430.)

Ces ossements étaient en grande partie des restes d'éléphants, différents d'âge et de grandeur. Leur nombre prouve avec quelle abondance ils sont répandus dans toute l'Asie boréale, loin de la patrie des éléphants. Car bien qu'on en ait trouvé en Germanie, en Italie, en Angleterre, en Pologne, et même à l'extrémité de l'Islande, cependant on n'en a trouvé nulle part autant qu'en Sibérie.

Il rejette les opinions qui veulent que ces os viennent des guerres ou des cirques en Italie et dans les Gaules. Il repousse également celle qui les fait venir du déluge; seulement, après son voyage, il changera de manière de voir sur ce point, n'adoptant ni les hypothèses de Burnet, ni celles Whiston, ni celles de Buffon; il laisse, dit-il, cette difficulté à résoudre à des génies plus capables que lui. Les os de rhinocéros, de gazelles et de buffles, l'ont déterminé à reprendre la question. Il remarque qu'on n'envoie de Sibérie que les os remarquables par leur masse; mais il ajoute qu'il y en a un bien plus grand nombre de toute taille et de toute grandeur.

Après avoir exposé en détail la fabrique anatomique singulière du crâne du rhinocéros qu'il place près du genre *sus*, il vient à la détermination des têtes et des cornes de rhinocéros fossiles de la Sibérie. Il passe ensuite aux crânes de grands buffles; il en avait un entier au musée et des fragments de plusieurs, tous apportés de la Sibérie. Il en donne également la détermination par la description et les proportions.

Il détermine de la même manière une corne fossile de la gazelle recticorne. Enfin, il énumère les principaux ossements fossiles d'éléphants venus de la Sibérie et de différents pays: c'étaient trois têtes, huit humérus, quatre os du bras, trois os d'épaules brisés, deux bassins, cinq fémurs entiers et deux vertèbres fossiles.

En examinant la question si les éléphants ont vécu antérieurement en Sibérie, il cite une mâchoire d'éléphant trouvée avec des ammonites et des bélemnites.

2° *Mémoire servant de complément aux restes des animaux étrangers trouvés dans l'Asie boréale.* (Novi Comment. acad. Pet., t. XVII, Mem., p. 576.)

Il y confirme ce qu'il avait dit autrefois que par toute l'Asie boréale, du fleuve Tanaïs même jusqu'à l'extrémité de l'ancienne terre d'Amérique, il y a à peine un fleuve un peu remarquable, sur les rives ou dans le lit duquel on n'ait trouvé et l'on ne trouve pas encore des os d'éléphants et d'autres animaux énormes, qui ne sont pas de ce climat; il donne les détails de ce fait. Ensuite, il dit qu'il a lui-même observé un grand nombre d'os d'éléphants et d'autres grands animaux avec des coquilles marines et des os de poissons marins.

De tous ces faits ainsi rassemblés, il pense que cet immense pays conserve plusieurs monuments du passage de la mer. Si, en outre, on considère que ces grands animaux sont mélangés de diverses sortes avec les corps marins, il paraîtra vraisemblable qu'ils ont été amenés des terres australes par une grande catastrophe qui les a submergés. Il essaye de démontrer que cette catastrophe a été subite; pour cela il cite un rhinocéros trouvé sur la rive sablonneuse du fleuve Wiluji, avec la peau, la chair et les tendons; il en posséda lui-même la tête et un pied. Il le décrit tout entier, et fait la remarque singulière que la peau était couverte d'un poil gris de cendre et long d'une à trois lignes. Cet animal est pour lui une preuve de la catastrophe subite qui aurait poussé la mer australe vers le nord, tandis que la circonstance du poil a fait admettre plus tard que ces animaux avaient vécu dans les pays septentrionaux. Il y joint, en confirmation, un grand nombre d'os de rhinocéros et d'autres animaux trouvés dans l'hémisphère boréal, et qui ne vivent plus que dans l'austral.

Il faut joindre, à ces deux mémoires, celui sur la dégénérescence des animaux, et *De dentibus molaribus fossilibus ignoti animalis canadensibus analogi*; et enfin, *Rapport sur des ossements fossiles de grands animaux étrangers, trouvés en* 1776, *dans le gouvernement d'Astrakhan, sur les bords de la Seiige.*

Pallas n'a rien fait en minéralogie.

III. *Phytologie*. Il n'en est pas de même pour la phytologie; il a enrichi la science d'un grand nombre de plantes nouvelles; et ses nombreux ouvrages sont utiles à consulter sur la géographie botanique, etc.

IV. *Zoologie*. Mais ce sont surtout ses travaux zoologiques qui apportent à la science des éléments de nouveaux progrès. Il avait à sa disposition les vivaria, les collections de la Hollande qui renfermaient des animaux venus de Surinam et de l'Inde. Son premier ouvrage, sa thèse inaugurale, sur les vers intestinaux, est un vrai chef-d'œuvre; elle a pour titre : *de Infestis viventibus intrà viventia*, 1760. Il y traite des genres, 1° *furia*, 2° *gordius*, 3° *ascaris*, 4° *lumbricus*, 5° *fasciola*, 6° *tænia*; puis de l'origine des vers dans les intestins; il rapporte à ce sujet les opinions diverses, et finit par appeler l'expérience et l'observation pour décider cette question importante et difficile.

Ses autres travaux portent sur un grand nombre de genres de mammifères, d'oiseaux, d'insectes, d'articulés, de zoophytes, qu'il a fait connaître le premier; il les étudie d'abord anatomiquement, puis zoologiquement, sans négliger la description et l'histoire naturelle. Il a donné la faune de plusieurs contrées, et a ainsi contribué à l'agrandissement de la géographie zoologique.

V. *Ethnographie*. Cette partie de la science de l'homme que l'on peut bien dire créée par Pallas, est le résultat de ses nombreux voyages et de ses observations sur les peuples divers. Son Vocabulaire comparatif des langues de tout l'univers est le premier ouvrage entrepris dans ce but. C'est, à ce qu'il paraît, Bacmeister qui conçut le premier le projet de cet ouvrage; il y intéressa Catherine II. Cette princesse en confia l'exécution à Pallas, que ses études préliminaires et ses ouvrages désignaient évidemment comme le seul capable de bien remplir une semblable tâche.

L'ouvrage devait avoir trois volumes; les deux qui ont été publiés contiennent deux cent soixante-huit mots en deux cents langues d'Asie et d'Europe. Ces mêmes mots en langues d'Afrique et d'Amérique devaient former le troisième volume. Catherine avait elle-même choisi cent trente de ces mots, et ce fut un tort, elle aurait dû confier ce choix à Pallas; car le choix des mots est la seule réussite de ces sortes d'ouvrages; aussi Pallas s'en dégoûta-t-il. L'ouvrage est en caractères russes, sauf le titre et la préface.

Ainsi, malgré ses nombreux voyages, Pallas avait donc envisagé presque toutes les parties de la science; il est surtout remarquable qu'il doit tout à lui-même et à ses propres observations; ses études préliminaires lui avaient fait connaître l'état et les besoins de la science; et il s'efforça de satisfaire ces derniers; il nous reste à voir comment il a réussi.

V. *Faits et principes légués à la science par Pallas.*

I. En Géologie anatomique, ou *Étude de la structure du globe.* Pallas a changé la face de cette science, en démontrant la succession des trois ordres primitifs de montagnes : les granitiques au milieu, les schisteuses à leurs côtés, et les calcaires en dehors.

A. *Noyau central.* Ses observations ont prouvé « que les plus hautes montagnes du globe, qui forment les chaînes continues, sont faites de cette roche qu'on nomme granite, dont la base est toujours un quartz, plus ou moins mêlé de feldspath, de mica et de petits basaltes épars, sans aucun ordre et par fragments irréguliers, en différents points; que cette vieille roche et le sable produit par sa décomposition forment la base de tous les continents, tant pour les montagnes que pour les terres basses; que rien n'est plus vraisemblable que de prendre cette roche pour le principal ingrédient de l'intérieur de notre globe. J'avoue, dit Pallas, qu'une telle constitution ne saurait favoriser la doctrine du feu central, mais qu'au contraire elle doit plaire aux physiciens qui placent au noyau de la terre une masse énorme d'aimant.

« Au reste, le granite, en général, peut sembler, dit-il, avoir été dans un état de fusion, et n'être qu'une production des feux... Il n'appartient peut-être point aux hommes d'approfondir la véritable cause qui a jeté cette masse énorme de matière vitrifiée dans l'orbite où nous circulons.

« Toujours il est prouvé, par une observation générale et constante, 1° que le granite ne se trouve jamais en couches, mais en blocs et rochers, ou du moins en masses entassées les unes sur les autres; 2° qu'il ne contient jamais la moindre trace de pétrifications ou d'empreintes organiques, de façon qu'il semble avoir été antérieur à toute la nature organisée, ou du moins réduit dans l'état où nous le voyons, par une fonte totale, qui a détruit jusqu'aux moindres traces de tout corps organique, qui pourrait avoir existé avant une telle catastrophe.

« 3° Que les plus hautes éminences que forme cette roche, soit en plateaux, soit en croupes de montagnes ou pics escarpés, ne sont jamais recouvertes de couches argileuses ou calcaires, originaires de la mer, mais semblent avoir été de tout temps, ou depuis leur formation, élevées et à sec au-dessus du niveau des mers.

« Observation qui réfute l'hypothèse de ceux qui croient que toutes ces élévations montagneuses du globe sont l'effet du feu central et de ses explosions dans les premiers âges de la terre, lorsque la croûte qui environnait ce brasier merveilleux, n'avait pas encore assez de solidité pour résister également à un tel agent intérieur : ce qui n'aurait pu se faire, sans élever en même temps différentes couches étrangères, qui dussent se trouver perchées sur les grandes hauteurs escarpées des montagnes granitiques. Un seul exemple de cette nature prouverait qu'il peut y avoir des feux souterrains, ou des volcans, plus bas que le granite, ou dans l'intérieur de cette roche; mais jusqu'ici on l'a cherché en vain, quoique les foyers de plusieurs volcans éteints, qu'on a examinés de nos jours, semblent avoir été placés immédiatement sur la vieille roche. »

4° Un quatrième caractère des montagnes granitiques est d'être toujours accompagnées, sur les côtés des grandes chaines, de bandes schisteuses et de calcaires, et quelquefois de sables ou de grès.

5° Les montagnes granitiques de notre globe ne sont pas toutes distribuées par chaînes, tournées en différentes directions, et ordinairement dans le sens de la méridienne ou de l'équateur, croisées ou cohérentes, en forme de crosse, de réseau, ou de côtes réunies à une épine commune, comme le prétendent Bourguet et Buffon; mais elles offrent une disposition différente dans chaque groupe.

6° L'assertion du philosophe Bourguet, renouvelée par M. le comte de Buffon, sur les angles correspondants des montagnes, souffre bien des exceptions dans les chaînes granitiques, et même souvent dans les montagnes des ordres secondaires.

Par tant de faits positifs, la plupart des théories sur la formation du globe, antérieures et postérieures à Pallas, sont renversées; et la géologie entre ainsi nettement dans une voie positive, qu'on n'aurait jamais dû abandonner; heureusement qu'on tend à y revenir aujourd'hui. Les observations de Pallas sur les autres terrains ne sont pas moins positives.

B. *Terrains schisteux.* 1° La bande de montagnes primitives schisteuses hétérogènes, qui, par toute la terre, accompagne les chaînes granitiques, et comprend les roches quartzeuses et talqueuses mixtes, trapézoïdes, serpentines, le schiste corné, les roches spathiques et cornées, les grès purs, le porphyre et le jaspe, tous rocs fêlés en couches, ou presque perpendiculaires, ou du moins très-rapidement inclinées (les plus favorables à la filtration des eaux), semblent, aussi bien que le granite, antérieures à la création organisée.

2° Elles ne contiennent pas la moindre trace de pétrifications, ou empreintes de corps organisés. S'il s'en est trouvé, c'est apparemment dans des fentes de ces roches, où ces corps ont été apportés par un déluge, et encastrés après dans une matière infiltrée, de même qu'on a trouvé des restes d'éléphants dans le filon de la mine d'argent du Schlangenberg.

3° Ces montagnes sont le résultat de la décomposition des granites.

4° Elles semblent avoir souffert des effets d'un feu très-violent, et elles montrent certaines lois dans l'arrangement respectif des roches anciennes qui les composent.

C. *Montagnes secondaires.* « Nous pourrons parler

plus décisivement sur les montagnes secondaires et tertiaires.... Ces deux ordres de montagnes présentent la chronique de notre globe, la plus ancienne, la moins sujette aux falsifications, et en même temps plus lisible que le caractère des chaînes primitives ; ce sont les archives de la nature, antérieures aux lettres et aux traditions les plus reculées, qu'il était réservé à notre siècle observateur de fouiller, de commenter et de mettre au jour, mais que plusieurs siècles après le nôtre n'épuiseront pas. »

Les montagnes secondaires sont de nature et d'origine toutes différentes des précédentes.

Elles sont situées sur les côtés de la bande de schiste du groupe précédent, qu'elles accompagnent en dehors.

Elles sont d'abord plus ou moins renversées et relevées, et deviennent de plus en plus horizontales et stratifiées. En s'éloignant des chaînes de montagnes, on voit les couches calcaires s'aplanir assez rapidement, prendre une position horizontale, et devenir abondantes en toutes sortes de coquillages, de madrépores et d'autres dépouilles marines. Tantôt elles sont solides et comme semées de productions marines; tantôt elles sont composées de coquilles et madrépores brisés, et de ce gravier calcaire qui se trouve toujours sur les parages où la mer abonde en pareilles productions; tantôt enfin elles sont dissoutes en craie et en marnes, et souvent entremêlées de couches de gravier et de cailloux roulés.

Elles sont composées de deux parties principales superposées, la couche glaiseuse et la bande calcaire.

La couche glaiseuse, qui semble continuée à une partie de la bande schisteuse des hautes chaînes, prouve, par ses abondantes pétrifications, que la mer doit l'avoir couverte à une très-grande profondeur.

Il est très-probable, remarque Pallas à cette occasion, que les ammonites et les bélemnites, dont nous ne connaissons pas encore les originaux, ne nous sont restés inconnues qu'à cause qu'elles ne sauraient vivre qu'à de grandes profondeurs. Leur abondance dans les lits de glaise, inférieurs aux couches calcaires, en sont une preuve indirecte. On a souvent agité la question de savoir pourquoi les pétrifications qu'on trouve dans les montagnes calcaires de l'Europe sont, pour la plupart, originaires des mers des Indes? Cette supposition elle-même paraît fausse. Les productions que l'on croit particulières aux mers éloignées sont pour la plupart les mêmes dans les mers du Nord, mais ne vivent partout que dans les abîmes, parce que leur existence semble demander la pression d'une grande masse d'eau. Telles sont, entre autres, les anomies (dites aussi poules et becs de perroquet), les palmiers de mer ou encrines.

1° *La bande argileuse* est formée d'abord de couches de dépôts, contenant des blocs de granite, des bancs énormes de cailloux roulés, puis de dépôts pyriteux, bitumineux et charbonneux stratifiés.

2° *La bande calcaire* est d'abord dure, lisse au poli; elle s'élève quelquefois en montagnes d'une hauteur très-considérable, irrégulières, rapides et coupées de vallons escarpés. L'on trouve, dans ces hautes montagnes calcaires, de fréquentes grottes et des cavernes très-remarquables, tant par leur grandeur que par les belles congélations et cristallisations stalactiques dont elles s'ornent. Quelques-unes de ces grottes ne peuvent être attribuées qu'à quelque bouleversement de couches; d'autres semblent devoir leur origine à l'écoulement des sources souterraines, qui ont amolli, rongé et charrié une partie de la roche qui en était susceptible.

La bande calcaire se convertit en craie, et alors elle contient ou non des silex.

Quelquefois elle est tellement abondante en madrépores et en coquillages, qu'elle en paraît entièrement formée, sans mélange d'animaux terrestres.

« Ces deux grandes bandes des montagnes secondaires, abondantes en productions marines, ont formé, l'une et l'autre, dans les premiers âges du globe, le fond d'une mer profonde, qui ne saurait avoir produit ces dépôts, originairement marins et sans aucun mélange d'animaux terrestres, que pendant une longue suite de siècles [1]. »

Ainsi, il n'est pas encore arrivé à la division des corps organisés marins et d'eau douce; division qui devra être faite plus tard en Italie et en France.

Il énumère donc, dans les terrains secondaires, la couche glaiseuse, le bloc ancien, au-dessus le calcaire jurassique, terminé par la craie, qui diffère de celle de son pays qui contient des silex.

D. *Des montagnes tertiaires.* A la bande calcaire sont superposées les montagnes tertiaires, effet des catastrophes les plus modernes de notre globe. Elles sont pour la plupart composées de grès, de marnes rougeâtres, entremêlées de couches diversement mixtes; elles s'étendent surtout par longues bandes parallèles aux principales pentes que suit le cours des rivières.

[1] La question du temps n'est pas encore résolue en géologie; c'est, du reste, la plus difficile de toutes; elle demande les données de toutes les sciences pour arriver à une solution probable.

« Elles contiennent très-peu de traces de productions marines, et jamais des amas entiers de ces corps, tels qu'une mer reposée pendant des siècles de suite a pu les accumuler dans les bancs calcaires. » Cette observation est contredite formellement par les terrains tertiaires parisiens, par exemple.

Rien, au contraire, ajoute-t-il, de plus abondant dans ces montagnes de grès stratifié sur l'ancien plan calcaire, que des troncs d'arbres entiers, et des fragments de bois pétrifié, souvent minéralisé par le cuivre ou le fer; des impressions de troncs de palmiers, de tiges de plantes, de roseaux et de quelques fruits étrangers; enfin, des ossements d'animaux terrestres, si rares dans les couches calcaires. Ces arbres sont remarquables surtout par les traces très-évidentes de ces vers rongeurs qui attaquent les vaisseaux, les pilotis et autres bois trempés dans la mer, et qui sont proprement originaires de la mer des Indes.

Dans ces mêmes dépôts sableux et souvent limoneux, gisent les restes des grands animaux de l'Inde : ces ossements d'éléphants, de rhinocéros, de buffles monstrueux, dont on déterre tous les jours un si grand nombre sur toute la frontière méridionale de la Sibérie.

Ces grands ossements, considérés dans leur site naturel, m'ont surtout convaincu de la réalité d'un déluge arrivé sur notre terre, d'une catastrophe dont j'avoue n'avoir pu concevoir la vraisemblance avant d'avoir parcouru ces plages, et vu par moi-même tout ce qui peut y servir de preuve à cet événement mémorable.

Ainsi donc, Pallas avait compris sous le nom de montagnes primaires, les granites et les schistes formés de leurs débris; dans les montagnes secondaires, les glaises, les calcaires et les craies; et enfin dans les montagnes tertiaires, tout ce que nous comprenons au-dessus de la craie. Il a mêlé à ces dernières le terrain diluvien, ce à quoi l'on est revenu aujourd'hui. Les montagnes secondaires sont, selon lui, le produit de la mer, tandis que dans les tertiaires il n'y a rien de marin. Voilà pour les faits d'après lesquels la géologie statique est presque tout à fait la même qu'elle est encore aujourd'hui, à part l'introduction d'un grand nombre de nouvelles observations, et par suite des subdivisions de ces divers terrains. Mais de plus il avait essayé d'en donner l'étiologie: là il a pu se tromper comme tout le monde; mais il n'en est pas moins vrai qu'un grand nombre de ses idées demeurent acquises à la science, et que les autres méritent d'être plus étudiées qu'on ne l'a fait.

II. *Géologie étiologique*, ou *des causes qui ont amené l'état actuel de nos continents*. Il ne faut pas, à son avis, se contenter d'une seule cause pour expliquer tous les phénomènes géologiques; et c'est parce que les géologues précédents ont voulu avoir recours à une seule cause qu'ils ont échoué; en effet, telle explication bonne pour un lieu, ne convient pas à un autre; aussi admet-il diverses causes pour les granites, les schistes, les calcaires, etc. Il rejette le feu central, et n'admet point que les reliefs, les grandes chaînes continues granitiques soient l'effet de ses explosions dans les premiers âges de la terre.

Il accepte les granites, sans chercher à découvrir leur cause, qu'il regarde comme introuvable.

Mais une fois les granites admis, cette roche, qui formait à l'origine le seul continent à découvert, décomposée par les influences météoriques et la présence d'un principe salin, a produit les amas de gravier, de sables, de roches décomposées, qui ont formé les schistes; de roches pourries, de limon, qui sont devenus terre végétale.

Il admet ainsi que les montagnes schisteuses et latérales au granite, semblent avoir éprouvé des effets de feux souterrains; mais qu'elles ont certainement une autre origine bien plus ancienne que les montagnes secondaires.

Le foyer des volcans semble donc placé sur la vieille roche granitique, mais non dans son intérieur, et encore moins au-dessous. Leur origine est entre les terrains schisteux et granitiques, et aussi dans la bande glaiseuse qui est remplie de pyrites bitumineuses. Dans ces lieux, où se trouvent en plus grande abondance les terrains minéralogiques, les minéraux, se combinant avec les nombreux produits sulfureux de la putréfaction des animaux marins, auraient donné lieu aux volcans et à tous les feux souterrains, qui, dès lors, ont pu soulever toutes les couches supérieures des terrains secondaires. C'est ainsi que l'Ararat semble avoir été formé, aussi bien que plusieurs montagnes schisteuses et calcaires de la Perse, où les volcans ne sont pas encore entièrement éteints.

Les montagnes secondaires, qui sont remplies de productions marines, étaient anciennement couvertes par les eaux de la mer, dont le niveau était assez élevé pour cela; elles ont été formées par une mer qui a reposé tranquillement pendant plusieurs siècles de suite. Alors le centre de l'Asie formait une grande île, entourée de montagnes, et formant autant de caps et de chaînes sous-marines que de branches montagneuses.

Il attribue les grottes des calcaires secondaires, les

unes à des bouleversements des couches, les autres à l'écoulement des eaux.

Les montagnes tertiaires sont, selon lui, le résultat des dernières catastrophes de notre globe; elles sont un effet du déluge.

Mais nous devons suivre Pallas plus loin. Après avoir exposé la statique de l'Asie et de ses montagnes, il conclut : « Voilà donc une grande étendue de pays croisés de montagnes, qui se trouvent infiniment au-dessus des plaines du continent, situées sous des parallèles assez variés pour que les productions du Nord et du Midi y aient pu trouver, dans les premiers âges du monde, les sites propres pour leur végétation ou pour leur vie. Si l'on suppose (comme il n'y a pas lieu d'en douter raisonnablement), que le niveau des mers était anciennement assez élevé pour couvrir les couches horizontales des continents que nous trouvons aujourd'hui remplies de productions marines, le centre de l'Asie aura donc formé une grande île entourée de montagnes, et formant autant de caps et de chaînes marines qu'il part de branches montagneuses de son centre. En supposant de plus, qu'au commencement ce plateau n'eût été que de granite tout nu, la décomposition que cette roche éprouve journellement par les influences météoriques, et par un principe salin inhérent au granite, auquel est due la salure des eaux et du sol dans tous les plateaux de l'Asie, et qui peut aussi avoir contribué à la première salure des mers, devait bientôt produire des amas de gravier, de roche pourrie et de limon, qu'on voit dans les Alpes être extrêmement fertiles pour la production de toute sorte de végétaux. Ce grand plateau, ainsi découvert, a été le premier terrain habitable; c'est dans les vallées du midi de cet ancien pays qu'on doit chercher la première patrie de notre espèce, surtout de la race des hommes blancs, qui ont été de là peupler en foule les heureuses contrées de la Chine, de la Perse, et surtout de l'Inde, où, de l'aveu de tout le monde, habitent les nations les plus anciennement cultivées de l'univers, et où, peut-être, l'on doit chercher les racines des langues primitives de l'Asie et de l'Europe [1].

«Tous les animaux qui sont devenus domestiques dans le Nord, aussi bien que dans le Midi, se trouvent originairement sauvages dans le milieu tempéré de l'Asie, à l'exception du dromadaire, dont les deux races ne viennent bien qu'en Afrique, et se familiarisent difficilement avec le climat d'Asie. La patrie primitive du taureau sauvage, du buffle, du mouflon, qui a produit nos brebis, de la chèvre à bézoard, et du bouquetin qui se sont mêlés pour produire la race féconde de nos chèvres domestiques, est dans les chaînes montagneuses qui occupent le milieu de l'Asie et une partie de l'Europe. Le renne abonde et sert de bétail dans les hautes montagnes qui bordent la Sibérie et qui remplissent son extrémité orientale. Le chameau à deux bosses subsiste sauvage dans les grands déserts, entre le Thibet et la Chine. Le sanglier occupe les forêts et les marais de toute l'Asie tempérée...., etc.

« Tous ces animaux, assujettis à l'homme, étant originaires de l'Asie tempérée, semblent prouver que le plateau de ce continent était aussi la première patrie du premier.

« On pourrait avancer que la race des hommes noirs forme la tige primitive de l'espèce, et la blanche n'être

[1] Les recherches plus approfondies de l'ethnographie, de la philologie, etc., démontrent la fausseté de cette dernière hypothèse de Pallas.

qu'une dégénération; mais bien des faits combattent une telle opinion. Il est plus probable que le hasard peut avoir transféré notre race en Afrique, dans un âge où les plateaux de ce continent étaient encore séparés de l'Asie par de grands intervalles de mer, et ce nouveau séjour étant tout entier dans la zone torride, l'influence d'un climat aussi brûlant, pendant une suite de siècles, dut bien faire changer de complexion à ces hommes transplantés. Tandis qu'en Amérique, où d'ailleurs l'espèce humaine semble moins anciennement établie, des situations tout aussi ardentes n'ont pu produire autant d'effet, par la raison, peut-être, que les hommes y trouvant une chaîne étendue du midi au nord, pouvaient successivement changer de climats ou mêler leurs races nées en différentes latitudes, et, par là, tempérer l'effet de la zone torride. »

Ainsi donc, Pallas regarde l'Asie centrale comme le premier centre où se serait opérée la création de l'homme et des animaux, qui auraient émigré ensuite, par des causes qu'il n'explique pas, dans deux autres centres où les êtres organisés auraient subi des modifications.

« L'Afrique, dit-il encore dans une note, doit avoir à son centre des contrées tout aussi élevées, entourées et croisées de montagnes, qui ont dû servir, comme ces plateaux de l'Asie et de l'Amérique, de pépinière à la création organique.

« De toutes les considérations précédentes, il suit donc, semble-t-il, que toutes ces plaines de la grande Russie étaient jadis fond de l'Océan. J'ai de plus avancé, à l'égard des chaînes granitiques et des plateaux formés par la vieille roche, que la mer, dont on n'y voit aucune trace, ne peut jamais les avoir surmontés, comme M. le comte de Buffon le pense. Mais ces plateaux et ces hautes chaînes ont toujours été îles et continents, bien moins étendus que ceux d'aujourd'hui, mais habitables aux animaux et végétaux terrestres. Reste à trouver les causes qui ont fait baisser le niveau des mers au point de découvrir cette grande étendue de terre qui forme aujourd'hui les plaines des continents, qui ont mis à sec ces bancs de coquilles marines, et qui ont pu élever une partie en hautes montagnes, dont l'élévation est trop prodigieuse pour admettre qu'elles aient été formées telles sous les ondes d'une mer primitive. Je crois qu'il faut combiner les effets successifs des volcans et des autres forces souterraines, avec ceux d'un déluge ou de plusieurs de ces débordements de l'Océan, pour donner des raisons probables des changements arrivés indubitablement sur notre terre. Il faut réunir plusieurs hypothèses modernes, mais non pas s'attacher à une seule cause, comme ont fait presque tous les auteurs des différentes théories du globe. »

Il suppose donc que les hautes chaînes granitiques ont formé de tout temps des plateaux habitables; qu'ils ont par leurs débris donné naissance aux couches schisteuses, aux grès et aux sables primitifs; que la mer amenant dans ces mélanges les produits de la dissolution de tant d'animaux et de végétaux dont elle est peuplée, a donné lieu, en infiltrant ces principes dans les couches qui se formaient sur le granite, à des amas de pyrites, foyers des premiers volcans, qu'on vit enfin éclater en différentes parties du globe.

Ces volcans, pendant des siècles, ont soulevé les montagnes schisteuses et calcaires qui correspondent aux couches des plaines, ont formé les cavernes de ces montagnes, et refoulé les eaux de la mer en soulevant ses bas-fonds.

D'un autre côté, les terres produites sur les montagnes, tant de la décomposition du granite et des autres pierres, que par la destruction des animaux et des plantes, avec les débris des roches entraînées par les torrents, augmentaient les côtes et reculaient les bornes de la mer.

Mais cette diminution des mers, jointe à la consommation probable des eaux, n'aurait pu suffire, pendant des milliers d'années, pour mettre à sec les chaînes marines horizontales. On s'en rendra facilement compte, si l'on suppose que des éruptions sous-marines, dont on voit encore des exemples dans nos mers, ont pu soulever des montagnes et des îles, en donnant lieu à de grandes inondations, qui auraient fait refluer les eaux dans des abîmes souterrains. Toutes les Alpes calcaires, qui excèdent cent toises d'élévation perpendiculaire, sont certainement élevées par l'action d'éruptions souterraines.

Or, M. de Jussieu a judicieusement conclu, d'après les fougères et les autres plantes indiennes qui se trouvent empreintes sur les ardoises d'Europe, que l'inondation qui les coucha dans ces lits, devait venir du Sud ou de l'Océan des Indes. La même direction est prouvée par les restes d'animaux terrestres, qui ne vivent qu'entre les tropiques, entassés jusque dans les terres arctiques.

« Mais quoi de plus commun que les volcans dont tous les archipels de l'Inde, depuis l'Afrique jusqu'au Japon et aux terres australes, sont remplis et conservent les vestiges? Ceux qui subsistent encore dans ces parages, sont même les plus puissants et les plus furieux de l'univers.... La première éruption de ces feux, qui y soulevèrent le fond d'une mer très-profonde, et qui, peut-être, d'un seul éclat ou par des secousses qui se succédèrent de près, fit naître les îles de la Sonde, les Moluques, et une partie des Philippines et des terres australes, devait chasser de toutes parts une masse d'eaux qui surpasse l'imagination, laquelle heurtant contre la barrière que les chaînes continues de l'Asie et de l'Europe lui opposent au nord, et poussées par les nouvelles ondées qui succédaient, dut causer des bouleversements et des brèches énormes dans les terres basses de ces continents, entraîner les bancs formés au-devant d'eux et les couches supérieures des premières terres, et en surmontant les parties moins élevées à la chaîne qui forme le milieu du continent, charrier et déposer sur les pentes opposées ces dépouilles mêlées aux matières dont l'éruption avait déjà chargé les eaux de la mer, y ensevelir sans ordre les débris d'arbres et de grands animaux qui furent enveloppés dans la ruine, et former, par ces dépôts successifs, les montagnes tertiaires dont nous avons parlé, et les atterrissements de la Sibérie; former, enfin, en s'écoulant du côté du pôle...., les inégalités, les vallées, les traces des fleuves, les lacs et les grands golfes de la mer Septentrionale. En considérant les grands golfes de la mer qui baigne l'Asie au midi, comme les traces faites en abordant par les flots de l'Océan, l'on en rendra une raison bien plus plausible que si l'on voulait, avec M. le comte de Buffon, attribuer quelques-unes de ces brèches aux effets imperceptibles d'un mouvement constant des mers de l'orient en occident.»..

«Ce serait donc là ce déluge, dont presque tous les anciens peuples de l'Asie, les Chaldéens, les Perses, les Indiens, les Thibétains et les Chinois, ont conservé la mémoire, et fixent, à peu d'années près, l'époque au temps du déluge mosaïque. L'Europe et les basses terres de l'Asie ont depuis souffert de considérables changements par d'autres inondations, tantôt dues à de semblables éruptions sous-marines, tantôt à l'effusion des grandes mers méditerranées, comme peut-être de celle qui porte aujourd'hui ce nom, et du Pont-Euxin. »

Cet énorme diluvium admis par Pallas, a été rejeté par Cuvier et Blumenbach, parce que les animaux qu'on y trouve ne sont pas ceux de l'Inde; mais ce fait seul ne renverserait pas entièrement sa thèse.

Ainsi, Pallas avait posé dans un petit mémoire toutes les bases et les grands principes de la géologie positive, et c'est de cette étude que sont parties l'école de Werner et les écoles modernes, qui n'ont guère fait que subdiviser ces terrains admis et démontrés par Pallas, qui était ainsi arrivé, par les circonstances et les études les plus favorables, à émettre les opinions démontrées aujourd'hui avec plus de certitude.

III. Palæontologie, ou *de l'emploi des médailles restées dans le sein de la terre, pour en constater l'état à telle ou telle époque.* Pallas, après avoir prononcé que les montagnes secondaires et tertiaires sont le livre des archives de la nature, antérieures à toute histoire, a le premier distingué les montagnes, qu'on a appelées depuis formations, suivant qu'elles contiennent ou non des corps organisés, et ensuite, suivant que ces corps sont ou marins ou terrestres; par là il a appuyé sur la palæontologie, la géologie étiologique.

Il a fait la remarque importante qu'il ne fallait pas admettre que des animaux fossiles fussent perdus, parce qu'on ne les connaît plus à l'état vivant; il pense, par exemple, que les ammonites et les bélemnites existent encore dans les profondeurs vaseuses de la mer.

Le premier encore, il a observé que les restes fossiles qui se trouvent en très-grand nombre dans les terrains diluviens, étaient plus rapprochés des produits de l'Inde que de ceux des pays où ils se trouvent. Aujourd'hui, on veut que cela soit dû à la variation de température, tandis que Pallas s'en sert pour démontrer sa grande irruption venant de l'Inde; et cette question a eu et a peut-être encore besoin d'examen.

Quant à l'espèce humaine, il admet qu'elle est originaire du plateau de l'Asie; ses idées là-dessus sont encore à étudier. Il prouve par des travaux successifs, les seuls qui aient été bien faits, la dégénérescence de tous nos animaux domestiques. Dès lors, il lui a été possible, avec l'anatomie zoologique, d'étudier, par une comparaison exacte avec les animaux vivants, les ossements fossiles, et même les dents mammelonnées du mastodonte, qu'il a comparé avec l'animal de l'Ohio. C'est en posant ces principes, que nous verrons si bien appliqués et développés plus tard, que Pallas a créé la palæontologie, et l'a dirigée vers les grandes questions de l'étiologie de notre globe. Il les a lui-même appliqués à la détermination d'un assez grand nombre d'ossements fossiles de mastodonte, d'éléphant, de rhinocéros, de buffle, de gazelle, de gazelle recticorne, etc., etc., et il avait déjà remarqué que ces animaux se trouvent avec des coquilles marines, des os de poissons marins, des ammonites et des bélemnites.

Il n'y avait donc plus après Pallas qu'à augmenter le nombre des faits, à l'aide des principes qu'il a posés, et c'est en effet ce que nous verrons se faire en palæontologie, quoique avec moins de réserve et de sagesse.

Il est remarquable que Pallas soit le seul qui, avec ses

observations propres, ait étudié l'histoire naturelle de l'homme et la disparition des races.

IV. Phytologie. Les travaux de Pallas ont contribué aux progrès de la botanique, surtout en augmentant le nombre des végétaux connus. Il a étudié les plantes, mais seulement en phytologiste collecteur. Il les a aussi étudiées en rapport avec la géologie et la géographie botanique. Il a vu que les plantes varient suivant les terrains et les pays. Il avait consacré une partie de ses grands ouvrages à la botanique de Russie, plutôt d'une manière géographique que pour la démonstration de la série, à laquelle il n'a pas touché.

V. Zoologie. C'est surtout comme zoologiste que nous avons à faire ressortir le mérite de Pallas : il a dirigé ses travaux sur tous les points de cette science, et dans tous il a fait quelque chose, quand il n'a pas créé entièrement.

1° *Anatomie zoologique et zooclassique*. L'anatomie humaine était achevée par les beaux travaux de Haller. L'anatomie zoologique était encore dans les langes de son berceau; Galien avait disséqué le singe, mais plutôt pour connaître l'homme que pour étudier les animaux; aussi il ne fut pas continué sous ce dernier point de vue. Willoughby et Ray étudièrent les oiseaux anatomiquement, mais ce fut sans intention de rapports naturels et de science constituée; cela d'ailleurs était impossible avant la connaissance de l'organisation des mammifères. Daubenton, collaborateur de Buffon, étudia l'anatomie des quadrupèdes; il prépara un grand nombre de faits, mais l'influence de Buffon l'entraîna; il ne systématisa rien, et bien qu'il ait aperçu des rapports de structure entre les animaux divers, il n'en tira aucun parti pour le groupement des espèces et des genres; il ne constitua point la science; sans principe aucun, cela lui était impossible; il ne regardait même pas les animaux inférieurs comme faisant partie du règne animal, dans lequel il ne voulait comprendre que les mammifères, les oiseaux, les reptiles et les poissons. Ses travaux anatomiques ne portèrent d'ailleurs que sur les mammifères.

Cette science était donc à créer quand Pallas la prit; il ne se contenta pas, comme ses prédécesseurs, de disséquer des animaux isolés, et sans aucun but de rapprochements naturels; mais il étudia les espèces, et il les réunit en groupes anatomiquement. Il a établi que les classes des animaux devaient reposer sur les considérations de l'organisation intérieure et extérieure, ainsi que sur le mode de génération. C'est dans ces principes qu'il a fait l'anatomie zoologique et zooclassique de plusieurs animaux mammifères et d'oiseaux; mais, dépassant Daubenton et Buffon, qui avait légué les reptiles à Lacépède, Pallas introduit dans la science de l'anatomie zooclassique un très-grand nombre de genres d'animaux inférieurs : 1° des insectes; 2° six genres de vers intestinaux et parenchymateux; 3° les aphrodites; 4° les néréides; 5° les lombrics; 6° les serpules; un très-grand nombre de zoophytes, etc. Ses descriptions, en portant d'abord sur les genres en général, puis sur les espèces qu'il y rattache, établissent nettement les groupes naturels; et bien qu'il se soit abstenu de créer des espèces et des genres nouveaux, ses travaux fournissent de la manière la plus positive tous les éléments nécessaires pour exécuter cette création.

2° *Géographie zoologique.* Ses nombreux voyages lui permirent d'étudier les animaux dans leur patrie même, et, par conséquent, de servir utilement la science pour la distribution des êtres à la surface du globe. Il a combattu Buffon dans sa répartition géographique des animaux; il s'appuie pour cela sur le daman et les cavia de Linné, sur les fourmiliers et les didelphes; mais la loi du peintre de la nature fut au contraire confirmée par ses objections.

3° *Méthode et classification.* Il fut plus heureux contre Linné : celui-ci avait divisé les êtres en trois règnes : minéral, végétal et animal. Pallas revint à la division d'Aristote, en ψυχία et ἀψυχία, règne organique et règne inorganique, ce que la science accepte aujourd'hui. C'est dans l'introduction à son *Elenchus*, seul endroit où il traite des questions générales de zoologie, de classification des êtres naturels, qu'il en a parlé. Il divise le règne organique en végétaux et animaux. Les animaux peuvent être divisés en classes; les végétaux ne forment qu'une seule classe, la dernière des corps organisés; et les zoophytes font le passage des animaux aux végétaux.

Les corps organisés sont, dit-il, des machines hydrauliques, ennoblies par un principe actif inné, qui vivifie tout point : elles reçoivent les particules hétérogènes, dissoutes par un liquide, dans des canaux propres, les transmettent, les préparent et les convertissent en leur nourriture. La plupart aspirent l'air par des organes propres, et toutes tendent à reproduire une machine semblable.

Les plantes se nourrissent et aspirent l'air; elles se reproduisent par la graine, par les gemmes ou des boutures: telles sont les plantes parfaites; mais les plantes imparfaites, telles que les ulvées, les trémelles et les lycoperdes, sont beaucoup plus simples ; elles se nourrissent et fructifient par un petit sac plein de cellulosités et de parenchyme. La nature s'élève de celles-ci jusqu'aux plus parfaites, et développe tous ces organes dans les animaux en y ajoutant les nerfs et les muscles.

Il compare le système de la nutrition dans les végétaux et les animaux; il trouve dans les ramifications des vaisseaux les analogues des branches des plantes qui plongent dans l'air.

La respiration par les poumons, les branchies et les trachées a quelque chose d'analogue à ce qui se passe dans les végétaux qui ont des organes ressemblant aux trachées.

Dans la génération, il trouve les mêmes analogies; il compare le vitellin de l'œuf aux cotylédons de la graine.

Il ne trouve de différence que dans le système nerveux et musculaire, qui distingue l'animal du végétal.

Il considère la rédintégration, cette propriété dont jouissent certains animaux de reproduire certaines parties qu'ils ont perdues, comme une véritable végétation.

Les zoophytes sont pour lui les intermédiaires, le passage des végétaux aux animaux. Il résume historiquement ce qui a été dit sur ces zoophytes avant lui. C'est à Peyssonnel, puis à Trembley, dans ses expériences sur l'hydre verte, qu'est dû le premier pas certain. Réaumur ressuscita l'opinion de Peysonnel, et tout le monde l'adopta à la suite de Linné.

Comparant ensuite les zoophytes aux végétaux, et montrant leur animalité, il en conclut que la nature ne fait point de sauts; mais qu'elle a disposé tous les êtres organiques dans une série continue, et qu'elle a enchaîné par un lien d'affinité très-étroit les espèces en genres, ceux-ci en ordres, les ordres en classes, et les classes entre elles. Mais Pallas rejette la série animale, qu'il ne comprenait pas, quoiqu'il fût en voie de la démontrer; et parce qu'il voyait qu'avec un castor on marchait aux poissons, avec les chauves-souris aux oiseaux, il rejetait une certaine échelle de la nature que l'on ne trouvera, dit-il, jamais, telle que la veulent Bradléjus et Bonnet, qui la regardent comme une série continue, et déjà Donati a observé très-judicieusement que les œuvres de la nature se rattacheraient plutôt en réseau.

Pallas propose lui-même une autre classification qui ne manque pas d'intérêt, et qui a été empruntée et élaborée de nouveau par Cuvier. Le système de tous les corps organiques serait, dit-il, parfaitement figuré par l'image d'un arbre, qui, dès la racine, produit un double tronc contigu des plantes et des animaux les plus simples.

Il laisse là le tronc végétal et fait pousser le tronc animal, des zoophytes par les mollusques aux poissons, en jetant entre eux la grande branche des insectes; des poissons le tronc pousse aux amphibiens, aux reptiles et aux quadrupèdes qui occupent le sommet du tronc, mais entre eux et les reptiles pousse la grande branche des oiseaux. Les rameaux se diviseraient en ramuscules pour former les genres.

Pallas acceptait donc la méthode en général, et quoiqu'il ne fût pas toujours dans la vraie, il a cependant réussi sous le rapport de la nomenclature et du groupement des genres toutes les fois qu'il y a touché. Il accepte la nomenclature binaire de Linné, et blâme les changements de noms qui embrouillent la science.

Dans chacune des classes, on peut dire qu'il a donné

des types, des exemples de la manière dont un groupe doit être étudié.

Dans ses *Spicilegia* et ses *Miscellanea*, il a donné des monographies d'oiseaux parfaites.

Pour les reptiles, il a démontré qu'il ne fallait pas séparer les lézards sans pieds de ceux qui en ont.

Il a également plusieurs genres de poissons très-bien étudiés et parfaitement tranchés.

Son travail sur les animaux chétopodes est réellement ce qui existe de mieux, et M. de Blainville avoue qu'il n'a fait lui-même qu'accroître le nombre des espèces.

Pallas a en partie créé toute la classe des zoophytes.

Sous le point de vue zoologique et sous le rapport des descriptions, il ne le cède en rien à Daubenton, collaborateur de Buffon, et quelquefois même il égale ce dernier.

Concluons donc que Pallas a été le créateur de la géologie positive, de l'anatomie palæontologique, de l'anatomie zoologique et zooclassique; qu'il a étendu la géographie zoologique, fait connaître un grand nombre d'animaux, marché à la méthode naturelle et à la démonstration de la série animale, bien qu'il ne l'ait pas comprise.

VI. Ethnographie. Mais on peut ajouter qu'il est encore le créateur de l'anthropologie complète. Dans son ouvrage sur les nations mongoles, il a tracé le cadre dans lequel doit être traitée l'histoire. Il étudie d'abord cette race sous le point de vue physique, et traite de son organisation, de sa position sur le sol, ou de la disposition géographique et climatérique; en second lieu, sous le point de vue intellectuel, et il étudie la disposition religieuse, morale et politique de ce peuple, etc. Ses ouvrages d'ethnographie viennent fournir un nouveau moyen de remonter à l'origine des peuples et de suivre leur généalogie par l'étude comparée de leurs langues; il a comparé deux cent soixante-huit mots en deux cents langues d'Asie et d'Europe.

Dans l'article de la biographie de Linné, j'ai donné la date de sa naissance au 14 mars 1707, avec la plupart de ses biographes, ou au 13 mai de la même année, m'appuyant, pour cette dernière, sur une note de M. Desgenettes, publiée en 1828, dans le Journal complémentaire du *Dictionnaire des sciences médicales.* L'extrait de l'opuscule rare, relatif à Linné, dont M. Desgenettes donnait l'extrait étant, d'après celui-ci, sans nom d'auteur, aussi bien que sans indication de lieu et date de l'impression, il m'avait été impossible de décider du degré de confiance que méritait la nouvelle date donnée pour la naissance de Linné; mais ayant eu le bonheur de trouver dans ma bibliothèque cet opuscule, réimprimé à la suite d'un ouvrage publié en 1792, à Hambourg, par Dietrich-Henri Stœver, sous le titre de *Collectio epistolarum quas scripsit Carolus A. Linne* et *d'Opuscula pro et contra verum immortalem scripta extra sueciam rarissima*, j'ai pu en tirer des renseignements certains.

L'opuscule dont a parlé M. Desgenettes est intitulé : *Orbis eruditi judicium* de Caroli Linnæi à M. D. scriptis.* Il a été publié à Stockholm, dans l'année 1739, époque à laquelle cesse, dans cet ouvrage, l'énumération des écrits de Linné; il est de Linné lui même. Il a été publié à un très-petit nombre d'exemplaires, pour contrebalancer les attaques auxquelles il fut exposé lors de sa nomination à la présidence de l'académie royale de Stockholm, et surtout de la part de Vallérius. Ce célèbre minéralogiste, alors compétiteur de Linné à la chaire de médecine de l'université d'Upsal, vacante par la mort de Robery, en effet, fit soutenir vingt thèses physiologico-anatomiques, pathologiques et thérapeutiques, à cette université contre son illustre compatriote. Il critiquait aussi le défaut de pureté et d'élégance de sa latinité, sur quoi Linné avait l'habitude

* M. D. avait oublié ce mot *judicium*, ce qui rendait ce titre peu intelligible.

de dire à ses amis : *Malo tres alapas à Prisciano, quam unam a natura.*

D'après ces renseignements que j'ai tirés de la préface de l'ouvrage de Stœver, il est évident que la date de la naissance de Linné doit être descendue au 14 mai 1707, comme il se dit lui-même : 1707. *Maii* 13 *natus,* dans l'opuscule cité, où ce grand homme se crut obligé de rapporter textuellement les témoignages de tous les naturalistes célèbres d'alors. Je me bornerai à citer ce passage d'une lettre du grand Boerhaave en remercîment du *Genera plantarum : secula laudabunt, boni imitabuntur, omnibus proderit.* De B.

FIN DU TOME II.

ERRATA.

Tome II, page 25, dernière ligne, *ses erreurs;* lisez : *son erreur.*

COMPLÉMENT A LA PÉRIODE V.

MOYEN AGE. — ALBERT LE GRAND.

INFLUENCE DU CHRISTIANISME SUR LE PROGRÈS DES SCIENCES.

Dans notre Avertissement du premier volume, nous avons annoncé que nous remplacerions le Discours préliminaire, cité dans l'ouvrage, par le Complément actuel, dans lequel nous allons traiter de la haute influence du christianisme sur le progrès des sciences, ce qui revient à examiner la doctrine que M. Libri s'est efforcé d'établir dans le discours préliminaire de l'Histoire des sciences en Italie. Pour mettre le lecteur au courant, nous commencerons par lui rappeler cette doctrine, dont voici la substance résumée par l'auteur lui-même :

« Si l'on veut maintenant, dit M. Libri, résumer les faits « exposés dans ce *discours préliminaire*, on verra d'abord, à « l'origine des temps historiques, la civilisation orientale ve- « nant s'amalgamer en Toscane avec les éléments aborigènes « que possédait l'Italie. A l'Étrurie succède la Sicile : là, « mœurs, langage, poésie, tout est grec; hors les sciences « marquées d'un caractère particulier à l'Italie, l'observation. « La physique expérimentale, la mécanique, l'analyse indé- « terminée, ont pris naissance dans la Grande Grèce. Rien ne « paraissait devoir borner leur développement; mais bien- « tôt le Romain arrive, il saisit la science personnifiée dans « Archimède, et l'étouffe. Partout où il domine, la science « disparaît : l'Étrurie, l'Espagne, Carthage en font foi. Si « plus tard Rome, n'ayant plus d'ennemis à combattre, se

« laisse envahir par les sciences de la Grèce, ce sont des « livres seulement qu'elle recevra : elle les lira et les tra- « duira sans y ajouter une seule découverte. Guerriers, « poëtes, historiens, elle les a eus, oui; mais quelle ob- « servation astronomique, quel théorème de géométrie de- « vons-nous aux Romains ? Chassées d'Occident, les sciences « s'étaient réfugiées à Alexandrie. Le christianisme apparaît, « s'avance au milieu des tortures, et finit par escalader le « trône. Au despotisme et à la corruption des empereurs « succèdent le despotisme et la corruption des moines. Le « labarum, qui a remplacé l'aigle romaine, ne sait plus « avancer. Au lieu d'assiéger des villes ennemies, on monte « à l'assaut des temples païens, dernier refuge de l'antique « savoir. A cette époque, la science est ou païenne, ou héré- « tique. La cour des Sassanides sert d'asile aux philosophes « d'Alexandrie, comme aux savants Nestoriens. Un barbare « essaye vainement d'enseigner la tolérance aux chrétiens.

« Mais si les Romains et les chrétiens n'ont pas contribué « directement aux progrès des sciences; si même, compre- « nant l'humanité d'une manière imparfaite, et croyant « qu'elle avait pour symbole une épée ou une croix, « ils ont brisé tout autre symbole, et opposé des barrières « à l'avancement de l'esprit humain, ils ont néanmoins « aidé efficacement à la marche de la civilisation, en fon- « dant l'unité européenne. Cette unité, créée par les Ro- « mains, et retrouvée par les chrétiens sous les ruines où « l'avaient ensevelie les barbares, a été la base de tous les « progrès des sociétés modernes.

« Par la décadence de l'empire romain, l'Occident tom- « bait en dissolution : les barbares arrivent. C'est un fléau « pour les monuments, pour les livres, pour les statues : « leur choc brise tout; mais une race dégénérée profite de « l'énergie sauvage des envahisseurs. Convertis à la foi du

« Christ, les barbares reçoivent d'abord quelques débris de « la civilisation latine; mais lorsque la féodalité et la supré- « matie universelle de l'Église s'établissent, l'ignorance « déborde de toutes parts. L'Orient est plus heureux. Des « sables du désert, Mahomet fait jaillir un peuple de « guerriers. Les Arabes reçoivent, par les Nestoriens, les « sciences des Grecs. Ils s'emparent du savoir des Hindous, « des inventions des Chinois, les fécondent et les transpor- « tent en Occident. Trois foyers de lumière s'établissent alors « en Europe. L'élément arabe, le scandinave et le latin con- « courent à la fois, et par des moyens divers, à la renais- « sance des lettres. Les langues modernes et la poésie se « développent : bientôt la réaction se manifeste. Les Mores « sont chassés d'Italie et menacés en Espagne. Les croisades « conduisent à l'affranchissement des communes. La lutte « entre le sacerdoce et l'empire favorise la liberté munici- « pale en Italie. Les arts, les lettres, les sciences se relè- « vent. En vain de nouveaux essaims de barbares sortent « des déserts de la Tartarie. Les Mongols eux-mêmes sont « domptés par la civilisation renaissante, qui les charge de « colporter de grandes découvertes d'une extrémité à l'autre « du continent.

« Et, après toutes ces révolutions, après tant de bar- « barie, on retrouve encore l'Italie. On la verra désormais « placée à l'avant-garde de la civilisation, diriger, pendant « plusieurs siècles, la marche intellectuelle de toute l'Eu- « rope[1]. »

Ce n'est pas sans quelque retour sur le sentiment de notre faiblesse, que nous osons nous mesurer avec un tel athlète, car, à côté des opinions qu'il est impossible d'ad-

[1] *Histoire des sciences mathém. en Italie,* depuis la renaissance des Lettres jusqu'à la fin du dix-septième siècle, par M. Guillaume Libri, membre de l'Institut. T. I. *Disc. prélim.*, p. 185-189.

mettre dans un siècle consciencieux comme le nôtre, il y a dans le livre de M. Libri de grandes et belles vérités, et surtout une érudition qui atteste de longues veilles, et des travaux que ne font point des esprits légers et superficiels; mais l'amour de la vérité, notre seul mobile, nous encourage avec d'autant plus de force, que nous espérons d'un esprit aussi sérieux un examen plus approfondi. La thèse de M. Libri se réduit à trois assertions principales: 1° contre le monachisme; 2° contre l'établissement de l'Église; 3° contre sa suprématie et le gouvernement des princes chrétiens; mais l'ordre historique étant tout à la fois le plus naturel et le plus logique, nous serons obligés, pour le suivre, d'intervertir un peu, dans notre examen, l'ordre dans lequel l'auteur présente ces assertions.

Ainsi, I°, cette double assertion, que l'intolérance des premiers chrétiens détruisit les monuments de la science [1], et que le mysticisme énerva tout ce qu'il se trouva de génies, parce que le christianisme, qui voulait dominer seul, défendit toute étude profane [2], et arrêta les progrès des sciences, attaquant évidemment les cinq premiers siècles de l'Église, nous l'examinerons d'abord, et nous tâcherons de démontrer : 1° Que le christianisme n'a jamais été intolérant, et encore moins à son origine. 2° Que loin d'avoir été interdite dans l'Église, l'étude des sciences profanes y a, au contraire, été encouragée et cultivée, même avec succès, dès les premiers siècles, et que, par conséquent, la science ne fut pas alors uniquement ou païenne ou hérétique; ce qui nous sera démontré, 1° par les écoles publiques et les relations des savants chrétiens avec les savants païens; 2° par les travaux et les ouvrages des Pères; 3° par

[1] M. Libri, *Hist. des sc. en Italie*, t. I, *Disc. prélim.*, p. 187.
[2] *Id.*, *ib.*, p. 65.

leur doctrine, qui ordonne l'étude des sciences profanes, loin de la défendre; 4° enfin, par les progrès qu'ils firent faire au cercle des connaissances humaines.

II. Cette seconde assertion, qu'au despotisme et à la corruption des empereurs succéda le despotisme et la corruption des moines[1], ne pouvant évidemment se rapporter qu'à l'époque qui s'est écoulée depuis le cinquième siècle, puisque, sans aucun doute, l'auteur n'a pas prétendu parler du despotisme et de la corruption des solitaires et des ascètes, qui furent à peu près les seuls moines des quatre ou cinq premiers siècles[2], nous y répondrons ensuite, et nous

[1] M. Libri, *Hist. des sc. en Italie*, t. I, *Disc. prélim.*, p. 186-7.

[2] Les thérapeutes, espèces de moines juifs, passent pour s'être convertis au christianisme et pour avoir donné naissance au monachisme; mais il n'y a rien de certain à ce sujet. — Dès l'an 63, on vit à Alexandrie quelques chrétiens se réunir pour prier et méditer ensemble, mais ce n'étaient pas des moines; ils n'avaient pas encore de règle. Le grand nombre des solitaires de la Thébaïde ne datent que de la persécution de Dèce (en 249); elle fit fuir les chrétiens dans les déserts, et saint Paul, patriarche des solitaires, fut de ce nombre (*a*). — On rapporte à l'an 272 le commencement de la retraite de saint Antoine, le premier solitaire qui eut des disciples nombreux; car avant lui, dit saint Athanase, il n'y avait presque pas de monastères en Égypte. Toutefois il ne commença à avoir des solitaires réunis autour de lui qu'en 306, et ce fut là l'origine des nombreux monastères de l'Égypte; mais ils n'avaient encore d'autre règle que les conseils et l'exemple de saint Antoine (*b*). — On fixe à l'an 313 la conversion de saint Pacôme, le premier dont nous ayons une règle monastique (*c*). Saint Basile ne reçut le baptême qu'en 357. L'ordre et la règle de Saint-Basile sont regardés comme le premier ordre religieux constitué. Sa règle était le fruit de tout ce qu'il avait observé parmi les moines solitaires. — En 354, saint Eusèbe, évêque de Verceil, commence le premier, en Occident, à joindre la vie cénobitique

(*a*) Hier., *Vit. Pauli.*

(*b*) *Vie de saint Antoine* par saint Athanase, son contemporain et son ami.

(*c*) Hier., *Vita Palemon.*, *Pacom.* et *Vita PP.*, de Rosweide.

essayerons, 1° de réduire à sa juste valeur l'accusation de despotisme et de corruption des moines, et 2° de prouver que, loin d'avoir nui aux progrès de la civilisation et des sciences, ils y contribuèrent au contraire, 1° en sauvant du choc et de la destruction des barbares les travaux des Pères des siècles précédents, et tout ce qui nous reste des monuments de l'antiquité, et 2° en se consacrant presque seuls à la culture des sciences, que les ordres religieux ont propagées et données aux modernes.

III. Enfin, contre la dernière assertion, que la suprématie universelle de l'Église et le gouvernement des princes chrétiens ont été le plus grand obstacle à l'avancement des sciences[1], nous démontrerons, au contraire, qu'elles doivent une partie de leurs progrès, 1° à la protection et au zèle de ces deux puissances, qui créèrent les universités et les colléges, et 2° surtout à la suprématie de l'Église, qui créa l'unité, non-seulement européenne, mais catholique.

§ I.

1° Quand toutes les institutions sociales et la civilisation

à la vie cléricale, en réunissant son clergé dans sa maison (*d*). En 360, saint Martin, depuis évêque de Tours, fonde le monastère de Ligugé près Poitiers, qui paraît être le plus ancien que l'on connaisse dans les Gaules (*e*). Enfin, saint Benoît, le patriarche et le père de tous les moines d'Occident, ne commença à être connu qu'en 497. Il y avait bien déjà quelques moines en Occident et même des monastères un peu relâchés, puisque saint Benoît fut persécuté par les moines de Vicovare à cause de sa sévérité. Mais le monachisme véritablement constitué ne date, en Occident, que de la fin du cinquième siècle (*f*).

[1] M. Libri, *Hist. des sc. en Italie*, p. 187.

(*d*) Hier.

(*e*) *Vie des Pères et Martyrs*, de Butler.

(*f*) Voir *la Vie de saint Benoît*, par saint Grégoire; *les Annales bénédictines*, etc.

moderne attestent par leur existence l'œuvre du christianisme; quand les assertions de l'école encyclopédique ont été tant de fois et si victorieusement réfutées, on est surpris de les voir reproduire encore comme une chose neuve. L'intolérance chrétienne est devenue une accusation si banale, qu'on n'ose plus la prononcer sans quelque hésitation, et qu'il paraît superflu de la réfuter; cependant, M. Libri l'ayant représentée sous un point de vue plus sérieux que ses devanciers, nous sommes autorisés à le suivre sur ce terrain, et à rappeler l'attention sur l'histoire mieux appréciée.

Lorsque M. Libri nous a si énergiquement peint le christianisme s'avançant au milieu des tortures[1], il ne prévoyait pas sans doute que, deux lignes plus bas, les chrétiens seraient, au contraire, les intolérants et les persécuteurs[2], qui détruiraient les derniers refuges de la science, et à qui « un barbare essayerait vainement d'enseigner la tolérance[3], » en immolant sans doute à ses soupçons tyranniques les Symmaque et les Boèce, dont l'ombre obsédait sa conscience coupable jusqu'à la table où il voyait leur tête tressaillir dans le plat qu'on lui servait[4].

Sans nous arrêter à relever les assertions contradictoires, nous rappellerons trois grands faits, constatés par les monuments les plus authentiques : le premier, c'est l'état de victimes douces et patientes où vécurent les chrétiens des quatre premiers siècles, malgré leur grand nombre, capable d'ébranler l'empire, s'ils se fussent seulement soustraits à l'obéissance de leurs tyrans[5]. Dès le milieu du premier siècle, saint Paul écrivait aux Romains que leur foi était

[1] M. Libri, *Hist. des sc. en Italie*, p. 186-7.

[2] *Id., ib.*, p. 186-7.

[3] *Id., ib.*

[4] Lacépède, *Hist. d'Europe*, t. I, p. 269-70; d'après Procope.

[5] Tertul., *Apolog.*, ch. 37.

annoncée à tout l'univers[1]. Tacite, qui écrivait sous Trajan, raconte les tourments que Néron faisait subir aux chrétiens, dont « l'exécrable superstition, s'écriait-il, réprimée un instant, *se débordait* de nouveau, non-seulement dans la Judée, où elle avait pris sa source, mais dans Rome même. » Et plus bas : « On saisit d'abord ceux qui avouaient leur secte, et, sur leur déclaration, *une immense multitude*[2]. » Peu de temps après, ou à la même époque, Pline le Jeune, gouverneur de Bithynie, écrivait à Trajan : « Un très-grand nombre de personnes de tout âge, de tout sexe, de tout ordre, sont et seront tous les jours impliqués dans cette affaire (*des chrétiens*); ce mal contagieux n'a pas seulement infecté les villes, il a gagné les villages et les campagnes[3]. » Si les persécutions contre les chrétiens n'avaient eu lieu qu'à Rome, on pourrait croire qu'il n'y avait de chrétiens que là et en Judée, mais elles sévirent dans tout l'empire. Les martyrs des Gaules sont célèbres; ceux d'Afrique, de Palestine, de Syrie, d'Asie et de Grèce, ne le sont pas moins.

Donc les chrétiens formaient une grande partie de l'empire : « Car, dit Tertullien, qui écrivait au commencement du troisième siècle, nous ne sommes que d'hier, et nous remplissons tout, vos villes, vos îles, vos bourgs, vos provinces, vos assemblées, les camps même, les tribus, les décuries, le palais, le forum. Nous ne vous laissons que vos temples. Combien n'aurions-nous pas été propres et hardis à combattre, même à inégalité de force, nous qui nous faisons égorger si volontiers, si notre religion ne nous obligeait plutôt à mourir qu'à tuer[4]. »

[1] S. Paul. ad Rom., cap. I, v. 8.

[2] Corn. Tac., *Ann.*, l. XV, c. XLIV.

[3] Plin., l. X, epist. 97.

[4] Tertul., *Apolog.*, ch. XXXVII. Quoiqu'elle ne doive pas être

La légion mélitine, à peu près toute composée de chrétiens [1], reçut de Marc-Aurèle le surnom de Fulminante, Κεραυνοβόλος, dit Dion Cassius, parce qu'elle avait attiré la foudre contre les ennemis des Romains. Les chrétiens étaient si nombreux dans les armées romaines, qu'ils y avaient acquis une réputation extraordinaire de valeur, et qu'on les ménageait jusqu'à leur permettre une formule particulière de serment, qui contentait leurs maîtres sans blesser leur conscience [2]. Le Valais est célèbre par le martyre de la légion thébaine.

Les chrétiens formaient donc une notable partie de l'empire, et néanmoins on les poursuivait à toute outrance; leur sang ruisselait de toutes parts : la persécution de Néron dura six ans; celle de Domitien un an; celle de Trajan vingt ans; celle de Marc-Aurèle dix ans; celle de Sévère neuf ans, celle de Maximin trois; celle de Dèce, qui peupla les déserts, un an, et deux ans sous Gallus; celle de Valérien deux ans; celle d'Aurélien un an. La dixième persécution générale dura dix ans [3]. Ainsi, pendant soixante-quatorze ans, la dent des bêtes et la hâche du bourreau ne se ralentirent pas. Des générations de bourreaux se succédèrent toujours en activité; les hommes ne suffisaient pas pour massacrer les hommes; leur bras fatigué trouva plus facile de battre les déserts brûlants de l'Afrique, et de dépeupler leur vaste étendue pour appeler à son secours une dent naturellement façonnée pour déchirer la chair. Mais, ô prodige! la nature renverse ses lois! les langues organisées pour sucer le sang, lèchent doucement et caressent les victimes qui ne sont point faites pour elles; les plus féroces

prise à la lettre, cette énumération mérite d'être pesée dans la bouche d'un apologiste.

[1] Xiphilin in Dion.; Tert., *Apol. ad Scapul.* Eusèbe, l. 5, c. 5, etc.

[2] *Hist. de l'Égl. Ber. Cas.*, t. I, p. 312

[3] *Hist. de l'Égl. Ber. Cas.*, t. I, p. 643.

des êtres enseignent l'humanité aux hommes [1], et encore une fois la gueule des lions fut fermée par l'ange du Seigneur. Vaines leçons : désespérant de voir sa haine pour le nom chrétien assouvie, l'esprit des tyrans devint fécond en inventions de tortures. « On fit du supplice des chrétiens un divertissement : les uns mouraient sur des croix, d'autres étaient enduits de matières inflammables, et quand le jour cessait de luire, on les brûlait en place de flambeaux, et, aux yeux d'une foule avide d'un pareil spectacle, Néron se promenait en char de triomphe à la lueur de ces réverbères vivants. On trompa la répugnance des animaux. Les chiens, ces amis de l'homme, déçus par les peaux de bêtes dont on couvrait les victimes, dévorèrent ceux qu'ils auraient caressés sous leur forme naturelle [2]. » Nous ne parlons pas des persécutions partielles que chaque proconsul, enchérissant sur les décrets généraux, ordonnait dans chaque province, dans chaque ville ; c'est bien assez d'avoir à gémir sur la cruauté politique et en apparence légale d'un grand empire, où la puissance, ne sachant comment contenir la multitude forcenée, lui jetait du sang pour spectacle et des massacres pour passe-temps.

Que faisait pourtant l'autre multitude, objet de tant

[1] On cite un grand nombre de martyrs que la dent des bêtes épargna, et que le bourreau fut obligé d'immoler. Les supplices des chrétiens n'étaient point tous ordonnés par les lois de l'époque, comme on a voulu le prétendre : témoin Tacite (liv. XV des An.) qui réprouve ces supplices comme inventés pour le divertissement d'un seul homme. On peut lire là-dessus Eusèbe et Évode Assemani (*Actes des Martyrs d'Orient*), et l'on se convaincra qu'on inventait des supplices contre les chrétiens. Tous les apologistes qui connaissaient bien les lois romaines, se plaignent de l'invention de ces supplices, et demandent que les chrétiens soient jugés d'après les lois, qui les trouveront innocents.

[2] Corn. Tac., *Ann.*, l. XV, p. 44 ; Sueton., *Ner.*, c. XVI ; Juv., *Sat.* I et VIII ; Sen., *Ep.* XIV.

d'outrages? Elle était chrétienne! Ces hommes assez puissants et assez forts pour se faire craindre, s'ils eussent seulement voulu se défendre, s'estimaient plus heureux de mourir avec Jésus-Christ que de régner sur tout l'univers[1]; ils suppliaient leurs frères de ne pas les priver d'un tel bonheur. Les soldats chrétiens, armés du glaive et formant presque des légions entières, jetaient les armes et se laissaient égorger des six mille à la fois, pendant que les Romains idolâtres, bannissant de leur cœur toute humanité par un patriotisme aveugle, se livraient à la joie et à la débauche, au milieu de leurs frères expirants, comme s'ils eussent remporté une glorieuse victoire sur les ennemis de l'empire[2]. Mais quels crimes avaient mérité tant de supplices? Pline ne sait si c'est seulement leur nom que l'on poursuit, mais que pour lui, il n'a rien vu de mal en eux; qu'ils s'engagent, au contraire, à fuir le crime et à pratiquer la vertu[3]. Ils priaient pour leurs persécuteurs, demandaient pour tous les empereurs « une vie longue, un empire paisible, une paix inaltérable, des armées valeureuses, un sénat fidèle, des sujets soumis, un repos universel, et tout ce que l'homme et l'empereur désirent[4]; car leur religion leur en faisait un devoir, et leur commandait l'obéissance aux puissances quelles qu'elles fussent[5]. » Parmi cette foule de conspirateurs de tout âge et de tout rang qui bouleversait l'empire et le livrait aux étrangers, rencontra-t-on jamais un chrétien? Aussi les plus violents ennemis des chrétiens ont toujours été les plus mauvais princes; les

[1] *Lettre de S. Ignace d'Antioche aux chrétiens de Rome; Hist. de l'Égl. Ber. Cas.*, t. I, p. 134

[2] *Hist. de l'Égl. Ber. Cas.*, t. I, p. 313.

[3] Plin., l. X, epist. 97, 98.

[4] Tertul., *Apol.*, ch. XXX.

[5] *Etiam Discolis*, ép. de saint Pierre.

bons princes les protégèrent. Marc-Aurèle, après les avoir persécutés pour obéir aux lois de ses prédécesseurs, revint à des sentiments de justice, et publia un rescrit en leur faveur. Au rapport de Tertullien et d'Eusèbe, il châtia plus rigoureusement les accusateurs des chrétiens qu'on ne châtiait auparavant les chrétiens eux-mêmes [1]. Trajan, sous lequel s'éleva la quatrième persécution, défendit néanmoins de rechercher les chrétiens, et voulut seulement, par l'inconséquence la plus étonnante [2], qu'on ne les punît que quand ils seraient dénoncés. Adrien, loin de les haïr, les protégea. Convaincu par les apologies de Quadrat et d'Aristide, il infligea, suivant la loi romaine, la peine du talion à leurs accusateurs, et, au témoignage de Lampride, historien du 3e siècle, il avait commencé à bâtir des temples à Jésus-Christ. Vespasien, Antonin le Pieux, Vérus, laissèrent aussi respirer les chrétiens; et si on les persécuta sous leur empire, ce fut à leur insu. Quel étrange renversement! ce sont les bons princes qui protégent les chrétiens, ces intolérants et ces destructeurs, tandis que ceux qui, comme Néron, Domitien, etc., étaient les ennemis de leurs sujets, comme de tout le genre humain, les immolaient à leur fureur.

Le second fait toujours subsistant par où nous prouverons combien le christianisme est éloigné de l'intolérance, c'est sa doctrine et la pratique générale des chrétiens. Pendant trois cents ans, le paganisme a crié : Les chrétiens aux

[1] Tertul., *Apol.*, ch. V ; Euseb., *Hist. eccles.*, liv. V, ch. XX.

[2] Ce ne fut point par tolérance que Trajan défendit de rechercher les chrétiens, mais par la crainte de faire périr un trop grand nombre de citoyens. Les lois ne l'obligeaient pas à persécuter, le rescrit de Marc-Aurèle en faveur des chrétiens le prouve, et Trajan lui-même répond aux embarras de Pline sur la législation à ce sujet, qu'on ne pouvait rien établir de *général* contre les chrétiens, qui eût comme une forme certaine (Plin., l. X, epist. 98). Il y avait donc beaucoup d'arbitraire.

bêtes! et les chrétiens ont été jetés aux bêtes; partout et chez tous les peuples, l'Église a été persécutée et ses enfants immolés. Mais au milieu de toutes ces persécutions la doctrine des chrétiens est toujours restée ferme et inébranlable dans leur cœur : *Pardonnez et priez pour ceux qui vous persécutent.*

Quand, à leur tour, les chrétiens ont eu la puissance, car le triomphe du bien et de la vérité arrive nécessairement tôt ou tard, ont-ils crié eux aussi : Les païens aux bêtes, mort à nos persécuteurs? Jamais! Leur doctrine est une doctrine de douceur et de pardon [1]. Si parfois les passions humaines n'ont pas obéi à cette doctrine, les évêques qui en étaient les dépositaires ont sauvé les victimes, en les prenant sous leur protection; et souvent même les traîtres et les buveurs de sang ont été accueillis avec bonté par les victimes de leur fureur, devenues leurs maîtres. Voilà l'histoire, voilà les faits trop connus de tout le monde pour nous arrêter à les énumérer. De quel côté est la tolérance? Nous passons sous silence l'inquisition, ce tribunal encore plus politique que religieux, la Saint-Barthélemy, etc., toutes ces vengeances particulières des passions humaines et de la politique, dont on a inutilement voulu tirer tant de parti contre une religion qui n'en était pas coupable. C'est à la politique à se disculper sur ces faits, et non pas au christianisme. Quand même des hommes qui portaient le nom de chrétiens, auraient été intolérants, la doctrine, qui est le christianisme, l'a-t-elle jamais été? Qu'on nous montre, dans la doctrine reçue par l'Église, un seul passage, je ne

[1] Si Constantin a porté des ordonnances sévères contre l'idolâtrie, c'est à cause des superstitions et des cruautés commises dans les temples des idoles ou les maisons particulières; mais il n'a pas plus que ses successeurs persécuté les idolâtres. *Euseb., vit. Const., et tous les hist. ecclésiast.*

dis pas qui approuve, mais qui tolère seulement la vengeance, et nous consentons à passer sous silence les cris de sang, les doctrines de mort, de rage ou de destruction, qui n'ont cessé dè couler de la plume et de la bouche des ennemis de l'Église. Non! les chrétiens qui nourrissent seulement dans leur cœur le désir de la vengeance ne sont déjà plus chrétiens, parce qu'ils ne peuvent plus remplir l'obligation essentielle de la prière dans laquelle ils doivent dire : *Pardonnez-nous, comme nous pardonnons*. Ils ne peuvent plus se dire les disciples du crucifié, qui disait : *Pardonnez-leur, car ils ne savent ce qu'ils font*. Il y a loin de là sans doute aux cris : Les chrétiens aux bêtes! et aux vœux sinistres de mort à l'Église de Dieu. Un barbare n'a donc pas eu besoin d'essayer vainement d'enseigner la tolérance aux chrétiens. D'ailleurs ce barbare, quoique hérétique[1], était chrétien; et s'il y eut en lui un esprit de tolérance, il le devait au christianisme; car la plupart des barbares qui furent alors de grands hommes, le furent parce qu'ils avaient des idées chrétiennes.

Clovis, le vainqueur des Gaules, n'en devint le roi et le législateur que parce qu'il courba son front pour y laisser couler les eaux du baptême et recevoir la bénédiction d'un évêque. Les barbares élevèrent la croix sur le pavois, et ils portèrent leur trône où ils voulurent. Ce ne furent sans doute pas les évêques qui conseillèrent la vengeance et l'intolérance aux princes, lorsque, tous réunis en concile, ils décrétaient la trêve de Dieu, ou qu'un Ambroise arrêtait aux portes du temple le prince assez hardi pour oser y entrer après le massacre de ses sujets; ou que plus tard, pendant les horreurs politiques de la Saint-Barthélemy, les évêques catholiques recueillaient les protestants chez eux.

[1] Théodoric, dont M. Libri a fait l'éloge avec raison, mais en profitant à tort de cette occasion pour blâmer les chrétiens.

Quoi ! lorsque c'est le christianisme qui a introduit dans le monde les idées de tolérance et de charité, lorsqu'il a édifié les sociétés modernes sur un plan infiniment plus parfait que les sociétés anciennes, peut-on bien encore l'accuser d'intolérance et de destruction ! Quelle religion, quel sage jamais a publié dans le monde cette bénite doctrine qui égale l'homme à l'homme, de quelque rang, de quelque condition qu'il soit ? Quand est-ce que la distinction des castes, si odieuse à l'humanité et si contraire à la nature, a disparu ; quand est-ce que l'esclavage a cessé d'opprimer la moitié du genre humain, sinon quand le christianisme a eu jeté dans le monde des racines assez profondes pour niveler l'orgueil et l'égoïsme par la charité ? La femme, cette moitié du genre humain, ne doit-elle pas au christianisme qui l'a réhabilitée dans la mère de notre Dieu, d'être remontée à cette dignité qu'elle tient dans notre civilisation, qu'elle n'occupa jamais chez aucun peuple de l'antiquité, et qu'elle n'occupe pas encore chez ceux qui ne sont pas chrétiens. Ah ! si la liberté et la tolérance, telles que le christianisme les enseigne et les comprend, régnaient dans le monde plus largement qu'elles n'y règnent, jamais plus beau spectacle ne se pourrait voir sur la terre, parce qu'il y aurait l'harmonie la plus parfaite entre tous.

Le troisième fait qu'il nous reste à constater, c'est que, loin de monter à l'assaut des temples païens, dernier refuge de l'antique savoir [1], les chrétiens, au contraire, conservèrent un grand nombre de monuments, même païens. Ce qu'il y a surtout de bien certain, c'est que ce ne fut jamais en haine de la science que l'on monta à l'assaut des temples païens. Quand ils furent détruits [2], malheur que les

[1] M. Libri, *ubi suprà*.

[2] Nous ne nions pas qu'il n'y ait eu un grand nombre de temples païens de détruits, mais nous nions qu'ils l'aient été en haine de la

arts doivent déplorer, ce fut le plus souvent par l'émeute, qui est la même dans tous les temps, et qui fut alors le résultat de la grande lutte du christianisme qui venait affranchir le monde de l'esclavage du paganisme ; ce fut la force de la liberté qui, débordant du sein de la vérité sur les peuples, les poussa contre ces autels encore teints du sang de leurs frères. Qu'on se rappelle ce que fit un peuple égaré par les fausses doctrines pendant nos révolutions diverses : combien de monuments de l'art chrétien, pertes à jamais déplorables, furent détruits. Pourtant ce peuple qui était chrétien n'avait pas vu, pendant trois siècles, ses frères expirer au pied des autels de ses temples qu'il vénérait depuis dix-sept cents ans. Alors on comprendra facilement que la haine trop naturelle à un peuple fatigué de se voir décimer si longtemps par un culte qui lui était devenu odieux, l'ait poussé dans son exaspération à renverser des autels qui demandaient encore son sang. Mais jamais la religion chrétienne, dont l'esprit est la douceur et la persuasion, ne prêcha une telle vengeance : au contraire, elle conserva tout ce qu'elle put de ces monuments, en les transformant en temples chrétiens.

A Rome, les églises de Sainte-Marie de la Rotonde, autrefois le Panthéon élevé par Agrippa ; de Saint-Tote, temple de Romulus ; de Saint-Côme et Saint-Damien, temple de Remus et de Romulus; l'église des Arméniens, temple de la Fortune Virile; le Colisée, consacré à la mémoire des martyrs par Pie VI, qui y fit élever une croix et quinze autels : tous ces temples sont des témoignages vivants, aussi

science, dont ils n'étaient pas le refuge; ils le furent ou pour dévoiler les cruelles cérémonies et les turpitudes qui s'y faisaient, ou par le temps. Il est des esprits incroyables dans leurs exigences : ne voudraient-ils pas que les chrétiens eussent conservé les temples païens pour la postérité !

bien que cette foule de monuments, de colonnes, de statues que Rome moderne a sauvés de Rome antique, qui aurait dû disparaître jusqu'à la dernière pierre, sous les sacs que lui firent subir tant de fois les barbares. Ce n'est pas seulement à Rome que nous pourrions signaler de semblables métamorphoses, l'esprit de conciliation a toujours régné dans l'Église. Saint Grégoire le Grand écrivait à Mellit, compagnon de saint Augustin, apôtre de l'Angleterre, de détruire les idoles et d'en changer les temples en églises, après les avoir purifiés avec de l'eau bénite [1]. Saint Augustin changea d'abord un temple d'idole en une église, sous l'invocation de saint Pancrace ; ce fut plus tard la cathédrale de Cantorbéry [2]. Mais en renversant la phrase, nous sommes autorisés à dire que les païens montèrent à l'assaut des temples chrétiens par la destruction de toutes [3] les églises chrétiennes dans l'étendue de l'empire, pendant les violences de la dixième persécution ; églises qui furent en partie réédifiées par le zèle de Constantin [4]. La conversion de ce grand prince ne fut que la proclamation de la liberté des croyances, et il poussait là-dessus la délicatesse jusqu'à recommander aux particuliers d'éviter avec soin de se contrister les uns les autres, à raison de la diversité des cultes ; il réprima le zèle précipité, qui se rencontre partout, de ceux qui parlaient déjà d'abattre les temples des dieux [5].

Cependant l'autorité publique elle-même renversa des

[1] Bède, *Hist.*, l. I, c. XXX.

[2] *Id.* ; *Conc. brit.*, t. I.

[3] Un édit de Dioclétien ordonna de raser *toutes* les églises.

[4] *Hist. de l'Égl. Ber. Cas.*, t. I, p. 375.

[5] *Id.*, *ib.* Euseb., *Vit. Const.*, l. II, 56. S'il ferma et détruisit plusieurs temples, ce ne fut qu'à mesure qu'ils devenaient inutiles, ou parce qu'il s'y commettait des crimes.

temples païens; mais M. Libri n'a pas lu sans doute les circonstances et les motifs de cette destruction. Les idolâtres, en haine du christianisme, avaient enterré sous des monts de ruines les lieux sanctifiés par la rédemption du genre humain; sur le sépulcre du Sauveur, ils avaient bâti un temple à Vénus : piége tendu par un raffinement d'impiété à la religion même des fidèles, qui, en venant adorer le Dieu, fils d'une vierge, seraient censés, tout au contraire, rendre leurs hommages à la déesse de l'impudicité.

L'impératrice sainte Hélène fit raser ce temple impur, et découvrit sous les ruines les bénits instruments des glorieuses souffrances qui nous ont tous sauvés; et à la place s'éleva un temple au Rédempteur du monde [1]. Le christianisme venait affranchir le monde des horreurs d'un culte barbare; et il fut quelquefois nécessaire de montrer aux peuples les impostures dont on se servait pour les fasciner. En Cilicie, il y avait un oracle fameux d'Apollon, à l'occasion duquel Constantin voulut convaincre ses sujets de l'abus qu'on faisait de leur confiance; l'on abattit le temple, et l'on y trouva des ossements et des têtes de mort qui avaient servi anx opérations magiques d'homicides sacrificateurs, avec des paquets de haillons ou de paille, qui remplissaient le creux des idoles gigantesques où ces cruels imposteurs se cachaient [2]. Tous les ans, il se tenait près du fameux chêne de Membré, en Palestine, une foire célèbre, où accourait une affluence prodigieuse de négociants de toute nation et de toute religion, qui honoraient leurs dieux chacun à sa manière. Les femmes y accouraient comme les hommes, et s'y livraient en spectacle dans tout l'éclat de leurs charmes et de leurs parures. Constantin écrivit aux

[1] *Hist. de l'Égl.*, *Ber. Cas.*, t. I, p. 412-13. Euseb., *Vit Const.*, l. III. Socr., l. I, c. 17. Soz., l. II, c. 1. Théod., I, c. 18. Ruf., l. II, c. 8.

[2] Socr., II, 18.

évêques de Palestine qu'il s'étonnait de leur négligence à souffrir ces impures assemblées, et ordonna d'abattre les autels des fausses divinités, et d'élever à la place un temple où l'on n'adorerait que le vrai Dieu [1].

Ainsi, l'humanité régénérée, remontant de la corruption et de l'abaissement du paganisme, demandait que les monuments de son abjection et de sa honte disparussent pour faire place aux monuments de sa dignité reconquise et de son innocence recouvrée.

Ce n'était donc pas, comme on veut le faire entendre, en haine de la science qu'on monta à l'assaut des temples païens, qui n'étaient pas le dernier refuge de l'antique savoir, mais bien plutôt un obstacle aux progrès de l'esprit humain. N'était-ce pas en effet dans ces boulevards et ces sanctuaires impénétrables de la superstition, que l'on ravissait à la société humaine son plus grand bien, sa légitime possession, la science et la vérité, pour en faire le monopole injuste d'un petit nombre de personnes, qui s'engageaient par serment à commettre le crime de lèse-intelligence, à retenir la vérité captive [2]. En Égypte, les prêtres seuls ne possédaient-ils pas la science; et les quelques vérités de leur religion, ne les couvraient-ils pas aux peuples sous les emblèmes de la mythologie? Les mystères d'Éleusis, de Cérès, etc., n'étaient-ils pas réservés à des hommes de choix? L'initiation en fait foi. Les brahmes n'ont-ils pas toujours été les seuls à posséder la science sacrée dans l'Inde, où la seconde caste ne pouvait que l'entendre lire de leur bouche, et les parias en croire ce qu'ils daignaient bien

[1] *Hist. de l'Égl.*, t. I, p. 416-17. Socr., l. I, c. 52. Soz., l. II, c. 4. Euseb., *Vit. Const.*, l. III, c. 52 et 53. Peut-on dire qu'en cela Constantin dérogeât à son esprit de tolérance: n'était-ce pas plutôt veiller à la moralité publique, dont les princes sont responsables?

[2] *Saint Paul aux Rom.*, ch. I, v. 18.

leur en dire? Les druides ne s'imposaient-ils pas l'obligation de ne rien écrire sur leurs connaissances, de peur de perdre le privilége de les posséder seuls? Ainsi, le paganisme tenait l'esprit humain en tutelle, et arrêtait prodigieusement les progrès de la science, en la privant des lumières d'une foule de génies qui se consumaient dans les ténèbres de l'ignorance, sans avoir jamais lui. Car n'est-ce pas en devenant le domaine social, que les sciences ont fait dans tous les temps, et surtout dans les temps modernes, où, grâce au christianisme, elles ont été plus répandues que jamais, les progrès les plus rapides? Ainsi donc, loin de renverser le dernier refuge de la science, le christianisme, en détruisant les temples païens, n'aurait fait que sceller, par un acte authentique et matériel, l'émancipation de l'esprit humain qu'il venait opérer. Mais il n'eut pas besoin d'élever sa main puissante pour monter à l'assaut de forteresses abandonnées. La vérité ayant brisé les barrières de sa captivité, la science fut rendue au genre humain, les prestiges s'évanouirent, les dieux s'en allèrent, leur culte fut aboli faute d'adorateurs, et leurs temples, devenus inutiles, furent livrés à la puissance destructive du temps.

2° Non-seulement la chimérique intolérance des premiers chrétiens ne nuisit point aux progrès des sciences, mais, bien loin d'avoir été interdite dans l'Église, l'étude des sciences profanes y a été au contraire encouragée et cultivée, même avec succès, dès les premiers siècles, et par conséquent la science ne fut pas alors uniquement ou païenne ou hérétique: c'est ce qu'il nous reste à démontrer pour avoir répondu à la première assertion de M. Libri.

Si nous suivons avec attention la marche du christianisme, nous verrons qu'étant l'œuvre par excellence du Dieu créateur de la nature entière, dans laquelle rien ne se fait par précipitation et spontanément, mais par une transition douce et insensible, son développement a été soumis aux mêmes lois dans l'ordre moral [1], et dans l'ordre scientifique, qui nous intéresse surtout. En effet, pendant les cinq premiers siècles, subsistèrent dans l'empire les écoles de la Grèce, d'Alexandrie, de Rome et des Gaules, où Marseille, Narbonne, Toulouse, Bordeaux, Lyon, Clermont, Besançon, Autun, etc., le disputèrent en illustration aux autres écoles de l'empire. L'enseignement, dans ces diverses écoles, fut bientôt indifféremment dispensé par des maîtres païens ou chrétiens, et elles furent aussi fréquentées par les deux croyances. Ainsi le célèbre philosophe chrétien Ammonius Saccas, que sa science fit admettre au musée d'Alexandrie, eut pour disciples le fameux Origène, le philosophe païen Plotin, et plusieurs autres. Plotin, qui n'avait avant Ammonius Saccas trouvé aucun maître qui le satisfît, ne dédaigna pas dans la suite d'assister assidûment aux leçons de son illustre condisciple Origène. Saint Basile le Grand et saint Grégoire de Nazianze avaient tous les deux étudié à Athènes, où ils avaient eu pour condisciples Julien l'Apostat; saint Basile et saint Jean Bouche d'or furent les disciples du païen Libanius; saint Augustin étudia et enseigna à Rome avant d'embrasser le christianisme; Ausonne, le poëte et le rhéteur, de Bordeaux, eut pour disciples des empereurs et des saints: il fut précepteur de Gratien et maître de saint Paulin de Nole, qui, poëte et consul, riche et patricien, se fit par vertu pauvre de Jésus-Christ.

[1] Cette vérité, acquise désormais à la science historique et morale, vient d'être amplement démontrée dans l'Introduction à l'histoire dogmatique de l'Église, de notre savant ami l'abbé Blanc, professeur de dogme et d'histoire ecclésiastique au collége Stanislas, et il en a fait ressortir une loi de la plus haute importance pour la philosophie de l'histoire, qu'il a formulée sous le nom de *loi des transitions*.

Tous les Pères des six premiers siècles de l'Église étudièrent dans les écoles de l'empire, et plusieurs d'entre eux avaient même été philosophes et païens avant d'embrasser le christianisme; ceux qui furent chrétiens dès leur enfance fréquentèrent les écoles où ils avaient pour maîtres des païens; et il en fut de même de tous les enfants des chrétiens, que leur position appelait à la culture de l'esprit. La vérité est une et de tous les temps, et la religion chrétienne est le centre de toute vérité; toute vraie science lui appartient de près ou de loin: elle y porte la lumière et en chasse l'erreur. Voilà pourquoi, dès les premiers siècles de l'Église, toutes les sciences vinrent lui rendre hommage, et s'épurer à son creuset. Et quand les chrétiens allaient chercher des armes dans les auteurs païens, quand ils allaient y chercher la science, ils ne faisaient que reprendre leur légitime possession: car, dit saint Justin, parlant des philosophes païens, ce qu'ils ont dit d'admirable appartient à nous autres chrétiens [1].

Julien l'Apostat, qui avait bien compris que la science et le christianisme se prêtaient un appui mutuel, ne trouva pas, à son avis, un moyen plus efficace, pour renverser la religion du Galiléen, que de contraindre ses sectateurs à l'ignorance. Il défendit, par un édit, aux sophistes chrétiens d'enseigner, et aux enfants des chrétiens d'étudier la poésie, la rhétorique et la philosophie [2]; et parce que les fidèles trouvaient des armes invincibles contre le paganisme dans les livres mêmes des païens, le restaurateur maladroit du paganisme défendit de les lire. Ce décret fut considéré par saint Grégoire de Nazianze, saint Basile, par tous les chrétiens et les païens même, comme la plus cruelle per-

[1] Saint Justin, 2e apolog., c. XIII.
[2] Amm. Marcell., l. XXV.

sécution [1]. Comment accorder ces faits avec ces paroles de M. Libri [2] : « Alors la lecture même des anciens auteurs fut défendue aux chrétiens; elle ne fut permise qu'à ceux qui voulaient combattre le paganisme, et à ceux qui cherchaient (chose inconcevable [3]!) dans les écrivains grecs et romains, des prédictions de l'arrivée du Messie. » S'il n'est que trop malheureusement vrai que la mauvaise doctrine des maîtres pervertit l'esprit et corrompt le cœur des élèves, il faut avouer que les chrétiens des premiers siècles s'y prenaient bien mal pour apprendre à leurs enfants à combattre le paganisme, et à trouver dans les écrivains grecs et romains des prédictions de l'arrivée du Messie. Car il n'est sans doute pas probable que les philosophes païens apprissent à leurs élèves à réfuter leur doctrine. Si l'assertion de M. Libri est vraie, c'était bien à tort que les chrétiens regardaient comme la plus injuste des persécutions l'édit de Julien, qui ne faisait que confirmer la prétendue défense de l'Église.

Nous n'aurions pas dit toute la vérité, si nous n'ajoutions que l'Église ne se contenta pas des écoles publiques, mais qu'elle en créa qui lui furent propres. Dès le second siècle, nous voyons une école chrétienne à Alexandrie; saint Clément et Origène en furent les maîtres. Les principales églises de l'empire suivirent cet exemple; et ce seront de

[1] Socr., *Hist. ecclés.*, t. I, c. XII.

[2] M. Libri, t. I, p. 63.

[3] Pas si inconcevable d'abord; et puis, secondement, pour quiconque conçoit le catholicisme, il n'est nullement étrange que l'on trouve même dans les auteurs païens des vérités qui lui appartiennent; car les prophéties étaient répandues dans tout l'univers par les Juifs, qui affluaient dans l'Asie, la Grèce et à Rome, et puis un certain nombre de vérités de la révélation primitive s'étaient conservées au milieu des erreurs du paganisme : il n'est donc pas étonnant d'en trouver des traces dans les auteurs païens.

semblables écoles que nous verrons, au moyen âge, donner naissance à l'enseignement scolastique. D'ailleurs, qu'étaient les temples chrétiens, sinon des écoles d'où l'instruction se répandait, non pas sur quelques élèves choisis, mais sur tout le peuple ; car l'instruction des masses est encore un des grands bienfaits du christianisme. Le paganisme avait démoralisé les peuples par son culte sensuel ; ils étaient esclaves de l'ignorance et de l'erreur sur Dieu, sur eux-mêmes et sur leurs devoirs. Le premier effort de l'Évangile fut de briser ce joug, de rompre ces chaînes. Il fallut du temps pour déraciner des erreurs aussi invétérées, et l'on ne doit nullement s'étonner de retrouver longtemps après des restes de superstitions parmi ces peuples devenus chrétiens. L'injustice est bien grande de reprocher au christianisme ces superstitions, qu'il n'a, au contraire, cessé de combattre. Il serait facile de prouver que toutes les superstitions, que l'on a relevées avec tant de fiel et d'amertume, n'étaient que des restes du paganisme et de la barbarie ; et, certes, ce n'est pas un des moindres titres de l'Église à la reconnaissance du genre humain, d'avoir lutté contre elles pendant le moyen âge, et de les avoir détruites. Ce travail fut et dut être long, mais n'autorise nullement à reprocher à l'Église ce qu'elle a toujours condamné.

Qu'on n'aille pas croire, cependant, quand nous parlons des combats de la vérité contre l'erreur, du christianisme contre le paganisme, qu'il y ait eu acharnement dans les deux camps ; non, cela n'eut lieu que pour certains esprits hardis et peut-être trop ardents, tels qu'il s'en rencontre toujours, et qui appartinrent alors, comme dans tous les temps, plus au parti de l'erreur qu'à celui de la vérité. Mais on se tromperait en pensant que les savants païens et les savants chrétiens vivaient dans les premiers siècles de l'Église dans un éloignement complet et un état de guerre à mort; non, ils se respectaient mutuellement, et s'ils se livraient des combats de sentiments et de croyances, c'était avec le plus grand respect et les plus grands égards pour les personnes et le mérite. Qu'on lise la correspondance de saint Basile et de Libanius; de ce dernier et de saint Jean Chrysostome; d'Ausone et de saint Paulin, etc., et l'on verra jusqu'à quel point ils poussaient l'esprit des convenances [1]. Un second fait, que nous avons déjà constaté, c'est que l'Église ne redouta jamais que la science païenne fût assez puissante pour infirmer l'enseignement chrétien; témoin saint Basile lui-même, qui envoyait et recommandait à Libanius des jeunes gens de sa province [2].

Il est donc faux « que cette religion, qui devait remuer si fortement le monde, fut, dès l'origine, ennemie de la science, et qu'elle voulait régner sur les esprits, et être adoptée sans discussions [3]. » Nous venons de le prouver par les faits, et cela est encore démontré par les ouvrages et la doctrine des Pères.

Nous ne parlerons ici que des Pères les plus remarquables par la connaissance des sciences profanes. Et d'abord, il faut citer tous les philosophes qui se sont faits chrétiens, et qui nécessairement devaient être à la hauteur des connaissances de leur temps, à commencer par le médecin saint Luc, né à Antioche, dont les écoles, alors renommées dans toute l'Asie, produisirent des maîtres fort habiles dans les arts et les sciences; il y fit d'excellentes études, qu'il alla perfectionner ensuite dans la Grèce et en Égypte, probablement à Alexandrie. Ce premier médecin chrétien était aussi un peintre habile [4], et l'on ne peut

[1] Guill., t. X, p. 93.
[2] *Id., ib.*
[3] M. Libri, *Disc. prélim.*
[4] Tillemont, t. II, p. 148; D. Calmet, t. VII, p. 373.

douter qu'il ne connût les sciences physiques et naturelles, qui tenaient alors, aussi bien qu'aujourd'hui, de si près à la médecine. Ses voyages dans les pays où les sciences étaient cultivées, ne doivent d'ailleurs laisser aucun doute sur l'étendue de son savoir.

Dès le second siècle, le christianisme fut attaqué avec tant de force par les Celse, les Porphyre, les Lucien, les Hiéroclès et l'empereur Julien lui-même, que depuis eux on n'a fait absolument que ressasser les mêmes objections, et que Voltaire, avec tout son esprit, n'a pu que reproduire Celse et Porphyre. Or, pourtant, ces attaques des savants païens furent repoussées avec une puissance si grande, qu'ils furent vaincus, que leur doctrine a eu le sort de tout ce qui n'est pas vrai, tandis que la vérité demeure éternellement. Quiconque aujourd'hui, pour peu qu'il soit sans passion, lira ce qui nous reste des uns et des autres, trouvera mille fois plus de génie, de force, de véritable science et de raison, dans les apologistes grecs et latins, que dans les fragments de leurs adversaires.

L'apologie de Quadrat, dont il ne nous reste que des fragments dans Eusèbe; celle d'Aristide, philosophe athénien, converti au christianisme, louée pour la force du raisonnement et la science profonde de la philosophie, produisirent un effet assez remarquable, puisqu'Adrien, après les avoir lues, fit cesser la persécution contre les chrétiens [1]. Saint Justin, élevé dans le paganisme, avait étudié dans les différentes sectes de philosophie, et y avait appris tout ce qu'on y enseignait; ses divers ouvrages, qui nous sont restés, en sont la preuve toujours vivante. Je passe sous silence les Méliton de Sardes, les Tatien, les Apollinaire, les Athénagore, les Théophile d'Antioche, et cet

[1] Tillem., *Mém.*, t. II, p. 234 et suiv.

Hermias, qui ne nous a laissé que les pages suffisantes pour prouver qu'il était savant. Un écrivain moderne parle ainsi de son *Irrisio philosophorum* : « Je ne crois pas, dit-il, qu'il soit possible de trouver dans aucune bibliothèque un ouvrage, un écrit qui réunisse à la fois autant de clarté et de précision, de vivacité et de feu, de sel et de grâces, de lumières et de variétés, qu'en présente cet amusement d'Hermias sur les philosophes du paganisme; il les fait tous passer en revue [1], les juge et fait connaître leur doctrine. »

Le troisième siècle nous présente d'abord Clément d'Alexandrie, converti de bonne heure à la foi chrétienne. Son Exhortation aux gentils, ses savants Stromates, prouvent la plus vaste érudition. Il y creuse les antiquités du monde, y étale la connaissance universelle de tous les poëtes et de tous les philosophes, c'est-à-dire de toutes les sciences, puisque l'on renfermait alors, sous ces deux noms, toutes les connaissances humaines. Origène, né de parents chrétiens, et élevé dans la religion chrétienne, ne se contenta pas d'en connaître la doctrine. « Grand homme dès son enfance, dit saint Jérôme, outre les saintes Écritures, il savait très-bien la philosophie tout entière; elle embrassait la dialectique, la géométrie, l'arithmétique, la musique, la rhétorique, l'histoire de toutes les sectes de philosophes. Il savait l'hébreu et plusieurs autres langues, comme le prouvent ses Hexaples. Sa réputation éclipsa celle de tous ses prédécesseurs ; et les philosophes païens eux-mêmes, tels que les Plotin, les Porphyre, allaient entendre ses leçons [2]. »

Tertullien, prêtre de Carthage, dont saint Augustin et

[1] Nonotte, *les Philosophes des trois premiers siècles*, p. 157.
[2] D. Cellier, t. II, p. 458 ; Huet, *Orig.*, p. 9-10.

saint Jérôme ont vanté la prodigieuse érudition, l'éloquence mâle et généreuse. De famille patricienne, il avait été élevé dans le paganisme, et s'il n'exerçait pas la profession d'avocat, il s'était fortement appliqué à l'étude des lois, comme à celle de l'antiquité et de la langue grecque, dont il fait passer le génie et les expressions dans la langue où il écrit [1]. Minutius Felix, célèbre avocat à Rome, a laissé dans son Apologie du christianisme la preuve qu'il connaissait autre chose que les lois. Arnobe, né à Sicca, ville d'Afrique, y professait la rhétorique avec la plus haute réputation, lorsqu'il se convertit au christianisme. Lactance, son disciple, et puis professeur à Nicomédie, a mérité, par son éloquence, le titre de Cicéron chrétien. Tous les deux se distinguèrent par la vaste étendue de leur érudition, et la connaissance approfondie de l'antiquité; pour s'en convaincre, il n'y a qu'à lire les savantes apologies qu'ils composèrent après leur conversion.

Saint Cyprien, né à Carthage d'une famille illustre, fut élevé dans le paganisme, et se dirigea vers la carrière du barreau. Ses talents et ses succès fixèrent sur sa personne les suffrages de toute la ville, qui voulut l'avoir pour professeur d'éloquence [2]. Tout le monde connaît les chefs-d'œuvre du savant évêque de Carthage.

Saint Irénée, Grec et évêque de Lyon, fut élevé dans le christianisme, et pourtant Tertullien dit de lui [3], que personne n'avait fait plus de recherches pour s'instruire de toutes sortes de doctrines; son livre contre les hérésies vient à l'appui de ce jugement.

A mesure que l'histoire de la littérature profane nous en

[1] *Pamel. in Tertul. vitâ;* Vassoult, *Préface de la trad. de l'apol.*

[2] Hombert, *Vie de S. Cyp.*, p. 7 ; éd. in-4°.

[3] *Lib. contra Valent.*, c. V.

fait voir la rapide dégradation, celle de notre littérature religieuse, dit le savant évêque de Maroc, nous montre chez nos écrivains de la même époque les progrès sensibles du génie et du talent; l'héritage de la gloire littéraire passait tout entier à l'Église chrétienne. La preuve s'en manifeste par la comparaison entre les monuments dont se composent les annales de l'une et de l'autre littérature.

Le plus savant des Romains, au rapport de Cicéron, Varron[1], est-il comparable à cet Eusèbe de Césarée, qui a rassemblé, dans sa Préparation et sa Démonstration évangelique, la science de toute l'antiquité. Que de choses nous serions condamnés à ignorer sans lui; que de poëtes, que d'historiens, que de savants antiques nous ne pouvons citer que sur son autorité. Le même quatrième siècle produisit les Hilaire de Poitiers, « le Rhône de l'éloquence latine[2], » les Apollinaire, père et fils, les Athanase, les Basile, les Cyrille de Jérusalem, les Grégoire de Nazianze, les Grégoire de Nysse, les Ambroise, etc. Ce Pères n'étaient pas seulement d'éloquents orateurs, mais encore des savants universels; nous l'avons vu dans les œuvres de Clément d'Alexandrie, d'Origène, d'Eusèbe, etc. Mais gardaient-ils la science pour eux? Non. Voici saint Basile qui va expliquer au peuple et mettre à sa portée les sciences physiques, astronomiques et naturelles. Il excelle dans les descriptions de la nature. Son Hexaéméron, ou l'Œuvre des Six Jours, est complet sous le rapport de la science, telle qu'elle était alors, plein d'aperçus supérieurs et de vues véritablement philosophiques. Sa physique a les défauts du temps;

[1] Ce qui nous reste de Varron et ce qui est conservé dans *les Pères*, et surtout dans *la Cité de Dieu* de saint Augustin, peut permettre d'en juger jusqu'à un certain point.

[2] Saint Jérôme, *Præf. in lib.* II; *Comm. ad Galat.*

mais les détails charmants de ses instructions offrent de l'intérêt aux savants, qui peuvent encore y puiser aujourd'hui; c'était pendant le carême, le matin et le soir, qu'il les prêchait, dans une chaire chrétienne, au peuple réuni; et il savait mettre à sa portée un si haut enseignement.

Parler du Grec Jean Chrysostome et du Latin Augustin, c'est nommer les deux gloires de l'Église. Où trouver dans le paganisme un seul homme qui unisse à tant de science une si grande éloquence, à tant de génie une si puissante raison, à tant de gloire tant d'humilité et de vertu. La Cité de Dieu seule suffirait pour prouver la science universelle de saint Augustin. C'est, outre un recueil de la science, une admirable philosophie de l'histoire de tous les peuples anciens, une apologie complète du christianisme, une histoire de tous les cultes, et la véritable histoire du monde, où les questions les plus délicates de la science sont abordées, souvent heureusement résolues, et toujours traitées d'une manière intéressante; et pourtant, sa Cité de Dieu n'est rien, si on la compare à l'ensemble de ses immenses ouvrages, dont nous ne pouvons parler ici.

C'est encore au cinquième siècle qu'ont fleuri saint Jérôme, qui avait recueilli la science des Gaules, de Rome, de la Grèce et de l'Asie, et à qui les sciences naturelles et physiques étaient si familières, que sans cesse il en tire des comparaisons pleines de charmes : c'est ainsi qu'il compare à la pierre de *magnes*, et au succin, le sauveur Jésus, qui attire à lui toutes les créatures qu'il lui plaît[1]; saint Épiphane, évêque de Salamine, à qui nous devons, comme à Eusèbe, la conservation d'une foule de connaissances et d'auteurs anciens, qui, sans lui, seraient totalement perdus.

[1] *Saint Jérôme in Matth.*, l. I.

Dans le même temps, les muses se faisaient chrétiennes et inspiraient les Paulin de Nole, les Sidoine Apollinaire, les saint Prosper, aussi profond théologien que poëte élégant; et l'histoire empruntait la plume des Ruffin, des Socrate, des Zozomène, des Théodoret, des Sulpice-Sevère et des Orose, comme elle avait déjà emprunté celle des Jules Africain et des Eusèbe.

Qu'on nous montre, pendant ces cinq siècles, dans le paganisme et l'hérésie ensemble, une semblable armée de talent, de science et de génie, et nous consentons à écrire en lettres d'or ces paroles : « Alors la science est ou païenne, ou hérétique, » et ces autres : « Le mysticisme absorba tout ce qu'il y eut de génie. » Mais autrement, ne faut-il pas les effacer pour être juste. Les hérétiques, d'ailleurs, étaient chrétiens, et s'ils avaient quelque science, ils la devaient en partie au christianisme.

La doctrine des Pères ne parle pas moins haut que leurs écrits en faveur des sciences. Saint Clément d'Alexandrie, qui consacra plusieurs chapitres de ses savantes Stromats à la défense des études profanes, dit, en parlant des personnes qui refusent de se livrer à cette étude : « Elles désirent posséder la foi, seule et sans ornement; et cela est aussi raisonnable que si elles s'attendaient à recueillir des raisins d'une vigne qu'elles auraient laissée sans culture..... De même, ajoute-t-il, qu'en agriculture et en médecine, on considère comme le plus propre à l'une et à l'autre de ces fonctions, celui qui a étudié le plus grand nombre de sciences utiles au labourage ou à l'art de guérir; de même nous devons regarder comme le mieux préparé celui qui fait tourner chaque chose au profit de la vérité, celui qui recueille ce que la géométrie, la musique, la grammaire et la philosophie elle-même peuvent renfermer d'utile à la défense de la foi; mais le champion qui ne s'est pas instruit avec soin, sera certainement méprisé[1]. » Saint Basile le Grand semble particulièrement avoir été, dans son siècle, un des plus ardents défenseurs des études profanes, comme on peut le voir par son discours sur l'utilité de la lecture des poëtes. « Je pense, dit Grégoire de Nazianze, que tout homme d'un esprit sain conviendra que la science doit être regardée comme le premier de tous les biens terrestres; je parle non-seulement de cette science qui est en nous et qui, méprisant tout ornement extérieur, s'occupe exclusivement de l'œuvre du salut et de la beauté des idées intellectuelles, mais aussi de cette autre science qui vient du dehors, et que quelques chrétiens, induits en erreur, rejettent comme fausse, dangereuse, et comme détournant l'esprit de la contemplation de Dieu. Il ne faut donc pas, conclut-il, blâmer l'érudition, parce qu'il plaît à quelques hommes d'agir ainsi: au contraire, on doit considérer ces hommes comme des sots et des ignorants, qui voudraient que tous les autres leur ressemblassent, afin de pouvoir eux-mêmes se cacher dans la foule, et dérober à tout le monde leur manque d'éducation[2]. »

Saint Jérôme, que l'on a prétendu avoir interdit les études profanes, s'élève au contraire avec force contre les personnes qui, comme il le dit, prennent l'ignorance pour la sainteté, et se vantent d'être les disciples de pauvres pêcheurs. Sur le 8e vers. de l'Eccl., ch. XI : « J'ai amassé pour moi et l'argent et les richesses des rois, » le même docteur dit: « Par les richesses des rois, nous pouvons comprendre les doctrines des philosophes, et les sciences profanes, et l'ecclésiastique qui les comprend avec soin, peut saisir les sages dans leurs propres piéges. » Si ceux qu'on appelle philoso-

[1] *Topic. oper.*, t. I, p. 342.

[2] S. Greg. Naz., *Orat. fun. S. Basil. Oper.* Paris, 1609, p. 323.

phes, dit saint Augustin, ont dit quelques vérités qui soient conformes à notre foi, loin de les craindre, nous devons nous les approprier comme un bien qu'ils possèdent injustement... En est-il beaucoup entre les plus fidèles d'entre nous, continue-t-il, qui aient agi autrement? De quelle quantité d'or, d'argent et de précieux ornements, n'avons-nous pas vu Cyprien chargé, quand il sortit de l'Égypte, lui, ce sage docteur et ce bienheureux martyr! Que de richesses Lactance, Victorien, Optat et Hilaire n'emportèrent-ils pas du même pays! Combien de Grecs n'imitèrent-ils pas cet exemple[1]! »

Si maintenant l'on cite quelques passages des Pères, où ils semblent réprouver la lecture des auteurs profanes, ce n'est que la lecture de ces obscénités, où les poëtes païens ont écrit les turpitudes de leurs dieux, de leurs héros, et les leurs propres. Mais quel homme moral ne rougirait de blâmer l'Église d'une semblable défense, qui ne porte d'ailleurs que sur des livres inutiles à la science, et qui attaquent la morale sociale? Il est donc invinciblement établi par les faits et les témoignages, que nous pourrions multiplier presque à l'infini, que l'Église fut dès l'origine une source et un foyer de science et de lumière; et nous défions, car on est hardi quand on parle vérité, que l'on puisse nous accuser, comme nos adversaires, de raisonner d'après quelques faits rares, isolés, souvent exceptionnels, toujours faussement interprétés. La vérité plane sur l'ensemble, marche au grand jour, et suit les chemins battus; mais dans tous les temps l'erreur et l'hostilité contre l'Église n'ont eu de force et n'ont pu attaquer que dans un coin ténébreux, la sentinelle perdue; pour elles, le particulier et l'exceptionnel concluent toujours au général.

[1] S. Aug., *de Doctrinâ christ.*, l. II, cap. X.

Mais, et c'est le dernier mot que l'on puisse encore nous dire, quel progrès ces Pères des cinq premiers siècles ont-ils fait faire à la science? Un immense progrès! La plupart de ceux qui se sont occupés de l'histoire de l'esprit humain, ont commis la grave erreur de se créer un monde fantastique, et d'asservir la réalité au chimérique empire des lois de leurs pensées. Les athées, les déistes, les panthéistes, les matérialistes, etc., n'ont pas fait autre chose. Ainsi isolé de sa nature et de lui-même, l'esprit humain n'a plus été qu'une vague abstraction, une équation insoluble; mais dès qu'on voudra replacer le problème sur ses vraies données, la solution sera toujours facile. Dieu, les créatures et l'homme sont trois grands faits à jamais incompréhensibles et inexplicables l'un sans l'autre. Dieu, sans création, est inconnu; mais, les créatures une fois admises, l'impérieuse nécessité d'une cause première, créatrice et conservatrice, domine leur existence de tout le poids de sa puissance et de ses infinies perfections, sous peine d'être pour elles-mêmes une éternelle énigme. Des rapports nécessaires des créatures entre elles, et des créatures à Dieu, naissent toutes les lois physiques, intellectuelles et morales, dont le but et la fin sont l'harmonie et la perpétuité du tout. Les premières, les lois physiques, sont essentielles à la matière, soit organique, soit inorganique, puisqu'elles n'en sont à vrai dire que des propriétés, et la matière étant donnée ce qu'elle est, ces lois ne peuvent pas être autres qu'elles ne sont. Les lois intellectuelles et morales sont tout aussi essentielles aux intelligences. Elles sont de deux sortes: les unes régissent les intelligences pures, et les autres les intelligences unies à la matière, et les rapports naturels résultant de cette union; et c'est en ce sens que la matière est en quelque sorte soumise aux lois intellectuelles et morales, comme les lois physiques ont aussi un certain empire sur l'esprit; la grande différence entre ces deux ordres, c'est la nécessité dans l'ordre physique, et la liberté dans l'ordre intellectuel.

Voilà la base, le principe de toute science; tous les rayons du cercle des connaissances humaines doivent converger vers ce centre, sous peine de se perdre dans un vague obscur et interminable. Hors de là, plus de science possible. Il y aura bien des observations, une accumulation de faits incohérents, sans lien et sans principe, mais plus de lois pour les régir, car il est impossible d'admettre la loi sans volonté législatrice. Partant, plus de science, parce qu'il n'y a plus, et qu'il ne peut plus y avoir de prévision, puisque tout est abandonné à un pur hasard de rencontre moléculaire, etc. Ou bien, si la puissance de la loi se fait trop sentir à l'observateur, il s'efforce de se persuader à lui-même et aux autres qu'il en est le créateur, sans songer que la loi existait avant qu'il la connût; or cette hypothèse est tout aussi destructive de la science que la première, car la base et le principe vrais sont enlevés pour leur substituer une base et un principe faux, impuissants à supporter un édifice qui existait avant, et qui existera encore après eux. Et, quand même cette improvisation créatrice ne serait pas périssable, elle ne peut être principe, cause et effet tout à la fois.

Entre ces deux écueils, tout aussi destructeurs de la science l'un que l'autre, force est d'admettre la réalité, Dieu, les créatures et l'homme; ou bien, de renoncer à la science, qui est et doit être nécessairement une; car Dieu est un, et les créatures ou le monde est aussi un, en tant qu'il est variété dans l'unité; toute science est renfermée, comme toute existence, dans cette grande synthèse, Dieu, les créatures et l'homme. Parmi les créatures visibles, l'homme seul est créé pour la science; Dieu, qui est le principe et le terme de toute science, a voulu se faire connaître à l'intelligence humaine : c'est pourquoi il l'a créée raisonnable. Aussi, quand celui qui sait tout sans l'avoir jamais appris, descendit sur la terre, ce fut pour instruire le monde.

Partant de là, voyons où en était la science quand le christianisme apparut. L'esprit humain, essentiellement actif, avait longuement et péniblement travaillé sans néanmoins pouvoir compléter le cercle de ses connaissances. Une partie essentielle lui manquait, c'était la plus nécessaire et la plus importante. Pour nous en tenir à la seule Grèce, alors représentant toute la science de l'univers, les écoles de Pythagore et de Platon, entrevoyant le vrai principe, avaient fait avancer les sciences exactes instrumentales, les mathématiques, et les sciences physiques. Pour Platon, Dieu était le grand géomètre, qui a tout pesé, tout mesuré. Les sciences physiques, et surtout les sciences naturelles avaient élevé Aristote jusqu'à la cause suprême[1]; et leurs progrès furent grands sous un pareil génie. Les sciences métaphysiques et morales avaient aussi trouvé dans Platon, et dans Aristote surtout, de puissants leviers. Ainsi donc, les créatures et l'homme avaient été étudiés, et l'on avait même fait de grands progrès dans leur connaissance. Cependant, l'esprit humain sentait qu'il lui manquait un rayon nécessaire. Dans son audace, et par la puissance de sa raison, il avait tenté la plus grande et la plus difficile des études. Mais pourtant, Dieu, sa nature et, par conséquent, les vrais rapports des créatures à Dieu, n'avaient pu qu'être imparfaitement sentis ; car, ni Platon, avec tout son génie, ni Aristote avec la plus puissante raison qui fût peut-être jamais, ne purent arriver jusqu'à la pureté de la lumière inaccessible, et le cercle ne pouvait être clos. L'homme ne

[1] Δεῖ δε ἀεὶ τὸ αἴτιον ἑκάστου τὸ ἀκρότατον ζητεῖν. Arist., *de Auscult. phys.*, l. II, *cap. de causis*, etc.

peut par lui-même arriver si haut; il faut en croire Dieu sur parole, quand il s'est prouvé par sa toute-puissance.

Dès lors, et c'est le phénomène déplorable qui se manifeste dans la Grèce et à Rome après les temps d'Aristote, le paganisme et ses doctrines philosophiques arrêtaient nécessairement le développement de la science. Car, ou l'on ne croyait pas à ses dieux, et l'on cherchait une foi plus conforme à la raison sans pouvoir l'atteindre, et alors il y avait une lacune effrayante, impossible à franchir aussi bien qu'à combler; ou bien on dévorait l'incohérence de son enseignement, et il ne tardait pas à conduire au même but, en amenant l'incertitude et l'erreur des faux systèmes sur le principe et la base. Là, moins qu'ailleurs, il est permis de hasarder une opinion, même scientifique; dès que la science examine son fondement, elle pose son existence en doute et perd le droit de prononcer. Il faut donc ici de la certitude et de la raison, sous peine d'errer éternellement sur le bord de cet océan, sans pouvoir en mesurer l'étendue, ni atteindre l'autre rive. Or, cette certitude n'existait pas dans la science, à l'époque dont nous parlons; aussi les doctrines de Platon, d'Aristote et de leurs écoles, quelque vraisemblables qu'elles parussent en plusieurs points, ne tardèrent pas à être négligées, et le règne ténébreux du doute, le chaos le plus épouvantable pesa sur la science, et en arrêta les progrès. On peut dire que, dans le paganisme, la philosophie fut bâtarde, la théologie nulle, la morale incertaine; car qu'est-ce qu'une morale sans dogme, sinon un château bâti en l'air? L'homme, inconnu à lui-même, ne savait ni d'où il venait, ni où il allait, ni ce qu'il était. Il ne restait donc plus que la matière palpable au toucher, et voilà pourquoi le matérialisme finit par être la seule doctrine quand le règne des sophistes eut éteint les quelques lueurs de vérité qu'avaient fait briller les grands philosophes.

Aussi, dans un tel état de choses, la seule science que nous devions trouver, et que nous trouvons encore debout, c'était la médecine, nécessaire à la conservation et aux jouissances d'une vie après laquelle on n'attendait plus rien ; et, chose remarquable, elle ne s'élevait pas à la dignité de science, elle ne pouvait être, et ne fut en effet qu'un art plus ou moins propre à conserver la vie du riche, à réparer les excès de ses voluptés pour lui en procurer de nouvelles, et faire la fortune du médecin, qui n'estimait sa science qu'au poids de l'or qu'elle faisait couler dans sa main, habile et prudente en raison directe de la fortune du patient [1].

Voilà quels étaient les besoins de la science, quand le christianisme vint. Dieu, descendu sur la terre, se révéla lui-même; une certitude inébranlable fut donnée à l'homme sur l'Être suprême et sa nature, sur l'homme lui-même, son origine, sa dignité et sa fin; la raison, la cause et la fin suprême de tout ce qui est, furent mises à découvert; la morale s'épura en sortant de la bouche de Dieu ; la philosophie et la théologie, unies dans un même principe de vérité, marchèrent sans crainte dans la seule voie sûre. Voilà ce que le christianisme apporta au monde de la science, et l'œuvre des cinq premiers siècles fut comme la démonstration rationnelle et scientifique de ce don du ciel à la terre, et son effusion dans l'univers. Les représentants du savoir antique, les héritiers de Platon et d'Aristote, se firent chrétiens ; ils échangèrent le nom de philosophes en celui de Pères de l'Église [2]. Alors, un phénomène remarquable dans

[1] Galien fait des reproches sanglants à ce sujet aux médecins de son temps.

[2] Quand nous disons que les Pères furent les héritiers de Platon, nous sommes bien loin de dire et de penser qu'ils aient, comme on l'a prétendu, formulé le catholicisme avec la doctrine des philosophes; le catholicisme est descendu tout fait du ciel ; il s'est trouvé

la raison humaine qui ne peut, comme Dieu, tout embrasser à la fois, se manifesta. La partie des sciences que l'homme n'avait pu atteindre seul, et qui, par là même, était demeurée en arrière, dut absorber pour quelque temps la puissance de la raison humaine, qui n'avait plus à craindre de tenter des efforts infructueux. Les autres parties de la science durent s'arrêter quelque temps, et attendre que celle qui était leur base et leur véritable principe, eût pris racine dans le monde, et eût aiguisé l'instrument, afin qu'à l'aide de ce levier puissant elles pussent marcher ensemble plus rapidement. Ce grand travail dura deux siècles; le progrès matériel, si on peut ainsi l'appeler par opposition à celui qui nous occupe, avait été près de quatre cents ans à s'opérer dans la Grèce. Après Aristote qui l'avait formulé, il y eut un point d'arrêt; tout progrès ultérieur fut impossible, et cela même à cause du caractère scientifique de l'époque grecque, qui, poussé à l'excès, comme il le fut par l'épicurisme, empêche toujours par la négligence forcée du principe et du terme le développement normal de la science. Par les efforts des cinq premiers siècles du christianisme et le retour au véritable caractère philosophique, cet obstacle, autrement insurmontable, fut levé; les entraves furent brisées, la science remonta à sa dignité; en devenant une, elle acquit une nouvelle force et une nouvelle énergie. Jamais effort plus puissant n'avait été fait par l'esprit humain, jamais aussi tant

que la raison humaine, pour laquelle il est fait, avait aperçu quelques-unes de ses vérités dans la doctrine des philosophes; et lorsque le christianisme vint rendre la vérité catholique, il reprit son bien où il le trouva, ou plutôt on reconnut alors d'où les philosophes tenaient ce qu'ils avaient de vrai; car la vérité catholique s'était toujours conservée intègre dans un peuple élu de Dieu, et ses lambeaux n'avaient été dispersés, si l'on peut dire, que pour les autres peuples.

de génies n'avaient apparu à la fois sur la scène du monde, et jamais résultat si grand et si durable n'avait été obtenu, puisque la face du monde fut changée et que l'humanité régénérée fut enfin connue et estimée à son prix.

§ II.

Tout était prêt pour marcher avec assurance et fermeté dans la voie du progrès; mais on dirait que l'esprit humain est semblable à l'homme qui vient de gravir la montagne: après un aussi puissant effort, il fallait faire halte. Alors le monde fut agité, le sol trembla sous les pas de l'ignorance et de la barbarie, qui se rua sur la civilisation et sur la science. Une lutte terrible s'engagea, et bien que la victoire ne fût pas douteuse, le combat dut être long; ce fut beaucoup si la science put conserver le domaine qu'elle avait acquis. L'invasion des barbares, commencée depuis deux siècles, se répandait sur tout l'empire romain, et l'ébranlement du monde ne finit guère que trois siècles après; mais les suites d'un si rude choc se prolongèrent. Ce temps, où l'Église fut désolée, ne fut pas cependant tout à fait stérile pour la science, dont elle était désormais le seul asile. Les Boëce, les Cassiodore, les Fulgence, les Salvien, les Denis le Petit, les Évagre et les Grégoire de Tours consolèrent le génie de la science; les uns en écoutant les graves et sévères leçons de la philosophie [1], qui venait soulever leurs fers; les autres en retraçant aux races futures les épouvantements d'un monde corrompu tremblant à la vue des barbares [2], et en continuant la chaîne de l'histoire. Les septième, huitième

[1] Boëce composa ses Consolations de la philosophie en prison; il les commence par une allégorie pleine d'un charme mélancolique qui le sépare du monde antique pour le rattacher au monde nouveau. C'est la philosophie qui se présente à lui sous la figure d'une femme divine qui vient le consoler et le fortifier.

[2] Salvien surtout, ce Jérémie des Gaules au cinquième siècle, est

et neuvième siècles virent les Fortunat, les Isidore de Séville, qui traitait de tous les arts et de toutes les sciences dans son vaste recueil des origines et des étymologies sacrées et profanes, et sur la nature des choses; les Ildefonse, les saint Julien de Tolède, les Bède, les Alcuin, les Hincmar, les Raban Maure qui avait fait une encyclopédie complète, sous le titre de *de Universo*, où l'on trouve une connaissance abrégée de toutes les sciences et de tous les arts, depuis la théologie jusqu'à l'agriculture[1]; le savant Gerbert, qui nous apprend lui-même qu'il avait composé des traités de rhétorique, d'arithmétique et de géométrie; il connaissait l'astronomie et la mécanique; il parle d'une sphère qu'il fabriquait; il inventa des horloges, et en fit une à Magdebourg, la réglant sur le cours de l'étoile polaire, qu'il considérait à travers un tuyau. On lui attribue aussi un traité de l'astrolabe, écrit en latin sous forme de dialogue entre lui et Léon, légat du pape[2].

Cependant, tous ces hommes, quoique puissants en eux-mêmes, ne pouvaient faire que des efforts séparés, incapables de résister au torrent dévastateur de la science et de la civilisation, qui envahissait l'univers. A une si grande puissance de ruine, il fallait opposer une puissance de conservation et de salut; car il était impossible de penser à édifier. C'est ici surtout qu'apparaît la force de la vérité et la sagesse de la Providence, dans la création des ordres monastiques, qui ne furent que les armées de l'esprit humain, marchant à la défense de la science sous les étendards du christianisme. Glorieux champions, hommes admirables, dignes

remarquable par le ton de douleur et l'énergie pleine de tristesse, avec laquelle il déplore les malheurs de son temps.

[1] *Hist. de l'Égl. gallic.*, t. VII, p. 243.

[2] Dupin, *Dixième siècle*, p. 154. D. Cellier; — *Hist. de l'Égl. gallic.*, t. XIX, p. 725.

à jamais de l'éternelle reconnaissance du monde moderne, qui leur doit tout ce que le monde ancien lui a légué de science et de civilisation; et on a osé les calomnier : quelle ingratitude! Cependant, il faut rendre justice à notre siècle, qui a su apprécier à leur valeur les passions du dernier et réformer leur jugement. On est généralement revenu sur le compte des ordres religieux à des idées plus saines, jusqu'à ce point que dans la jeunesse française de nombreux désirs de les voir renaître se manifestent. Il serait donc inutile d'aborder cette question si nous n'en avions pris l'engagement, et si d'ailleurs elle ne faisait une partie essentielle de la thèse que nous défendons. D'autant plus, que M. Libri lui-même, nous nous plaisons à lui rendre cette justice, a trop de droiture, de franchise et de science, pour ne pas réformer son premier jugement par la considération de faits qu'il avait peut-être négligé d'examiner. Formons-nous donc une juste idée du monachisme, en examinant dans ses détails la seconde assertion de M. Libri.

1° « Au despotisme et à la corruption des empereurs succèdent le despotisme et la corruption des moines [1]. » Les moines furent, au contraire, les mandataires de la liberté des peuples; ils étaient tous tirés du peuple, et les représentants de ses droits comme de la grande pensée sociale et civilisatrice. « Le capuchon affranchissait plus vite encore que le heaume, et la liberté rentrait dans la société par des voies inattendues. A cette époque, le peuple se fit prêtre, et c'est sous ce déguisement qu'il le faut chercher [2]. » Étaient-ils despotes ces hommes qui défrichaient les terres et les déserts arides; autour de l'habitation desquels les peuples venaient se réfugier, pour y trouver la

[1] M. Libri, *Hist. des sc. mathém.*, t. I, p. 186-7.

[2] Chateaubriand, *Étud. hist.*, in-18, t. III, p. 272.

vie corporelle et y recevoir par surcroît la vie intellectuelle, dont M. Libri a si dignement parlé, en reprochant à notre siècle d'exploitation, son peu d'amour désintéressé pour la science? C'était autour des monastères que s'élevaient d'abord les hameaux et que se bâtissaient ensuite les villes. Les moines défrichaient les terres et les donnaient au peuple, à condition d'en recevoir une faible redevance, plutôt à titre de reconnaissance que par droit de possession, qui leur était pourtant si légitimement acquis.

C'est ainsi que la plupart de nos bourgs et de nos villes même n'ont d'autre origine qu'un monastère, autour duquel les familles fixaient peu à peu leurs habitations : un roi détrôné se fit moine, et dans les forêts du territoire de Lutèce s'éleva l'abbaye de Saint-Clodoald, qui vit bientôt les peuples se réfugier sous ses murs et demander du pain aux hommes de la solitude. Une montagne déserte dominait les rives de la Seine, qui traversait *Lyda Sylva;* quelques solitaires s'y rassemblèrent, un monastère s'y éleva, les peuples accoururent; et quelques siècles après, c'était le séjour de délices des rois de France. La ville et le château de Saint-Germain-en-Laye se rattachent à tous les souvenirs de la monarchie française : le mariage de François Ier y fut béni; Henri II, Charles IX et Louis XIV y naquirent, et la monarchie des Stuarts s'y éteignit. De la magnifique terrasse que Louis le Grand y fit élever, on aperçoit Saint-Denis en France, autrefois plus célèbre que Paris : ce n'était dans l'origine qu'un monastère.

De quelque côté qu'on tourne ses pas en Europe, sur le sol de France et d'Angleterre surtout, on traverse des bourgs ou des villes, dont le nom, les souvenirs et souvent les coutumes attestent qu'en remontant dans les âges, on y trouve des moines pour premiers habitants. Ambournai, dans le Bugey, doit son origine au monastère fondé par saint Barnard, depuis archevêque de Vienne. La célèbre abbaye de Condat, bâtie sur le mont Jou ou Jura, a donné naissance à la ville de Saint-Claude, que Benoît XIV érigea en évêché en 1743. La ville de Saint-André, dans le comté de Fife en Écosse, fut fondée par le monastère d'Abbernethy [1]. Elle était très-florissante, lorsque l'évêque Henri Wardlow y établit une université en 1412. Hycolm-Kil, qui signifie monastère de Colombd'hy, près Mul à l'occident de l'Écosse, n'a été peuplée que par suite de l'établissement du monastère de Saint-Colomb, dont l'abbé était comme gouverneur de l'île [2]. Peterborough, Durham, Ely, Westminster lui-même étaient de parfaites solitudes, avant que des monastères y eussent été établis. « Les îles de Tinian et de Juan Fernandez, dit un rédacteur du *Quaterly Review*, ne sont pas, dans la mer du Sud, des sites plus enchanteurs que ne l'étaient, au temps de l'Heptarchie, Malmesbury, Lyndis Jarne et Jarrow. »

On a dit que la monarchie française avait été fondée par les évêques, et certes sa gloire et sa durée ne prouveraient pas mal leur sagesse. Mais on peut dire aussi que la France et l'Angleterre surtout ne sont que les débris de fiefs monastiques. Les revenus du clergé d'Angleterre faisaient la quatrième partie des biens du royaume, dans la vingt-septième année de Henri VIII; ceux des moines en faisaient à peu près la cinquième [3]. Mais cela se réduisait tout au plus à la dixième partie, pour les raisons que nous allons dire. L'historien de la réforme ayant avancé que les moines s'étaient emparés, sur la fin du huitième siècle, de la plus grande partie des richesses de la nation, M. War-

[1] Combefis, *Not. ad Hippolyt.*, t. I, p. 34, ed. Fabricii.

[2] *Hist. anc. de la Grande-Bret.*, par Lewis, p. 236. *Descriptions des îles occident.*, par Martin.

[3] Collier, *Hist. ecclés.*, t. II, p. 108.

thon montre, p. 40, qu'ils n'en possédaient pas alors la centième partie. Il ajoute que leur nombre s'étant considérablement accru dans les dixième, onzième et douzième siècles, leurs biens s'augmentèrent à proportion. « Mais après tout, continue-t-il, ils n'eurent jamais plus du cinquième des richesses de la nation, et si l'on considère qu'ils louaient leurs terres aux laïques pour très-peu de chose, ce cinquième se réduira à un dixième. Qu'on ne dise pas non plus que le meilleur terrain du pays étant en de si mauvaises mains, il importait à la nation de se l'approprier, pour le convertir à un usage plus utile. On ne prouvera jamais qu'il y ait eu des cultivateurs comparables aux moines. Ils bâtissaient, défrichaient et mettaient en valeur tous leurs fonds. (C'est ce que montre visiblement l'histoire de l'abbaye de Croyland.) Par le peu qu'ils exigeaient de leurs fermiers, ils faisaient vivre dans l'aisance un grand nombre de personnes. Ajoutons à cela, qu'ils contribuaient avec le clergé aux charges publiques, et qu'ils payaient à proportion plus que les autres sujets. Quel est donc le meilleur usage qu'on a fait depuis, des biens qu'on leur a enlevés, etc.[1] ? » Ainsi parle un protestant.

Avant M. Libri, Burnet a répandu que les moines étaient tombés dans la corruption et le libertinage, lorsqu'on ordonna qu'ils fussent supprimés. Mais c'est une calomnie que le même protestant Warthon a solidement réfutée dans son Spécimen des erreurs de l'histoire de la réforme par Burnet, et qu'il a publié sous le nom d'Antoine Harmer[2].

« Dieu défend, dit-il, p. 42, de pareilles horreurs à tous les chrétiens, à plus forte raison à ceux qui se pi-

[1] Warthon, *Spec. descr.*

[2] Godes., t. VI, p. 450, *not.*; éd. de la Bibl. eccl.

quent de perfection; il défend aussi de les en croire coupables, sans des preuves évidentes. Certainement, si les moines eussent été tels qu'on les dépeint, leurs crimes n'auraient point échappé à la connaissance de leurs visiteurs, qui se montrèrent si ardents à rechercher et à divulguer toutes leurs fautes. Ils auraient aussi été connus de Bale, qui lui-même avait été moine, et il n'est pas croyable qu'il les eût omis, lui qui a déchiré l'ordre monastique et le clergé, avec une malice qui tient de la fureur. » A ces témoignages, nous pourrions en ajouter mille autres tout aussi concluants; mais la nature de notre travail ne nous permet pas de nous étendre sur une question tant de fois approfondie par les catholiques comme par les protestants[1].

Cependant nous en avons dit assez pour que l'on soit forcé d'avouer que le despotisme des moines était bien doux, puisque les peuples le cherchaient avec tant d'empressement. Le despotisme est antisocial : comment donc se fait-il que le despotisme des moines ait élevé et formé les sociétés modernes ? Il faut en convenir, il y a là un mystère social inexplicable, et pourtant il est basé sur les faits.

L'usage que les moines firent des biens temporels, leur attira bientôt des richesses immenses. Doter les monastères, c'était laver les pieds du voyageur et du pèlerin, lui don-

[1] On peut consulter les protestants Mallet, Warthon, Humes, Cates, et surtout Cobett qui a détruit avec une si grande force de logique les reproches faits par les protestants au monachisme; on verra la vérité échapper malgré la passion de quelques-uns de ces auteurs. On peut également lire le témoignage non suspect de d'Alembert, dans son Éloge de Bossuet; de Voltaire, dans son Essai sur les mœurs; et enfin, si l'on veut des hommes sans passion, qu'on lise le livre septième du Génie du christianisme de Chateaubriand; l'Hist. des ordres religieux de M. Henrion, celle de Rubichon, et surtout celle de M. Helliot.

ner le couvert et la table, et souvent même l'argent pour continuer sa route; c'était vêtir les nus, donner à manger à ceux qui ont faim, à boire à ceux qui ont soif; c'était, suivant le grand précepte de l'Évangile, non pas éteindre la mendicité, cela est impossible, *car il y aura toujours des pauvres parmi vous*, mais c'était en resserrer les limites, en alléger le poids et en diminuer l'influence, non pas en incarcérant les mendiants sous les mêmes verrous que l'immoralité, mais en leur procurant le pain de chaque jour, celui qui soutient le corps, et en donnant à l'âme, la plus noble partie de l'homme, la vie morale et le pain de la prière. Fonder un monastère, c'était répandre le baume de la consolation sur tous les cœurs blessés par les infortunes du monde, ravir à l'enfer ceux qui ne voulaient plus habiter la terre, les arracher au malheur et les forcer d'être heureux dans le repentir et la pénitence, après les agitations du crime et du remords, en leur créant au milieu du monde, qui les rejetait, un autre monde, qui était pour eux les parvis du ciel, où ils retrouvaient la vraie vie, celle qui ne doit point finir.

Quand Rome eut perdu sa morale sous l'empire des docrines meurtrières d'une fausse philosophie, le suicide fut souvent le seul refuge des hommes, à qui les tyrans commandaient de mourir [1]. L'infortune, les revers et les douleurs cuisantes des plaisirs de la vie, allaient s'éteindre dans les eaux tièdes d'un bain que le sang des quatre veines ouvertes aux pieds et aux mains rougissait à mesure que la vie s'en allait. Alors il était glorieux d'être faible et d'étouffer dans les vapeurs de ce bain les peines et les chagrins que l'on n'avait pas la force de supporter. Le christianisme vint; doctrine de vérité et de vie, il apprit aux hom-

[1] Il suffit de lire Tacite pour être convaincu de ce fait historique.

mes à être heureux dans le malheur. Le premier, son chef avait bu jusqu'à la lie le calice de toutes les douleurs humaines; sa divine bouche laissa sur les bords le miel qui aide à chacun à boire sa part de la potion ordonnée au genre humain déchu. Les âmes énergiques, dépouillées de leur puissance par la fureur des grandes passions, apprirent à vivre et à pleurer. Pour elles, qui ne pouvaient plus supporter le monde, où la honte, l'outrage et les remords les poursuivaient, s'ouvrirent les monastères; là, après avoir goûté au fruit fatal de l'arbre de la connaissance du bien et du mal, elles retrouvaient le fruit de l'arbre de vie, que le grand vigneron était venu planter dans les régions de la mort, car il était venu pour les pécheurs. Le souverain empire de Dieu sur la vie qu'il donne, ne fut plus usurpé par ceux qui n'ont que le droit d'en jouir; l'ordre et l'harmonie rentrèrent dans les lois de la vie et de la mort, comme dans toutes les autres lois de notre humaine nature.

Mais quand les mêmes doctrines destructives de la même fausse philosophie eurent abattu les sociétés modernes, comme elles avaient fait crouler l'empire romain, la raison humaine, énervée et découragée par elles, a retrouvé toute l'amertume des misères nombreuses dont l'homme, qui naît de la femme et vit peu de temps, est rempli. Mais quand l'infortune a cherché un asile de vie, elle n'en a plus trouvé. Quelques années avaient suffi à raser les refuges du malheur, que la charité avait édifiés pendant dix-huit siècles. Et aujourd'hui cet infortuné jeune homme qui, illuminé par la foi, aurait été conduit à la porte du monastère, profite de l'obscurité de la nuit pour dérober à ses yeux les profondeurs de l'abîme du suicide où il va se précipiter. La foi avait doté la misère humaine des monastères; l'irréligion les a détruits; le suicide a surgi de leurs ruines pour décharger la société de ce pesant fardeau que la faiblesse des lois et des institutions humaines est impuissante à soulever. Dieu seul est assez riche pour faire l'aumône à l'indigente humanité.

Les moines civilisèrent le monde barbare, ils furent les instituteurs des nations modernes, et les monastères ne furent que les dépôts des aumônes de la société, qui pour cela même était bien moins surchargée d'indigence. Ces aumônes étaient administrées par des fonctionnaires tirés presque tous de la classe pauvre, et qui, loin de se faire rétribuer pour être charitables, apportaient, au contraire, à la masse commune, par leur travail, leurs économies et leurs privations; ils n'avaient droit qu'à la nourriture et au vêtement individuel; et pour que les soins et les besoins d'une famille n'absorbassent pas des biens qui ne leur étaient que confiés, la privation des doux liens du mariage était jointe à toutes les autres; en un mot, c'étaient des pauvres dévoués et consacrés pour la vie au service des autres pauvres qui n'avaient pas le courage de s'imposer tant de sacrifices. Par la suppression des monastères, qu'est-il arrivé? tout l'inverse de ce qui avait lieu sous le monachisme. Les biens des moines ont passé dans les mains d'hommes riches qui les étalent en luxe et en plaisirs, et n'ont plus profité aux pauvres. Cependant, le paupérisme s'est accru de tout le nombre des pauvres qui ne peuvent plus être reçus dans les monastères, puis des familles qui naissent d'eux; et d'autre part, la somme des aumônes a diminué de tout le travail et de toutes les économies des moines. Les gouvernements ont bien vu l'épouvantable vide que faisait dans la société l'absence des monastères, et ils ont cherché à le combler par des administrations et des institutions de bienfaisance. Y ont-ils réussi? Nous aimerions à le penser, mais ils n'ont pas comme Dieu les espérances du ciel à donner en échange des sacrifices.

Il n'en était pas de même quand les monastères nourrissaient chacun plus de cent pauvres par jour, et confiaient à une foule de familles des terres à labourer. Le tiers des biens monastiques était, en outre, dévolu aux pauvres par les lois canoniques. Toutes les causes que nous avons énumérées enrichirent bientôt, et multiplièrent les monastères. Mais la cupidité mondaine ne tarda pas à jeter les yeux sur ces richesses. Les guerriers reçurent des monastères en récompense de leurs services. Les princes même voulurent avoir des abbayes en commende. Les cadets de la noblesse furent souvent, bon gré, mal gré, revêtus du froc et bénis abbés. Le relâchement s'introduisit parmi les moines, qui, n'ayant plus de quoi vivre et voyant chaque jour leur sainte règle violée par les chefs auxquels le monde les forçait d'obéir, ne tardèrent pas eux-mêmes à ressentir la faiblesse humaine. Dès lors le déréglement dut nécessairement s'introduire dans les monastères; mais les réformes venaient ramener la ferveur, et cette corruption que l'on fait sonner si haut, ne fut jamais ni si grande ni si longue qu'on a bien voulu le faire croire.

Nous passons sous silence tous les autres bienfaits du monachisme, et le soin des malades, et la rédemption des captifs, et l'instruction des pauvres ; il faudrait des volumes pour dire seulement une faible partie de ce qu'ils ont fait pour le monde moderne ; et nous nous hâtons d'arriver au dernier reproche de l'assertion de M. Libri, qui convient d'ailleurs que dans les siècles qui précèdent le treizième, les médecins avaient été presque tous des moines, et il cite au treizième siècle même, le dominicain Théodoric de Lucques, chirurgien célèbre, qui mourut en 1298, évêque de Cervia; et l'on connaît, dit-il, plusieurs médecins qui devinrent évêques, et Baptiste Renghieri, médecin, fut nonce en France et en Angleterre[1]. « Et d'abord, on ne doit point oublier que si quelque penchant pour les lettres et les sciences s'est perpétué, si quelques ouvrages de l'antiquité et des Pères ont échappé à la destruction qui planait sur l'Europe, c'est aux ordres religieux qu'on en doit la conservation. Qu'une fausse philosophie, ou plutôt l'ignorance, cesse de reprocher aux compositions de ces époques de malheur, le mélange bizarre de la sagesse et de la superstition, des sciences divines et humaines, des modèles de goût et du style le plus contraire à ces modèles, en ne présentant que le côté ridicule; leurs défauts appartiennent à l'époque; les avantages qu'on doit à leurs auteurs forment le patrimoine de tous les âges[2]. »

« Malgré les désastres dont l'Europe fut le théâtre depuis la décadence de l'empire romain et après la mort de Charlemagne, le goût et la culture des lettres n'y furent jamais entièrement éteints. Plusieurs monastères, préservés par leur position ou par d'heureuses circonstances de la ruine générale, conservèrent quelques ouvrages des Pères et des philosophes latins. A toutes les époques du moyen âge, on a lu les questions naturelles de Sénèque, le poëme de Lucrèce, les ouvrages philosophiques de Cicéron, les livres d'Apulée, ceux de Cassiodore, de Boèce, etc. Il existait même très-anciennement un recueil d'axiomes tirés des ouvrages physiques et métaphysiques d'Aristote, qui donnaient une idée succincte de toute sa doctrine. On fait Bède auteur de ce recueil, ou du moins on le lit parmi ses œuvres. Je pense qu'il est plus ancien et qu'il appartient à Boèce ou Cassiodore[3]. »

Pendant que le continent était agité sous les pas des bar-

[1] *Hist. des sc. en Italie*, t. II, p. 84.

[2] Jourdain, *Recherches sur les traduct. d'Arist.*, ch. VI, p. 213.

[3] Jourd., *Rech.*, etc., p. 23-24.

bares, les sciences et les lettres se réfugièrent avec la ferveur monastique dans les îles de la Grande-Bretagne. L'ordre monastique produisit en Angleterre une foule d'hommes célèbres par leur piété et leur savoir : ce fut de là que sortirent ces missionnaires zélés qui prêchèrent la foi en Allemagne, dans la Suède, la Norwége, et presque tout le Nord. Comme il n'y avait point encore d'universités, les grands monastères ouvrirent des écoles publiques, où l'on formait le clergé et la jeune noblesse. Par là, le goût des sciences se répandit parmi les seigneurs anglais, qui voyageaient en Italie et d'autres pays, pour perfectionner les connaissances qu'ils avaient déjà acquises, et pour recueillir partout à grands frais les livres qu'ils rapportaient pour former ces immenses bibliothèques des couvents, que les fureurs de la réforme ont dilapidées et livrées aux flammes, sous prétexte d'éteindre le papisme, mais aussi en enlevant à la science des monuments qu'elle ne recouvrera jamais [1].

Ce fut d'outre-mer que les sciences et la ferveur monastique revinrent en France, sous le règne glorieux de Charlemagne. Alcuin fut le restaurateur des études; il établit un ordre remarquable pour l'étude dans le monastère de Fulde; des professeurs habiles instruisaient les moines dans les lettres divines et humaines; et des élèves assez savants, toujours au nombre de douze, instruisaient à leur tour les moins avancés. D'autres couvents imitèrent cet exemple. Dans tous les couvents de saint Benoît, il y avait un frère scolastique pour présider à l'instruction des moines; le novice qui montrait des dispositions, était envoyé dans les

[1] Mabillon, sect. IV, *Ben.*; Leland, *Collect.*, vol. I, p. 109, et *Itin.*, vol. III, p. 86; Thorn. *Inter decem scriptores*; Tanner, Notit. *mon. præf.*, p. 40; Tyrrel, *Hist. d'Angl.*, p. 152; Chamberlain, *État présent de l'Angl.*, part. III, p. 450; Godescard, *Not.*, l. IV, p. 47-8.

maisons les plus renommées pour la science de leurs scolastiques, et les secours pour les études; puis il revenait communiquer à ses propres frères le fruit de ses études [1]. Ce mode d'instruction dura pendant tout le moyen âge. Dans le dixième siècle, on trouve les Catégories d'Aristote et le livre *de situ Indiæ*, parmi les manuscrits du monastère de Boby [2]. Vers le même temps, en 935, Rheinhard, scolastique du monastère de Saint-Burchard, commente les Catégories d'Aristote, et Poppo de Fulde explique les Commentaires de Boèce [3]. Ingulphe nous donne quelques détails touchant l'école fondée à Cambridge par Geoffroy, abbé de Catchar, vers 1109. Voici l'ordre qu'on y suivait dans les lectures : *Ad horam vero primam, F. Fericus, acutissimus sophista, logicam Aristotelis juxta Porphyrii isagogas et commenta adolescentioribus tradebat* [4]. Radevic, continuateur de Othon de Frisingue, célèbre les vertus et l'érudition de ce prélat, qui, non-seulement savait les lettres sacrées, mais encore les sciences profanes, et surtout la philosophie d'Aristote [5].

Cependant l'influence monastique se faisait sentir; des écoles publiques s'élevaient sous les auspices et la direction des moines; Lanfranc et Anselme attirèrent en France des étudiants de tout l'Occident; ce concours devint immense quand les écoles de Paris eurent pour professeurs Roscelin, Gilbert, Abailard, Guillaume de Champeaux, et toute la suite des scolastiques réaux et nominaux. On voyait la foule des écoliers s'acheminer de l'Angleterre, de l'Italie, de l'Allemagne, de la Belgique, de l'Espagne [6]. De retour dans

[1] Chron., *Hist.*, t. I, p. 11-12.

[2] Muratori, *Ant. Ital. m. av.*, t. III, c. DCCCXVIII.

[3] *Ap. Heeren-Geschichte.*

[4] Ingulp., *Chr. ap. Till. Ber. Angl. script.*, t. I, c. CXII.

[5] *De Gest. Frid.*, l. II, c. XI.

[6] *Jourdain*, p. 220.

leur patrie, ces anciens condisciples, devenus savants professeurs, entretenaient un commerce de lettres, et se tenaient mutuellement au courant de la science; ils s'aidaient entre eux à se procurer les ouvrages intéressants qui venaient à paraître, et qui, grâce à la multitude des copistes, ne tardaient pas à se répandre.

L'Espagne, cette académie des sciences, où l'homme qui les recherchait allait puiser comme à une mine féconde, n'était point étrangère à ces liaisons. Bernard, archevêque de Tolède, ramena plusieurs docteurs de France, qui parvinrent aux premières dignités de l'Église d'Espagne. Alphonse, fondant de nouvelles écoles, fit venir des professeurs de Paris [1].

Par l'extension de l'ordre de Saint-Dominique, de nombreux moyens de communications s'établirent entre l'Occident et l'Orient. L'étude générale de l'ordre établie à Paris recevait chaque aspirant qui venait y prendre ses degrés. Les actes des chapitres généraux prouvent quel soin cet ordre prenait de l'instruction de ses sujets. On travaillait à les rendre habiles, non-seulement en théologie et en philosophie, mais encore dans les langues étrangères, l'arabe, l'hébreu, le grec, *vel alia lingua barbara*, et dans toutes les sciences. « Studium in liberalibus artibus, dit Humbert de Romans, et scientiis valet in christianitate ad multa. Valet enim ad defensionem fidei, quam non solum hæretici et pagani impugnant, sed philosophi..... Ex his ergo et multis aliis patet rationibus, quod studium in artibus liberalibus valde necessarium in Ecclesia est. » Le même Humbert de Romans censure amèrement les personnes qui désapprouvent ces études; il les compare à ceux dont le

[1] Du Boulay, *Hist. univ.*, Paris, t. II; Anton. Panorm., *de gest. Alphons.*, l. I, c. VI.

livre des Rois dit : « Qu'ils ne voulaient point qu'il y eût un seul ouvrier en fer en Israël, afin que les Hébreux ne pussent fabriquer une épée ou une lance[1]. » Le soin qu'on mettait dans cet ordre, à se procurer toutes les nouvelles productions littéraires, à se tenir au niveau de la science, est incroyable. Le mode même d'instruction, qui unissait entre elles toutes les maisons, ne contribua pas peu au progrès des sciences. Aussi, avec l'ordre de Saint-Dominique, les progrès s'étendirent rapidement en Espagne, en Angleterre, en Italie et en France ; et il enflamma cette ardeur pour la science, qui dévora l'Europe au treizième et au quatorzième siècle. Il ne faut, pour être convaincu de cette vérité, que lire les Annales de l'Université de France et de l'ordre de Saint-Dominique. Les autres ordres ne furent pas moins zélés. En 1246, les Bénédictins eurent à Paris un collége pour les profès de l'ordre, fondé par l'abbé Étienne de Lexington. En 1252, Jean, abbé et général de Prémontré, voulant entretenir dans son ordre l'observation de la discipline, et le goût des sciences qu'il aimait, bâtit un collége à Paris[2], dans cette intention. En 1269, Ives, abbé de Cluny, fonda le collége de même nom, où l'ordre envoyait plusieurs jeunes religieux, dont il payait la pension pour faire leurs études à Paris[3].

Il nous resterait encore à jeter un coup d'œil sur les bibliothèques des monastères au moyen âge ; mais, outre que cette question s'éloigne de notre but principal, on a déjà sous ce rapport complétement réfuté M. Libri, dans l'excellent recueil, trop peu lu, des Annales de philosophie chrétienne. Dans une suite d'articles savants et pleins de solides recherches, M. Achery prouve que « les églises et

[1] *De Erud. prædic.*, l. II, tr. I, c. LV ; *ap. Bibl. Max.*

[2] *Hist. de l'Égl. gall.*, t. XV, p. 444.

[3] *Id.*, *id.* et suiv.

les monastères eurent des bibliothèques, rassemblées avec une sollicitude extrême, et souvent très-considérables pour leur temps, malgré les nombreuses difficultés qu'il fallait vaincre pour les former; que l'on ne craignit ni dépenses, ni sacrifices de toutes sortes pour réunir et conserver des livres; que ces livres n'étaient pas uniquement des livres mystiques, mais qu'un grand nombre étaient des auteurs profanes[1]. D'ailleurs, les faits déposent hautement; tout ce qui nous reste de classiques grecs et latins; tout ce qui nous reste des poëtes, des historiens et des philosophes des temps anciens; tout ce que nous conservons des Pères; ceci, en France du moins, est connu de tout le monde, ce sont les moines qui nous l'ont conservé avant l'imprimerie; et, depuis, leurs bibliothèques furent encore les plus intéressantes et les plus nombreuses. Qui ne connaît combien les éditions des Bénédictins sont encore recherchées aujourd'hui; qui, pour peu qu'il s'occupe d'étude, ne sait un gré infini aux auteurs de ces tables raisonnées qui accompagnent ces éditions, tables qui sont à elles seules des encyclopédies abrégées, qui dispensent de perdre un temps précieux à la lecture de ces énormes volumes, que la vie d'un homme ne suffirait seulement pas pour feuilleter; que d'études sont facilitées par ces tables; que de temps épargné et qui peut être consacré à de nouvelles méditations et à de nouvelles recherches, et par suite, que de progrès qui ne se feraient point sans ces importants travaux de patience et de dévouement, que l'on fait rarement aujourd'hui. N'est-ce pas encore aux moines qu'est due la richesse de nos bibliothèques publiques? Plusieurs de celles de la capitale de France, par exemple, ne sont que la réunion des débris des bibliothè-

[1] *Annales de philos. chrét.*, décembre, janvier, février, mars, mai, juin, 1838-39.

ques de ses nombreux monastères. Que l'on parcoure la bibliothèque Sainte-Geneviève, autrefois des Génovéfains, conservée telle qu'elle était, avec ses mêmes livres et ses mêmes armoires, puisqu'elle a échappé au pillage; une bonne partie de la Bibliothèque royale, etc. : on y retrouve presque sur chaque volume le chiffre et le cachet du monastère auquel il appartint. Car, « quoique les commotions politiques dont la France a été le théâtre, aient détruit les établissements qui avaient le plus contribué à la culture et aux progrès des lettres, cependant, à l'époque la plus désastreuse de la révolution, lorsque la mort planait également sur les personnes et sur les choses, il se trouva des hommes dévoués à la conservation de nos monuments littéraires, qui employèrent leur crédit, sacrifièrent même leur repos, pour arracher à l'ignorance et à la barbarie, pour réunir à des établissements nationaux les bibliothèques des maisons et des monastères détruits..... Aujourd'hui, qu'il nous est permis de revenir à des études longtemps négligées, nous commençons à recueillir les fruits de leurs soins. Personne, plus que moi surtout, n'a senti les avantages que m'offraient les bibliothèques de Saint-Victor, de Navarre et de Saint-Germain des Prés, etc....., réunies à la Bibliothèque royale. Les maisons de Saint-Victor et de Saint-Germain des Prés, le Collége de Navarre, qui brillent avec tant d'éclat dans notre histoire littéraire, nous ont transmis les ouvrages publiés pendant les douzième et treizième siècles de notre ère, époque à laquelle Paris était regardé comme le foyer des plus belles connaissances, et le centre des études les plus relevées, la ville des philosophes, *civitas philosophorum*[1]. »

Quand on a lu l'histoire du monachisme sans passion,

[1] Jourd., *Rech.*, p. 19-20.

on est forcé de convenir de trois grands faits qui la dominent et la résument toute. Le premier, c'est que, pendant au moins huit siècles, les institutions monastiques furent pieuses, ferventes et studieuses, sauf peut-être quelques rares exceptions qui apparaissent çà et là dans le cours de leur histoire; et ces institutions rendirent les plus grands services à la civilisation moderne. Le second, que le relâchement ne s'introduisit d'une manière patente dans les monastères que dans les derniers siècles des temps modernes; ce relâchement même fut l'œuvre du monde et de l'oppression. Le troisième, enfin, que la corruption des moines ne fut jamais universelle; elle fut toujours une exception, non moins déplorable, sans doute; mais le plus grand nombre des monastères furent toujours l'asile de la science et de la piété. Il ne paraît donc pas permis d'arguer, d'après des exceptions seulement, fussent-elles encore plus nombreuses, pour condamner tout ensemble une longue suite de siècles de gloire et de vertu; et l'on ne peut donc admettre avec M. Libri, « qu'au despotisme et à la corruption des empereurs ait succédé le despotisme et la corruption des moines. » Bien plus, si le second membre de cette phrase est erroné, le premier n'est exact ni dans la pensée, ni dans les termes; ce qui prouve qu'il est au moins trop généralisé. En effet, la corruption de l'empire romain n'était pas l'œuvre des empereurs, mais bien des fausses doctrines du paganisme et de sa philosophie; la corruption ne leur était pas personnelle, puisqu'elle était à peu près générale. Il y eut sans doute des monstres parmi les empereurs romains; mais il y eut aussi des princes dignes d'éloges. Cette manière de trop généraliser pourrait donc faire supposer que l'on en veut au trône et à l'autel, surtout en ajoutant que « le labarum, qui a remplacé l'aigle romaine, ne sait plus avancer; et qu'au lieu d'assiéger des villes ennemies, on monte à l'assaut des temples païens, dernier refuge de l'antique savoir.» Assertions que nous croyons avoir toutes réduites à leur juste valeur; il ne nous reste donc plus qu'à examiner la troisième, qui est dirigée contre la suprématie de l'Église et le gouvernement des princes chrétiens.

§ III.

Ce fut une belle prévision du Dieu, qui est le seigneur des sciences [1], de leur avoir préparé dans son Église un refuge et un asile, au moment où la tempête de la barbarie allait balayer l'empire et rendre muets d'épouvante les derniers oracles de l'antique savoir. Le colosse de l'ancien monde fut brisé, l'Église en ramassa les débris, et en construisit le berceau des peuples qui venaient de naître. Quand il fallut lutter contre la corruption d'un monde expirant, il lui suffit d'être patiente, et bientôt elle protégea les dernières angoisses de son persécuteur, et recueillit ses derniers soupirs; mais aussi, quand la lutte s'établit avec un peuple, que le trop plein de la vie entraînait du fond des bois de la Germanie et des sommets du Caucase, elle sut trouver en elle une puissance assez forte pour arrêter le torrent, courber la tête du Sicambre, et adoucir le Hun féroce. La croix, plus puissante que le glaive, valut à elle seule toutes les armées de l'empire. Elle rassembla autour d'elle la civilisation, les sciences et leurs monuments; puis elle se planta sur la route de l'invasion, qui passa en courbant la tête et fléchissant le genou. Alors l'esprit humain s'arrêta comme pour se reposer de ses fatigues. Le barbare arrive, ne connaissant que son épée, il dédaigne le sceptre de la science et le laisse aux vaincus. Mais la science est plus puissante que le glaive; dès lors on put donc prévoir que les vainqueurs seraient à leur tour subjugués par ce sceptre méprisé et jeté à terre; l'Église le releva, et il devint l'instrument légitime de sa

[1] *Reg.*, l. I, 2.

céleste puissance. L'épée finit par s'émousser, et il est une fin aux conquêtes; mais, plus l'esprit humain travaille, plus il se fortifie et s'aiguise; les conquêtes de la science n'ont point de fin. Aussi, dès que l'Église sera assez forte, après sa longue et puissante lutte contre la grossièreté et la barbarie, vous verrez la science déborder de toutes parts, et jaillir de son sein fécond sur le monde. Et pour qu'il n'y ait aucun doute là-dessus, ce sera par son chef suprême sur la terre, que les sciences, les lettres et les arts renaîtront; nous verrons tous les papes et les princes chrétiens travailler à l'envi à créer en Europe des écoles et des universités.

Quand la tourmente fut passée, quand le bras de la guerre fut fatigué de conquêtes, un homme apparut : nouvel Alexandre, la terre s'était tue devant lui. La barbarie recula devant le glaive de Charlemagne; le guerrier appela la science, et elle vint poser sur sa tête une autre couronne que celle de la victoire.

A la fin du huitième siècle, il n'y avait plus nulle part dans les Gaules, d'écoles publiques; les monastères seuls avaient conservé quelques restes des études, et la science s'était réfugiée dans l'Église; c'est là aussi que Charlemagne en suivait et en développait les progrès. Le cortége de savants abbés, qui affluèrent à sa cour, fit dire que son palais était une école ouverte à ceux qui désiraient la science. L'histoire n'oubliera jamais le nom d'Alcuin, que le roi appelait son maître; il lui enseigna les hautes sciences d'alors, la rhétorique, la dialectique et surtout l'astronomie. Charles était éloquent, parlait le latin aussi facilement que sa langue, entendait le grec et savait écrire; car ceux qui ont prétendu le contraire se fondent sur un passage d'Éginhard, où cet auteur parle de lettres ornées, et d'enluminures savantes, auxquelles Charlemagne, dit-il, s'exerça trop tard, et à un âge peu convenable. Il avait fait recueillir d'anciens poëmes barbares sur les guerres des rois francs, que le temps n'a pas épargnés, perte peut-être pour la poésie, et lacune pour l'histoire. Il accorda également sa protection à tous les arts : il savait la musique et chantait au chœur ; lui-même traçait les plans des grands édifices qu'il faisait construire. Voilà comme en ses mains la pensée chrétienne préludait à la civilisation européenne, qu'elle a créée. Appelant de toutes parts les savants, il établit des écoles dans les principales villes et dans les plus fameuses abbayes de ses États. C'est, il nous semble, de cette époque qu'il faut dater la renaissance; car, selon nous, on la place faussement à une époque où déjà le progrès était très-avancé. L'élan que Charlemagne donna aux sciences ne se fit pas sentir tout de suite, il fallut du temps; le mal fut encore longtemps sensible, et parut même s'accroître. Les luttes de l'esprit humain ne sont pas un champ de bataille où la victoire se décide en un jour; des siècles se passent avant qu'on puisse mesurer le terrain conquis; il est souvent difficile d'assigner au progrès son commencement ou sa fin, et il est impossible de dire : Telle année, tel jour, l'ignorance fut vaincue par la science. Le mal et le remède marchent longtemps parallèlement, mais en sens inverse. Bien donc que l'ignorance ait encore pesé sur l'Europe pendant près de deux siècles, à partir de Charlemagne, cependant le principe de sa destruction était posé, les études rétablies ne cessèrent plus désormais. Depuis ce prince, les écoles n'ont fait que se multiplier, lentement sans doute, mais enfin elles existaient. Le progrès ne se manifesta qu'au onzième siècle; mais au treizième il était déjà immense; le cercle des connaissances humaines était clos, comme nous croyons l'avoir démontré. Avec le onzième siècle commence à poindre cette ardeur pour les sciences, qui ne finira plus. « L'impulsion, une fois donnée, les esprits se portèrent avec ardeur vers un genre d'étude nouveau; ils ne reconnurent plus de bornes, et après s'être exercés d'abord sur la seule philosophie rationnelle, ils embrassèrent, dans leur investigation, toutes les branches de la philosophie; sciences naturelles, sciences mathématiques, métaphysiques, les diverses questions qui s'y rattachent, tout devint l'objet des études communes. Et tel fut le progrès de ces études, que, vers la fin du treizième siècle, les philosophes de la Grèce et de Rome étaient aussi bien connus que de nos jours. Les écoles retentissaient de leurs noms, de l'explication de leurs écrits; un docteur scolastique n'était réputé digne de son titre, que lorsqu'il les avait publiquement commentés..... Ainsi l'on adopterait une erreur manifeste en se représentant le treizième siècle comme une époque d'ignorance. Jamais la culture des sciences ne fut plus active; jamais la langue latine ne s'enrichit d'un plus grand nombre d'ouvrages; jamais l'érudition ne fut plus en honneur [1].» Quand donc on a placé la renaissance au quinzième siècle, on a fait une erreur de six siècles; ce qui n'a pas laissé de donner quelque air de vérité au reproche injuste d'ignorance, fait à tout le moyen âge.

Les Capitulaires de Charlemagne, pour l'établissement et le maintien des écoles, furent soutenus par les canons des conciles et mis à exécution par les évêques. Vaultier, évêque d'Orléans, alla jusqu'à ordonner, par ses statuts synodaux de 873, à chaque prêtre d'avoir un clerc et une école. Dans la dernière moitié du dixième siècle, le savant Gerbert, depuis Sylvestre II, fonda à Reims une école cé-

[1] Jourdain, *Recherches sur les trad. d'Aristote* (ouvrage couronné par l'Académie), p. 21-23. Tout l'excellent ouvrage de M. Jourdain n'est qu'un recueil de faits, sainement jugés, à l'appui de cette vérité.

lèbre, où l'on venait l'entendre de toutes parts ; il y enseignait même les mathématiques, qu'il avait apprises des Sarrasins d'Espagne ; et il composa sur ces sciences plusieurs ouvrages [1]. Fulbert, qui était venu d'Italie pour étudier sous Gerbert à Reims, fonda l'école de Chartres, qui « devint sous lui la plus célèbre académie de France [2]. » Quoique élu évêque de cette ville, en 1007, il continua d'enseigner, et l'on venait de tous les pays pour assister à ses leçons.

Mais « quand la suprématie universelle de l'Église » s'établit, c'est-à-dire (pour suivre autant que possible la pensée de M. Libri, qui est un peu inexacte ; car la suprématie de l'Église s'établit avec elle) ; quand Grégoire VII eut sauvé une seconde fois l'Europe du naufrage inévitable où l'entraînaient la corruption et la barbarie, alors on vit l'Église et les princes chrétiens travailler à l'envi à répandre l'instruction et à encourager les sciences. L'Italie vit naître l'école de Naples, fondée par Frédéric II, en 1224 [3] ; l'université de Rome vers le milieu du treizième siècle, dans laquelle Innocent IV institua une école de droit, et accorda aux étudiants tous les priviléges qu'on accordait alors au *Studium generale*, ou Université ; Eugène IV institua également à Rome un *Studium generale*, avec les plus grands priviléges : l'école avait pour chancelier le cardinal camerlingue ; pour curateurs, quatre nobles romains ; elle avait quatre-vingt-huit professeurs ; et une somme de 14,000 florins était affectée à leur traitement [4]. Les universités de Perrugia, de Plaisance, furent également dirigées par les papes [5] ; celle de Pavie par Charles IV ; et celle de

[1] *Hist. de l'Égl. gall.*, t. IX, p. 31 et suiv.

[2] *Id.*, t. IX, p. 133.

[3] Savigny, *Hist. du Droit rom.*, t. III, p. 234.

[4] *Id.*, *id.*, t. III, p. 231 et suiv.

[5] *Id.*, *id.*, p. 240.

Turin reçut des priviléges des papes et des empereurs[1]. En 1344, Clément VI fonda pour toutes les sciences l'université de Pise, sous le titre de *Studium generale*[2], et en 1391, Boniface IX fondait, sous le même titre, celle de Ferrare[3]. La célèbre université de Bologne, si elle ne fut pas fondée par les papes, leur dut cependant une grande partie de sa splendeur, la conservation de son indépendance, et l'accroissement de ses priviléges.

La France ne fut pas moins favorisée que l'Italie; après les écoles des cathédrales, des chapitres et des couvents, nous allons voir s'élever ces célèbres universités, où l'on viendra chercher la science de tous les pays; et ce seront encore les papes qui, de concert avec nos rois et nos évêques, les fonderont et les doteront. Qu'il est glorieux, pour l'Église et pour la France, de retrouver là le nom du plus grand des rois qui fut jamais! Aussi courageux guerrier qu'Alexandre, plus grand dans les fers, où il recevait les hommages de ses vainqueurs, qui le demandaient pour roi, que le Macédonien victorieux et traité de brigand par les Scythes, il mourait sur la cendre, victime de son dévouement, et ses troupes et ses ennemis le pleuraient, tandis que le conquérant qui mourait à Babylone, assouvissait la vengeance de ceux qu'il avait plongés dans le deuil. Plus grand que David, il en eut toutes les vertus, et n'eut aucune de ses faiblesses. Plus sage et plus magnifique que Salomon, l'esprit divin l'a proclamé saint; personne dans sa race, ni avant, ni après lui, ne peut lui être comparé. Il couvrit la France de monuments, protégea les sciences et les arts, et encouragea les savants. Il réprima le vice et fit naître partout, malgré ses guerres, le bonheur et la prospérité

[1] *Id.*, *id.*, p. 241 et suiv.

[2] *Id.*, *id.*, p. 220.

[3] *Id.*, *id.*, p. 230.

parmi ses peuples. Son règne fut une merveille; c'est qu'aucun prince n'eut jamais tant de soif de la justice : et personne n'en fut aussi plus pleinement rassasié; les chênes de Vincennes se souviennent encore de lui. Ce n'est pas la victoire qui donne la bravoure; il fut vaincu, et pourtant grand guerrier et grand législateur; ses peuples l'aimaient, il était leur père; jamais prince ne fut plus populaire; c'était au milieu de la foule des pauvres qui assiégeait son palais, qu'il se délassait, en écoutant leurs peines et soulageant leurs misères, des fatigues du trône et du poids de la puissance; il marchait seul au milieu d'eux; leur amour lui servait de garde; et le lépreux dont il venait de panser les plaies, était son bouclier. Aussi c'étaient là ses favoris, chaque jour quelques-uns d'entre eux étaient admis à sa table. Quel ennemi avait-il à craindre, quel sicaire à redouter avec une telle police? Pourtant, le bruit de ses vertus excita la haine d'un homme : le Vieux de la montagne lui députa des assassins avec un suaire pour l'ensevelir; mais la majesté de son visage, l'empire de sa vertu désarmèrent l'endurcissement du crime, ils tombèrent à ses genoux et y déposèrent leurs coutelas, et leur maître vaincu voulut au moins combler de présents celui qu'il n'avait pu tuer. Tel était ce prince, chef-d'œuvre de l'Évangile; il prouva que dans la foi et la pratique de la morale et de la perfection chrétienne est la seule base solide de la politique, de la paix des princes et du bonheur des peuples; car du fait à la possibilité, la conséquence est rigoureuse. Sachant régner, parce qu'il sut d'où venait sa puissance, il soutint ses droits sans outrepasser les limites. Il eut toutes les qualités dont une seule fait les grands princes, et n'eut aucun des vices que l'humanité a si souvent à déplorer, même au plus haut rang; il ne commit jamais une faute grave, l'Église l'honore, et il protége encore la France.

Ce fut ce Louis IX qui en 1229, par son traité avec Raimond, comte de Toulouse, lui imposa l'établissement d'une université avec deux professeurs en théologie, deux en droit canon, deux en grammaire, et six maîtres ès arts : telle fut la première origine de l'université de Toulouse; et, en 1233, elle fut définitivement fondée par le pape pour toutes les sciences, sans exception[1]. Le règne de saint Louis fut illustré par un grand nombre d'autres fondations remarquables, auxquelles il contribua puissamment. Un prêtre, honoré de l'amitié du saint roi et son chapelain, conçut et enfanta un de ces projets marqués au coin de l'immortalité, projet qui parut si noble et si grand au cardinal de Richelieu, qu'il crut s'immortaliser en le portant à sa perfection; cé fut la fondation de la Sorbonne. L'an 1250, le roi, ou plutôt la reine Blanche, régente en son absence, céda « à maître Robert de Sorbon, chanoine de Cambrai, pour la demeure de pauvres écoliers, une maison qui avait appartenu à un nommé Jean d'Orléans, et les écuries contiguës de Pierre Ponilane, situées dans la rue Coupe-Gorge, devant le palais des Thermes[2]. » Ce fut encore saint Louis qui bâtit les écoles que les Dominicains avaient à Paris[3].

Les universités, une fois fondées, se remplissaient de colléges, presque tous asiles ouverts à l'indigence des étudiants. Durant le cours du quatorzième siècle, l'université de Toulouse acquit un grand nombre de ces colléges, qui presque tous durent leur origine à des papes et à des cardinaux, et quelques-uns à des évêques qui voulurent procurer par là à leurs églises des sujets vertueux et instruits. Les principaux de ces colléges furent ceux de Saint-Pierre, ou de Moissac, au commencement du quatorzième siècle;

[1] Savigny, t. III, p. 290 et suiv.

[2] *Acte de donat. Du Boulai*, t. IV; et Dubreil, p. 616 et suiv.

[3] Dubois, t. II, p. 264.

de Verdale, en 1337; de Narbonne, la même année; de Saint-Martial, en 1359; de Périgord, en 1363; de Saint-Germain, par le pape Urbain V; de Pampelune, en 1382; et enfin celui de Maguelone, fondé en 1370 par le testament du cardinal Audouin Aubert[1].

Dès 1180, l'université de médecine existait à Montpellier; en 1289, le pape Nicolas V y ajouta le droit canon, le droit romain, et les arts libéraux; c'est-à-dire, toutes les facultés, excepté la théologie[2]. En 1364, le pape Urbain V y fonda le collége de Saint-Mathieu, pour douze étudiants en médecine, natifs du diocèse de Mende[3]. Ce même pontife, zélé protecteur des lettres, entretint pendant tout son pontificat mille écoliers en diverses sortes de sciences; il fournissait des livres à un grand nombre d'autres, dont on lui faisait connaître les heureuses dispositions et l'indigence. Les plus savants étaient toujours les mieux pourvus en bénéfices et en grades distingués[4].

Depuis 1305 jusqu'à 1400, les princes et les évêques parurent rivaliser de zèle pour l'extension des sciences et des lumières. En 1305, la reine Jeanne de Navarre, épouse de Philippe le Bel, fonda et dota, à Paris, le collége de Navarre, dont l'histoire ne présente, pendant plusieurs siècles, qu'une suite d'élèves illustres, les Oresmes, les Daillis, les Deschamps, les Gerson, les Clémengis, les Briconnet, les Budée, les Desaintes, les Despences, les Darcé, les Bossuet et tant d'autres presque aussi célèbres dans les annales de l'Église[5]. Mais, c'étaient surtout des évêques ou des ecclésiastiques distingués par leurs richesses et leurs vertus, qui

[1] *Hist. du Languedoc*, t. IV.

[2] Savigny, t. III, p. 271.

[3] Du Boulai, t. IV, p. 381.

[4] *Id.*, *Vit.*, t. I, 395.

[5] *Hist. de l'Égl. gall.*, t. XVI.

39.

faisaient ces fondations, afin de pourvoir à l'éducation d'une jeunesse choisie pour servir l'Église et la société. Ces colléges prenaient souvent le nom des évêchés d'où partaient les libéralités, ou en faveur de qui elles avaient été faites. Tels furent les colléges d'Autun, de Bayeux, de Cambrai, de Laon, de Reims, de Lisieux, de Tours, de Beauvais, de Tournai, de Séez, etc. Quelquefois, cependant, le nom des fondateurs était conservé à ces maisons, comme cela paraît par les colléges du Plessis, de Justice, fondé par Jean de Justice, chanoine de l'église de Paris et chantre en celle de Bayeux; de Boissi, par Étienne de Boissi, chanoine de Laon, neveu et exécuteur testamentaire de Godefroi de Boissi; ce siècle compte plus de trente colléges ainsi fondés, seulement à Paris [1], où les autres contrées de l'Europe fondèrent aussi des établissements; ainsi les colléges des Écossais, des Lombards, des Allemands, etc.

C'est dans ce même siècle, le 27 janvier 1306, que le pape Clément V érigea l'université d'Orléans sur le même pied, et jouissant des mêmes droits que celle de Toulouse. Charles V, qu'on loue d'avoir eu pour général de ses armées du Guesclin, et pour conseiller Bureau de la Rivière, sut attacher à son service les savants de son siècle, s'aider de leur travail, et mettre en œuvre leur talent. Nicolas Oresme, Jean Galem, provincial des Carmes, Raoul de Presle, maître des requêtes, Pierre, évêque d'Orviette, furent les amis et les protégés du prince sous le règne duquel on vit, en notre langue, Aristote, Plutarque, Valère Maxime, et les Dialogues de Pétrarque [2]. Il forma au Louvre une bibliothèque distribuée en trois appartements l'un sur l'autre, et composée d'environ mille volumes; saint Louis

[1] *Hist. de l'Église gallic.*, t. XVII, p. 463; Du Boulai, t. IV, p. 307-349.

[2] *Hist. de l'Égl. gall.*, t. XVIII, p. 76.

en avait déjà formé une à l'usage des savants; on peut dire que ce fut là l'origine de la Bibliothèque royale que nous admirons aujourd'hui.

Enfin, le quinzième siècle verra les principales villes de France devenir des centres de lumières. En 1431, Eugène IV fonde l'université de Poitiers sur le pied de celle de Toulouse; et, en 1437, celle de Caen que son successeur Nicolas V confirma, et que Charles VII protégea, malgré les plaintes et la jalousie de l'université de Paris. La fondation de l'université de Bordeaux date de 1441. En 1452, Louis XI, dauphin, fondait celle de Valence, et roi, celle de Bourges en décembre 1463. Le pape Paul II confirma ces érections, et le 4 avril 1460, Pie II avait fondé l'université de Nantes, avec tous les mêmes droits et les mêmes priviléges que celle de Paris. Le 6 janvier 1547, le pape Paul III octroyait, par une bulle, ces mêmes priviléges à l'université de Reims, fondée par le cardinal de Guise.

Nous arrivons enfin au règne glorieux de François Ier, duquel on a faussement daté, comme nous l'avons déjà en partie démontré, l'époque de la renaissance. Ce prince consacra le loisir que lui laissait la paix, à l'avancement des sciences qu'il aimait avec une sorte de passion. Il fonda le collége royal; il consulta pour cela les hommes les plus savants, et entre autres Jean Lascaris, un de ces Grecs savants que la ruine de Constantinople avait fait passer dans nos provinces. Il y créa d'abord une chaire de mathématiques et une chaire de médecine; l'enseignement y était gratuit, et les professeurs payés par le roi. Il y ajouta aussi des chaires de langues grecque et hébraïque. L'espèce de réaction qui se produisit sous son règne, et que l'on a eu tort de décorer du titre pompeux de renaissance, fut cependant de la plus haute importance pour le perfectionnement de la langue française, qui dessina son caractère et ses formes en remontant à l'étude de ses sources originelles.

Nous nous arrêtons là, car nous avons démontré que toutes ces écoles, toutes ces universités furent l'œuvre de l'Église et des princes chrétiens. Du reste, l'histoire des sciences et des lettres dans les temps modernes est trop liée à l'histoire de nos rois, pour que l'on puisse mettre en doute, un seul instant, que c'est à leur protection grande et magnifique que la France doit sa position scientifique et littéraire en Europe. Ce que nous disons de notre monarchie, nous pouvons le dire de la papauté; depuis longtemps, en effet, Rome jouit de la gloire d'être le rendez-vous de toutes les illustrations, dans les sciences comme dans les arts, qui ne trouvent nulle part ailleurs de plus grands encouragements ni une protection plus marquée. Voilà comment « l'ignorance a débordé de toutes parts de la suprématie universelle de l'Église! » Nous laissons à juger.

Terminons enfin par cette unité européenne dont M. Libri n'a pu refuser la gloire à l'Église[1], mais qu'il n'a peut-être pas aperçue dans toute son étendue, qu'il ne nous semble même pas avoir conçue dans la vérité catholique, d'où dépend cette unité, non-seulement européenne, mais encore universelle. Si nous jetons un coup d'œil rapide et général sur l'histoire du monde, et que nous cherchions à suivre l'esprit humain dans sa marche, nous découvrirons deux lois de progrès bien remarquables, et constatées par les faits. 1° Il y a une corrélation frappante entre l'histoire politique du monde et son histoire scientifique; 2° une marche à peu près semblable dans les conquêtes politiques et intellectuelles. L'homme est roi de l'univers, et il y exerce son empire par les deux puissances qui constituent sa nature : par sa puissance intellectuelle, il domine la terre, la soumet à ses conquêtes, et dompte tout ce qui

[1] *Hist. des sc. math.; Disc. prélim.*

l'entoure; mais, par sa puissance sociale, sans laquelle la première ne serait rien, il domine véritablement le monde, et règne sans rival sur son empire. Ses conquêtes sont aussi de deux sortes, car il est fait pour la société : c'est là sa place et sa nature; là seulement il se développe, là seulement il est l'homme. Cette loi est si fortement imprimée dans la nature humaine, que l'histoire des nations n'est que la tendance presque continuelle à opérer la fusion de la grande famille humaine dans une même idée, une même voie et vers un même but. Ainsi, à peine les peuples sont-ils dispersés après la grande catastrophe du renouvellement du monde par le déluge, que bientôt l'esprit de conquête s'empare de l'Égypte, qui soumet la plupart des peuples de l'Asie, sans pouvoir les maintenir sous le joug. Les Babyloniens, à leur tour, reculent les limites de leur empire, et l'Asie leur est soumise. Bientôt, des montagnes de la Perse, descend un peuple neuf, avec un héros qui vient à Tymbrée soumettre la Lydie, et de là va détourner le cours de l'Euphrate pour entrer par son lit dans Babylone. L'Asie Mineure, l'Assyrie, la Perse, la Médie, l'Arménie, la Syrie, la Palestine, l'Égypte, etc., forment l'empire des Perses que Cyrus lègue à ses successeurs. Mais voici qu'une poignée de républicains réfrénés par l'or et séduits par la gloire se coalisent, et, ayant à leur tête un roi, passent la mer et réunissent à la Grèce l'empire des Perses. Les Grecs forment ainsi un empire plus vaste, qui ne sera divisé en petits royaumes que pour être plus facilement livré aux Romains, qui y joindront l'Europe et une partie de l'Afrique connue. Cette grande unité sociale ne s'est pas opérée fortuitement et comme par hasard, elle avait été prédite par les prophètes, comme devant être l'œuvre préparatoire du roi universel, le Messie; et pour qu'il fût impossible de s'y méprendre, toutes les périodes de ce grand travail furent marquées à l'avance dans les termes les plus clairs; Isaïe et Daniel surtout ont écrit cette histoire longtemps avant l'événement. On voit, dans l'un, Cyrus nommé par son nom, et ses conquêtes décrites longtemps avant sa naissance; on lit dans le second, les conquêtes du roi des Grecs avec les circonstances les plus frappantes de sa vie tracées dans les livres trois cents ans avant qu'il parût; les Romains n'y sont pas oubliés, et après eux vient le royaume qui n'aura point de fin, et qui doit s'étendre jusqu'aux extrémités de la terre[1]. L'accomplissement a justifié.

La prédication de l'Évangile a étendu cette unité bien plus loin que ne l'avaient pu faire les Romains. La puissance politique avait préparé les voies à la puissance spirituelle; c'était à celle-ci à achever le reste. Elle n'y manquera pas. La parole d'unité était sortie de la bouche du fondateur de l'Église: « Il n'y aura qu'un seul pasteur et qu'un seul troupeau[2]; » et son exécution commence par la prédication des apôtres qui pénètrent jusqu'aux Indes et en Éthiopie. Au bout de cinq siècles, l'Asie occidentale, l'Afrique septentrionale, l'Europe méridionale, occidentale et orientale, étaient fondues dans l'unité catholique. Au dixième et neuvième siècle, l'Europe septentrionale était chrétienne. Les missionnaires anglais et français, protégés par les rois carlovingiens et envoyés par les papes, avaient parcouru dans tous les sens les contrées les plus sauvages et les plus reculées de la Germanie, inconnues aux Romains qui n'avaient jamais pu y pénétrer; car, en même temps que *ces fabriques du genre humain* jetaient leur surabondance de population sur la vieille Europe, le christianisme, non content de les civiliser à mesure que leurs hordes se poussaient dans ses bras, pénétrait encore jusqu'à la source du torrent

[1] Daniel, ch. II, c. VII, c. VIII, c. XI.
[2] Joan, X, 16.

et en arrêtait les flots en fixant, par la civilisation et la foi, ces nations barbares sur leur sol sauvage. Quand ces travaux furent achevés, l'Église étendit son zèle sur le reste du monde connu, et le treizième siècle vit commencer les missions de la Tartarie par les Franciscains et les Dominicains[1], de la Chine par Jean de Mont-Corvin, en 1304[2]. L'Éthiopie fut reprise à la même époque par les Franciscains. Faut-il parler de cette compagnie de Jésus, que l'on ne sait par où louer davantage, ou par les immenses bienfaits qu'elle a rendus au monde chrétien, ou par les nombreux services que les sciences lui doivent; car ses missionnaires n'étaient pas seulement des saints, mais souvent encore des savants; ou par les glorieuses persécutions dont elle a été, dont elle est et dont elle sera l'objet, parce qu'il est nécessaire que le combat du bien et de la vérité contre le mal ne cesse jamais. N'est-ce pas à cette société, que le Seigneur a mise dans les mains de l'Église, comme une épée, pour conquérir la terre, que l'unité catholique doit la Chine, les Indes, une grande partie de l'Afrique, et le nouveau monde, qui était à peine découvert, que l'Église travaillait à le ramener à la grande unité? Ainsi, tous les hommes sont égaux dans la foi; les nations, les peuples disparaissent pour ne plus laisser dans l'Église que le genre humain dont elle est la mère, et bien qu'il y ait sur le globe diverses puissances politiques, cependant elles ne sont à ses yeux que de grandes familles, qui doivent s'aimer en sœurs et vivre en paix sur le même sol du monde; et, si sa voix était écoutée, plus nous irions, et plus la bonne intelligence s'harmoniserait entre les nations diverses qui ne connaîtraient plus d'étranger.

Mais, pendant que ce grand travail d'unité s'est opéré

[1] *Hist. de l'Égl. Ber. cas.*, t. V, p. 342.

[2] *Id.*, *id.*, p. 446.

dans le monde, les sciences ne sont pas demeurées dans l'inaction, elles ont aidé à ce mouvement, et elles en ont à leur tour reçu une puissante impulsion. Avec la puissance politique, nous les avons vues naître en Chaldée et en Égypte; le puissant empire des Perses les répandit dans toute l'Asie, et leur ouvrit le chemin de la Grèce; ce fut un médecin grec qui donna, dit-on, à Darius la première idée de conquête sur la Grèce. Par les conquêtes d'Alexandre, l'Asie, l'Inde et l'Afrique apportèrent à Alexandrie leurs lumières, et avec l'école d'Aristote préparent cette célèbre école qui, secouant le joug du pyrrhonisme grec, fera passer la science dans l'Église, et par elle chez toutes les nations : l'Église seule a établi et entretenu cette communication de lumières, qui a tant contribué au progrès et à l'avancement des sciences dans le monde moderne. C'est par ses missionnaires que nous avons connu le monde oriental, et si ces pays nous ont apporté quelque tribut de science, à qui le doit-on? aux jésuites et aux missionnaires, qui les premiers nous ont fait connaître la langue de ces peuples, leur histoire et leur état scientifique.

Ainsi, l'humanité a marché à son but par la puissance politique et la puissance spirituelle et intellectuelle; elles se complètent et se soutiennent; toujours les nations éclairées ont été les plus puissantes, et réciproquement. Mais, chose digne de remarque, les conquêtes intellectuelles sont plus fortes et plus durables que les conquêtes politiques; elles forment et façonnent l'esprit des peuples, et, en apportant dans l'exercice de la puissance politique les plus grandes modifications, elles changent la face du monde et sont la vraie source du bonheur et du perfectionnement de la société humaine. Bien entendu que nous parlons de la puissance intellectuelle conçue et s'exerçant dans toute l'étendue de son domaine légitime, et dirigée par la vérité vers le but que Dieu s'est proposé en créant; autrement, loin d'être une puissance de vie et de progrès, elle serait une source de mort sociale, et finirait par s'éteindre elle-même dans l'anarchie des doctrines. Cette prépondérance éternelle de la puissance intellectuelle sur la puissance politique qu'elle finit toujours par dominer, n'est pas autre chose que la suprématie de l'esprit sur la matière. Aussi, une fois que tout est préparé, que l'œuvre est accomplie et qu'un grand progrès intellectuel a circulé dans le monde, les esprits s'éveillent, la pensée s'agrandit, les sociétés en se perfectionnant sous la conduite de la Providence tendent à se rapprocher pour ne plus faire qu'un peuple unique, dont le dernier sujet est devant Dieu le frère et l'égal de son roi, ce qui n'a été et ne peut jamais être que quand le pouvoir et le sujet reçoivent et comprennent cette parole profonde: « Il « dit à ceux qui avaient cru en lui : Si vous persévérez dans « ma parole, vous serez vraiment mes disciples : et vous con- « naîtrez la vérité, et la vérité vous affranchira... et si le Fils « vous affranchit, vous serez vraiment libres[1]. » Car, cette parole seule a assez de puissance pour dire au pouvoir que ses sujets sont ses frères, et aux sujets, que le pouvoir est son père. Dans cette vérité, pleinement acceptée, gît toute la différence entre cette prétendue liberté du monde ancien, et la liberté sociale du monde moderne. La première régit Rome et la Grèce, et, méconnaissant l'humanité, en asservit la moitié à l'égoïsme et à la tyrannie de l'autre, qui se croyait libre parce qu'elle avait des esclaves, jouets de ses caprices et de ses passions. La seconde, fondée sur la charité et l'amour chrétien, tend continuellement à élever l'humanité tout entière à la dignité de l'homme. C'est elle qui a rendu la puissance des monarchies modernes mille fois plus douce

[1] Joan., ch. VIII.

que la tyrannie déguisée des fiers républicains de la Grèce et de Rome, qui méprisaient le genre humain au point d'en vouer une partie à la dégradation, pour servir de leçon à l'autre. Cette vérité sainte, dominant le monde, y a fait, ce que ni Rome, ni la Grèce n'auraient jamais pu admettre ni concevoir, l'abolissement de la servitude; et la race noire qui, quoi qu'on en dise, appartient à la seule espèce humaine, est là pour rendre un témoignage encore vivant à la pensée chrétienne qui développe leur front et relève leur tête à la hauteur de celle de l'homme. Si cette pensée d'affranchissement et d'unité sociale a été saisie par les passions humaines qui, la comprenant mal, en ont énormément abusé, il n'en est pas moins vrai qu'elle a jailli du christianisme; elle circule encore aujourd'hui dans la société européenne. Et, quoiqu'en la caressant on veuille effacer de son front la marque de sa céleste origine, et l'asservir au profit des passions, en la déguisant sous un vêtement à la grecque ou à la romaine, trop étroit pour ses larges allures et ses bras faits pour embrasser le monde, la liberté sociale, née du christianisme, n'en conserve pas moins toute sa force et toute sa puissance; mais elle ne pourra l'exercer qu'en rompant ces liens, en dépouillant ce vêtement de l'antique servitude, pour reprendre son armure véritable, son casque de foi, son vêtement de charité, et son bouclier d'amour; la cuirasse de Saül est trop pesante pour le berger de Bethléem; lui, qui a étouffé les ours et vaincu les lions, n'a besoin que de sa fronde pour terrasser Goliath. Qu'on ne l'oublie pas, la foi seule a pu affranchir le monde, et l'unité universelle est l'œuvre de l'Église, qui seule en possède le principe, parce que seule elle a reçu de comprendre l'exercice de la puissance intellectuelle, même scientifique.

Cependant la puissance intellectuelle reçoit de la puissance politique, à son tour, aide et protection; car toutes deux sont faites l'une pour l'autre, et dans leur harmonie est le véritable progrès social; c'est ce qui explique la ressemblance de leur marche. Car, de même que les grandes conquêtes, l'agrandissement des empires, les chocs, les bouleversements des nations, l'extension de leur puissance, et le progrès de la civilisation politique, sont marqués par des époques résumées dans un Cyrus, un Alexandre, un César, un Charlemagne, un saint Louis, etc., héros, conquérants et législateurs tout à la fois, génies qui dominent les peuples, façonnent les nations à leur gré, les poussent rapidement sur la route de l'avenir, et ne leur permettent de repos qu'au sommet de la colline. De même, dans la marche de l'esprit humain, les progrès sont marqués par les conquérants de la pensée, qui viennent résumer toute une époque préparée à l'avance, et pousser l'esprit humain vers de nouvelles conquêtes. Tels sont un Aristote, qui, résumant la science qui l'a précédé, y ajoutera les productions de son génie, et formera l'encyclopédie des connaissances de son temps; un Albert le Grand, qui fera dans le moyen âge ce qu'Aristote avait fait chez les Grecs, ce qu'avant lui Salomon avait sans doute exécuté chez les Hébreux. Mais, ainsi que les nations se reposent après les grandes conquêtes, sous la domination du conquérant et de sa race, ainsi, à l'ombre de ces géants de la pensée, qui ont pour race la science, l'esprit humain semble chercher du repos, comme pour féconder et soumettre à l'incubation ce qu'il a acquis, afin que, de là, sortent de nouveaux rejetons propres à agrandir le domaine de l'intelligence. Désormais, ce domaine ne peut s'accroître que par le retour à l'autorité de l'Église; car la science est une. Or, l'Église seule possède la science morale et la science divine, parce que, seule, elle l'a reçue d'en haut; et comme nous avons démontré que là seulement est la base solide de toute science, et que le cercle des connaissances humaines n'a pu et ne pourra être complet que par l'acceptation de la vérité religieuse, il faut conclure qu'en dehors, tout progrès est incomplet, et qu'il ne sera parfait qu'en rentrant dans l'unité; unité scientifique, unité sociale, fondées l'une et l'autre sur la vérité et la charité, c'est-à-dire, sur la connaissance de Dieu par sa parole et par ses œuvres, et sur cet amour immense qui fait abstraction du moi individuel, pour ne voir que la grande famille humaine, au bonheur et au perfectionnement de laquelle l'Église n'a cessé et ne cessera jamais de travailler; car elle a été fondée par celui qui illumine tout homme venant en ce monde[1].

Si l'on veut, maintenant, résumer les faits exposés dans cette étude[2], on verra d'abord, à l'origine des temps historiques, les débris de la science antédiluvienne, recueillis par les antiques nations de l'Asie, les Chaldéens et les Égyptiens, etc. Tous y ajoutent leurs propres observations et leurs découvertes, qu'ils se colportent les uns aux autres, par le moyen d'un commerce dont l'étendue et la durée nous sont inconnues, mais qui exista certainement entre l'Inde, l'Éthiopie, l'Égypte, l'Idumée et la Phénicie, et par celle-ci avec un grand nombre de pays, dès les temps les plus anciens. Cette science est rapportée de l'Égypte, auprès de la Phénicie, par les Hébreux, dont les pères enseignèrent autrefois les Égyptiens, en leur transportant les découvertes de la Chaldée. Presque dans le même temps,

[1] Joan., c. I.

[2] Nous renvoyons à la page 545, où il est bon de lire un autre résumé qui s'y trouve : cela n'est pas sans intérêt. C'est pour cela même que nous adoptons ici l'ordre de M. Libri, en conservant même, non-seulement sa pensée, mais encore ses expressions lorsqu'elles nous paraissent vraies.

ou quelques siècles après que la Grèce recevait des colonies de toutes les nations, mais surtout de l'Égypte et de la Phénicie, la civilisation orientale venait s'amalgamer en Toscane, avec les éléments que possédait l'Italie. A l'Étrurie succède la Sicile : là, mœurs, langage, poésie, science, tout est grec. Mais le caractère de l'observation particulier à la science grecque, dans la seconde époque, commence à s'y montrer. La physique expérimentale, la mécanique, l'analyse indéterminée, ont pris naissance dans la Grande Grèce. Rien ne paraissait devoir borner leur développement. Mais bientôt le Romain arrive : entre ses mains guerrières les sciences s'arrêtent, et le funeste sort des armes leur fait déplorer la perte du grand Archimède. Partout où Rome domine, la science disparaît; mais plus tard aussi, Rome, qui n'avait connu que la puissance du glaive, sera subjuguée par les sciences de la Grèce; elle recevra ses livres, les lira et les traduira, sans y ajouter de découvertes, à la vérité; mais elle les répandra dans l'Occident, comme les Gaules, Carthage et l'Espagne en font foi dès les premiers siècles de l'ère chrétienne.

Cependant la Grèce, de l'autre côté de la mer, ayant reçu quelques observations astronomiques de la Chaldée, et peut-être de la Phénicie, fonda véritablement les sciences positives et philosophiques; entre ses mains, elles font un immense progrès, mais perdent ensuite le caractère théologique de la première époque, pour revêtir exclusivement un caractère plus prononcé d'observation dont l'exagération conduit à un chaos de systèmes faux, dans lequel la véritable science aurait péri, si elle n'eût heureusement reporté son siége en Égypte, à Alexandrie, où elle retrouve un puissant et indispensable élément, en passant dans le christianisme, qui apparaît, s'avance au milieu des tortures, et finit, tant la puissance intellectuelle est plus forte que la puissance politique, par triompher de toutes les forces humaines. Au despotisme et à la corruption des empereurs, succédera l'affranchissement des peuples par le monachisme, qui lutte contre la corruption et la barbarie, avec la seule force de la puissance intellectuelle. Le labarum, qui a remplacé l'aigle romaine, ne sait plus avancer; l'épée du colosse romain, aux prises pendant trois siècles avec l'intelligence qui le débordait par le christianisme, s'était émoussée; couverte de sang, et à force d'abattre une tête de la science, pour laquelle il en renaissait dix, elle avait fini par se briser. En vain le géant désarmé voulut se rattacher à la victoire, en adoptant son drapeau, l'intelligence le terrassa et ne voulut que sa dépouille. Les temples païens, dernier obstacle au progrès de la science, durent disparaître ou devenir chrétiens.

A cette époque, la science est en grande partie dans l'Église; elle la cultive d'abord par les Pères des cinq premiers siècles, qui font faire aux sciences philosophiques, théologiques et morales, et par suite à toutes les autres sciences, en les ramenant dans la seule véritable voie d'avenir, qu'elles ne peuvent plus perdre, le plus immense progrès qui fut jamais. Par les Juifs et les Chrétiens, la science passe en Perse; la cour des Sassanides sert d'asile aux philosophes d'Alexandrie, comme aux savants nestoriens et orthodoxes, que la puissance politique romaine poursuivait encore en s'éteignant à Constantinople; car les Chrétiens ne purent apprendre la tolérance qu'aux peuples nouveaux.

Mais enfin, triomphant des Romains, qui, comprenant l'humanité d'une manière imparfaite, et croyant qu'elle avait pour symbole unique une épée, avaient brisé tout autre symbole et posé des barrières à l'avancement de l'esprit humain, les Chrétiens, en recevant de leur chef pour symbole une croix, emblème de science, de sacrifice et d'amour, ont puissamment contribué aux progrès des sciences, et aidé efficacement à la marche de la civilisation, en fondant non-seulement l'unité européenne, mais encore l'unité universelle, préparée par les Perses, les Grecs et les Romains, et consommée par l'Église catholique, qui, la sauvant des ruines où l'auraient ensevelie les Barbares, en a fait la base de tous les progrès des sociétés modernes, qu'elle n'a cessé de travailler à fondre en un seul peuple, en répandant partout sa doctrine, et traçant par ses missionnaires des chemins aux communications plus fréquentes, et au commerce, d'abord entre l'Occident et l'Orient, puis avec l'Inde et la Chine, qui ont, par là, renoué avec leurs frères primitifs, et enfin avec le nouveau monde, aussitôt après sa découverte.

Par la décadence de l'empire romain, l'Occident tombait en dissolution. Les barbares arrivent : c'est un fléau pour les monuments, pour les livres, pour les statues; leur choc brise tout. Mais une race régénérée profite de l'énergie sauvage des envahisseurs; les moines, que l'on a calomniés en exagérant les abus des derniers temps pour les faire peser sur tous les siècles, conservent les sciences, les arts, et tout ce qu'ils peuvent de monuments, et les arrachent à la destruction qui les menaçait. Convertis à la foi du Christ, les barbares reçoivent d'abord les débris de la civilisation latine; mais lorsque la suprématie universelle de l'Église s'établit, la science déborde de toute part sur l'Europe. Dès son origine, elle avait eu à cœur la culture des sciences; elle les a sauvées du naufrage, et c'est elle encore qui va les propager avec la plus vive ardeur, surtout en Europe, par ses pontifes et ses princes. L'Orient est plus malheureux. Des sables du désert, le chamelier Mahomet, rêvant le despotisme et l'asservissement, fait jaillir un peuple de guerriers et de destructeurs, qui menacent d'anéantir la civilisation chrétienne naissante dans l'univers. Enfin, après de rapides bouleversements, des cimeterres brisés, des races détrônées et puis ramenées de l'exil sur le trône, les Arabes reçoivent par les chrétiens de la Perse et par les Juifs, les sciences des Grecs. Ils s'emparent peut-être aussi du savoir des Indous, des inventions des Chinois, soit directement, soit par la Perse ou autre moyen; ils reçoivent la science toute faite et la transportent en Occident par l'Espagne, sans y rien ajouter. Trois foyers de lumière s'établissent alors en Europe : l'élément arabe, d'origine chrétienne, le scandinave civilisé par l'Église, et le latin créé ou conservé par elle, concourent à la fois et par des moyens divers à la renaissance des lettres. Les langues modernes et la poésie se développent. Bientôt la réaction se manifeste. Les Mores sont chassés d'Italie et menacés en Espagne. Les croisades, cette conception de Grégoire VII, défenseur de la liberté du monde et sauveur de la civilisation, conduisent à l'affranchissement des communes et à l'établissement de l'unité, entre l'Occident et l'Orient. La lutte entre le sacerdoce, qui défend les droits des peuples, et l'empire qui veut tout asservir, favorise la liberté municipale dans toute l'Europe, mais surtout en Italie. Les arts, les lettres, les sciences se relèvent. En vain de nouveaux essaims de barbares sortent des déserts de la Tartarie. Les Mongols eux-mêmes sont domptés par la civilisation renaissante, qui les charge de colporter de grandes découvertes d'une extrémité à l'autre de l'ancien continent.

Telle a été la marche de l'esprit humain dans le développement de sa puissance intellectuelle, soutenue par la puissance politique, qu'elle aide à son tour et qu'elle domine, mais qu'elle semble imiter dans sa marche par les jalons que la Providence échelonne sur la voie des peuples, comme sur celle de l'intelligence pour marquer et guider leurs progrès. Et après toutes ces révolutions, après tant de barbarie, on retrouve encore Rome, Rome devenue chrétienne. On la verra désormais représentant la seule vraie pensée scientifique et philosophique, placée à l'avant-garde, diriger pendant plusieurs siècles la marche intellectuelle de toute l'Europe; et alors que la science moderne, imitant la Grèce, se séparera de la vérité théologique pour revêtir comme elle le seul caractère de l'observation, elle s'égarera comme elle, et sera forcée de tomber dans le mercantisme et l'exploitation, qui élèveront des temples à l'argent sur le modèle et en face des temples de Dieu; mais il n'y aura plus de science, il n'y aura que métier à fortune, et tout progrès véritablement philosophique et social sera impossible, jusqu'à ce qu'on en revienne, par la force des choses, à la voie que l'on avait cru pouvoir abandonner sans danger.

F. L. M. MAUPIED.

TABLE DES MATIERES

DU TOME SECOND.

www.ingramcontent.com/pod-product-compliance
Lightning Source LLC
LaVergne TN
LVHW021919170726
843501LV00001BA/87

* 9 7 8 2 3 2 9 6 0 3 6 0 5 *